"十三五"国家重点图书出版规划项目

中国北方及其毗邻地区综合科学考察

董锁成　孙九林　主编

东北亚南北综合样带的构建与梯度分析

江　洪　王卷乐　金佳鑫等　著

科学出版社

北　京

内 容 简 介

本书基于中国北方及其毗邻地区自然环境与人类活动综合科学考察、专题考察成果，以全球陆地样带方法、思想，对东北亚南北样带中气候、土地利用/覆被、水资源和水环境、生态地理区域，植被和土壤、生物多样性及其自然保护、大气环境、人口密度/城市化和社会经济的梯度及其变化等进行研究与分析。

本书既为教学、科普及宣传等提供广泛翔实的科学素材，也为国内外全球变化科研从业者提供真实可靠的基础数据。

图书在版编目(CIP)数据

东北亚南北综合样带的构建与梯度分析／江洪等著．—北京：科学出版社，2016.5

(中国北方及其毗邻地区综合科学考察)

“十三五”国家重点图书出版规划项目

ISBN 978-7-03-038960-2

Ⅰ.①东… Ⅱ.①江… Ⅲ.①生态环境-研究-东亚 Ⅳ.①X21

中国版本图书馆 CIP 数据核字（2013）第 251246 号

责任编辑：李 敏 周 杰／责任校对：彭 涛

责任印制：肖 兴／封面设计：黄华斌 陈 敬

科学出版社 出版

北京东黄城根北街 16 号

邮政编码：100717

http://www.sciencep.com

中国科学院印刷厂 印刷

科学出版社发行 各地新华书店经销

*

2016 年 5 月第 一 版 开本：787×1092 1/16

2016 年 5 月第一次印刷 印张：18 3/4

字数：400 000

定价：128.00 元

（如有印装质量问题，我社负责调换）

中国北方及其毗邻地区综合科学考察
丛书编委会

项目顾问委员会

中国北方及其毗邻地区综合科学考察
丛书编委会

项目专家组

中国北方及其毗邻地区综合科学考察
丛书编委会

编辑委员会

《东北亚南北综合样带的构建与梯度分析》

撰写委员会

主　　笔　江　洪

副 主 笔　王卷乐　金佳鑫

执笔人员　朱立君　张秀英　宋　佳　王　颖
程苗苗　韩　英　王　可　施成艳
徐晓华　孔　艳　徐　伟　张林静
王祎鑫　高孟绪　刘　鹏

序　一

科技部科技基础性工作专项重点项目“中国北方及其毗邻地区综合科学考察”经过中、俄、蒙三国30多家科研机构170余位科学家5年多的辛勤劳动，终于圆满完成既定的科学考察任务，形成系列科学考察报告，共10册。

中国北方及其毗邻的俄罗斯西伯利亚、远东地区及蒙古国是东北亚地区的重要组成部分。除了20世纪50年代对中苏合作的黑龙江流域综合考察外，长期以来，中国很少对该地区进行综合考察，尤其缺乏对俄蒙两国高纬度地区的考察研究。因此，该项考察成果的出版将为填补中国在该地区数据资料的空白做出重要贡献，且将为全球变化研究提供基础数据支持，对东北亚生态安全和可持续发展、“丝绸之路经济带”和“中俄蒙经济走廊”的建设具有重要的战略意义。

这次考察面积近2000万km^2，考察内容包括地理环境、土壤、植被、生物多样性、河流湖泊、人居环境、经济社会、气候变化、东北亚南北生态样带、综合科学考察技术规范等，是一项科学价值大、综合性强的跨国科学考察工作。系列科学考察报告是一套资料翔实，内容丰富，图文并茂的重要成果。

我相信，《中国北方及其毗邻地区综合科学考察》丛书的出版是一个良好的开端，这一地区还有待进一步深入全面考察研究。衷心希望项目组再接再厉，为中国的综合科学考察事业做出更大的贡献。

孙鸿烈

2014年12月

序　二

2001 年，科技部启动科技基础性工作专项，明确了科技基础性工作是指对基本科学数据、资料和相关信息进行系统的考察、采集、鉴定，并进行评价和综合分析，以加强我国基础数据资料薄弱环节，探求基本规律，推动科学基础资料信息流动与利用的工作。近年来，科技基础性工作不断加强，综合科学考察进一步规范。“中国北方及其毗邻地区综合科学考察”正是科技部科技基础性工作专项资助的重点项目。

中国北方及其毗邻的俄罗斯西伯利亚、远东地区和蒙古国在地理环境上是一个整体，是东北亚地区的重要组成部分。随着全球化和多极化趋势的加强，东北亚地区的地缘战略地位不断提升，越来越成为大国竞争的热点和焦点。东北亚地区生态环境格局复杂多样，自然过程和人类活动相互作用，对中国资源、环境与社会经济发展具有深刻的影响。长期以来，中国缺少对该地区的科学研究和数据积累，尤其缺乏对俄蒙两国高纬度地区的考察研究。因此，该项综合科学考察成果的出版将填补我国在该地区长期缺乏数据资料的空白。该项综合科学考察工作必将极大地支持中国在全球变化领域中对该地区的创新研究，支持东北亚国际生态安全、资源安全等重大战略决策的制定，对中国社会经济可持续发展特别是丝绸之路经济带和中俄蒙经济走廊的建设都具有重要的战略意义。

《中国北方及其毗邻地区综合科学考察》丛书是中俄蒙三国 170 余位科学家通过 5 年多艰苦科学考察后，用两年多时间分析样本、整理数据、编撰完成的研究成果。该项科学考察体现了以下特点：

一是国际性。该项工作联合俄罗斯科学院、蒙古国科学院及中国 30 多家科研机构，开展跨国联合科学考察，吸收俄蒙资深科学家和中青年专家参与，使中断数十年的中苏联合科学考察工作在新时期得以延续。项目考察过程中，科考队员深入俄罗斯勒拿河流域、北冰洋沿岸、贝加尔湖流域、远东及太平洋沿岸等地区，采集到大量国外动物、植物、土壤、水样等标本。该项考察工作还探索出利用国外生态观测台站和实验室观测、实验获取第一手数据资料，合作共赢的国际合作模式。如此大规模的跨国科学考察，必将有力地推进中国综合科学考察工作的国际化。

二是综合性。从考察内容看，涉及地理环境、土壤植被、生物多样性、河流湖泊、人居环境、社会经济、气候变化、东北亚南北生态样带以及国际综合科学考察技术规范等内容，是一项内容丰富、综合性强的科学考察工作。

三是创新性。该项考察范围涉及近 2000 万 km^2。项目组探索出点、线、面结合，遥感监测与实地调查相结合，利用样带开展大面积综合科学考察的创新模式，建立 E-Science 信息化数据交流和共享平台，自主研制便携式野外数据采集仪。上述创新模式和技术保障了各项考察任务的圆满完成。

考察报告资料翔实，数据丰富，观点明确，在科学分析的基础上还提出中俄蒙跨国合作的建议，有许多创新之处。当然，由于考察区广袤，环境复杂，条件艰苦，对俄罗斯和蒙古全境自然资源、地理环境、生态系统与人类活动等专题性系统深入的综合科学考察还有待下一步全面展开。我相信，《中国北方及其毗邻地区综合科学考察》丛书的面世将对中国国际科学考察事业产生里程碑式的推动作用。衷心希望项目组全体专家再接再厉，为中国的综合科学考察事业做出更大的贡献。

2014 年 12 月

序　三

进入21世纪以来，我国启动实施科技基础性工作专项，支持通过科学考察、调查等过程，对基础科学数据资料进行系统收集和综合分析，以探求基本的科学规律。科技基础性工作长期采集和积累的科学数据与资料，为我国科技创新、政府决策、经济社会发展和保障国家安全发挥了巨大的支撑作用。这是我国科技发展的重要基础，是科技进步与创新的必要条件，也是整体科技水平提高和经济社会可持续发展的基石。

2008年，科技部正式启动科技基础性工作专项重点项目“中国北方及其毗邻地区综合科学考察”，标志着我国跨国综合科学考察工作迈出了坚实的一步。这是我国首次开展对俄罗斯和蒙古国中高纬度地区的大型综合科学考察，在我国科技基础性工作史上具有划时代的意义。在该项目的推动下，以董锁成研究员为首席科学家的项目全体成员，联合国内外170余位科学家，利用5年多的时间连续对俄罗斯远东地区、西伯利亚地区、蒙古国，中国北方地区展开综合科学考察，该项目接续了中断数十年的中苏科学考察。科考队员足迹遍布俄罗斯北冰洋沿岸、东亚太平洋沿岸、贝加尔湖沿岸、勒拿河沿岸、阿穆尔河沿岸、西伯利亚铁路沿线、蒙古沙漠戈壁、中国北方等人迹罕至之处，历尽千辛万苦，成功获取考察区范围内成系列的原始森林、土壤、水、鱼类、藻类等珍贵样品和标本3000多个（号），地图和数据文献资料400多套（册），填补了我国近几十年在该地区的资料空白。同时，项目专家组在国际上首次尝试构建东北亚南北生态样带，揭示了东北亚生态、环境和经济社会样带的梯度变化规律；在国内首次制定16项综合科学考察标准规范，并自主研制了野外考察信息采集系统和分析软件；与俄蒙科研机构签署12项合作协议，创建了中俄蒙长期野外定位观测平台和E-Science数据共享与交流网络平台。项目取得的重大成果为我国今后系统研究俄蒙地区资源开发利用和区域可持续发展奠定了坚实的基础。我相信，在此项工作基础上完成的《中国北方及其毗邻地区综合科学考察》丛书，将是极富科学价值的。

中国北方及其毗邻地区在地理环境上是一个整体，它占据了全球最大的大陆——欧亚大陆东部及其腹地，其自然景观和生态格局复杂多样，自然环境和经济社会相互影响，在全球格局中，该地区具有十分重要的地缘政治、地缘经济和地缘生态环境战略地位。中俄蒙三国之间有着悠久的历史渊源、紧密联系的自然环境与社会经济活动，区内生态建设、环境保护与经济发展具有强烈的互补性和潜在的合作需求。在全球变化的背景下，该地区在自然环境和经济社会等诸多方面正发生重大变化，有许多重大科学问题亟待各国科学家共同探索，共同寻求该区域可持续发展路径。当务之急是摸清现状。例如，在当前应对气候变化的国际谈判、履约和节能减排重大决策中，迫切需要长期采集和积累的基础性、权威性全球气候环境变化基础数据资料作为支撑。在能源资源越来越短缺的今天，我国要获取和利用国内外的能源资源，首先必须有相关国家的资源环境基础资料。俄蒙等周边国家在我国全球资源战略中占有极其重要的地位。

中国科学家十分重视与俄、蒙等国科学家的学术联系，并与国外相关科研院所保持着长期良好的合作关系。1998 年、2004 年，全国人大常委会副委员长、中国科学院院长路甬祥两次访问俄罗斯，并代表中国科学院与俄罗斯科学院签署两院院际合作协议。2005 年、2006 年，中国科学院地理科学与资源研究所等单位与俄罗斯科学院、蒙古科学院中亚等国科学院相关研究所成功组织了一系列综合科学考察与合作研究。近年来，各国科学家合作交流更加频繁，合作领域更加广泛，合作研究更加深入。《中国北方及其毗邻地区综合科学考察》丛书正是基于多年跨国综合科学考察与合作研究的成果结晶。该项成果包括：《中国北方及其毗邻地区科学考察综合报告》、《中国北方及其毗邻地区土地利用/土地覆被科学考察报告》、《中国北方及其毗邻地区地理环境背景科学考察报告》、《中国北方及其毗邻地区生物多样性科学考察报告》、《中国北方及其毗邻地区大河流域及典型湖泊科学考察报告》、《中国北方及其毗邻地区经济社会科学考察报告》、《中国北方及其毗邻地区人居环境科学考察报告》、《东北亚南北综合样带的构建与梯度分析》、《中国北方及其毗邻地区综合科学考察数据集》、*Proceedings of the International Forum on Regional Sustainable Development of Northeast and Central Asia*。

2013 年 9 月，习近平主席访问哈萨克斯坦时提出“共建丝绸之路经济带”的战略构想，得到各国领导人的响应。中国与俄蒙正在建立全面战略协作伙伴关系，俄罗斯科技界和政府部门正在着手建设欧亚北部跨大陆板块的交通经济带。2014 年 9 月，习近平主席提出建设中俄蒙经济走廊的战略构想，从我国北方经西伯利亚大铁路往西到欧洲，有望成为丝绸之路经济带建设的一条重要通道。在上海合作组织的框架下，巩固中俄蒙以及中国与中亚各国之间的战略合作伙伴关系是丝绸之路经济带建设的基石。资源、环境及科技合作是中俄蒙合作的优先领域和重要切入点，迫切需要通过科技基础工作加强对俄蒙的重点考察、调查与研究。在这个重大的历史时刻，中国北方及其毗邻地区综合科学考察丛书的出版，对广大科技工作者、政府决策部门和国际同行都是一项非常及时的、极富学术价值的重大成果。

2014 年 12 月

前　　言

近30年来，气候变化与人类足迹对陆地生态系统影响的研究不仅成为科学研究的热点，而且成为全社会共同关心的问题。国际科学联合会于1986年启动国际地圈–生物圈计划，目的是为了增强对未来全球变化影响进行预测，以制定国家及全球资源管理与环境应对战略。IGBP中所包含的全球变化与陆地生态系统计划主要研究大气成分、气候、人类活动和其他环境变化对于陆地生态系统结构和功能的影响，预测未来全球变化对于森林、农田等生态系统的影响。陆地样带研究是全球变化与陆地生态系统计划的一个重要内容，因为样带是沿着某个主要全球变化驱动因素（温度、降水、土地利用强度等）梯度的一系列研究站点所构成的带状考察区，被认为是研究全球变化与陆地生态系统关系的最有效途径之一。样带是分散站点观测研究与一定空间区域综合分析之间的桥梁以及不同尺度时空模型之间耦合和转换的媒介，尤其对于全球变化驱动因素的梯度分析，样带研究更是最为有效的途径。

在中国北方及其毗邻地区，IGBP设有4条国际标准样带：中国东北样带、中国东部南北样带、俄罗斯远东样带、西西伯利亚样带。过去10年中，中俄科学家各自在这4条样带开展大量工作。然而，囿于各种条件，上述同属于中国北方及其毗邻地区的样带在地域上并没有很好地连接起来，也没有组织对这一地区的生态环境、社会经济、自然地理背景及水资源进行系统、科学、统一的综合考察。随着近年来中俄双边科技合作的加强、全球变化研究的日益升温，以及前期两条样带数据积累与研究的逐渐完善，建立一条纵贯中国北方及其毗邻地区的国际样带，具有较强的可行性。本书基于中国北方及其毗邻地区自然环境与人类活动综合科学考察、专题考察成果，以全球陆地样带方法、思想，对东北亚南北样带中气候、土地利用/土地覆被、水资源和水环境、生态地理区域/植被和土壤、生物多样性及其自然保护、大气环境、人口密度/城市化和社会经济的梯度及其变化等进行研究与分析。

作　者

2014年9月

目　　录

第1章　绪　论

样带考察与调查及考察成果综合集成（2007FY110300-8）是国家科技基础性工作专项重点项目“中国北方及其毗邻地区综合科学考察”第8课题的主要任务。本研究所建立的东北亚南北样带（图1-1）的空间范围是32°N～78°N，105°E～118°E。本研究通过样带综合科学考察和专题考察成果集成对比，制订东北亚南北样带（North-South Transect of Northeast Asia，NSTNEA）自然环境与人类活动梯度，分别对气候要素、土地利用/土地覆被、水资源和水环境、生态地理区域/植被和土壤、生物多样性及其自然保护、大气环境、人口密度/城市化和社会经济的梯度及其变化等方面进行重点研究与分析。

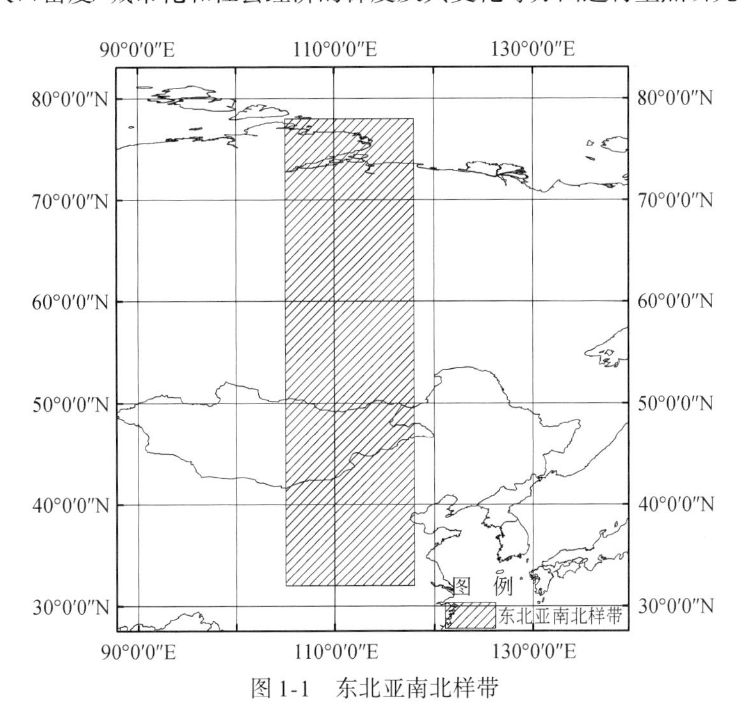

图1-1　东北亚南北样带

1.1　样带研究的科学意义

1.1.1　IGBP样带定义

国际地圈-生物圈计划（International Geosphere-Biosphere Programme，IGBP）样带（Transect）用于反映主要环境因子变化对陆地生态系统的结构/功能/组成、生物圈-大气圈痕量气体交换和水分循环等的影响（图1-2）。每条样带都由分布在一个较大地理范围（量级为1000km或更大）内的一系列研究站点组成。样带包含生态系统结构和功能的基本控制因子梯度，例如，气候、土壤或土地利用梯度，从潮湿热带森林到干旱稀树草原的降水梯度。实际上，所有的IGBP样带控制因子都具有一定的复杂性，都不是简单的空间线性变异，多种多样的因子对整个生态系统的结构和功能都会有所影响，并相互联系以决定其动态。然而，一个强烈基本梯度的存在可反映沿样带的生态系统与该因子及其他环境因子的相互关系，因此可帮助我们理解这些系统的功能，以及它们大概是如何变化的。

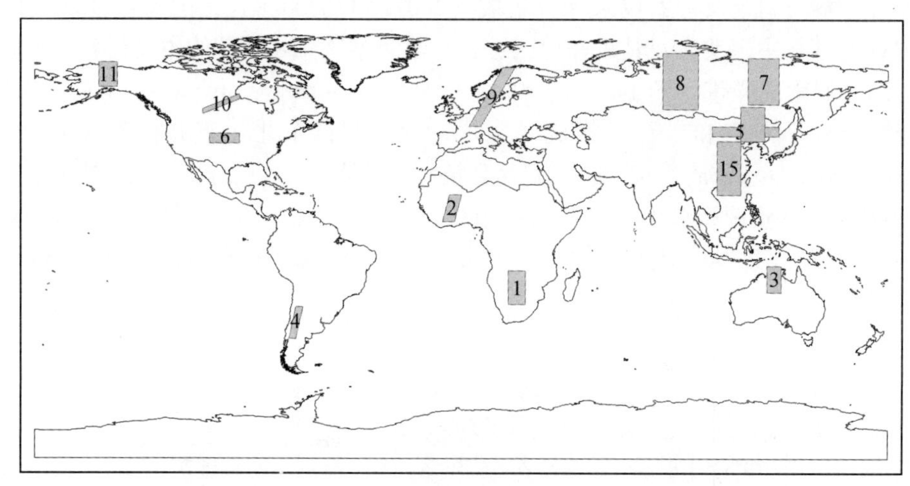

图1-2 全球IGBP陆地样带及东北亚南北样带位置
数字为样带编号

在某些情况下，环境梯度足以向自然空间提供一个大概的线性梯度，但这对样带研究并不是一个必备条件。对某些问题，尤其是那些包含尺度转换和依赖于相互联系的过程，自然地理连续的梯度是很重要的。通常，样带的长度大约1000km量级，以确保覆盖气候和大气模式的空间范围，且与决策尺度相关，但原则上它们没有固定宽度。

图1-3表明一般样带研究设计会结合若干野外研究站点和大量的样点。尽管没在图上注明，但样带有次要梯度。也就是说，一系列沿着主要梯度聚合在一个研究台站附近的样点，可以为另外的全球变化变量取样，如土地利用强度（例如，在半干旱热带样带的放牧强度）。沿一对主要和次要梯度进行研究对于确定多变量的相对重要性及它们的相互联系具有重要意义。

除了在空间上单一环境因子连续变化且梯度相对明确的样带外，IGBP还建立了一组以土地利用强度为基本梯度的样带。这些梯度在空间上比拟线性样带更为复杂。因为在不同强度土地利用条件下的生态系统很少以这样一种方式分布，即沿一个区域性样带的距离位置直接对应于土地利用强度。然而，沿不同土地利用强度梯度来设置样带是可行的，如从未经营管理的森林到择伐林地，到皆伐林地，随之为森林演替而转成牧场，到转成永久性的高产出农业。因此，在一个区域内的样点就能根据它们沿着这样一种梯度的位置来定位和评估，从而形成一种类似于单调空间湿度或温度梯度的状况。

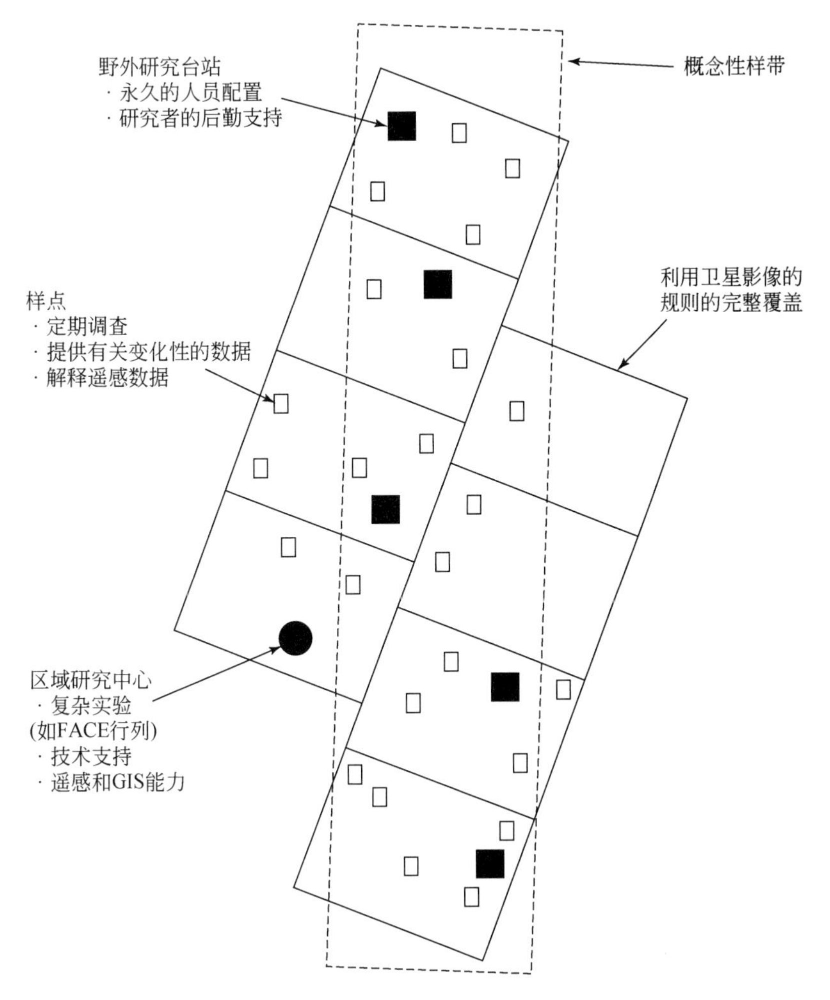

图 1-3 一般样带研究设计

概念性样带大约 1000km 长，数百千米宽

1.1.2 IGBP 样带选择标准

根据相当严格的一套标准选择和建立 IGBP 样带。每条样带都应具有以下特点。

1）代表生态地理梯度：代表一系列具有明确和连续差别的样点，可以反映一个主要的环境因子在人为全球环境变化条件下所发生的变化（或已经变化）。

2）对气候变化比较敏感：位于受到全球环境变化组分的压力而已经被改变或很可能被改变的地区，其变化本身可能具有全球意义，或者该变化可能反馈影响大气、气候或水文系统。

3）具有较宽阔的地理梯度：①从有关样带研究中获得的认识可扩展到更为广泛的区域；②样带需跨越不同生活类型优势物种系统之间的过渡带（如森林/草原或稀树草原、泰加林/冻原）；③样带研究所需求的科研资源一般超出国家对单个研究组所能资助的范围；④样带不应太广，以致失去焦点，如从极地到极地的样带。

4）作为全球变化的大型研究计划的支撑：从若干 IGBP 核心计划和框架活动中得到并为若干 IGBP 活动提供的有用资源。

5）具有全球影响的科学家和研究队伍，有长期研究的定位站点：具有已经建成或随着研究样点的选择而积极发展的研究队伍，并且要有一位明确的、能作为代表的样带科学家和一个样带研究的联络点。

样带的建设是一个渐进的过程。1990 年以来，IGBP 全球样带已经发展到 18 条。现在根据全球变化的研究需要，还在逐步增加新的样带。特别是某些具有重要意义的样带，如一个新的环境因子、一个新的生物群区间的过渡带或者一个全球重要区域的代表，将被列入 IGBP 样带计划。

1.2 全球样带研究进展

1.2.1 IGBP 样带的主要研究特点

样带是沿着某个主要全球变化驱动因素（温度、降水、土地利用强度等）梯度的一系列研究站点所构成的带状考察区，被认为是研究全球变化与陆地生态系统关系的最有效途径之一。样带是分散站点观测研究与一定空间区域综合分析之间的桥梁以及不同尺度时空模型之间耦合和转换的媒介，尤其对于全球变化驱动因素的梯度分析，样带研究更是最为有效的途径。

IGBP 陆地样带由一系列沿着基本梯度分布的研究站点组成，长度大约 1000km，并有足够宽度以涵盖遥感影像的范围。当样带代表一个空间变异的单一控制因子的简单梯度时最易被识别，例如，从潮湿的热带森林到干旱稀树草原（Savanna）的降水梯度。

早在 IGBP 核心计划——全球变化与陆地生态系统（GCTE）的规划阶段，人们就已清楚地认识到样带研究的必要性，尽管样带最初是作为 GCTE 的一个活动提出的，但很明显，它将成为其他 IGBP 核心计划的重要研究工具。样带提供了一个非常好的机会来研究陆地生态系统在控制重要的陆地表面过程中的作用，如痕量气体排放（IGAC），随大气的水和能量相互交换（BAHC）；样带还被用于研究土地利用变化对重要的生态系统功能（GCTE，IGAC，BAHC，LOICZ）、生态系统结构与组成（GCTE，LUCC）影响的本质。特别要强调在样带中从小的斑块到区域水平研究的扩大，它们将是遥感科学应用到陆地全球变化问题（IGBP-DIS）的理想实验台；在区域尺度上也可能与 START 网络的其他活动紧密协调。此外，PAGES 已发展一个极地—赤道—极地（PEP）样带系统，并努力提供长时期的框架结构。因此，这些样带实际上是 IGBP 的研究工具，这将极大地增加我们对陆地生物圈在全球变化中作用的理解。在区域尺度上对全球变化影响生物地球化学、地表与大气之间的交换、陆地生态系统的组成与结构的综合理解，将为在全球分析、解释和模拟（GAIM）计划中发展全球模型的校验和证实提供极好的输入。

现行或预测的大气成分、土地利用和气候的变化，共同称为全球变化，很可能显著改变生物地球化学、地表与大气之间的交换及陆地生态系统的结构和功能，并因而可能导致对全球变化组分的反馈。沿着每个基本控制因子的现有梯度，通过分散的观测和实验可有效地预测全球变化反应；比较研究在理解生态系统过程的格局控制方面长期以来被证明是有效的，而且基于对一个环境因子的明确界定和连续变化的比较则更能得到对这个因素控制生态系统功能的良好洞察；沿着一个环境梯度重复生态系统水平的实验，可以用来分析基本的环境因子、其他环境变量和生态系统的生物组分之间的相互关系；推动同一地点的不同学科科学家的协作，促进有限的科技资源的有效利用和为处理与全球变化有关的复杂疑难问题提供有利对策；促进从较小尺度过程研究外延到决策者和地球系统科学的其他研究者感兴趣的区域性和全球研究范畴。

除了这些一般性的考虑，梯度技术还能够用于陈述一些特殊的全球变化问题。这包括需要长期预平衡的问题（大尺度的梯度，其现有空间差异可被用作预期的时间变异的类似物，结合斑块尺度上运行的实验，提供一个理解全球变化长期反应的有利工具）、空间范畴具有实质性的问题（空间上的连续作用过程需沿连续统一体来研究，在全球变化研究的许多方面，一个关键的不确定性是，由于相邻斑块间的相互作用，大尺度上一个过程的净影响是不是发生在较小尺度斑块上过程的简单总和，这个问题只能通过在斑块上和一系列嵌套的尺度上进行测定来回答）、沿一个连续统一体的阈值确定（生态系统过程的反映并不是一个给定的全球变化变量的简单或线性函数，沿全球变化单元现有梯度的研究可能揭示不连续性，这种不连续性能够为更集中的实验提供基础）和梯度驱动过程的问题（在某些地方对生态系统的功能来说，强烈和完整的梯度对于正确认识该系统有决定性作用）等。

1.2.2 样带研究的主要成果

McGuire 等（2002）通过对高纬度地区环境变量、植被分布、碳循环及水分能量交换的研究，指出高纬度生态系统对全球变化的响应包含许多环境变量（如植被分布、碳动力因素、水和能量的交换）之间的交互作用，该响应会对地球系统产生重要的影响。基于高纬度 IGBP 生态样带网络，评估植被的分布、碳存储和水能交换等多个环境变量。这些高纬度样带显著特点是其气温从南到北呈现梯度变化，不同样带之间的气温呈现显著的差异。同样，不同样带之间的降水和光合作用辐射也存在着差异。气候和扰动效应都影响着纬度模式下样带的植被状况和土壤含碳量，而植被分布和气候状况交互决定着高纬地区水热互相交换。尽管得到的数据有一定的限制条件，但仍然可以依此进行分析，进而阐明高纬样带地区多环境变量（如植被分布、碳存储、水和能量的交换）之间交互作用的复杂性。该研究有助于揭示气候、扰动和植被分布如何影响高纬度地区碳、水和能量之间的交换，对全球变化的研究起引导作用。

Barrett 等（2002）着眼于美国中部草原气候变量与植被生产力及氮矿化间的关系，在 IGBP 北美中纬度样带，评估每年和每季环境变化对土壤有机质的影响、地表净初级生产力和某地区实地观测的净含氮矿物质。假定土壤有机质的变化趋势和平均环境因子密切相关，ANPP（年净初级生产力）和净含氮矿物质会受到环境年际和季节变化的强烈影响，因为它们的动态过程对气温、降水的短期变化非常敏感。从长期的气候变化尤其是降水来看，季节和月差异在样带末端的半干旱地区最为明显。ANPP 对环境变化比较敏感，但也和年际气候因素密切相关。实地观测的净含氮矿化作用和硝化作用在潜伏期受土壤水分含量和温度的影响很弱，而且对环境季节变化的敏感度低于 ANPP。其原因可能是土壤中含氮微生物交换在相对好的环境中已达到均衡状态，而ANPP和净含氮矿化作用之间没有关系。

Malhi等（2002）利用亚马孙地区的温度升高、降水变化、CO_2施肥效应、生物栖息地损失及这些变化所导致的重要生态和生物地理化学变化进行了研究，并构建了RAINFOR国际网络，通过监测森林生物量及其动态变化来揭示它们与土壤及气候变化的关系。该网络依托独立研究工作者的采样数据，部分数据可以回溯到数十年前。初步结果表明，该网络可用于在大陆尺度探索植被及气候间的关系。

Austin和Sala（2002）对南美温带地区IGBP样带降水在生态系统过程中所起作用进行了研究，该样带包括阿根廷巴塔哥尼亚南部地区年均降水量100～800mm连续的降水梯度，植物种类包括从沙漠灌木到高郁闭度森林。土壤含水量随季节与年降水量变化，且其增加量与年降水增加量呈线性关系。地面净初级生产力随降水梯度呈线性增加，土壤有机质同样与年均降水量有较强线性相关性。

Murdiyarso等（2002）利用苏门答腊占碑样带，对可持续的土地利用方式及其环境效益进行了研究，指出森林的环境服务功能并非以线性过程增减。他们对现存或未来生产系统进行环境指标以及经济指标和可持续发展能力进行量化考核，认为以复杂农业森林形式为代表的中等强度土地利用类型可以在可持续发展且具有经济价值的土地利用区域保持全球环境效益。

Yu等（2002）就区系及环境变量对加拿大中部样带北方森林生态系统碳循环变化影响进行了研究，指出森林表层特征在实验点变量中最为重要。在低地云杉样点中，较厚的表层有机质层在调节土壤温度、湿度和有机质分解等影响生态系统碳循环过程中扮演重要角色；在北方生态系统不同演替阶段不同要素间的碳循环是十分复杂的。

Vedrova等（2002）通过叶尼塞样带对中西伯利亚南部北方森林中樟子松、落叶松和白桦自然生态系统生产力与分解的平衡状况进行了评价，并调查了伐木、火灾等人为干扰对碳收支的影响。对樟子松、落叶松鹤白桦等物种在不同生长时段的碳源碳汇作用进行了比较与分析，并估计其植被净初级生产力变化。

此外，全球样带研究还包括Jia等（2002）利用AVHRR-NDVI探索阿拉斯加北部纬度样带空间特征，Zhou等（2002）开展了中国东北样带草原生态系统对于降水和土地利用的响应研究，Pan等（2002）在美国大陆地区湿度样带中进行了生物地理化学机理的动态植被模型及其应用的研究，Murphy等（2002）进行的北美中部草原凋落物质量区域分析、Schulze（2002）对欧洲土地利用研究进行了总结，Cook等（2002）基于澳大利亚北部热带样带对稀树草原植被的水分利用变化进行了研究，Scholes等（2002）利用卡拉哈里干旱梯度进行了稀树草原结构与成分趋势研究。

1.3 样带研究的科学方法

1.3.1 全球4个关键地区的样带概况

初步设置的IGBP样带位于4个关键地区（表1-1），其确立依据是它们被全球变化组分所改变的可能性和对全球变化的潜在反馈强度。这些地区包括：①从北方森林到冻原的高纬度寒冷地区；②从森林或灌丛过渡到草原的中纬度半干旱地区；③从干旱森林到灌丛的半干旱热带地区；④经受土地利用变化的潮湿热带地区。我们希望在每个地区，在半球或大陆之间都有样带分布。

表1-1 初步设置的IGBP样带位于4个关键地区

地区	土地覆被	主要全球变化梯度	次要梯度
高纬度寒冷地区	北方森林-冻原	温度	降水养分状况
中纬度半干旱地区	森林-草原-灌丛	降水	土地利用强度
半干旱热带地区	森林-疏林-灌丛（稀树草原）	降水	土地利用强度养分状况
潮湿热带地区	热带森林及其农业衍生物	土地利用强度	降水

（1）高纬度寒冷地区——热量和水分协同驱动的区域

高纬度陆地生态系统占据地球陆地表面的大约25%，按现在的估计，该类型储存800～900 Gt碳，大约是全球陆地生态系统碳总量的33%。这些生态系统一般对气候变化表现得十分敏感，在所有的组织水平即植被生理生态学、土壤和湿地过程、群落水平的动态以及干扰的频度和强度都具有可观测到的反应。尽管现在极地附近的冻原和北方生物群区作为大气CO_2的主要陆地汇而起作用，但预期的全球变化可能导致其所储存的碳加速释放，在未来的50～100年里成为CO_2的净源，由此温室效应加剧。最近的研究与之相反，增温可增加氮矿化的速率及土壤呼吸，导致当前营养物质稳定的冻原地区的植被碳储量增加。另外的研究表明，现有北方森林大范围消失将引起地表反射率和粗糙度的改变，甚至可能引起全球气候显著变冷。

已建议的高纬度样带包括加拿大样带、西伯利亚样带、阿拉斯加样带和斯堪的纳维亚样带，这些样带所研究的主要问题包括：温度、土壤湿度和土地利用梯度是如何影响限定生物群区边界生物过程的；何项梯度（温度、土壤湿度、营养、生物群等）在影响碳平衡方面最为重要；净碳平衡如何沿梯度变化；在干扰体系下土地利用变化和气候变化将如何影响生态系统碳平衡和地表特征；预期的全球变化对高纬度生态系统可能产生的社会、经济影响等。

（2）中纬度半干旱地区——水分驱动区域

从温带半干旱到亚湿润地区的样带代表生态系统对水分有效性响应的（降水和潜在蒸散）梯度，该梯度的植被表现为从干旱端草原和灌丛到湿润端森林的过渡。中纬度梯度中的生态系统具有一个重要的特征，是碳素主要储存的位置和大小在整个样带的梯度变化。碳储量从干旱到湿润端，最大碳库的位置从草原的地下部变成森林的地上部，这些碳库对全球变化扰动的响应以及由此产生的区域和全球后果因它们在样带上的位置不同而不同。由气候变化导致的温度和降水的变化可能改变水分利用有效性，因此位于敏感区的地点将提供大量全球变化响应信息。这些样带所代表的区域覆盖地球表面的大部分地区，有研究预测中纬度地区气候将有显著变化。例如，如果气候变化增加或减少干旱的频率和强度，那么该地区的生态系统结构和功能将有重大变化。

该地区内已建立3条样带——北美大草原样带、中国东北样带和潘帕斯样带，指导这些样带工作的一般问题是“水分利用有效性是如何影响植物功能型组成、土壤有机质、净初级生产力痕量气体通量和土地利用分布的”。中纬度样带所涉及的特殊问题包括降水量及其分配是如何影响生长于这 3 个样带植被功能类型（PFT）集群的，在气候、土壤类型、PFT 和生态系统过程（如痕量气体排放）之间的主要相互关系是什么，土壤有机质和营养动态的平衡格局是如何被 PFT 格局影响的，土壤有机质和营养动态的格局是如何通过植被时间变化而变化的，全球变化条件下作物生产的适宜性/持续性的地区将如何变化等。

（3）半干旱热带地区——水分驱动区域

在半干旱地区，决定生态系统结构和功能的主要环境梯度是干燥度。半干旱热带地区占据全球陆地表面的 1/5，发展中国家大部分急剧增长的人口分布于此，全球大部分的家畜也生活在该地带。尽管碳的密度并不高，但大范围的陆地使它们拥有一个重要的碳库（大约 134Pg C），并成为全球 NPP 的重要贡献者（7. 6Pg C/a）。半干旱热带地区跨越赤道辐合带，全球环流系统的微小变化都会造成巨大的地面气候变化。它们也跨越从潮湿热带地区的木本生态系统到亚热带荒漠地区的以草本和灌木为基础的生态系统的过渡带，这个过渡带伴以木质生物量和土壤中碳储量的巨大差异。广泛分布于该地区的稀树草原具有成为全球性重要碳汇或碳源的潜力，这依赖于气候变化的趋势（尤其是降水方面），并响应于土地利用的变化，如火灾的状况或种植农业扩展的变化。在半干旱热带地区稀树草原中树木和草本的比例是动态的，且受到降水、大气 CO_2 浓度和放牧压力等分布和强度变化的显著影响。季节性的干旱气候使半干旱热带地区稀树草原成为全球生物量燃烧的主要场所，并对痕量气体排放和大气气溶胶组成具有全球性重要影响。

研究人员已提出的 3 条沿热带干燥度梯度的样带包括澳大利亚北部热带样带（NATT）、西非热带稀树草原长期研究区（SALT）和南非卡拉哈里样带。这些样带的研究包括：土壤类型相关的水分平衡和土地利用变化的相互作用；沿湿度有效性梯度变化的关键植物特征或功能性；木本和草本植物的分布界限及生物量密度与气候和土地利用间关系及对增加 CO_2 和气候与土地利用改变的响应；C、N 循环与全球变化的关系；稀树草原经由 CH_4、CO、NO_x、非甲基碳水化合物和气溶胶颗粒的火成和生物排放对全球大气圈的大气反馈强度；沿木本到草本群聚变化梯度 VOC、NO 和 O_3 的排放变异状况等。

（4）潮湿热带地区——土地利用变化驱动区域

由于土地利用变化（通常是林业到农业利用的转换）对生物地球化学循环，尤其是全球碳和水循环有显著影响，潮湿热带地区成为全球变化研究高度优先的地区。这个影响发生在两个阶段：①初期森林开垦的技术对决定生物地球化学循环的短期改变有重要影响；②次生的农业利用类型和强度，则在确定长期影响上起到至关重要的作用。除了生物地球化学过程，土地转换/强化的结果还会影响到陆地表面和大气间的水和能量转换的生物控制，次生森林的组成、结构和生产力，生态复杂性及其与生态系统功能的相互关系等。

该地区已提议 6 条样带，分布在 3 个主要潮湿热带地区：中美和南美洲，中非和东南亚的每个地区中都有两个。在每个地区，一条样带将集中研究潮湿森林（亚马孙、印度尼西亚、喀麦隆），另一条将重点研究干旱森林（墨西哥、泰国、坦桑尼亚）。这些样带研究的最初焦点是关于生物地球化学循环过程及其在不同土地利用条件下所发生的改变，关键问题如土地开垦和后来的土地利用对C、营养物流失（或获得）的数量、途径及过程的影响，主要痕量气体通量（CO_2，CH_4，N_2O，CO，NO，VOC）与不同的土地利用格局的关系，这些过程对全球C、N循环和大气氧化能力的影响，不同土地利用序列的植被类型的陆地表面特征（反射率、粗糙度、总传导力），开垦和随后的土地利用对局地、景观和区域水文循环的影响及生物质燃烧对区域大气化学的影响等。此外，研究还将检验土地利用强度对再生森林的组成、结构和生产力的影响。尽管这些样带的计划中未包括开垦和其后的土地利用对复杂性/功能相互关系的影响，但样带确实为它们在以后的介入相关工作和在全球变化对热带农业影响的合作工作上提供一个好的框架结构。

1.3.2 样带研究和调查的内容

大气成分、土地利用和气候变化显著改变生物地球化学循环过程、地表和大气之间的交换、陆地生态系统的组成和结构，结果导致其各组分对全球变化的反馈。以样带为研究平台，可以由分散的观测研究和实验配合建模和综合分析，沿着现有的全球变化的参数梯度，如温度、降水和土地利用来组织多源数据，进行有关科学考察和研究。

一个良好和有效的调查指标体系和数据信息框架对样带研究的成功是至关重要的。样带研究包括汇编工作，某些情况下样带长期研究地点现有数据的重新整理，来自地面、航空和卫星测定的新数据的收集。这些数据将由国内和国际科学家在样带上的不同地点，通过多年的监测和考察获取。

1.3.3 梯度分析思路

本研究以东北亚南北样带为考察区，以1°为梯度单元的带宽，样带宽度为梯度单元的带长，从南至北并列排列共46条梯度单元，按梯度单元分别统计其范围内各个自然要素的平均状况。研究对象包括气候、土地利用/土地覆被、水资源与水环境、土壤、生态地理分区、植被、生物多样性、人口密度、城市化和社会经济、大气环境和自然干扰等，通过各自然要素随纬度变化的梯度特征，反映其对环境梯度变量的响应。

1.4 东北亚地区在样带研究中的地位

在中国北方及其毗邻地区，IGBP设有4条国际标准样带：中国东北样带、中国东部南北样带（1993年建立）、俄罗斯远东样带、西西伯利亚样带。过去10年中，中俄科学家各自在这4条样带开展了大量工作。其中，在中国东北样带和东部南北样带，研究人员进行了多方面深入细致的研究，包括样带梯度分析，生态系统响应与反馈，生态可持续性的时空分异，土地利用变化分析，土地利用变化对生态系统服务价值的影响，基于遥感植被指数的植物物候变化，土壤碳、氮、磷的梯度分布及其与气候因子的关系，植被净初级生产力模型模拟，碳循环，土壤有机质，样带植被种类及功能类型，人口密度变化驱动力及农业生态系统格局等。

然而，囿于各种条件，上述同属于中国北方及其毗邻地区的样带在地域上并没有很好地连接起来，也没有组织对这一地区的生态环境、社会经济、自然地理背景及水资源进行系统、科学、统一的综合考察。随着近年来中俄双边科技合作的加强、全球变化研究的日益升温，以及前期两条样带数据积累与研究的逐渐完善，建立一条纵贯中国北方及其毗邻地区的国际样带，具有较强的可行性。

第 2 章　　东北亚南北样带设计

2.1　东北亚南北样带范围

东北亚南北样带（图 2-1）的空间范围是 32°N ~ 78°N，105°E ~ 118°E，以贝加尔湖为中心，南至中国黄河北岸，北至北冰洋南岸，综合考虑温度和纬度水分差异、生态系统和经济社会考察的要求等，代表温度和纬度水分复合梯度。其中，包含的生态地理区有中国中部黄土高原混交林生态区、黄河平原混交林生态区、中国东北落叶林生态区、东西伯利亚针叶林生态区、贝加尔地区针叶林生态区、达乌尔森林草原生态区、蒙古–中国东北草原生态区、色楞格–鄂尔浑森林草原生态区、南西伯利亚森林草原生态区、鄂尔多斯高原草原生态区和跨贝加尔秃山苔原生态区等。

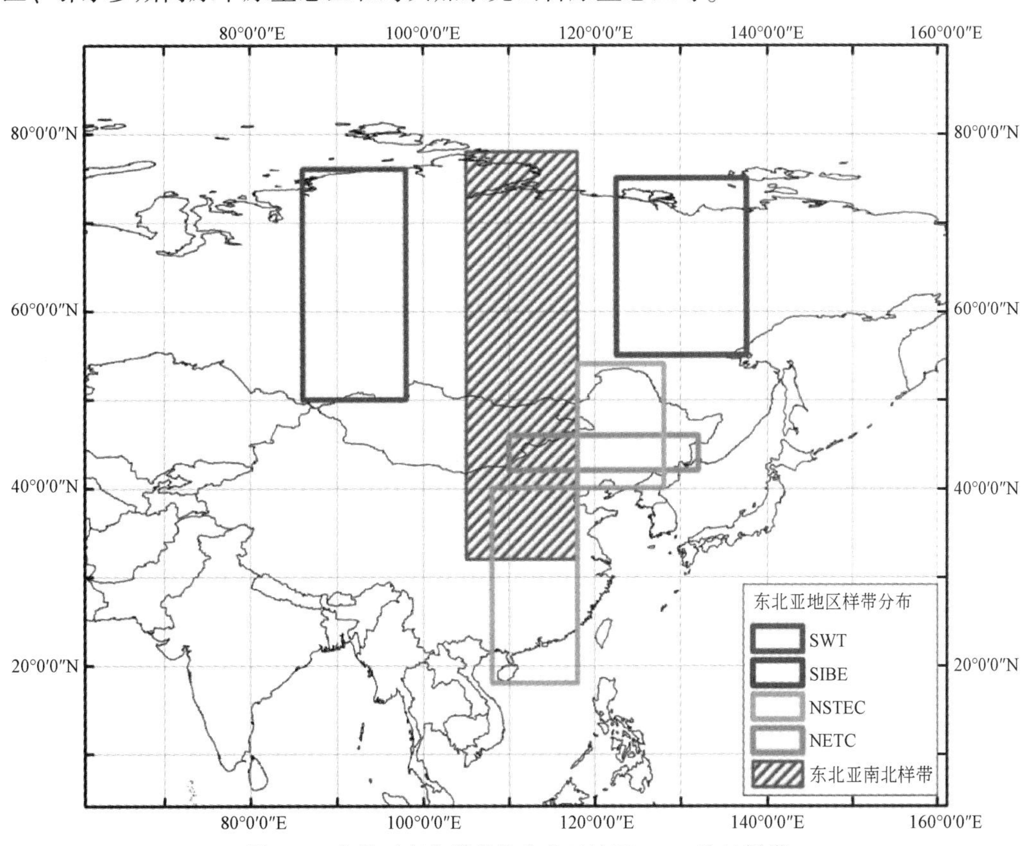

图 2-1　东北亚南北样带及东北亚地区 IGBP 陆地样带

SWT，西西伯利亚样带；SIBE，西伯利亚远东样带；NSTEC，中国东部南北样带；NETC，中国东北样带

2.2 东北亚南北样带指标体系

2.2.1 术语及定义

下列术语和定义适用于本指标体系。

1）降水量（precipitation）：从天空降落到地面上的液态或固态（经融化后）降水，未经蒸发、渗透、流失而在地面上积聚的水层深度。

2）降水强度（precipitation intensity）：单位时间内的降水量。

3）相对湿度（relative humidity）：湿空气的绝对湿度与相同温度下可能达到的最大绝对湿度之比，也可表示为湿空气中水蒸气分压力与相同温度下水的饱和压力之比。

4）蒸发量（evaporation）：由于蒸发而损失的水量。

5）地表温度（surface temperature）：直接与土壤表面接触的温度表所示的温度，包括地表定时温度、地表最低温度和地表最高温度。

6）土壤温度（soil temperature）：直接与地表以下土壤接触的温度表所示的温度，包括10cm、20cm、30cm、40cm等不同深度的土壤温度。

7）总辐射量（solar radiation）：距地面一定高度水平面上的短波辐射总量。

8）净辐射量（net radiation）：距地面一定高度的水平面上，太阳与大气向下发射的全辐射和地面向上发射的全辐射之差。

9）日照时数（duration of sunshine）：太阳在一地实际照射地面的时数。

10）半球反射率（albedo）：2π空间、太阳波谱范围内下垫面辐射出能量与太阳入射能量之比。

11）归一化植被指数（normalized differential vegetable index，NDVI）：反映土地覆被植被状况的一项遥感指标，定义为近红外通道与可见光通道反射率之差与之和的商。

12）叶面积指数（leaf area index，LAI）：一定土地面积上植物叶面积总和与土地面积之比。

13）净初级生产力（net primary productivity，NPP）：植物群落的总初级生产力扣除植物呼吸消耗所剩余的有机物的数量。

14）冻土（permafrost）：指0℃以下，并含有冰的各种岩石和土壤。

15）地表径流量（surface runoff）：降落于地面的雨水或融雪水，经填洼、下渗、蒸发等损失后，在坡面上和河槽中流动的水量。

16）立地质量（site quality）：按木材生产潜力对林业用地等级的评价。

17）森林生物量（forest biomass）：森林单位面积上长期积累的全部活有机体的总量。

18）理论载畜量（theoretic stocking density）：根据牧草的生长情况（包括牧草的品质、产量）评定的单位草原面积上放牧适度的条件下所能放牧的牲畜头数。

19）土壤容重（soil bulk density）：单位容积烘干土的质量。

20）土壤孔隙度（soil porosity）：单位容积土壤中空隙所占的百分率。孔径小于0.1mm的称为毛管孔隙，孔径大于0.1mm的称为非毛管孔隙。

21）物种丰富度（species richness）：一个地区内物种丰富的程度。

22）物种多样性指数（index of species diversity）：表征物种多样性的指数，是物种丰富度和均匀度的综合指标。

23）人口密度（population density）：单位面积土地上居住的人口数，是反映某一地区范围内人口疏密程度的指标。

24）国内生产总值（gross domestic product，GDP）：在一定时期内（1个季度或1年），一个国家或地区的经济中所生产出的全部最终产品和劳务的价值，常被公认为衡量国家经济状况的最佳指标。

25）固定资产投资（investment in fixed assets）：建造和购置固定资产的经济活动，即固定资产再生产活动。

26）财政收入（public finance revenue）：政府为履行其职能、实施公共政策和提供公共物品与服务需要而筹集的一切资金的总和。

27）财政支出（public finance expenditure）：也称公共财政支出，是指在市场经济条件下，政府为提供公共产品和服务，满足社会共同需要而进行的财政资金的支付。

28）畜禽存栏量（livestock and poultry breeding stock）：某一地区某时间的畜禽存栏头数，可以作为一个地区的畜禽繁育指标。

29）周转额（turnover amount）：资金投入生产再经过销售产品而收回的额度。

30）城市化水平（degree of urbanization）：衡量一个国家或地区城市化最主要的指标，由城镇人口占总人口的比重表示。

31）自然增长率（rate of natural increase）：一定时期内种群自然增长数（出生数量减死亡数量）与种群总数量之比。

32）大气垂直柱浓度（vertical column density）：采用从地面到高空垂直柱中的气体在0℃和1个标准大气压下总层厚度来反映大气中气体的含量。

33）大气气溶胶（atmospheric aerosol）：大气中悬浮均匀分布的相当数量的固体微粒和液体微粒所构成的稳定混合物，统称为大气气溶胶。

34）气溶胶光学厚度（aerosols optical depth，AOD）：气溶胶在垂直路径方向上消光系数的积分。

2.2.2 指标体系

（1）气候要素指标

各类观测指标见表2-1。

表2-1 气候要素指标

指标类别	观测指标	单位
空气温度	平均气温、最暖月均温、最冷月均温	℃
大气降水	年降水量	mm
	降水强度	mm/h
空气湿度	相对湿度	%
水面蒸发	蒸发量	mm

续表

指标类别	观测指标	单位
地表温度	均温、最暖月均温、最冷月均温	℃
土壤温度	10cm/20cm/30cm/40cm 深度地温	℃
辐射	总辐射量、净辐射量、年 UVA/UVB 总量	J/m^2
	年日照时数	h

（2）土地利用/土地覆被指标

各类观测指标见表 2-2。

表 2-2　土地利用/土地覆被指标

指标类别	观测指标	单位
土地利用/土地覆被类型	分布与面积	km^2
地表参数	半球反射率	%
遥感植被指数	年均植被指数	量纲一
	年均叶面积指数	量纲一
植被产量	年植被净初级生产力	g C/（m^2·a）
冻土	深度	cm

（3）水资源与水环境指标

各类观测指标见表 2-3。

表 2-3　水资源与水环境指标

指标类别	观测指标	单位
水质	pH、矿化度、溶解氧、透明度、硝态氮、亚硝态氮、氨氮、总磷、叶绿素 a 等	量纲一、g/L、mg/L、m、mg/L、mg/L、mg/L、mg/L、mg/L
水量	境内外大型湖泊、水库蓄水量	m^3
	河川径流流量	
沉积物	碳、氮、磷、重金属物质组成及物理特性	mg/m^3 或 mg/dm^3
沙质	河川径流含沙量	kg/m^3
	河川径流泥沙粒径	mm
河流封冻期	时长	d

（4）生态地理区域、植被、土壤指标

各类观测指标见表 2-4。

表 2-4　生态地理区域、植被、土壤指标

指标类别	观测指标	单位
生态地理分区	分布、面积	km^2
生态系统分区	分布、面积	km^2

续表

指标类别	观测指标	单位
森林资源	类型	量纲一
	分布范围、面积	km^2
	立地质量	属性等级
	生产力	g C/（m^2·a）
草地资源	类型	量纲一
	草地分布范围、面积	km^2
	理论载畜量	SU/km^2
	立地质量	属性等级
	生产力	g C/（m^2·a）
植被物候	生长期起始日期	d
	生长期终止日期	d
	生长期时长	d
土壤性质	上壤类型	属性
	表层土壤有机质、全氮、全磷含量	g/kg
	土壤容量	g/cm^3
	土壤颗粒组成	%
	土壤 pH	量纲一
	土壤孔隙度	%

（5）生物多样性及自然保护指标

各类观测指标见表 2-5。

表 2-5　生物多样性及自然保护指标

指标类别	观测指标	单位
物种多样性	物种丰富度	量纲一
	多样性指数	量纲一
陆地生态系统	物种种类、分布	属性
水生生物类群多样性	种类、分布	属性
水生生物资源量	种类、分布	属性
自然保护区	分布、面积、保护历史和状况	属性

（6）社会经济指标

各类观测指标见表 2-6。

表 2-6 社会经济指标

指标类别	观测指标	单位
经济发展指标	GDP	万美元
	人均 GDP	美元
	固定资产投资	万美元
	财政收入、财政支出	万美元
	农业产值	万美元
	播种面积	hm^2
	粮食作物产量（或主要农产品产量）	t
	畜禽存栏量	头/只
	化肥施用量（总量或单位面积）	t
	工业产值	万美元
	商品零售业周转额	万美元
人居环境指标	土地面积	km^2
	城市化水平	%
	主要污染物排放量	t
	环境保护投资额	万美元
社会发展指标	总人口	千人
	人口密度	人/km^2
	出生率	‰
	死亡率	‰
	自然增长率	‰
	就业人口	千人
	人均收入（人均月工资收入）	美元
	人均支出	美元

(7) 大气环境指标

各类观测指标见表 2-7。

表 2-7 大气环境指标

指标类别	观测指标	单位
大气痕量气体	甲烷（CH_4）大气柱浓度	ppb
	二氧化碳（CO_2）大气柱浓度	ppm
	一氧化碳（CO）大气柱浓度	mol/cm^2
	二氧化硫（SO_2）大气柱浓度	DU
	二氧化氮（NO_2）大气柱浓度	ppb
大气气溶胶	光学厚度	量纲一

注：$1ppb=10^{-9}$，$1ppm=10^{-6}$。

（8）自然干扰指标

各类观测指标见表 2-8。

表 2-8　自然干扰指标

指标类别	观测指标	单位
火点/过火区	分布与面积	km^2
矿产开采区	分布与面积	km^2
林业及木材加工工业区	分布与面积	km^2
牧区	分布与面积	km^2
城市扩张与城镇化	分布与面积	km^2

第3章　东北亚南北样带的数据信息框架构建

综合科学考察数据来之不易、非常宝贵，但是由于其所具有的多来源、多类型、多学科等综合性特点，不仅影响大量已有考察活动积累数据的集成，而且给当前正在开展的许多科学考察研究活动的数据集成管理带来困难。这些问题可以归结为3个方面：①如何将多学科综合科学考察数据采集、管理标准化和规范化；②如何建立科学、合理的数据分类体系；③如何实现这些多源、异构数据的空间化展示与可视化访问（王卷乐等，2012）。东北亚南北样带的数据信息框架正是针对这些难题建立从数据采集标准规范到数据分类体系再到数据展示可视化平台的一体化信息集成体系。

3.1　东北亚资源环境综合科学考察数据集成体系框架设计

面向东北亚资源环境综合科学考察对数据资源集成管理的需求，设计了数据集成体系框架，如图3-1所示。整个框架包括3部分，即考察数据的采集与规范化整理、数据目录体系构建、不同类型数据的数据库建设及多维数据可视化浏览与访问。

（1）考察数据的采集与规范化整理

东北亚资源环境综合科学考察内容包括遥感面土地覆被调查、自然地理环境（土壤、气候等）调查、水资源与水环境调查、水生生物（含水鸟）调查、陆地生态系统（森林、草地等）调查、人居环境调查、人口与社会经济调查等。确保各专题调查活动采集到的数据资源符合相对一致的标准规范，是考察数据集成的基础。为此，需要制定考察活动的数据采集与整理规范。

（2）考察数据目录体系构建

由于采集到的综合科学考察数据来源各异，其在时间尺度、空间尺度以及数据的要素粒度等方面存在很大的差异，因此有必要建立整体数据目录体系，确定公共的时间尺度、空间尺度及要素粒度分类维（王卷乐，2007；王卷乐和庄大方，2009）。

（3）不同类型数据的数据库建设及多维数据可视化浏览与访问

将综合科学考察获得的所有数据资源按照矢量、栅格、属性等3种数据类型设置，规范化整编所有数据的要素、时间、空间等信息及元数据信息，建立数据库和元数据库。需要实现包括数据检索、空间位置展示、空间数据浏览与访问、属性数据浏览与访问以及数据获取等功能的数据展示平台。

针对以上数据集成体系框架，本节结合科学考察活动的实践，进行系统的梳理和分析，提出相应的解决方案，并最终借助于地理信息技术和计算机技术，实现整个数据体系的原型系统。

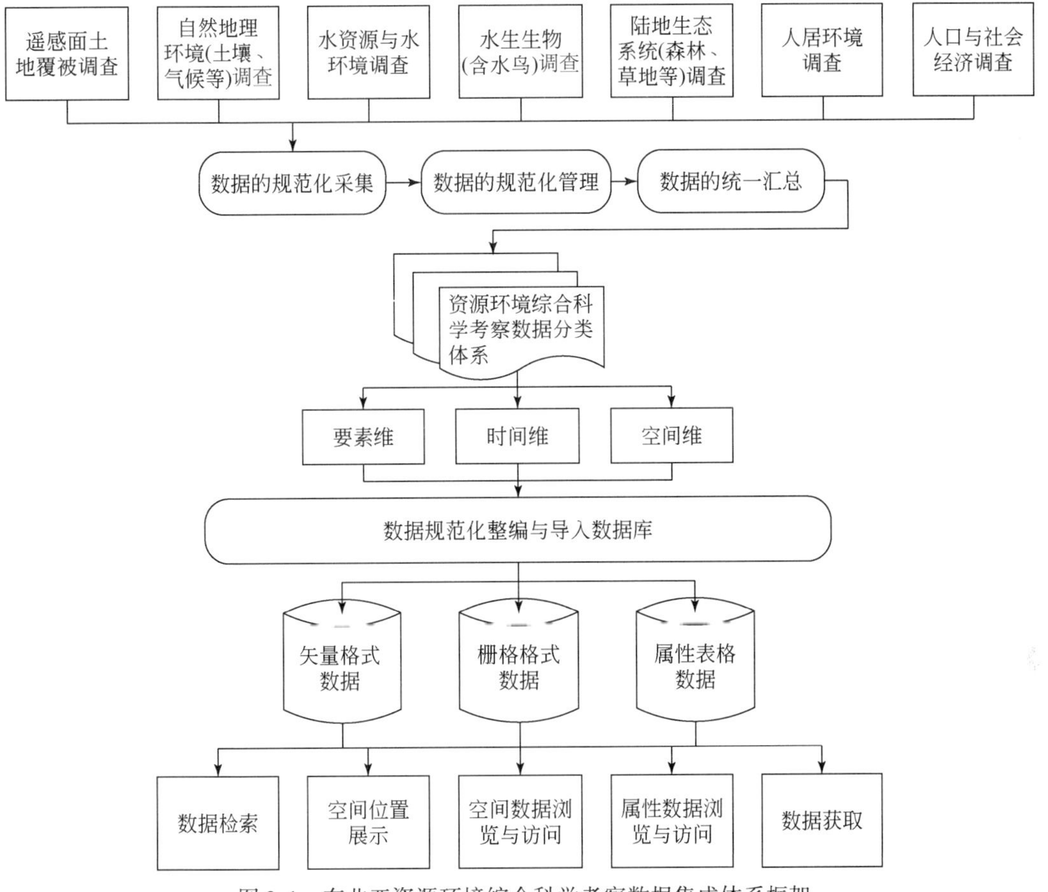

图 3-1　东北亚资源环境综合科学考察数据集成体系框架

3.2　东北亚资源环境综合科学考察数据标准规范体系

东北亚资源环境综合科学考察数据获取包括三个环节：一是采集野外数据和收集历史数据，二是分析和整理数据资源，三是系统管理数据并为数据共享做准备。基于该认识，将数据标准规范方面的需求归纳为三个方面，即数据采集与处理类标准规范、数据分析与整编类标准规范、数据管理与共享类标准规范。据此，建立的东北亚资源环境综合科学考察数据标准规范体系如图 3-2 所示。其中，数据采集与处理类包括 10 项标准规范，数据分析与整编类包括 7 项标准规范，数据管理与共享类包括 6 项标准规范，总计 23 项标准规范。

1）数据采集与处理类标准规范。包括遥感面调查与考察数据采集与处理规范、土壤生态样方调查技术规范、森林生态样方调查技术规范、草地生态样方调查技术规范、水资源科学考察数据采集与处理规范、水生生物及生态系统考察数据采集与处理规范、典型湖泊环境科学考察数据采集与处理规范、社会经济调查与考察数据采集与处理规范、人居环境调查与考察数据采集与处理规范、大气气溶胶数据采集与处理规范等。其内容主要包括各专题调查的前期准备、外业调查、考察资料内业初步整理、考察数据整理、考察成果提交、质量管理、资料更新与归档等的标准规范要求。

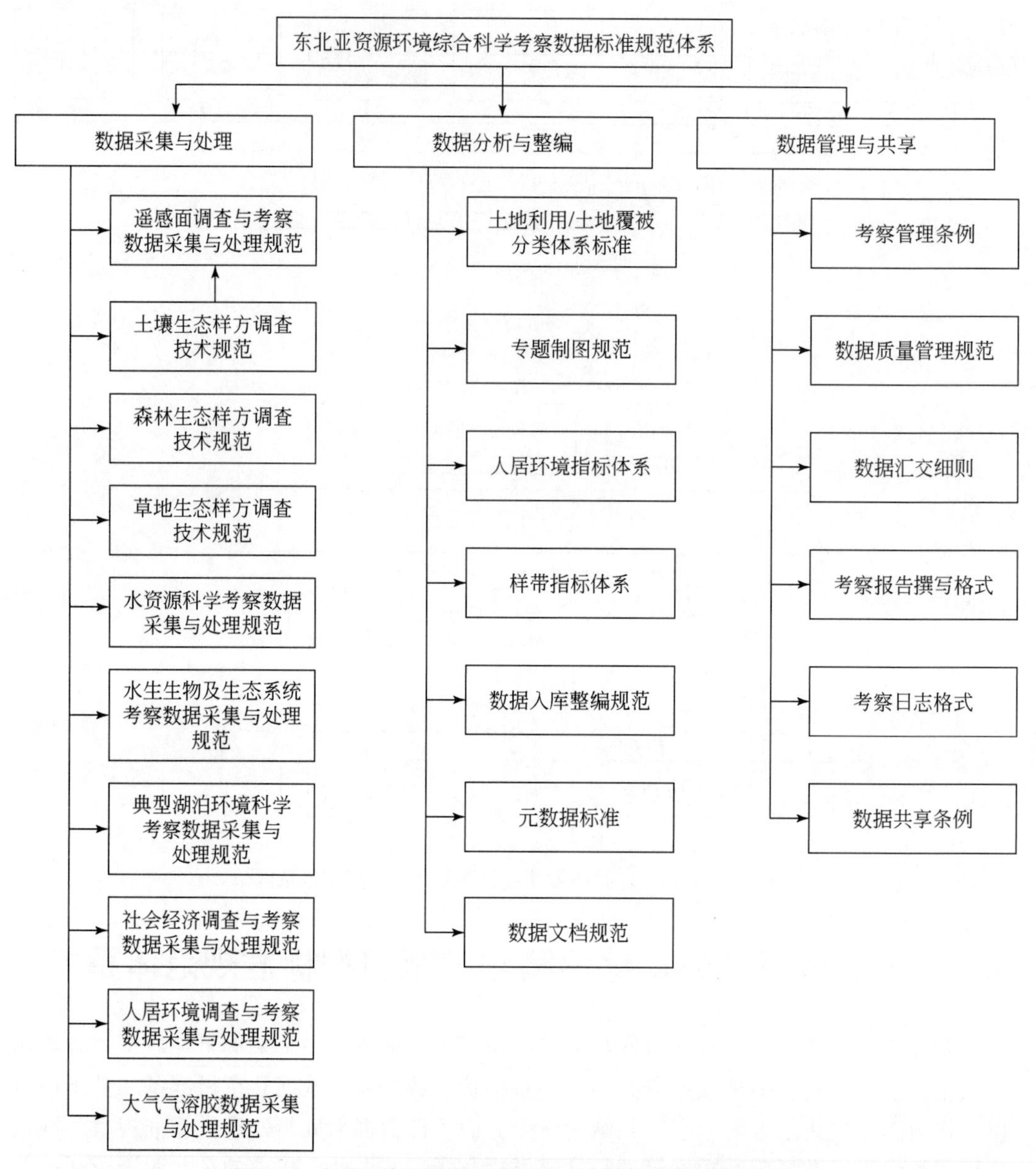

图 3-2　东北亚资源环境综合科学考察数据标准规范体系

2）数据分析与整编类标准规范。主要包括土地利用/土地覆被分类体系标准、专题制图规范、人居环境指标体系、样带指标体系、数据入库整编规范、元数据标准、数据文档规范等。

3）数据管理与共享类标准规范。主要包括考察管理条例、数据质量管理规范、数据汇交细则、考察报告撰写格式、考察日志格式、数据共享条例等。其中，数据汇交细则明确了考察数据汇总的技术要求。

3.2.1　综合科学考察数据采集与处理标准规范研制

1）遥感面调查与考察数据采集与处理规范包括：总则、遥感信息源获取与预处理、室内准备及初步解译、野外调查建立判读标志、遥感信息提取与数据库建设、野外验证与精度评价、数据整编与验收存档、考察报告编制等。

2）土壤生态样方调查技术规范包括：总则、调查准备、外业调查、考察资料内业初步整理、考察数据整理、考察成果提交、质量管理、资料更新与归档等。

3）森林生态样方调查技术规范包括：总则、调查准备、外业调查、考察资料内业初步整理、考察数据整理、考察成果提交、质量管理、资料更新与归档等。

4）草地生态样方调查技术规范包括：总则、调查准备、外业调查、考察资料内业初步整理、考察数据整理、考察成果提交、质量管理、资料更新与归档等。

5）水资源科学考察数据采集与处理规范包括：总则、考察方案制订、背景资料收集、临行准备、外业调查、资料整理、专题图集编制、考察成果报告、审核验收及存档、数据共享等。

6）水生生物及生态系统考察数据采集与处理规范包括：总则、考察方案制订、背景资料收集、临行准备、外业考察、资料整理、专题图集编制、考察成果报告、审核验收及存档、数据共享等。

7）典型湖泊环境科学考察数据采集与处理规范包括：总则、考察方案制订、背景资料收集、临行准备、外业考察、资料整理、专题图集编制、考察成果报告、审核验收及存档、数据共享等。

8）社会经济调查与考察数据采集与处理规范包括：总则、考察方案制订、背景资料收集、临行准备、外业考察、资料整理、专题图集编制、考察成果报告、审核验收及存档、数据共享等。

9）人居环境调查与考察数据采集与处理规范包括：总则、考察方案制订、背景资料收集、数据收集标准制定、临行准备、外业考察、资料整理、专题图集编制、考察成果报告、审核验收及存档、数据共享等。

10）大气气溶胶数据采集与处理规范包括：总则、监测方法与仪器、系统安装及操作方法、数据收集与处理、系统维护与校准、数据整编与验收存档、编制考察成果报告、数据共享等。

3.2.2　综合科学考察数据分析与整编、数据管理与共享主要标准规范研制

1）元数据标准包括：数据集标识模块、数据集内容模块、分发信息模块、质量信息模块及相应的代码表等。

2）数据文档规范包括：数据集名称、数据集内容说明、数据源描述、数据加工方法、数据应用成果、知识产权等。

3）考察管理条例包括：总则、组织管理、考察出发前准备、野外科学考察工作、考察后数据管理、奖惩等。

4）数据汇交细则包括：总则、数据汇交组织管理、考察数据汇交内容、数据汇交流程、数据管理、权益保护、奖惩及数据汇交计划格式等。

5）考察报告撰写格式包括：基本情况、考察工作简介、考察成果、综合分析、问题与建议等。

6）考察日志格式包括：考察目的、考察路线、考察区自然地理环境、考察内容描述、考察体会、相关视频照片资料等。

3.3 东北亚资源环境综合科学考察数据分类与编码

东北亚资源环境综合科学考察的内容包括自然地理环境、林草生态系统、水资源、水环境、水生生物、湖泊、社会经济与人居环境、全球变化样带监测等。据此，设计其数据体系及相关要素如下：数据资源体系总体包括4个大类、25个小类、128个要素。统一为各类别和要素制定编码体系，其中小类按6位数字编码，便于进行分类系统的扩展、更新和维护。图3-3中包括数据资源体系的大类和小类。表3-1是东北亚资源环境综合科学考察数据分类体系的编码和各要素说明。

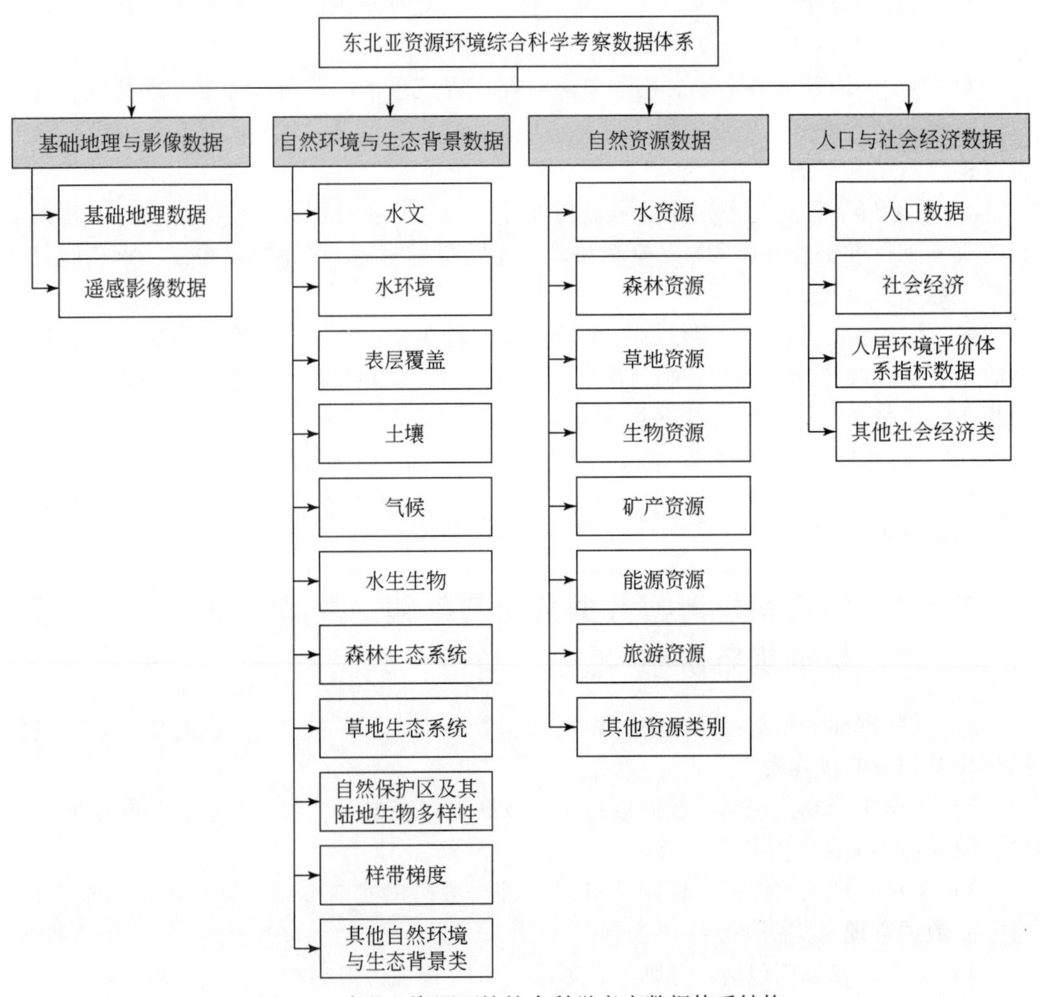

图3-3 东北亚资源环境综合科学考察数据体系结构

表 3-1 东北亚资源环境综合科学考察数据分类体系

大类	小类/编码	要素维编码	时间维基准	空间维基准
基础地理与影像数据	基础地理数据/101000	行政界线、交通、水系、居民点、地形地貌、数字高程模型（DEM）、其他地理要素	2000 年	全区
	遥感影像数据/102000	TM/ETM+、MODIS、CBERS-02、北京 1 号、其他遥感影像数据	2000 年、2005 年、2010 年	全区
自然环境与生态背景数据	水文/201000	水体类型及其分布、大型湖泊和水库蓄水量季节及年际变化、河川径流及年内年际变化、河流封冻期时间、河流断面监测数据、其他水文要素	2000 年、2010 年，河流断面监测时间为考察当年	全区
	水环境/202000	湖泊水质概况、水质定点监测数据、湖泊与湿地沉积物质量测定、其他水质要素	2008 年起每月分旬	蒙古库苏古尔湖、俄罗斯贝加尔湖、泰梅尔湖
	表层覆盖/203000	土地利用、土地覆被、湿地分布、沙漠分布、其他表层覆盖要素	2000 年、2005 年、2010 年	全区
	土壤/204000	土壤类型与分布、土壤调查与采样、土壤样品分析、其他土壤数据	考察年	重点地区
	气候/205000	气候类型、气温、降水、太阳辐射、气象灾害、其他气候要素	2000 年、2005 年、2010 年	全区
	水生生物/206000	浮游生物及着生藻类、大型无脊椎动物、鱼类、水鸟、水生生物标本、其他水生生物要素	考察当年	以黑龙江、贝加尔湖流域为重点
	森林生态系统/207000	森林类型与格局分布、森林生态系统区划、森林净初级生产力、其他森林生态系统要素	2000 年、2010 年	全区
	草地生态系统/208000	草地类型与格局分布、草地生态系统区划、草地净初级生产力、其他草地生态系统要素	2000 年、2010 年	全区
	自然保护区及其陆地生物多样性/209000	自然保护区和国家森林公园的分布与面积、主要植物种类及分布、大型哺乳动物及分布、关键种和功能群分布、其他自然保护区及其陆地生物多样性要素	2000 年、2010 年	全区
	样带梯度/210000	样带范围、碳循环关键变量监测、气溶胶监测、甲烷排放监测、泥炭资源调查、样带自然梯度及分布、样带人文梯度及分布、其他样带要素	考察年	重点地区
	其他自然环境与生态背景类/299000	其他自然环境与生态背景要素	考察年	重点地区

续表

大类	小类/编码	要素维编码	时间维基准	空间维基准
自然资源数据	水资源/301000	河流水资源开发利用情况、工农业用水、航运及航运最优与最低流量、水利工程数量及基本情况、可供水量及供水水质、用水量及消耗量、机井数量与分布、水电站的数量及位置、发电能力与运行情况、水电输送情况与电价调查、水资源保护措施、其他水资源要素	2000年、2010年	全区
	森林资源/302000	主要造林树种及面积、森林立地质量、林木蓄积量、森林采伐量、森林资源开发利用、森林资源保护措施、其他森林资源要素	2000年、2010年	全区
	草地资源/303000	草种及面积、草地立地质量、草地资源量、草地载畜量、草地资源开发利用、草地退化情况、草地资源保护措施、其他草地资源要素	2000年、2010年	全区
	生物资源/304000	水生生物物种及分布、鱼类资源量及分布、水鸟的数量及分布、水生生物保护、自然保护区生物、其他生物资源要素	考察年	全区
	矿产资源/305000	基础地质条件、矿产资料基础资料、其他矿产资源要素	考察年	全区
	能源资源/306000	能源资源基础资料、其他能源资源要素	考察年	全区
	旅游资源/307000	俄罗斯旅游资源、蒙古旅游资源、中国北方地区旅游资源、其他旅游资源要素	考察年	全区
	其他资源类别/399000	其他资源要素	考察年	全区
人口与社会经济数据	人口数据/401000	人口、性别、城镇人口、行业人口、其他人口数据要素	2005年、2010年	全区
	社会经济/402000	经济发展总体指标、农业经济发展、林业经济发展水平、工业经济发展、信息产业发展状况、服务业发展数据、社会发展数据、其他社会经济要素	2005年、2010年	全区
	人居环境评价体系指标数据/403000	社会系统、居住系统、自然系统、支撑系统、其他要素	2005年、2010年	中国北方地区
	其他社会经济类/499000	其他社会经济要素	2005年、2010年	全区

该数据目录是所有专题科学考察数据集成的主线，最终各类考察数据将汇总在不同的数据类别中。为此，需要确立各专题数据的统一时间、空间和数据要素基准。

（1）时间基准

本次东北亚资源环境综合科学考察的时间周期是2008～2012年，结合现势和历史资料的获取情况，设立3个基准年份，即2000年、2005年和2010年。部分实测考察资料，以考察年当年为准。其他相关考察资料，则以这 3 个基准年份为基础进行整合。

（2）空间基准

确定考察资料收集的行政区划边界，以 WGS84 坐标系统为基准，按经纬度信息集成所有考察资料的空间信息，包括森林和草地样方数据库、水资源与水环境采样数据库、土壤剖面采样数据库、遥感解译标志数据库等。

（3）要素基准

依据各专题考察的具体资源内容，确定各类数据资源的指标要素定义，统一数据指标的语义说明，建立数据要素字典，最大限度地避免同名异义或同义异名问题。

3.4　东北亚资源环境综合科学考察数据平台

为了便于东北亚资源环境综合科学考察各考察队汇总和内部共享数据，并为后续对外共享做好准备，借助于地理信息技术与网络数据库技术，设计并研发了东北亚资源环境综合科学考察数据集成的平台软件原型系统。该原型系统的直接服务对象是综合科学考察的各专题科考队员，间接的服务对象是对这一区域和相关研究领域感兴趣的科学家。根据用户的特点，其主要功能需求可以概括为以下 4 点：①所有入库数据遵从制定的标准规范；②数据按分类体系和编码统一管理；③空间数据能够可视化展示；④具有网络平台界面。

3.4.1　平台逻辑结构

如图 3-4 所示，平台逻辑结构分为 4 层，即原始数据层、关系型数据库层、时空数据管理功能层和可视化展示与用户交互层。

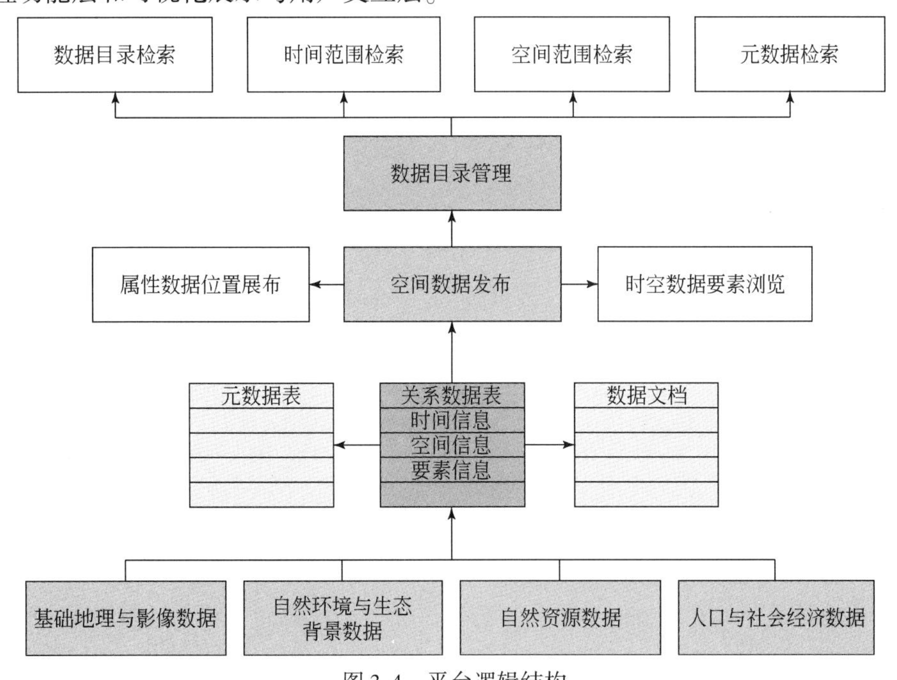

图 3-4　平台逻辑结构

3.4.2 平台物理结构

平台的物理实现利用 PostGIS 数据库，Java 开发语言，借助 OpenLayers 容器发布空间数据，借助 Flex 技术实现属性数据的浏览和显示。其数据库的平台物理结构如图 3-5 所示。

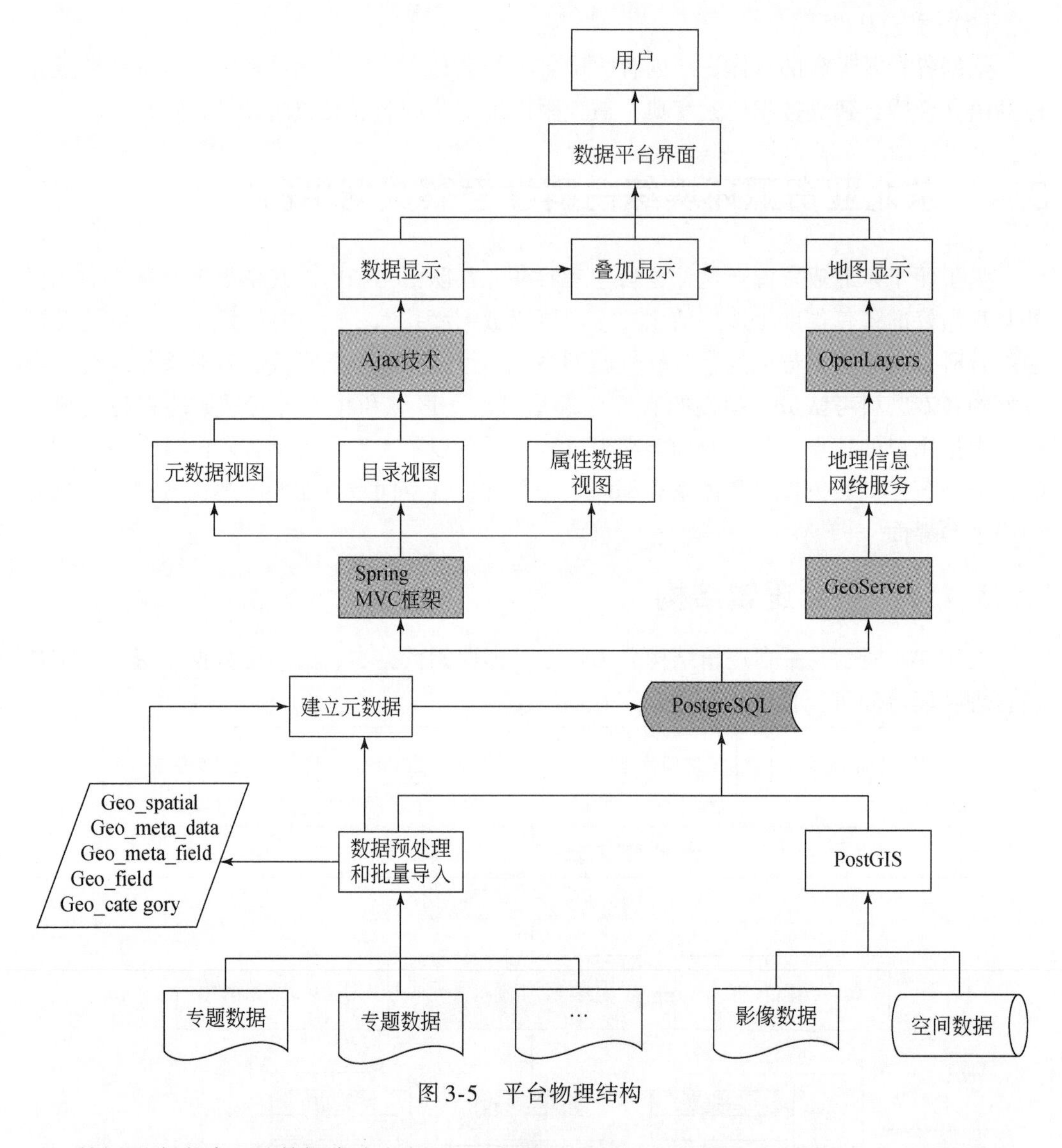

图 3-5 平台物理结构

数据平台中建立的数据库表包括 Geo_spatial、Geo_meta_data、Geo_meta_field、Geo_field 和 Geo_category 5 张表，用以建立数据表格的元数据和目录结构。

Geo_spatial 表记录空间地点名称及其编码，空间地点名称字段取值于数据文件中相应字段，并替换为空间位置编码进行存储。

Geo_meta_data 表记录数据文件的元数据内容，包括数据文件编码、数据文件名称、数据文件所属专题数据集编码、数据文件格式类型、数据采集时间和数据描述等信息。

Geo_meta_field 表将 Geo_meta_data 表中文件编码和 Geo_field 表中字段编码进行关联。

Geo_field 表记录数据文件出现过的所有字段名称，并替换成编码存储。

Geo_ category 表存储专题分类类别及分类编码，其中分类编码被引用至 Geo_meta_data表。

3.4.3　平台功能结构

平台功能结构（图3-6）包括数据检索、数据浏览、数据获取三大功能。具体可分解为针对空间数据和属性数据（非空间数据）的两种功能路线。

空间数据展示功能包括数据检索、数据集名称罗列、数据矢量图形叠加空间底图、信息工具查看、浏览全部属性要素以及数据描述信息查看（元数据、数据文档）和数据打包下载。

属性数据展示功能包括数据检索、数据集名称罗列、属性数据所在位置点展布、位置点属性要素查看、浏览全部属性表以及数据描述信息查看（元数据、数据文档）和数据打包下载。

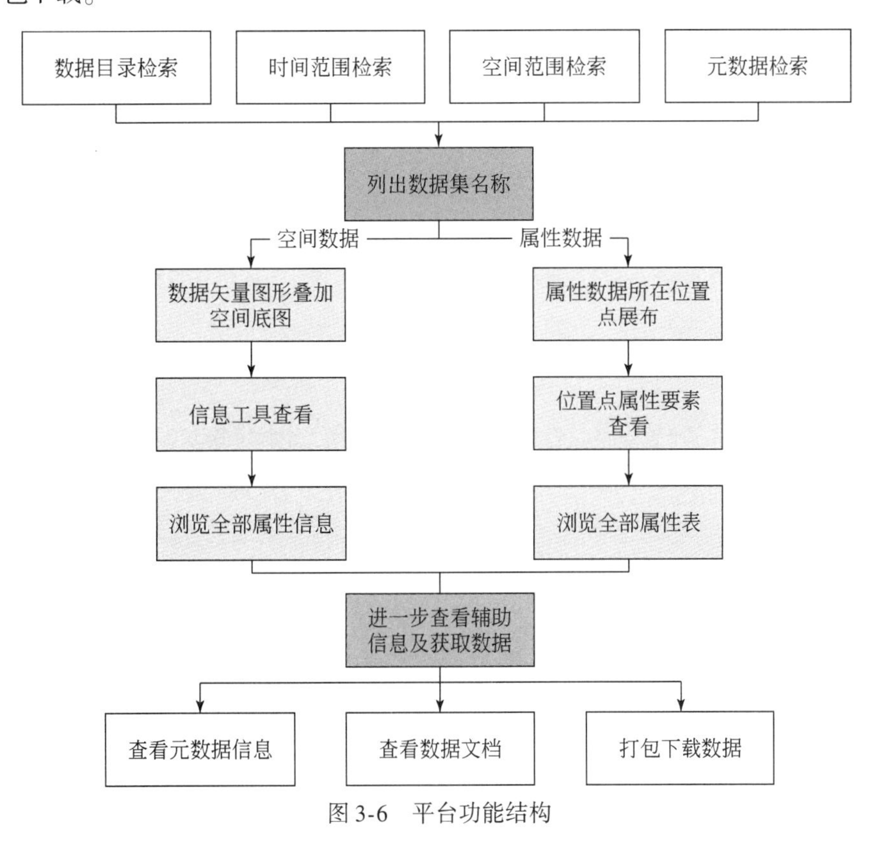

图3-6　平台功能结构

3.4.4　平台功能介绍与使用

“中国北方及其毗邻地区综合科学考察数据平台”提供用户注册登录、用户权限认证、数据分类导航、数据空间可视化查询及查询结果优化排序、数据在线可视化浏览、数据在线下载获取、数据空间化展示、照片视频空间化展示等系统功能，如图3-7所示。

图 3-7　平台功能结构界面

（1）数据资源分类导航服务

数据资源分类导航服务是用户寻找数据资源的主要方式之一。本平台提供两个入口访问该服务——“首页下方的数据分类区域入口”和“菜单栏中的数据资源链接入口”，如图 3-8 所示。

图 3-8　数据资源分类导航入口

首页的数据分类区按照一级和二级数据分类分块显示分类信息，通过首页的数据分类区，直接点击对应的分类即可查看到与对应数据分类关联的数据资源元数据信息列表，如图 3-9 所示。

菜单栏中的“数据资源”链接直接链接到数据资源分类导航及筛选界面。界面左侧即数据分类的树形展示区域，默认显示的是第一和第二级数据分类，直接点击左侧任意分类，即在右侧元数据列表区显示出属于对应分类数据资源的元数据列表。

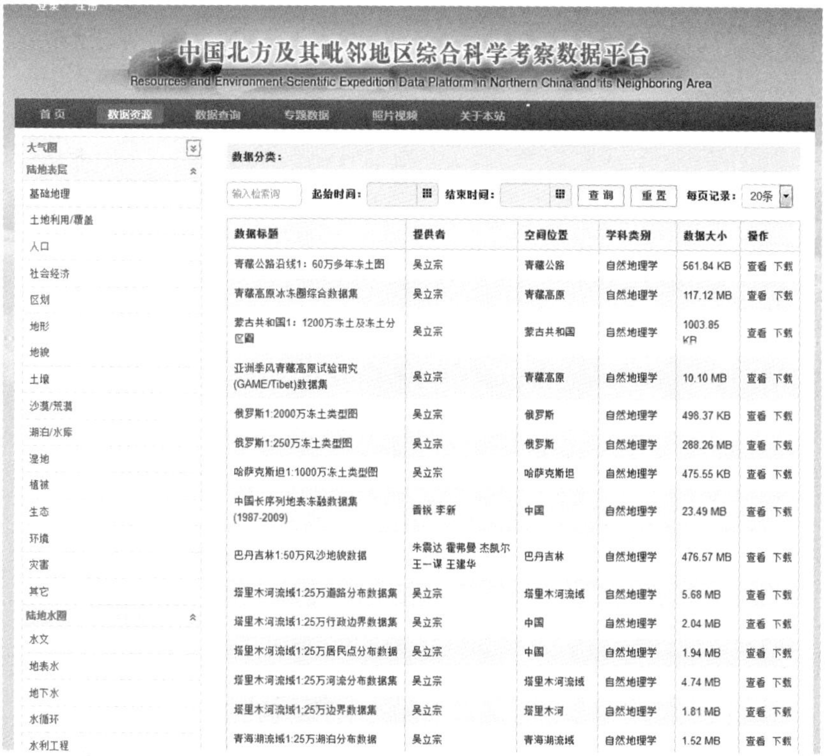

图 3-9　数据资源分类导航与筛选界面

（2）数据资源筛选服务

数据资源筛选服务是对全部数据资源或属于某个分类的数据资源进一步根据其他条件缩小范围，逐渐定位数据资源的过程。“中国北方及其毗邻地区综合科学考察数据平台”提供的筛选条件包括起始时间、结束时间、数据类型和空间尺度 4 项。平台根据数据资源的实时情况，提供每项条件的可选值列表。用户设定任意筛选条件后，元数据列表区立即反映考虑筛选条件的结果，并且不同的筛选条件可以同时应用到元数据列表区。平台另外还提供一键清除筛选条件的按钮“清除条件”，它仅清除上述 4 项筛选条件，不会清除数据分类条件。

（3）数据资源查询服务

数据资源查询服务提供基于关键词及其他查询条件的综合查询服务。如图 3-10 所示，查询条件包括空间参数、时间参数和内容参数三大类。

空间参数分为按“空间关键词”查询和按“经纬度坐标”查询。前者指数据属性中的关键词，后者指以一定矩形区域边界的四至（东、西、南、北）为参数。通过平台空间经纬度的查询，可基于地图勾画查询区域，所画范围的四至坐标由系统自动计算并填写，如图3-11所示。

图3-10　数据资源查询条件设定界面

图3-11　空间可视化查询条件设定

时间参数包括：时间分辨率、起始时间和结束时间3个条件。时间分辨率提供年、月、日、时4种不同的时间尺度选择项。起始时间和结束时间都是按照“年-月-日-时”设定时间条件，并且可填选项与时间分辨率相关。

内容参数包括主题词、数据类型、数据分类3个条件。主题词填写能明显刻画数据资源特征的关键词。本查询服务支持对中文关键词的自动分词。数据类型可复选属性、栅格、矢量三大类型数据，并且选择矢量类型后，可进一步选择指定查询某一比例尺的查询条件。数据分类提供完整的多级树形分类体系，可供用户选择一个或多个分类作为查询限定条件。

设定好全部或部分查询条件后，点查询按钮，基于数据资源元数据执行查询条件，命中的数据资源元数据按照与查询条件相关性的强弱排序显示。查询结果按数据标题、时间范围、空间尺度、数据类型分项显示查询结果，点击标题可以查看详细元数据信息。每条数据都可执行在线浏览和下载操作。

（4）科学考察数据元数据浏览服务

数据资源分类导航、筛选、查询服务得到的资源元数据列表，用户可以进一步浏览查看元数据的详细信息，进行数据实体的浏览和下载操作。查看元数据详细信息通过点击数据标题列对应的数据资源的名称，进入元数据详细信息界面，如图3-12所示。

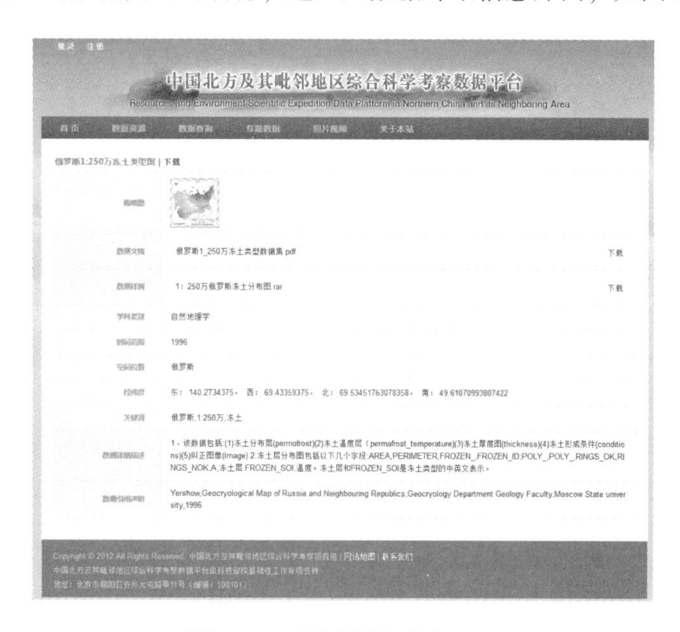

图3-12　元数据详细信息界面

元数据详细信息界面显示的内容包括数据标题、数据所属分类（多个分类可同时显示）、数据类型（矢量、栅格、表格）、时间范围、空间尺度、关键词、数据资源描述、属性字段说明（字段名称、中文标题、单位等）。在元数据详细信息界面提供直接浏览和下载数据实体的链接。用户通过元数据了解数据资源特征信息，可直接进入数据资源在线浏览和下载环节。

（5）数据实体在线访问浏览服务

数据实体在线访问浏览服务提供“空间视图”和“表格视图”两种显示模式，即对属性数据可按表格方式显示，对矢量空间数据可同时支持按电子地图方式显示，如图3-13所示。图3-13是空间视图在线浏览方式，默认以遥感影像作为底图，提供电子地图的放大、缩小、移动、属性信息查看等基本功能。电子地图下方的状态栏根据当前鼠标在地图中的位置显示其经纬度坐标。矢量数据叠加在影像之上显示，并可以通过点击任意图斑显示其对应的属性信息。

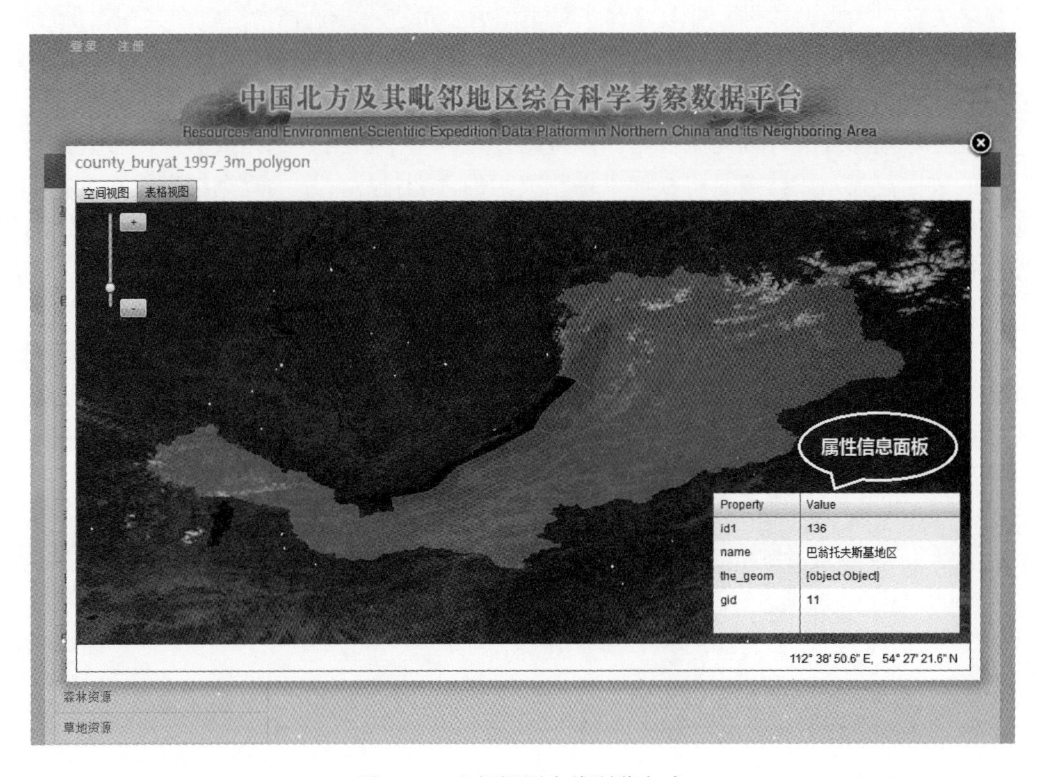

图3-13　空间视图在线浏览方式

（6）用户注册登录服务

用户注册登录服务是用户身份信息采集和认证的核心，用户使用本平台的一般浏览、查询等功能是不需要身份认证的，但要享用在线浏览数据和下载获取数据服务的功能，则需要注册成为合法用户，并通过登录验证完成身份认证。“用户注册”和“用户登录”在本平台每个界面的顶端左侧都有对应的链接。

用户注册主要是实现用户基本信息的采集，用户注册按钮在用户注册与登录区。注册信息包括账号（用户的唯一标识），密码（用户认证的凭证），确认密码（确认用户密码的正确性），真实姓名，电子邮件，联系电话，传真，工作单位名称、地址和邮编等，均为必填项。用户注册成功后，会直接进入登录界面。

完成注册的用户使用自己注册时的账号和密码登录“中国北方及其毗邻地区综合科学考察数据平台”。如果忘记密码，通过点击忘记密码按钮进行密码重置。通过正确回答注册时所设置问题的答案，由系统发随机密码到用户注册时所填写的电子邮箱中，用户使用新密码登录后即可修改该密码。为了用户的账号安全，建议密码应包含数字和字母，并尽量避免以用户的生日、电话号码等容易被破解的数字作为密码。

第4章 东北亚南北样带气候要素的梯度及其变化

4.1 气候变化概述

气候是地球上某一地区多年时段大气的一般状态，是该时段各种天气过程的综合表现。气象要素（温度、降水、风等）的各种统计量（均值、极值、概率等）是表述气候的基本依据。由于太阳辐射在地球表面分布的差异，且海洋、陆地、山脉、森林等不同性质的下垫面在到达地表的太阳辐射的作用下所产生的物理过程不同，使气候除具有温度大致按纬度分布的特征外，还具有明显的地域性特征。

气候变化（climate change）是指气候平均状态统计学意义上的巨大改变或者持续较长一段时间的气候变动。不同的国际组织或文件中对气候变化的定义有所差异，如政府间气候变化专门委员会（IPCC）将气候变化定义为"气候随时间的任何变化，无论其原因是自然变率，还是人类活动的结果"，而《联合国气候变化框架公约》中指出，"气候变化是经过相当一段时间的观察，在自然气候变化之外由人类活动直接或间接地改变全球大气组成所导致的气候改变"。气候变化通常用不同时期的温度和降水等气候要素的统计量差异来反映，不但包括平均值的变化，而且包括变率的变化，变化的时间长度从最长的几十亿年至最短的年际变化（IPCC，2013）。

气候变化的原因可能是自然的内部进程，或是外部强迫，或者是人为持续对大气组成成分和土地利用的改变，既有自然因素，也有人为因素。在人为因素中，主要是由于工业革命以来人类活动，特别是发达国家工业化过程的经济活动引起的。化石燃料燃烧和毁林、土地利用变化等人类活动所排放温室气体导致大气温室气体浓度大幅增加，温室效应增强，从而引起全球气候变暖。美国橡树岭实验室研究报告称，自1750年以来，全球累计排放了1万多亿吨二氧化碳，其中发达国家排放约占80%。约有1/5的温室气体是由于破坏森林、减少了吸收二氧化碳的能力而排放的。另外，一些特别的工业过程、农业畜牧业也会有少许温室气体排放。

气候变化的影响是多尺度、全方位、多层次的，正面和负面影响并存，负面影响更受关注（陈春根和史军，2008）。气候变化导致灾害性气候事件频发，冰川和积雪融化加速，水资源分布失衡，生物多样性受到威胁。气候变化还引起海平面上升，沿海地区遭受洪涝、风暴等自然灾害影响更为严峻。全球气候变暖对全球许多地区的自然生态系统已经产生了影响，如中高纬生长季节延长、动植物分布范围向极区和高海拔区延伸、某些动植物数量减少、一些植物开花期提前等。自然生态系统由于适应能力有限，容易受到严重的、甚至不可恢复的破坏。正面临这种危险的系统包括：冰川、珊瑚礁岛、红树林、热带雨林、极地和高山生态系统、草原湿地、残余天然草地和海岸带生态系统等。随着气候变化频率和幅度的增加，遭受破坏的自然生态系统在数目上会有所增加，其地理范围也将扩大。

气候变化对农、林、牧、渔等经济社会活动都会产生不利影响，加剧疾病传播，威胁社会经济发展和人民群众身体健康。农业是对气候变化反应最为敏感的部门之一。气候变化将使未来农业生产的不稳定性增加，产量波动加大；农业生产部门布局和结构将出现变动；农业生产条件改变，农业成本和投资大幅度增加。气候变暖将导致地表径流、旱涝灾害频率和一些地区的水质等发生变化，特别是水资源供需矛盾将更为突出。对气候变化敏感的传染性疾病（如疟疾和登革热）的传播范围可能增加；与高温热浪天气有关的疾病和死亡率增加。气候变化将影响人类居住环境，尤其是在江河流域和海岸带低地地区以及迅速发展的城镇，最直接的威胁是洪涝和山体滑坡。人类目前所面临的水和能源短缺、垃圾处理和交通等环境问题，也可能因高温多雨加剧。

全球气候变化问题，不仅是科学问题、环境问题，而且是能源问题、经济问题和政治问题，因此全球变化特别是气候变化问题得到各国政府与公众的极大关注。目前的气候变化，全球科学家的共识是：有 90% 以上的可能是人类自己的责任，人类今日所做的决定和选择，会影响气候变化的走向。据政府间气候变化专门委员会报告，如果温度升高超过 2.5℃，全球所有区域都可能遭受不利影响，发展中国家所受损失尤为严重；如果升温 4℃，则可能对全球生态系统带来不可逆的损害，造成全球经济重大损失。2006 年气候变化经济学报告指出，未来 50 年间全球气温平均上升 2 ~ 3℃，全球人均消费就将减少 20%。现在全球气温已经比工业化以前升高大约 0.8℃。2010 年有近 200 个国家达成共识，致力于把全球平均气温上升幅度控制在 2℃以下，以免气候变化带来危险影响。

尽管当前研究结论还存在不确定性，但大多数科学家仍认为及时采取预防措施是必要的。针对气候变化的国际响应是随着联合国气候变化框架条约的发展而逐渐成形的。1979 年第一次世界气候大会呼吁保护气候；1992 年通过的《联合国气候变化框架公约》（UNFCCC），确立了发达国家与发展中国家“共同但有区别的责任”原则，阐明了其行动框架，力求把温室气体的大气浓度稳定在某一水平，从而防止人类活动对气候系统产生“负面影响”；1997 年通过的《京都议定书》确定了发达国家 2008 ~ 2012 年的量化减排指标；2007 年 12 月达成的巴厘路线图，确定就加强 UNFCCC 和《京都议定书》的实施分头展开谈判，并于 2009 年 12 月在哥本哈根举行缔约方会议。到目前为止，UNFCCC 已经收到来自 185 个国家的批准、接受、支持或添改文件，并成功地举行了 6 次有各缔约国参加的缔约方大会。尽管目前各缔约方还没有就气候变化问题综合治理所采取的措施达成共识，但全球气候变化会给人带来难以估量的损失，气候变化会使人类付出巨额代价的观念已为世界广泛接受，并成为广泛关注和研究的全球性环境问题。2015 年巴黎气候大会上各方基本达成“2℃增温极限”的共识，将加强对气候变化威胁的全球应对。

4.2 东北亚南北样带气候要素数据的获取

本研究所使用的气候数据为美国加利福尼亚大学（加州大学）提供的全球 1km 气候

数据集，该数据集包括月平均降水、平均气温、最高气温和最低气温。数据来源于 1950～2000 年世界气象站点数据，通过使用 ANUSPLIN 软件薄板样带平滑插值方法，结合经纬度和高程信息对实测数据进行空间插值。本研究选取该数据集中的月平均气温和月降水量数据，并计算年均气温和年总降水量，以反映东北亚南北样带内水热梯度变化状况。

4.3　东北亚南北样带气候要素的梯度

4.3.1　高程梯度

东北亚南北样带高程梯度变化见图 4-1。总体而言，考察区内高程差异不显著，变化范围 70～1400m，最大高程出现在 41°N 左右，最小值在北冰洋南岸 78°N 左右。随纬度增加高程变化具有一定的波动性，自样带最南端向北高程逐渐波动增加，在 41°N 左右到达极致，之后逐渐降低，而在 55°N、65°N、69°N 和 75°N 等纬度带分别出现局部极大值。本样带具有地势与其变化均相对平缓的特点，这有利于减小高程差异所带来的物种突变造成的生态分析干扰。

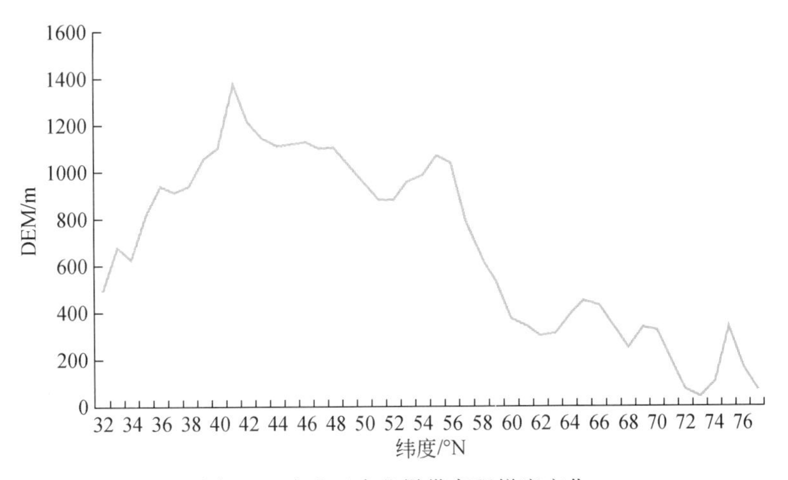

图 4-1　东北亚南北样带高程梯度变化

4.3.2　气温梯度

东北亚南北样带以气温为主要梯度（图 4-2），样带内年均气温从南向北逐步递减，温度分布在 15～-15℃，下降过程中略有波动，其中 56°N～63°N 气温较周边地区有较明显升高，68°N 的气温趋于稳定。

我们对东北亚南北样带内多年月平均气温进行了统计分析，得到样带季相气温梯度，见图 4-3。总体而言，各月气温均遵循随纬度增加气温逐步减低的趋势，但对于冬季（11 月、12 月、次年 1 月）和春初（次年 2 月），月均温在 66°N 左右出现拐点，气温随纬度有所增加。考察区范围内 7 月气温最高，1 月气温最低，年温差随纬度增加而增加，在 66°N 左右达到最大，之后有所减小。样带内多年月均温表明在各季相内考察均呈现显著的温度提取差异，温度始终是东北亚南北样带的显著梯度。

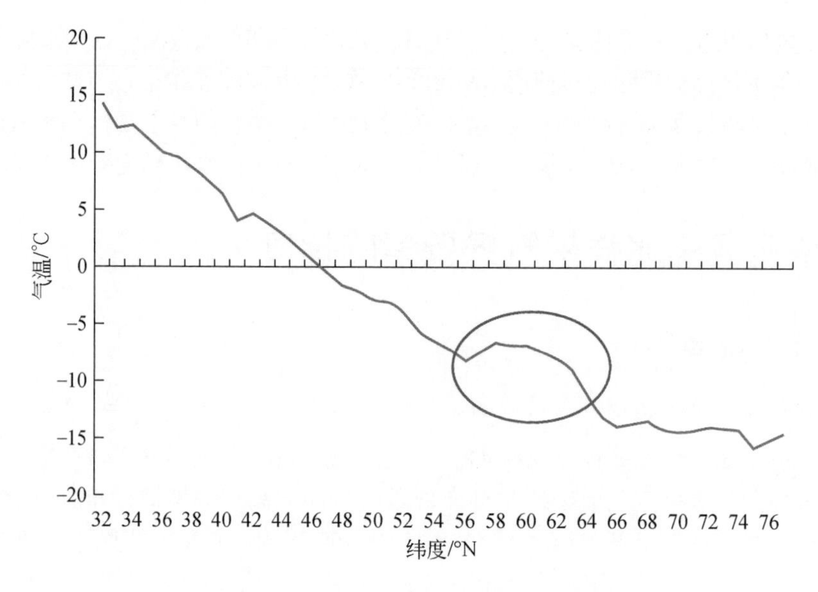

图 4-2　东北亚南北样带年均气温变化梯度

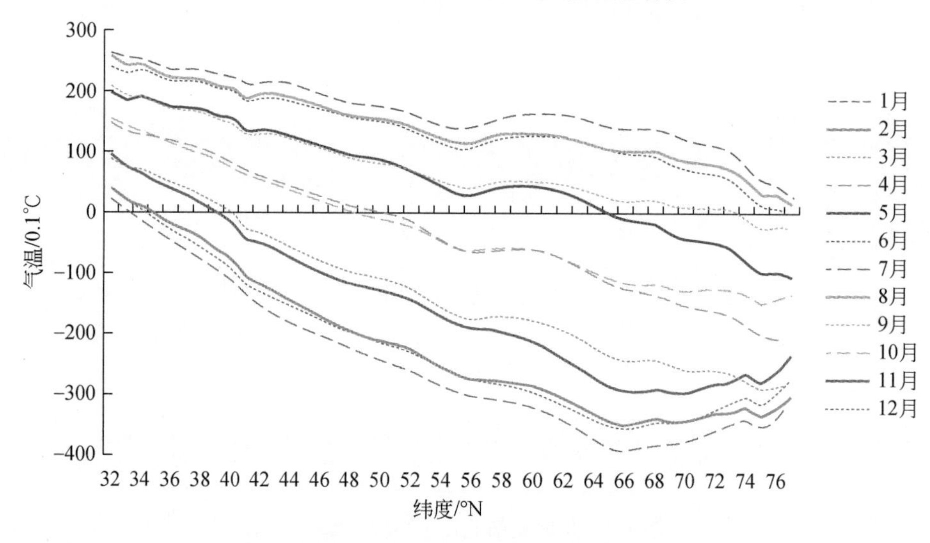

图 4-3　东北亚南北样带多年平均月气温变化梯度

4.3.3　降水梯度

东北亚南北样带以降水因素为辅助梯度（图 4-4），整体而言样带南部地区年降水量高于北部地区，其中在 44°N 左右出现一个年降水谷值，此处土地覆被类型以荒漠为主，此后向北年降水量逐渐升高，在 58°N 达到二次峰值，后逐渐下降，在 76°N 左右恢复到谷值水平。

通过计算东北亚南北样带内多年月平均降水数据，得到样带多年平均月降水变化梯度剖线，见图 4-5。可以看出，多年月均降水梯度变化趋势整体而言与年均降水一致，样带南部地区各月降水量高于北部地区，其中在 44°N 左右出现一个年降水谷值，此后向北降水量逐渐升高，在 58°N 达到二次峰值，后逐渐下降。样带内多年月均降水量为 0～180mm，7 月为降水高峰月份，同时样带内部降水量差异最为显著，1 月为降水谷值月份，样带内大部分地区降水量均小于 20mm。春季（2 月、3 月）和冬季（11 月、12 月和次年 1 月）两季样带北部降水量接近，甚至高于样带南部降水量，其他月份南北降水表现出一定差异。这表明东北亚南北样带内降水梯度具有一定的季节性，对于物种分布差异影响具有时效性。

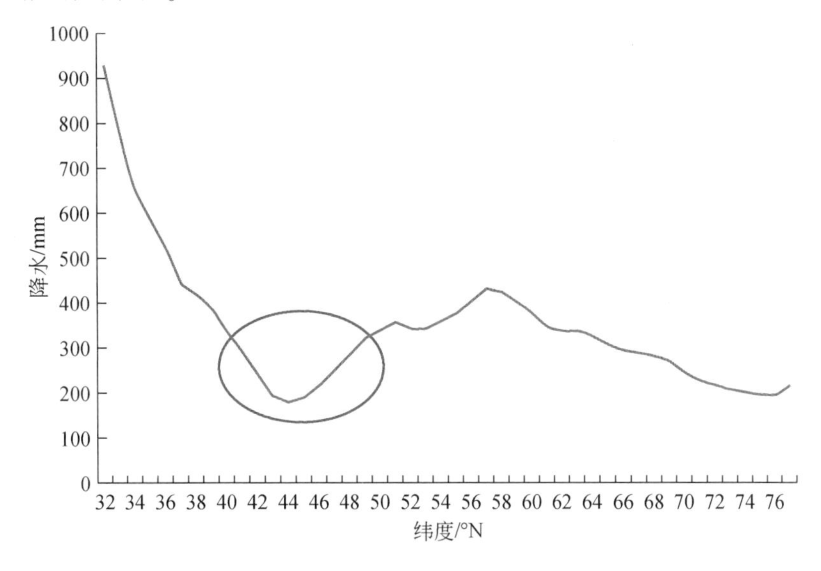

图 4-4　东北亚南北样带年均降水变化梯度

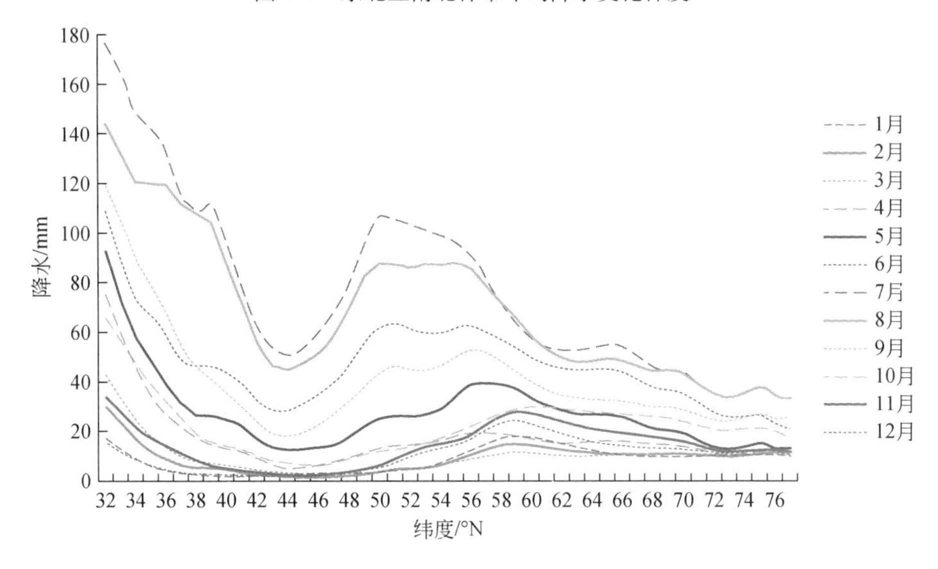

图 4-5　东北亚南北样带多年平均月降水变化梯度

4.4　东北亚南北样带气候要素的变化分析

4.4.1　高程空间特征

图 4-6 展示了东北亚南北样带高程信息的空间分布格局，在样带西南部地区高程高

值相对集中，而东南部地区海拔普遍偏低，有些地区甚至出现负海拔状况。样带中部同样表现为高海拔集中区域，特别是贝加尔湖南岸和东岸，以山地为主。在西伯利亚地区表现为相对均一的低海拔地势，并向北冰洋南岸缓慢降低。

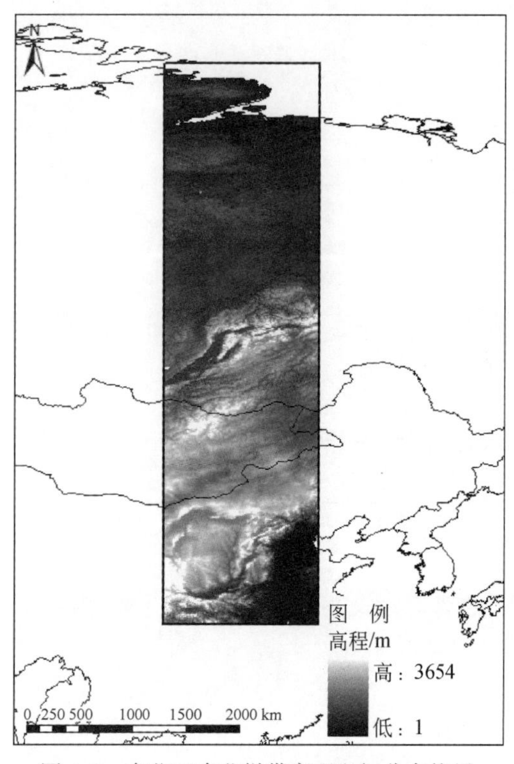

图 4-6　东北亚南北样带高程空间分布格局

4.4.2　温度空间特征

东北亚南北样带年均气温空间分布格局如图 4-7 所示，自南向北表现为均匀缓慢的下降。其中，样带东南部地区为高温最集中区域，贝加尔湖东岸和南岸地区年均气温较同纬度地区偏低。这与该地区海拔较高有一定关系。

相对东北亚南北样带多年月平均气温的空间分布格局而言，各月样带内气温差异格局与年均气温基本一致。其中，7 月气温最高，1 月气温最低，贝加尔湖东岸和南岸地区月均气温始终低于同纬度其他地区，这与该地区高程特征有关。样带内各月多年平均气温均表现出显著的随纬度变化的梯度变化，表明气温在季相水平上始终可以作为解释物种及自然资源特征及分布差异的因素之一。

4.4.3　降水空间特征

图 4-8 展示了东北亚南部样带年均降水的空间分布格局，其中样带东南部年降水最为丰富，后向北递减，在 44°N 左右的沙漠地区达到谷值。在贝加尔湖北岸地区降水量再次达到局部峰值，这与贝加尔湖东岸地区地势较高形成降水坡有一定关系。

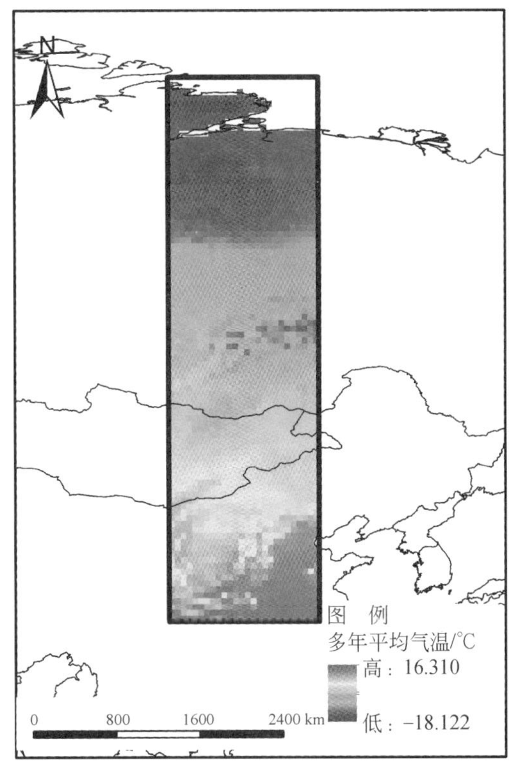

图 4-7　东北亚南北样带年均气温空间分布

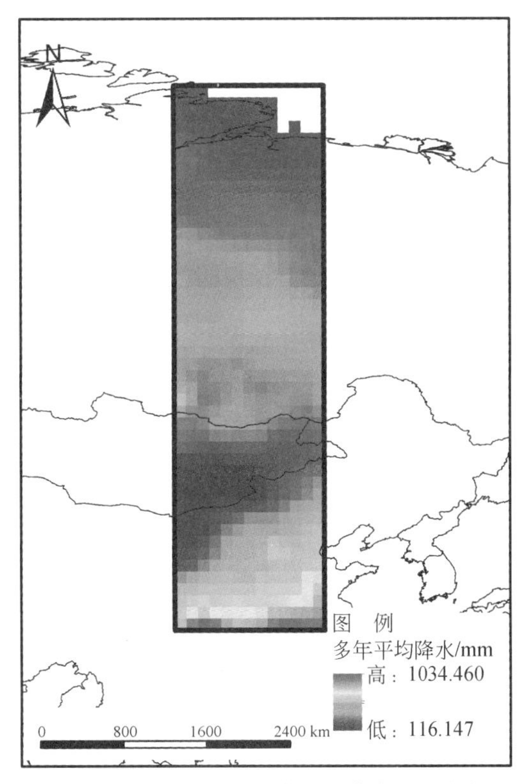

图 4-8　东北亚南北样带年均降水空间分布

对于东北亚南北样带多年月均降水空间分布格局而言，降水最高值月份为 7 月，最低值月份为 2 月，而对于 44°N 的沙漠地区，终年降水均表现为相对低值。显著的降水梯度差异主要出现在春末至秋初（5 ~ 9 月），而冬季、春初（12 月、次年 1 ~ 3 月）样带内降水差异并不显著，因此降水因素在样带梯度中具有一定的季节性。

第 5 章　东北亚南北样带土地利用/土地覆被的梯度分布及其变化

5.1　土地利用/土地覆被及其变化概述

地球表层系统最突出的景观标志是土地利用与土地覆被（史培军，1997）。土地利用是指对土地的使用状况，是人类根据土地的自然特点，按照一定的经济、社会目的，采取一系列生物、技术手段，对土地进行长期或周期性的经营管理和治理改造活动。作为一种动态过程，土地利用表征了人类对土地自然属性的利用方式和目的意图，这一活动表现为人类与土地进行的物质、能量和价值、信息的交流、转换。或者说，土地利用是一个把土地的自然生态系统变为人工生态系统的过程，是自然、经济、社会诸因素综合作用的复杂过程。土地利用的方式、程度、结构及地域分布和效益，既受自然条件的影响，更受各种社会、经济、技术条件的约束，而且社会生产方式往往对土地利用起着决定性的作用。土地覆被是指地球表层的自然营造物和人工建筑物所覆盖的地表诸要素的综合体，包括地表植被、土壤、冰川、湖泊、沼泽湿地及各种人工地物（如建筑物、道路等）。土地覆被具有特定的时间和空间属性，其形态和状态可在多种时空尺度上发生变化。

土地利用和土地覆被是既有联系，又有区别的两个概念（史培军等，2000）。土地利用往往表现为功能性的特点，土地覆被则主要表现为形态性的特点；土地利用侧重于土地的社会经济属性，而土地覆被侧重于土地的自然属性。如对林地的划分，前者根据林地生态环境的不同，将林地分为针叶林地、阔叶林地、针阔混交林地等，以反映林地所处的生境、分布特征及其地带性分布规律和垂直差异。后者从林地的利用目的和利用方向出发，将林地分为用材林地、经济林地、薪炭林地、防护林地等。但两者在许多情况下互为因果，土地利用是土地覆被变化的外在驱动力，土地覆被又会反过来影响土地利用的方式，二者共同构成了土地生态系统的社会经济和自然的双重属性。土地利用是人类活动作用于自然环境的主要途径之一，是不同历史时期土地覆被变化的最直接和主要的驱动因子，其变化无论是在全球尺度还是在区域尺度都不断地导致土地覆被的加速变化，而且其影响远大于其他自然因素的作用。由于土地利用与土地覆被两者间存在密不可分的联系，且它们对地球系统有着广泛而深刻的影响，故在开展土地覆被和土地利用的研究工作中常将两者合并考虑，建立一个统一的分类系统，统称为土地利用/土地覆被分类体系。

1995 年，IGBP 和 IHDP 委托研究土地利用/土地覆被变化的“核心项目计划委员会”和“研究项目计划委员会”（CPPC/RPPC LUCC），发表了《土地利用/土地覆被变化科学研究计划》，确定该计划的 4 个研究目标和 3 个研究重点。4 个研究目标分别是：认识全球土地利用/土地覆被变化的驱动力；调查和描述土地利用/土地覆被动力学的时空可变性；确定各种土地利用和可持续发展之间的关系；认识土地利用/土地覆被变化、生物地球化学和气候之间的相互关系。三个研究重点包括：土地利用动力学研究——采用案例比较研究方法，目的在于提高对土地管理中的自然-社会驱动力变化的认识，从而帮助建立复杂的区域和全球模型；土地覆被动力学研究——通过直接观测中（如卫星影像和野外测量）和从这些观测中建立的模型对土地覆被变化进行区域评价。它试图为与特殊土地利用管理实践相关的土地覆被结果提供空间方面的确定性；区域和全球综合模型——主要包括人口模型、土地生产模型、土地覆被以及环境影响模型、土地利用分配模型、经济模型等，在此基础上进一步发展由人口模型以及人类行为与法律共同综合而成的区域和全球土地利用/土地覆被模型。

在土地利用/土地覆被变化研究中，主要有 5 个关键性领域。其一是土地利用变化的过程与动力机制研究。土地利用变化的驱动力及其驱动机制是 LUCC 研究的关键，同时也是建立动态模型和进行定量预测的基础。目前有关这方面的研究主要是通过大量的案例分析及其比较，探讨土地利用/土地覆被变化的动力学机制；通过对不同类型地区与不同区域尺度上土地利用变化的建模，分析土地利用/土地覆被变化的过程或阶段性特征。分析 LUCC 的驱动力，建立相应的驱动力模型，已成为当前国际上 LUCC 研究的最新动向。其二是土地利用/土地覆被类型与区域问题研究。无论是土地利用还是土地覆被的分类，不同的国家和不同的地区都存在不同的分类系统，不同的区域间存在着不同的土地利用者、不同的土地利用方式与不同的土地覆被类型，因而土地利用/土地覆被分类具有不同的含义。事实上，区域之间的差异代表着土地利用战略的差异。因此，必须建立各种与区域以及区域规模相适应的土地利用行为模型，将这些模型与区域内的社会、经济、技术与人口结构等因素的变化联系起来。其三是区域或全球性空间统计模型研究。由于 LUCC 与全球变化的紧密关系，大尺度的空间统计分析模型从一开始便受到十分的重视，是土地利用与土地覆被变化的热点问题。要在全球变化尺度上理解土地利用与土地覆被变化的动力学机制，则必须采用大尺度的社会、人口、技术与经济等指标建立一种综合的区域与全球模型及其方法体系，以便能更准确地模拟土地利用变化的速率、空间类型、过程、未来的发展趋势和变化的主要动因。其四是遥感和地理信息系统等技术应用研究。LUCC 研究要揭示变化的过程与机制，首先要具有动态地反映变化过程的信息及处理方法。遥感和 GIS 技术是 LUCC 研究技术体系中的主要构成成分。在遥感和 GIS 技术的应用过程中，必须把遥感图像、土地利用/土地覆被类型数据与社会经济方法相结合。利用遥感图像获取土地利用/土地覆被的类型数据，并通过 GIS 技术将其与自然的或人文的景观特征相结合进行分析，而社会科学工作者则善于进行行为、政策等方面研究，通过建模分析人类行为或政策与土地利用/土地覆被变化的相互影响、相互作用。最后是 LUCC 的可持续性研究。可持续发展是目前人类的必然选择，可以说很少有其他主题能比人类的可持续发展更为重要。LUCC 与人类社会经济可持续发展的密切关系，LUCC 的可持续性问题便显得十分的重要。这其中主要包括：对一定的区域来说，土地利用/土地覆被类型、结构的持续性、土地利用方式与方法的可持续性、土地利用与土地覆被变化过程的可持续性，以及实现可持续土地利用的对策与途径等。土地利用/土地覆被变化与涉及人类可持续发展的众多全球变化问题紧密相连，众多全球性环境问题的有效分析往往依赖于对 LUCC 的可持续性科学评价。

目前在土地利用/土地覆被变化研究过程中，比较成熟的地学研究方法主要包括遥感技术、地理信息系统、数理统计方法和模型方法等。卫星遥感技术在土地资源调查中的应用始于 20 世纪 70 年代，它是获取土地利用/土地覆被变化信息的主要手段。进入 20 世纪 90 年代以来，随着一系列国际遥感计划的实施，如美国宇航局（NASA）对地观测计划（EOS）等，以及相关地球表面观测站点的建立，全天候、多层次的全球对地观测体系已经初步建立。卫星遥感技术为当前的 LUCC 研究提供了坚实的信息获取基础。遥感图像的多光谱与多时相特征为 LUCC 的动态监测及定性、定量分析提供了丰富的信息。在传统的土地调查图件和数据的基础上，将现实的遥感图像和原有的同区域的土地空间信息进行叠加和分析，再加上 GPS 的精确定位及 GIS 的数据管理与分析功能，就可真实地反映地表各种地物要素的特征，并能清晰地显示各种土地利用/土地覆被类型的特征与分布、LUCC 的动态演变规律。因此，通过利用遥感对地观测技术，揭示 LUCC 空间变化规律，分析引起变化的驱动力，建立区域土地利用变化驱动力模型，已成为当前国际上开展 LUCC 研究的重要动向。目前，人们基于土地覆被类型遥感信息的光谱特征，探讨卫星遥感数据系统支持的土地覆被分类体系，为遥感动态监测奠定了基础。据此，利用“3S”集成技术，通过人机交互式方法对遥感图像进行解译，结合计算机的图像处理、分析和模式识别技术，开展 LUCC 的动态监测，实现了低成本、快速高效的管理模式。

地理信息系统（geographic information system，GIS）作为传统学科（如地理学、地图学和测量学等）与现代科学技术（遥感、计算机科学）相结合的产物，正在逐步发展成为一门处理空间数据的综合性学科。由于 GIS 具有强大的图像分析、空间叠加分析、空间统计分析与制图等功能，GIS 技术的应用大大地提高了人类处理和分析大量有关地球资源、环境、社会与经济数据的能力，而 GIS 技术及其应用则必须以地球基础理论为基础。GIS 的发展是和遥感技术应用密切相关的。遥感为 GIS 系统提供海量的数据输入，这些海量的数据只有通过 GIS 系统的存储、分类、整理和提取才能对研究对象进行时间序列和空间分析。通过 GIS 系统得到的非遥感信息（如地形、地貌、土壤等），又大大有助于遥感资源的分析。遥感与 GIS 两者相互支持、缺一不可，两者的结合，不仅改进数据采集和数据处理的流程，而且提高了相关分析的水平。GIS 以不同的数据层来表示景观中不同物理和生态学变量，这些数据在同样坐标系中相互联系在一起，生态系统的时空分布、演变趋势、定性、定量研究都得到改善。目前 GIS 在生态环境中的应用已经非常广泛，如 Veldkamp 等（2001）利用土地利用/土地覆被的空间显式模型评估的尺度敏感性，Schotten 等（2001）利用基于 GIS 的土地利用模型对荷兰居民点、土地利用及环境的变化进行模拟等。但是传统的 GIS 对地理实体、地理现象的空间分布关系的描述还是以静态为主的，并不能完整地表示地理系统的时态信息和时空关系，还缺乏时空分析和动态模拟的能力。解决这一问题的主要方法就是将地理信息系统和地理时空模拟模型进行结合。

构建土地利用/土地覆被变化模型是深入了解土地利用变化成因、过程，预测未来发展变化趋势及环境影响的重要途径，也是土地利用/土地覆被变化研究的主要方法。根据土地利用变化的涵义和研究内容，土地利用/土地覆被变化研究中的模型大致概括为三类。首先是土地利用变化模拟和解释模型。建立土地利用模拟和解释模型是阐明土地利用变化与其社会-经济和自然驱动力之间因果关系的重要手段。按照模型的性质可分为定性解释模型和定量解释模型两类，早期研究以定性的概念模型为主，目前国内外多采用各种先进的定量方法对土地利用进行模拟和解释。在定量模型中，由于对土地利用变化机理的解释深度不同，可以将模型划分为诊断模型、系统动力学模型和元胞自动机模型。按照模型是否具有空间特性，可分为数值模型和空间模型。目前国际的研究多倾向于发展空间明晰的土地利用变化模型，这种模型便于帮助土地利用决策者进行规划和管理。在实际的案例研究中可以根据区域特点，综合上述若干种模型对土地利用变化进行模拟和解释，逐层深入地分析土地利用变化的内在规律和驱动机制。其次是土地利用动态变化模型。土地利用动态变化模型既包括对过去和现状的土地利用的描述模型，也包括对未来的土地利用的描述模型，后者属于预测的范畴。土地利用动态变化模型的建立是研究土地利用变化过程、土地利用变化程度及未来发展变化趋势的主要手段。土地利用动态变化包括土地资源的数量变化、质量变化、空间变化、土地利用类型组合方式的变化以及未来土地资源需求量的变化。因此，土地利用动态变化模型包括土地资源数量变化模型、土地资源质量变化模型、土地利用空间变化模型、土地利用变化区域差异模型、土地利用程度变化模型、土地需求量预测模型和土地利用变化驱动力模型。最后是土地利用变化综合评价模型。土地利用变化综合评价模型是综合评价土地利用变化环境效应的主要手段。这类模型主要包括土地利用变化对环境影响评价模型，如温室效应综合评价模型、对水文效应评价模型、对生物多样性影响的评价模型、对土壤退化影响评估模型和区域特征发展影响评价模型等。

5.2 东北亚南北样带土地利用/土地覆被数据的获取

5.2.1 USGS 1992 数据产品

USGS 1992 数据产品来自 1992 ~ 1993 年 AVHRR 数据合成的 10 天 NDVI 时间序列数据①，基于非监督分类，通过人工解译和编辑完成土地利用/土地覆被分类，使用的分类体系为 IGBP 17 类土地覆被类型分类系统。该数据的总体精度评价精度为 66.9%，空间分辨率为 1km。和该数据来源有关的各个土地利用/土地覆被代码、类型、面积和百分比见表 5-1，空间分布见图 5-1。

表 5-1 USGS 1992 数据产品的土地利用/土地覆被代码、类型、面积和百分比

代码	类型	面积/km^2	百分比/%
1	城镇及建设用地	424 169	0. 045 457
2	旱地	18 434 314	1. 975 557
3	水田	4 346 990	0. 465 855
5	农田/草地镶嵌	6 651 997	0. 712 877
6	农田/林地镶嵌	10 040 885	1. 076 055
7	草地	15 795 665	1. 692 78

① http: //edc2. usgs. gov/glcc/glcc_version1. php#Global。

续表

代码	类型	面积/km^2	百分比/%
8	灌丛	22 434 046	2.404 197
9	灌木/草地镶嵌	3 086 461	0.330 768
10	稀树草原	19 524 839	2.092 425
11	落叶阔叶林	10 086 003	1.080 89
12	落叶针叶林	4 551 202	0.487 74
13	常绿阔叶林	14 704 345	1.575 826
14	常绿针叶林	9 663 942	1.035 659
15	混交林	14 999 844	1.607 494
16	水体	620 842 234	66.534 02
17	草本植物湿地	94 884	0.010 168
18	木本植物湿地	2 166 210	0.232 147
19	裸地	23 472 576	2.515 494
21	森林苔原	17 230 991	1.846 6
22	混交苔原	6 645 683	0.712 2
23	荒漠苔原	183 264	0.019 64
24	冰雪	107 634 720	11.534 93
100	无数据	104 736	0.011 224

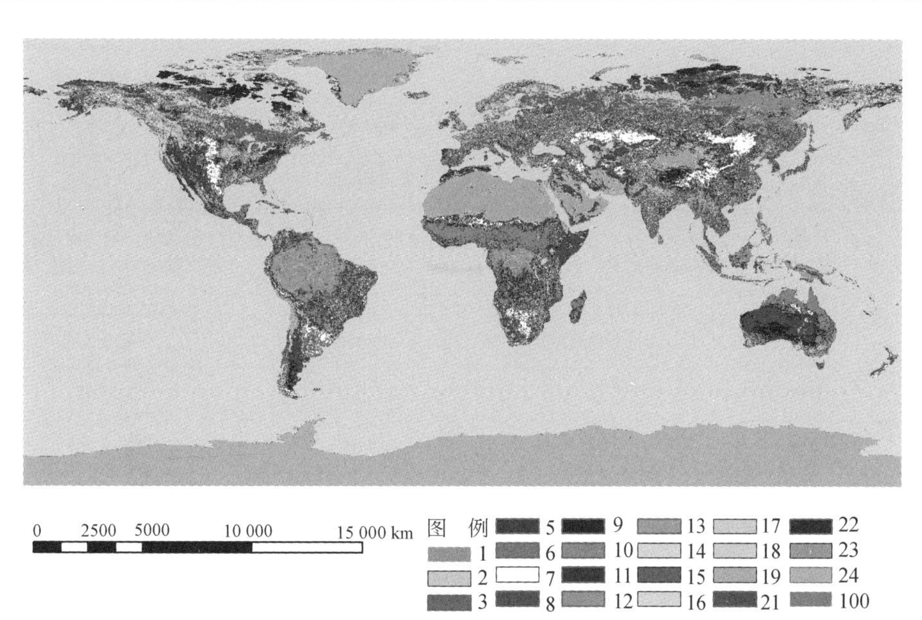

图 5-1　全球土地利用/土地覆被分布（USGS 1992）

图 5-1 中的图例代码同表 5-1

5.2.2 GLC 2000 数据

GLC 2000 数据产品为欧盟联合研究中心的全球土地覆被数据，数据来自 1999 ~ 2000 年 1km SPOT 4 的 Vegetation 传感器数据，分 19 个区域，由 20 个合作伙伴用非监督和监督分类制作完成，总体统计精度为 68.6%，空间分辨率为 1km。和该数据来源有关的各个土地利用/土地覆被代码、类型、面积和百分比见表 5-2，空间分布见图 5-2。

表 5-2 GLC 2000 数据产品的土地利用/土地覆被代码、类型、面积和百分比

代码	类型	面积/km^2	百分比/%
1	常绿阔叶林	12 875 179	1.952 699
2	封闭落叶阔叶林	8 688 097	1.317 67
3	敞开落叶阔叶林	4 099 003	0.621 671
4	常绿针叶林	15 080 165	2.287 116
5	落叶针叶林	8 054 159	1.221 525
6	混交林	5 606 446	0.850 295
7	淡水周期浸没林地	579 763	0.087 929
8	咸水周期浸没林地	115 705	0.017 548
9	林地/其他自然植被镶嵌	4 269 938	0.647 595
10	过火林地	587 270	0.089 068
11	常绿灌丛	3 195 387	0.484 625
12	落叶灌丛	15 605 651	2.366 813
13	禾本植物	17 560 702	2.663 323
14	稀疏草地或灌木	23 573 022	3.575 175
15	周期浸没的灌丛或草地	3 089 962	0.468 635
16	农业用地	21 692 769	3.290 009
17	农田/林地/其他自然植被镶嵌	4 025 653	0.610 546
18	农田/灌丛/草地镶嵌	3 921 904	0.594 811
19	裸地	24 629 888	3.735 463
20	水体	471 034 157	71.438 85
21	冰雪	10 660 085	1.616 749
22	建筑用地	378 999	0.057 48
23	无数据	29 056	0.004 407

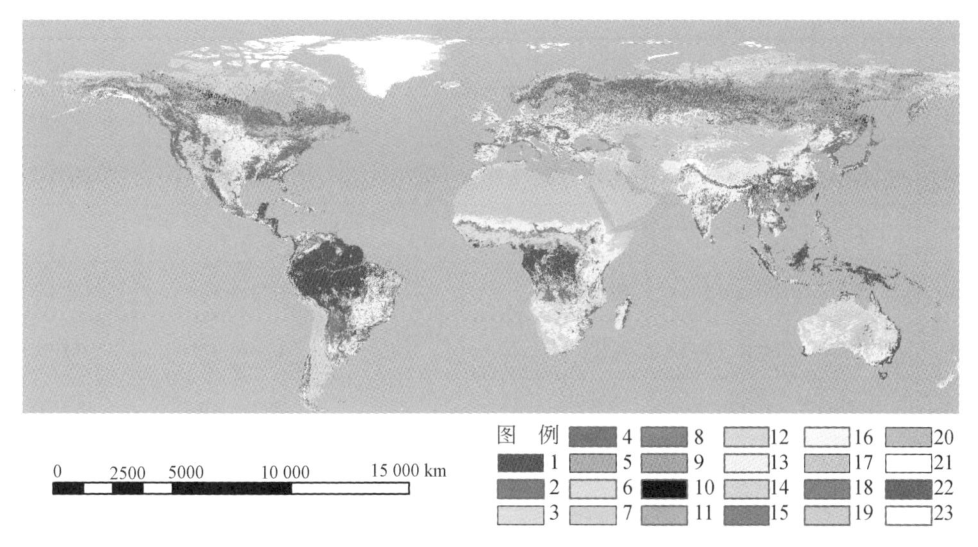

图 5-2　全球土地利用/土地覆被分布（GLC）

图 5-2 中的图例代码同表 5-2

5.2.3　EUROPE 300 数据产品

EUROPE 300 数据产品来自 2004 年 12 月 ~2006 年 6 月 300m ENVISAT/MERIS 数据，分 22 个生态气候区，采用多维迭代聚类方法进行分类，通过 16 位专家在全球 3000 个点验证，总精度为 73%。和该数据来源有关的各个土地利用/土地覆被代码、类型、面积和百分比见表 5-3，空间分布见图 5-3。

表 5-3　EUROPE 300 数据产品的土地利用/土地覆被代码、类型、面积和百分比

代码	类型	面积/km^2	百分比/%
11	水淹或灌溉农地	2 371 087	0. 642 571
14	雨养农地	9 039 911	2. 449 84
20	耕作（50% ~70%）/其他自然植被（20% ~50%）镶嵌	8 028 563	2. 175 762
30	耕作（20% ~50%）/其他自然植物（50% ~70%）镶嵌	10 689 779	2. 896 959
40	郁闭或敞开（>15%）常绿阔叶或半落叶阔叶林（>5m）	12 130 274	3. 287 337
50	郁闭（>40%）落叶阔叶林（>5m）	7 713 450	2. 090 366
60	敞开（15% ~40%）落叶阔叶林（>5m）	3 060 029	0. 829 276
70	郁闭（>40%）常绿针叶林（>5m）	3 866 579	1. 047 854
90	敞开（15% ~40%）常绿针叶或落叶针叶林（>5m）	18 266 456	4. 950 259

续表

代码	类型	面积/km²	百分比/%
100	郁闭或敞开（>15%）针阔混交林（>5m）	4 229 722	1. 146 266
110	草地（20% ~50%）/森林/灌丛（50% ~70%）镶嵌	8 437 341	2. 286 542
120	草地（50% ~70%）/森林/灌丛（20% ~50%）镶嵌	5 741 444	1. 555 947
130	冠层敞开或封闭（>15%）灌丛（<5m）	10 354 890	2. 806 203
140	冠层敞开或封闭（>15%）草地	10 574 099	2. 865 61
150	稀疏植被（<15%）	24 315 426	6. 589 546
160	郁闭或敞开（>15%）各种有规律水淹或长期水浸阔叶森林	766 221. 8	0. 207 648
170	郁闭（>40%）永久盐水水淹阔叶林或灌丛	114 338. 4	0. 030 986
180	郁闭或敞开（>15%）各种有规律水淹或长期水浸草地	1 466 316	0. 397 375
190	人工地表或附属区域	410 609. 4	0. 111 276
200	裸地	23 759 841	6. 438 981
210	水体	1.93×10^8	52. 353 11
220	永久雪/冰	10 428 458	2. 826 14
230	无数据	151 233. 5	0. 040 985

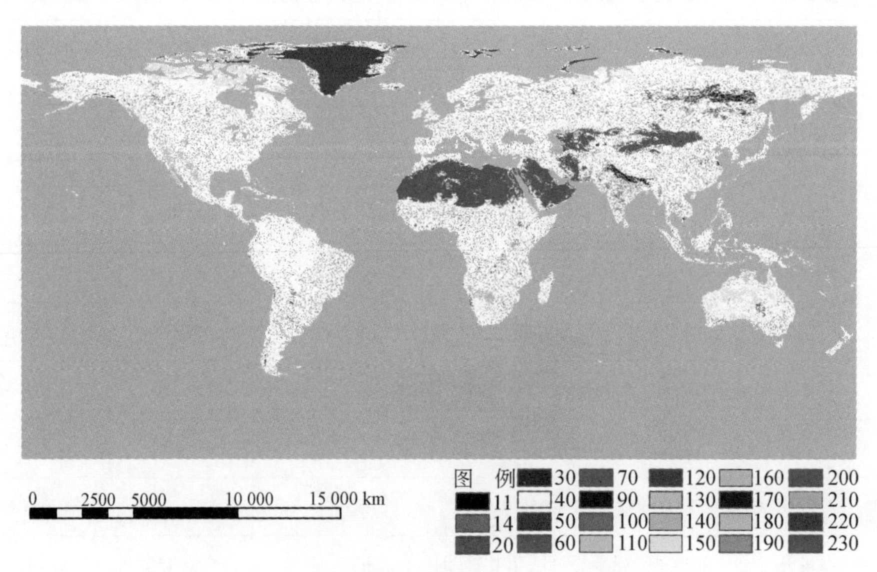

图 5-3 全球土地利用/土地覆被分布（Europe 300）

图 5-3 中的图例代码同表 5-3

5.3　东北亚南北样带土地利用/土地覆被的梯度

图 5-4 展示的是东北亚南部样带内土地利用/土地覆被数据集中自然植被的范围梯度，可以看出，林木稀树草原和灌丛在样带中分布最为广泛，51°N～57°N 植被类型最为丰富。

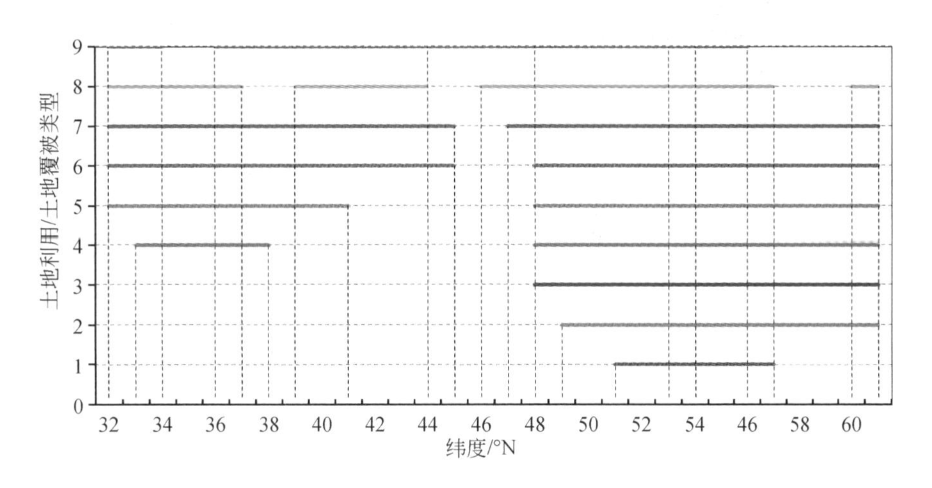

图 5-4　东北亚南北样带土地利用/土地覆被梯度
1. 常绿针叶林；2. 常绿阔叶林；3. 落叶针叶林；4. 落叶阔叶林；5. 混交林；
6. 灌丛；7. 林木稀树草原；8. 稀树草原；9. 草地

5.4　东北亚南北样带土地利用/土地覆被的变化分析

5.4.1　土地利用/土地覆被分析

在东北亚南北样带中，根据数据资源，初步研究该区域 3 个时段（1992 年、2000 年、2005 年）土地覆被的时空变化及 2005 年和 2009 年的对比，结合高纬度区的气候变化和中纬度区的人类活动详细分析这种变化的方向和速率。本研究重新整合后的分类系统为：①城镇；②耕地；③阔叶林；④针叶林；⑤混交林；⑥灌丛；⑦草地；⑧水体；⑨裸地；⑩冰雪。

1）NSTNEA 1992 年土地覆被（USGS 1992 系统和数据），如图 5-5 和表 5-4 所示。

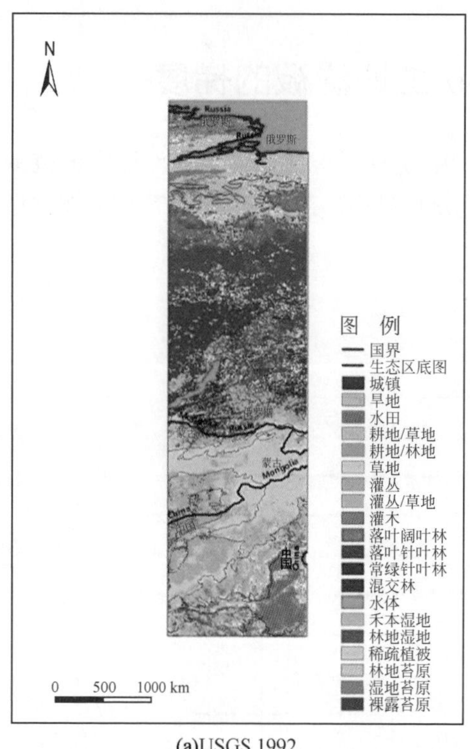

(a)USGS 1992

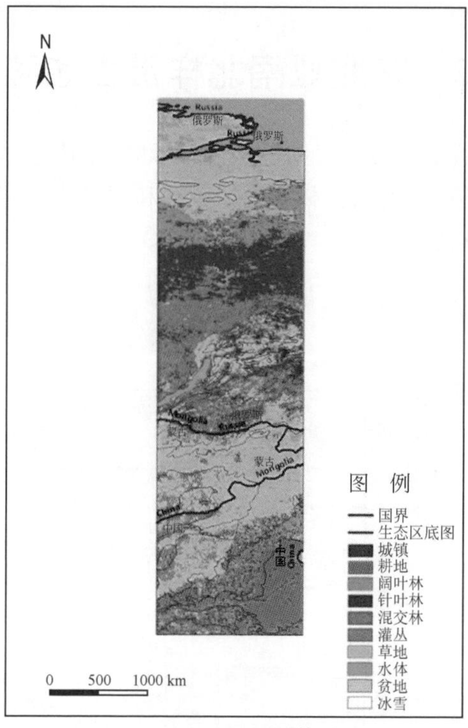

(b)USGS 1992 转换后

图 5-5　USGS 1992 土地覆被

表 5-4　USGS 1992 土地覆被信息

代码	类型	转换
1	城镇及建设用地	1
2	旱地	2
3	水田	2
5	农田/草地镶嵌	2
6	农田/林地镶嵌	2
7	草地	7
8	灌丛	6
9	灌木/草地镶嵌	6
10	稀树草原	7
11	落叶阔叶林	3
12	落叶针叶林	4
13	常绿阔叶林	3
14	常绿针叶林	4

续表

代码	类型	转换
15	混交林	5
16	水体	8
17	草本植物湿地	7
18	木本植物湿地	6
19	裸地	7
21	森林苔原	7
22	混交苔原	7
23	荒漠苔原	9
24	冰雪	10
100	无数据	

2）NSTNEA 2000 年土地覆被（GLC 2000 系统和数据），如图 5-6 和表 5-5 所示。

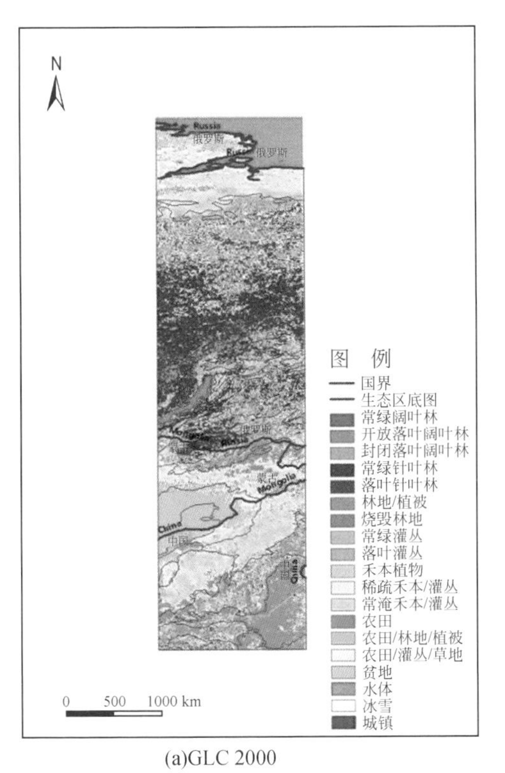

(a)GLC 2000

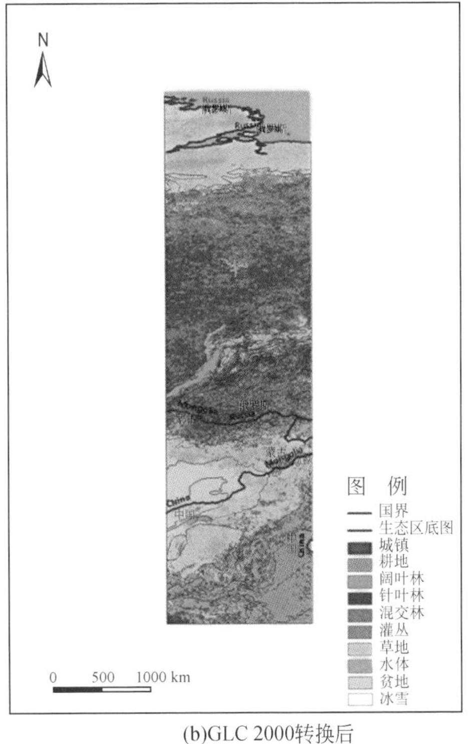

(b)GLC 2000转换后

图 5-6　GLC 2000 土地覆被

表 5-5　GLC 2000 土地覆被信息

代码	类型	转换
1	常绿阔叶林	3
2	封闭落叶阔叶林	3
3	敞开落叶阔叶林	3
4	常绿针叶林	4
5	落叶针叶林	4
6	混交林	5
7	淡水周期浸没林地	5
8	咸水周期浸没林地	5
9	林地/其他自然植被镶嵌	5
10	过火林地	5
11	常绿灌丛	6
12	落叶灌丛	6
13	禾本植物	7
14	稀疏草地或灌木	7
15	周期浸没的灌丛或草地	6
16	农业用地	2
17	农田/林地/其他自然植被镶嵌	2
18	农田/灌丛/草地镶嵌	2
19	裸地	9
20	水体	8
21	冰雪	10
22	建筑用地	1
23	无数据	

3）NSTNEA 2005 年土地覆被［CLA（EUROPE 300）系统和数据］，如图 5-7 和表 5-6 所示。

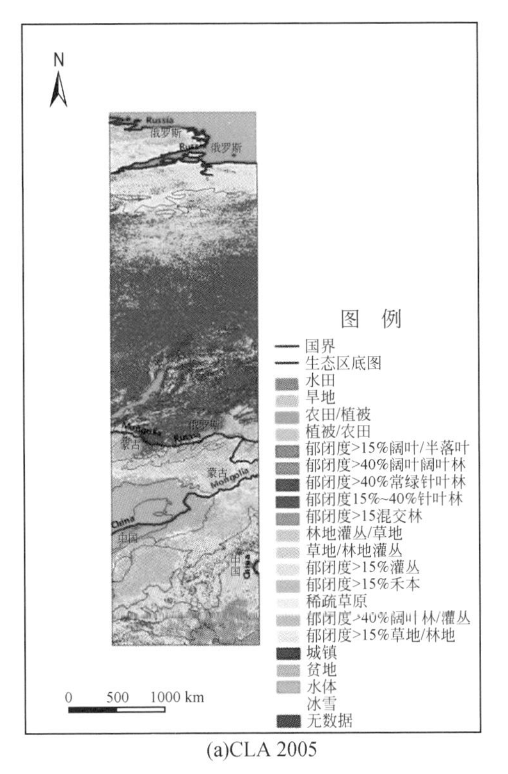

(a)CLA 2005

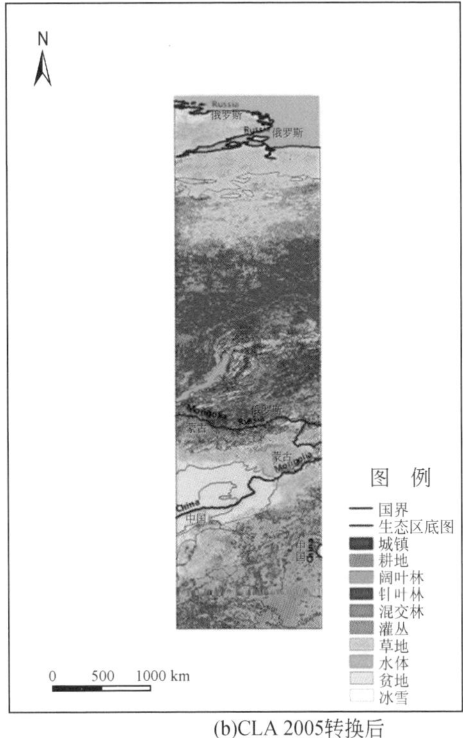

(b)CLA 2005转换后

图 5-7　CLA 2005 土地覆被

表 5-6　CLA 2005 土地覆被信息

代码	类型	转换
11	水淹或灌溉农地	2
14	雨养农地	2
20	耕作（50%～70%）/其他自然植被（20%～50%）镶嵌	2
30	耕作（20%～50%）/其他自然植物（50%～70%）镶嵌	5
40	郁闭或敞开（>15%）常绿阔叶或半落叶阔叶林（>5m）	3
50	郁闭（>40%）落叶阔叶林（>5m）	3
60	敞开（15%～40%）落叶阔叶林（>5m）	3
70	郁闭（>40%）常绿针叶林（>5m）	4
90	敞开（15%～40%）常绿针叶或落叶针叶林（>5m）	4
100	郁闭或敞开（>15%）针阔混交林（>5m）	5
110	草地（20%～50%）/森林/灌丛（50%～70%）镶嵌	6
120	草地（50%～70%）/森林/灌丛（20%～50%）镶嵌	7
130	冠层敞开或封闭（>15%）灌丛（<5m）	6
140	冠层敞开或封闭（>15%）草地	7

续表

代码	类型	转换
150	稀疏植被（<15%）	7
160	郁闭或敞开（>15%）各种有规律水淹或长期水浸阔叶森林	3
170	郁闭（>40%）永久盐水水淹阔叶林或灌丛	6
180	郁闭或敞开（>15%）各种有规律水淹或长期水浸草地	7
190	人工地表或附属区域	1
200	裸地	9
210	水体	8
220	永久雪/冰	10
230	无数据	

4）NSTNEA 2005 年和 2009 年土地覆被对比（CLA 系统和数据）。欧洲空间局（ESA）在2005 年和2009 年发布了两套土地覆被数据，因此对2005 年和2009 年土地覆被的变化能有较好精度的对比（图 5-8）。

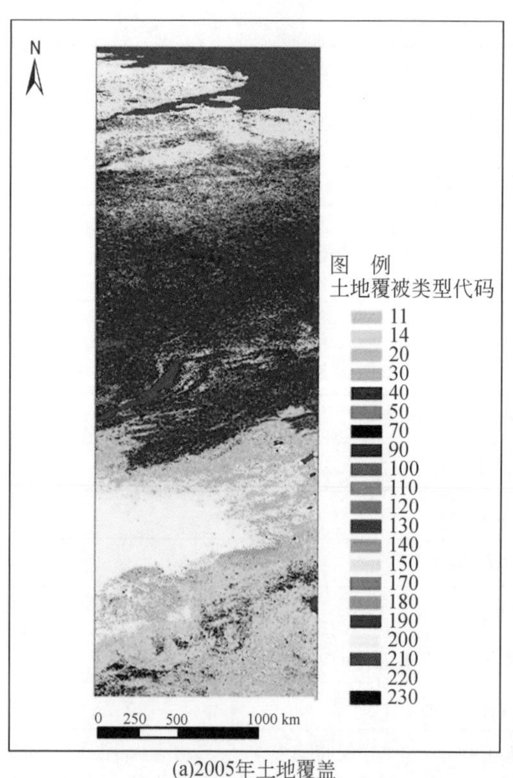

(a)2005年土地覆盖

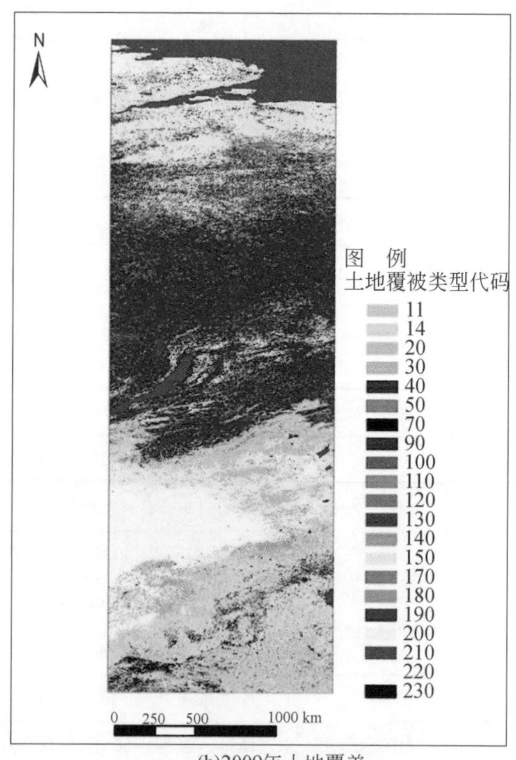

(b)2009年土地覆盖

图 5-8　东北亚南北样带 2005 年和 2009 年土地覆被比较

5.4.2 NSTNEA 土地覆被变化的趋势初步分析

1992～2000 年，由 USGS 和 GLC 两份数据产品构建其变化趋势。大致的变化趋势是：农田、草地和水体部分转换为城镇，人类活动造成土地覆被的变化；部分农田恢复为草地，也有部分草地被开垦为农田；部分阔叶林恢复为针叶林；部分灌丛转换为草地和裸地（苔原等）；草地有部分转换为裸地、农田、针叶林等；水体的覆盖保持稳定；有冰雪覆盖部分转换为裸地，也有部分裸地转换为水体、草地、灌丛。

2000～2005 年，通过 GLC 和 CLA 两个数据产品组成的对比分析，发现城镇基本未变化，但 2005 年城镇中有大部分是由 2000 年的农田转换而来；农田在保持整体稳定的趋势中，有部分转为混交林、草地和针叶林等；阔叶林的变化比较复杂，可能是受各个数据产品精度的影响，阔叶林在 2005 年的土地覆被中有针叶林、混交林、灌丛、草地、农田等；针叶林整体变化较小；灌丛多转换为针叶林、草地、贫地；草地有 30%～40% 依旧保持为草地，其他有大部分转换为农田、混交林和贫地；水体有部分转换为草地；部分贫地变为可利用耕地、草地和针叶林；高纬度区域的冰雪有一部分转换为草甸（地）。

整体上，2000～2005 年，NSTNEA 中纬度区域的城市化发展较快，主要集中在样带东南部中国区域内；农田基本维持稳定状态；阔叶林明显减少，但是针叶林明显变多，混交林则维持稳定；草地、水体大体不变；灌丛大幅减少，贫地相应增加，两者变化面积大致相等。大致的推论是，在这些年的土地变化中，农田维持稳定，城市化的主要途径可能是将阔叶林变为城镇，或者是农田转为城镇，阔叶林转为农田；草地、水体、混交林、针叶林变化较小，贫地与灌丛之间的互动变化较为明显。

从 2005 年和 2009 年的数据对比（图 5-8）中发现，该样带此时主要覆被类型是苔原和针叶林，其变化绝对值也是最多的，分别为增加 $1.96\times10^5\text{km}^2$ 和减少 $1.65\times10^5\text{km}^2$。苔原、混交林、农作物/植被、裸地、灌溉农田等是面积增加的土地覆被类型，除了未分类和水淹阔叶林变化很小，其余都是面积减少的土地覆被类型。

第6章 东北亚南北样带水资源与水环境的梯度分布及其变化

6.1 水资源与水环境概述

水是人类及一切生物赖以生存的必不可少的重要物质，是工农业生产、经济发展和环境改善不可替代的极为宝贵的自然资源。水资源（water resources）一词出现较早，随着时代进步其内涵也在不断丰富和发展。关于水资源普遍认可的概念可以理解为人类长期生存、生活和生产活动中所需要的具有数量要求和质量前提的水量，包括了使用价值和经济价值。一般认为，水资源概念具有广义和狭义之分。地球上的水资源，从广义来说是指水圈内水量的总体，包括经人类控制并直接可供灌溉、发电、给水、航运、养殖等用途的地表水和地下水，以及江河、湖泊、井、泉、潮汐、港湾和养殖水域等。从狭义上来说水资源是指逐年可以恢复和更新的淡水量。水资源是发展国民经济不可缺少的重要自然资源。在世界许多地方，对水的需求已经超过水资源所能负荷的程度，同时有许多地区也濒临水资源利用不平衡。但是水资源的概念却既简单又复杂，其复杂的内涵通常表现在：水类型繁多，具有运动性，各种水体具相互转化的特性；水的用途广泛，各种用途对其量和质均有不同的要求；水资源所包含的“量”和“质”在一定条件下可以改变；更为重要的是，水资源的开发利用受经济技术、社会和环境条件的制约。

水环境指自然界中水的形成、分布和转化所处空间的环境，指围绕人群空间及可直接或间接影响人类生活和发展的水体，其正常功能的各种自然因素和有关的社会因素的总体。也有人将水环境定义为相对稳定的、以陆地为边界的天然水域所处空间的环境。水在地球上处于不断循环的动态平衡状态。天然水的基本化学成分和含量反映了它在不同自然环境循环过程中的原始物理化学性质，是研究水环境中元素存在、迁移和转化和环境质量（或污染程度）与水质评价的基本依据。水环境主要由地表水环境和地下水环境两部分组成。地表水环境包括河流、湖泊、水库、海洋、池塘、沼泽、冰川等，地下水环境包括泉水、浅层地下水、深层地下水等。水环境是构成环境的基本要素之一，是人类社会赖以生存和发展的重要场所，也是受人类干扰和破坏最严重的领域。水环境的污染和破坏已成为当今世界主要的环境问题之一。

在地球表面，水体面积约占地球表面积的71%，总储水量约1386×10^7亿 m^3，其中海洋水为1338×10^7亿 m^3，约占全球总水量的96.5%。在余下的水量中地表水占1.78%，地下水占1.69%。人类主要利用的淡水约35×10^7亿 m^3，在全球总储水量中只占2.53%。陆地水所占总量比例很小，且所处空间的环境十分复杂。它们少部分分布在湖泊、河流、土壤和地表以下浅层地下水中，有70%以上被冻结在南极和北极的冰盖中，加上难以利用的高山冰川和永冻积雪，有 87% 的淡水资源难以利用。人类真正能够利用的淡水资源是江河湖泊和地下水的一部分，约占地球总水量的 0.26%。全球淡水资源不仅短缺而且地区分布极不平衡。按地区分布，巴西、俄罗斯、加拿大、中国、美国、印度尼西亚、印度、哥伦比亚和刚果等 9 个国家的淡水资源占了世界淡水资源的 60%。约占世界人口总数 40% 的 80 个国家和地区约 15 亿人口淡水不足，其中 26 个国家约 3 亿人极度缺水。更可怕的是，预计到 2025 年，世界上将会有 30 亿人面临缺水，40 个国家和地区淡水严重不足。

西伯利亚水资源总量 1717km^3，占全俄水资源总量的 40%，每平方公里拥有的水资源量与全俄平均水平相当，人均水资源量则远远高于平均水平。鄂毕河、额尔齐斯河、叶尼塞河、勒拿河等为西伯利亚的主要河流和径流资源。位于东西伯利亚的贝加尔湖是全球最深的淡水湖，其深度达 1620m，面积仅次于里海，淡水储量达 23 000km^3。西伯利亚水能资源占全俄水能资源的 43%，其中西西伯利亚占全俄的 8%，东西伯利亚占全俄的 35%，水电装机容量和水力发电量超过全俄的 50%，西伯利亚众多河流中以叶尼塞河水能资源的开发潜力最大。中国是一个干旱缺水严重的国家，淡水资源总量为 28 000 亿 m^3，占全球水资源的 6%，仅次于巴西、俄罗斯和加拿大，居世界第四位，但人均只有 2300m^3，仅为世界平均水平的 1/4、美国的 1/5，在世界上名列 121 位，是全球 13 个人均水资源最贫乏的国家之一。水资源的特点是地区分布不均，水土资源组合不平衡；年内分配集中，年际变化大；连丰连枯年份比较突出；河流的泥沙淤积严重。这些特点造成了中国容易发生水旱灾害，水的供需产生矛盾，这也决定了中国对水资源的开发利用、江河整治的任务十分艰巨。

6.2　东北亚南北样带水资源与水环境数据的获取

本研究通过比较东北亚南北样带纬度梯度的水体面积，表征水环境随气温、降水复合梯度分布与变化特征。

本研究所使用的水资源数据集选取于中国北方及其毗邻地区土地覆被矢量数据集（2001 年、2005 年和 2010 年）。原始数据为由美国波士顿大学生产的 MODIS Collection 5 数据集。从 https：//wist. echo. nasa. gov/api 下载 MODIS/Terra + Aqua Land Cover Type Yearly L3 Global 500m SIN Grid V005 这类产品，即 MCD12Q1 产品。数据加工方法：首先，选择 MODIS/Terra+Aqua Land Cover Type Yearly L3 Global 500m SIN Grid V005 这类产品，即 MCD12Q1 产品。整个考察区共涉及 33 景 MODIS 标准分幅数据。其次，采用 NASA 网站提供的 MODIS 重投影工具（MODIS Reprojection Tool，MRT）对 MCD12Q1 产品进行数据镶嵌、投影体系及数据格式转换，并提取 land_ cover_ type_ 1 数据层。再次，由于原数据遵循 IGBP 土地覆被分类系统，共有 17 类，项目所需分类系统共有 15 类，故对数据进行分类系统转化，采用重采样方式生成符合项目要求的 500m 分辨率的三期土地覆被数据。将栅格数据在 ArcGIS 软件中用滤波方法进行预处理。最后，根据栅格转矢量命令将其转成相应的矢量数据。

本研究选取土地覆被数据集中水体（water bodies）要素，通过栅格化得到 1km 分辨率的栅格数据集，在样带 1°纬度梯度范围内统计水体面积。通过比较水域多年平均水域面积纬度梯度变化及年际变化，反映东北亚地区水环境在全球变化背景下对气温、降水复合梯度的响应特征。

6.3 东北亚南北样带水资源与水环境的梯度

我们对三期土地利用/土地覆被数据中东北亚南北样带范围内水体图层进行合成，得到2001～2010年样带水体分布梯度变化，见图6-1。可以看出，样带内水体分布主要集中于47°N～56°N（贝加尔湖地区），水量峰值出现在53°N。此外62°N和74°N地区同样具有较广的水资源，其他纬度地区水资源较少，而在43°N～47°N几乎无大面积固定水资源。水体分布梯度变化并不显著，并受气温、降水和地形等多方面因素影响，但作为陆地物种生存所必需的自然条件，其在一定程度上影响物种分布的梯度变化。

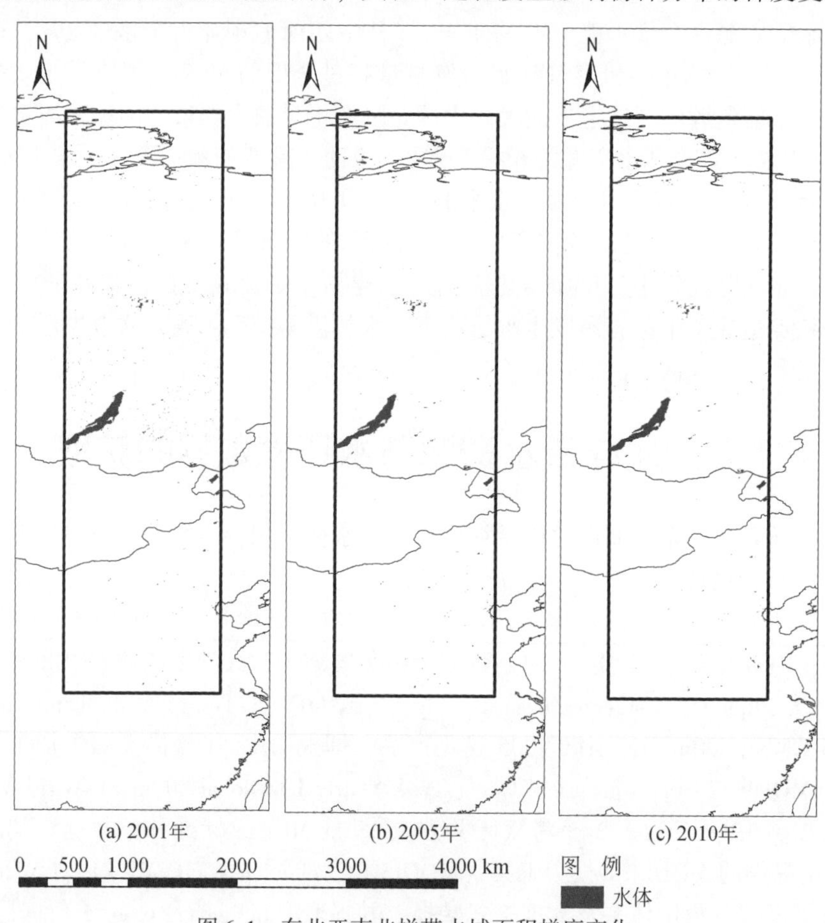

图6-1 东北亚南北样带水域面积梯度变化

6.4 东北亚南北样带水资源与水环境的变化分析

图6-1展示了2001年、2005年和2010年东北亚南北样带范围内水体空间分布格局。可以看出，大部分水体集中于样带中部的贝加尔湖，中西伯利亚地区和北冰洋南岸

地区水体分布也较为集中，其他地区水域分布较为零散。通过对 3 个时段样带内水体按纬度进行统计，得到水域面积梯度年际变化，见图 6-2。结果表明，47°N ~ 61°N（以贝加尔湖为主）水体面积呈现缩减趋势。其中，在水体面积峰值区域 53°N 范围内，水域从 2001 年的 18 391km^2 减小到 2005 年的 17 834km^2，再缩减到 2010 年的17 607km^2。类似地，在 74°N 周边地区同样表现出较显著的水域面积缩减。在其他纬度地区，水体面积呈现不同程度的增加，这表明全球变化在不同纬度上对于水体分布的影响并不一致。

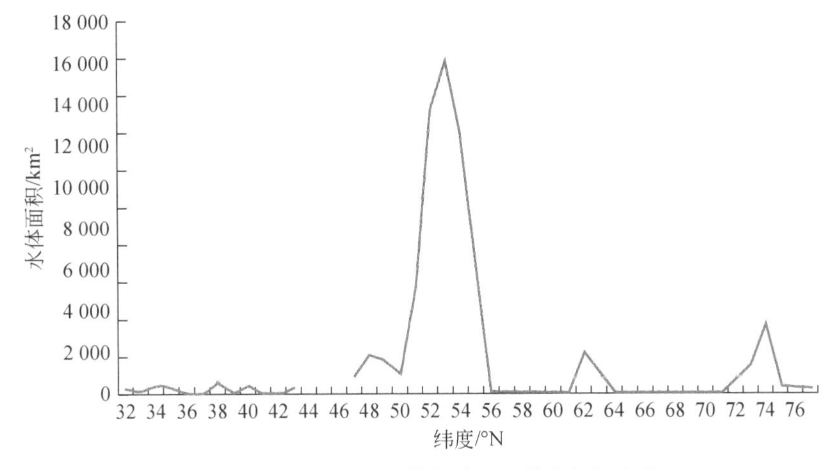

图 6-2　东北亚南北样带水域面积梯度年际变化

第7章　东北亚南北样带生态地理区域、植被和土壤的梯度及其变化

7.1　生物地理概述

生物地理可简单定义为生物的地理分布，其关注生物群落及其组成成分在地球表面上时间和空间的分布情况及其成因。生物地理研究所涉及的学科跨越了地理学、地质学、生物学（分类学、生态学、遗传学等）等一些传统的学科。对于生物地理学而言，一个更为清晰的定义为研究生物地理分布（或生物多样性）的时间、空间模式以及生物学性状（遗传的、形态的、行为的、生理的、生态的等）的空间变化，并最终解释其成因和机制的科学。生物地理研究旨在回答地球生物多样性、生物分布格局的特殊性、生物区系差异与空间格局变化等形成原因以及人类活动对生物地理分布的影响等基本问题。自然界真实的生物地理过程具有时间和空间的复杂性，生物地理的研究内容广泛并且有多样的研究方法（解焱，2002）。

生态地理区域是宏观生物地理地带性的客观表现。通过对代表自然界宏观生态系统的生物和非生物要素地理相关性的比较研究和综合分析，按照自然界的地理地带分异规律，划分或合并而形成不同等级的区域系统，称为生态地理区域系统（吴绍洪等，2003）。生态地理区域系统综合反映了温度、水分、生物、土壤等自然要素的空间格局和地域差异，及其与资源环境的匹配，是认识区域生态环境特的一个重要宏观框架，是制定环境治理措施的基础，对植被的恢复、保护、因地制宜利用自然资源和区域可持续发展有重要的指导意义。

植物是陆地生态系统的主体，植被个体的生长与变化影响着群落及整个生态系统的结构与功能，是地球生物地理重要的组成部分。物候是生物适应生境条件的周期性变化，是一个对气候极其敏感的陆地生态系统结构与功能的综合指标，在生物地理研究中受到广泛关注（Ge et al.，2015）。从植物个体到生态系统各个尺度而言，众多过程，特别是与碳（光合与呼吸）、水（蒸腾与蒸发）及营养物质（氮、硫等）循环相关的过程，都由物候直接或间接地控制与调节（Noormets et al.，2009）。植被物候变化后，植被生理活性的时序变化进程与强度将会发生变化，进而影响到植被的固碳能力与水分利用状况。在早春年份，植被提前发芽或叶片复苏将会促进植被较早进入生长阶段，对生长季初期植被活性产生直接的正效应，进而增加生长季初期的碳同化量，同时叶面积增加也会增加植物的蒸腾量。春季温度增加会促进生长季初级氮矿化速率，进而促进叶片生长并增加叶片氮含量，增强生长季叶片光合能力，对生长季植被活性产生滞后的正效应，增加生长季植物的固碳量和蒸腾量，而叶面积增加在一定程度上可以减少土壤的蒸发量。然而受植被叶片年龄的限制，早春年份植被提前发芽或复苏可能会造成秋季叶片

提前落叶或休眠，因此对生长季后期植被活性造成间接的负效应，抵消生长季提前而增加的碳同化量，这也会降低叶片蒸腾量，对于落叶植物而言在一定程度上会降低土壤蒸发量。早春年份中，如果春季物候提前开始是由于温度升高，则会增加春季蒸散发，土壤水可能会在生长期过早消耗掉（Kljun et al.，2006）；如果是因为积雪过薄和积雪融化过早，那么可能植被在进入生长期时可利用的土壤水分会比较少（Hu et al.，2010）。这两种情况都有可能造成植被进入生长季后受到水分胁迫的限制，进而对整个生长季植物生理活性产生滞后的负效应，降低生长季植物碳同化积累，但因干旱植物蒸腾与土壤蒸发都会明显下降，因此可能不会影响到生态系统全年蒸散发总量。此外，作为控制陆气能量（短波与长波辐射）、痕量气体（其中最为重要包括水蒸气和二氧化碳）和其他物质（例如生物挥发性有机物）季节性交换的要素之一，物候具有影响区域尺度气候模式的潜力，长久而言，将会影响到全球气候。

物候学研究由来已久，早期人们通过野外观测方式来记录植被个体或群落的发芽、展叶、枯黄和落叶等物候日期，研究物候的特征与功能等在时间、空间及物种水平上的分异规律。但因观测能力与范围的限制，无法实现区域及更大尺度上植被物候监测。随着遥感技术的发展，卫星遥感植被指数能较精确地反映植被绿度和光合作用强度，可以定量化反映区域尺度乃至全球尺度上植被的生态物候特征，因此遥感迅速应用于物候研究（夏传福等，2013）。与传统物候概念不同，遥感方法用于描述整个景观生态系统的物候变化，侧重表征植被生理生态功能过程的状态转换（武永峰等，2008）。科研人员根据研究需求，在反映植被变化的遥感时序曲线上设定阈值或选取具有物理意义的时间节点，用以指示植被的物候期（耿丽英和马明国，2014）。遥感发展初期，NOAA AVHRR、Landset TM/TM+等一系列星载传感器为遥感物候的理论与应用研究提供了重要的数据支撑，但因数据空间或时间分辨率低，限制了区域尺度物候的动态监测。以 MODIS 为代表的新一代星载多光谱传感器的发展，将遥感物候研究带入了新发展阶段，高时空分辨率数据实现了对于遥感物候过程的连续表达，对气候变化胁迫下生态系统结构与功能变化的研究具有重要价值（马明国等，2012）。

土壤是由一层层厚度各异的矿物质成分所组成大自然主体，是生物地理重要的组成要素和基础。土壤由岩石风化而成的矿物质、动植物，微生物残体腐解产生的有机质、土壤生物（固相物质）以及水分（液相物质）、空气（气相物质），氧化的腐殖质等组成。固体物质包括土壤矿物质、有机质和微生物通过光照抑菌灭菌后得到的养料等。液体物质主要指土壤水分。气体是存在于土壤孔隙中的空气。土壤中这三类物质构成了一个矛盾的统一体。它们互相联系，互相制约，为动植物提供必需的生活条件，是土壤肥力的物质基础（黄昌勇和徐建明，2010）。

土壤是一种独立的自然体，它是在各种成土因素非常复杂的相互作用下形成的。对于土壤的形成来说，各种成土因素具有同等重要性和相互不可替代性。其中生物起着主导作用。土壤是一定时期内，在一定的气候和地形条件下，活有机体作用于成土母质而形成的。气候与土壤同为影响生物地理格局的重要因素，气候对土壤的形成也具有重要影响。其直接影响是通过土壤与大气之间经常进行的水分和热量交换，对土壤水、热状况和土壤中物理、化学过程的性质与强度的影响。通常温度每增加 10℃，化学反应速度平均增加 1～2 倍；温度从 0℃增加到 50℃，化合物的解离度增加 7 倍。在寒冷的气候条件下，一年中土壤冻结达几个月之久，微生物分解作用非常缓慢，使有机质积累起来；而在常年温暖湿润的气候条件下，微生物活动旺盛，全年都能分解有机质，使有机质含量趋于减少。气候还可以通过影响岩石风化过程以及植被类型等间接地影响土壤的形成和发育。一个显著的例子是，从干燥的荒漠地带或低温的苔原地带到高温多雨的热带雨林地带，随着温度、降水、蒸发以及不同植被生产力的变化，有机残体归还逐渐增多，化学与生物风化逐渐增强，风化壳逐渐加厚。

土壤是岩石圈表面的疏松表层，是陆生植物生活的基质和陆生动物生活的基底。土壤不仅为植物提供必需的营养和水分，而且也是土壤动物赖以生存的栖息场所。土壤的形成从开始就与生物的活动密不可分，所以土壤中总是含有多种多样的生物，如细菌、真菌、藻类、原生动物、软体动物和各种节肢动物等，少数高等动物（如鼹鼠等）终生都生活在土壤中。土壤是生物和非生物环境的一个极为复杂的复合体，土壤的概念总是包括生活在土壤里的大量生物，生物的活动促进了土壤的形成，而众多类型的生物又依赖土壤。所以土壤被称为世界上最重要的自然资源，生活在地球上所有的陆生生物和一部分海洋生物都直接或间接地被土壤影响着。

土壤无论对植物来说还是对土壤动物来说都是重要的生态因子。植物的根系与土壤有着极大的接触面，植物和土壤之间进行着频繁的物质交换，彼此有着强烈影响，因此通过控制土壤因素就可影响植物的生长和产量。对动物来说，土壤是比大气环境更为稳定的生活环境，其温度和湿度的变化幅度要小得多，因此土壤常常成为动物的极好隐蔽所，在土壤中可以躲避高温、干燥、大风和阳光直射。

土壤是所有陆地生态系统的基底或基础，土壤中的生物活动不仅影响着土壤本身，而且也影响着土壤上面的生物群落。生态系统中的很多重要过程都是在土壤中进行的，其中特别是分解和固氮过程。生物遗体只有通过分解过程才能转化为腐殖质和矿化为可被植物再利用的营养物质，而固氮过程则是土壤氮肥的主要来源。这两个过程都是整个生物圈物质循环所不可缺少的过程。

7.2 东北亚南北样带生态地理区域、植被和土壤数据的获取

7.2.1 生态地理分区数据

研究所使用的生态地理分区是由世界自然基金会（WWF）用生态地理框架去强调那些有特色或者代表价值的区域，以便引起人们的关注而绘制的分布图。生态区基于传统的生物地理，是来自全球1000位生物地理学家、分类学家、生物保护学者和生态学家的共同努力。生态区反映了物种的分布和交流，比一般的从降雨或温度等生态物理因素导出的全球或区域的模型更精确。

全球共分为14个生物群落（biomes）和8个生物地理分区（biogeographic realm）（图7-1）。基于这两个图层，共划分867个生态区（图7-2）。

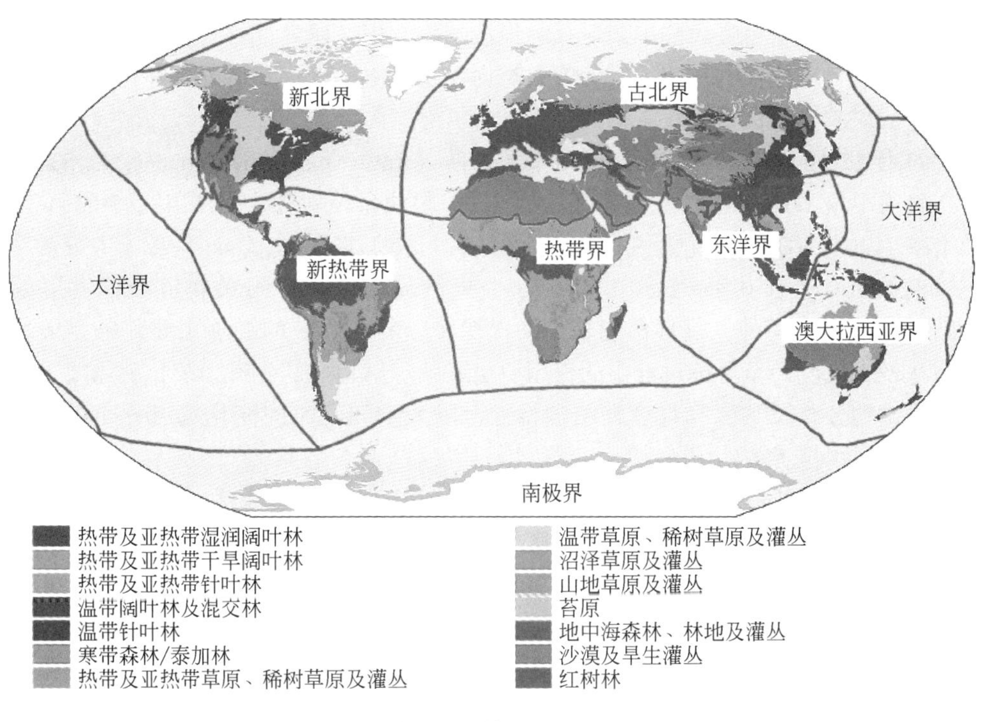

图7-1　14个生物群落和8个生物地理分区

图7-2　全球生态地理分区分布示意图

7.2.2　植被遥感数据

植被是陆地生态系统的重要组成部分，目前地表植被已占到陆地面积的50%。植被通过蒸腾及光合作用将土壤、大气、水分等自然要素联合起来，实现生态系统的能量循环，因此地表植被的变化会直接影响到地表能量的收支平衡，导致地表景观的变化，从而对气候、社会经济、人类活动造成一定程度的影响；同时植被也极易受到环境及人为的影响，植被的变化又能反映出当地水文、气候等各方面的变化。因此快速准确地将植被生长现状及演变趋势表达出来对社会经济建设及生态研究都有一定的参考意义。卫星遥感是监测全球植被的有效手段，为人类提供了监测、量化和研究人类有序活动和气候变化对区域或全球植被变化影响的可能。

1999 年 12 月 18 日美国发射了地球观测系统（Earth Observation System，EOS）第一颗上午轨道卫星 Terra。这颗卫星是 NASA 地球行星使命计划总数 15 颗卫星中的第一颗。2002 年 5 月 4 日 EOS 第一颗下午轨道卫星 Aqua 升空。Terra 和 Aqua 搭载了中分辨率成像光谱仪 MODIS，在 0.4 ~ 14.4μm 有 36 个离散光谱波段，每条轨道扫描宽度约为 2300km。全球除赤道外，每日都能获得两次探测资料。EOS 的一项主要任务是研究陆地植被在较大尺度乃至全球过程中的作用要更好地理解地球的生态系统，就需要了解全球植被类型的分布及其生物物理和结构特性，以及空间和时间变化特点。MODIS 是这项任务的主要承担者。

表 7-1 是与植被指数相关的 MODIS 仪器指标，MODIS 在红光和近红外波段地面空间分辨率为 250m，且探测波段较窄，避开了近红外波段的水汽吸收带，且红色通道（620 ~ 670nm）比 AVHRR 的（580 ~ 680nm）更窄，对叶绿素的吸收更敏感，提高了对稀疏植被的探测能力，但在高密度植被下比 NOAA-NDVI 更容易饱和。MODIS 在蓝光和绿光附近设有波段 3，用于大气气溶胶修正，在绿光附近设有通道 4，用于尝试解决浓密植被的饱和问题。

表 7-1　与植被指数相关的 MODIS 仪器指标

通道	光谱范围/nm	分辨率/m	信噪比
1	620 ~ 670	250	128
2	841 ~ 876	250	201
3	459 ~ 479	500	243
4	545 ~ 565	500	228
5	1230 ~ 1250	500	74
6	1628 ~ 1652	500	275
7	2105 ~ 2135	500	110

为了建立资料处理模式和算法，并指导对 MODIS 资料的科学讨论和应用，NASA 成立了由美国、澳大利亚、法国等科学家组成的专门研究队伍，分大气、陆地、海洋和定标 4 个科学组，从 1991 年开始研究，提出各种算法，已经形成诸如气溶胶、云相、水汽、土地覆被、植被指数、叶面积指数、海面温度、生物光合作用活动、陆面温度、海洋水色、积雪等众多定量产品。MODIS 植被指数产品是在已有的植被指数的基础上改进设计的，以便使其适用于全球范围，并增强其对植被的敏感度，减少大气、观测角、太阳角、云等外部因素和叶冠背景等非植被内在因素的影响，提供时间、空间连续的可以比较的全球植被信息。包括 16 天合成的覆盖全球的 1km、500m 和 250m 三种分辨率的植被指数产品，以求回答全球生态系统是如何变化的、全球土地覆被和土地利用中发

生了哪些变化、这些变化的原因是什么以及生态系统如何响应和影响全球环境变化和碳循环等几个关键问题。该产品包括 NDVI 和 EVI 两种植被指数。MODIS-NDVI 是已有 20 年积累的 NOAA-NDVI 系列的延续，可以为业务监测和研究提供长期数据。EVI 利用了 MODIS 辐射仪的优点，订正地表反射率以提高对高生物量区的敏感性，通过叶冠背景信号的耦合和减少大气影响来提高植被监测精度。这两个植被指数可以在研究全球植被、提高植被变化的探测和提取叶冠生物物理参数方面相互补充。

7.2.3　土壤数据

本书所使用的土壤属性数据来源于联合国粮食及农业组织（FAO）收集整理的 1971 ~ 1981 年的全球土壤地图，其原始数据包括全球 131 472 个样点调查和 20 920 个土壤剖面数据。

本书使用 FAO 提供的全球 1∶500 万土壤数据，栅格化后得到东北亚南北样带范围内 1km×1km 分辨率的栅格数据。从 FAO 2003 年出版的世界数字化土壤图获得关于土壤性质的信息（http：//www. fao. org/AG/agl/agll/dsmw. htm）。FAO 从区域项目中收集了土壤剖面信息，该土壤剖面信息包含在世界土壤地图（FAO-Unesco）中，该地图发表在土壤分类学（*Soil Survey Staff*，1972）中。FAO 土壤单位和表层土壤地质组分析并分类了 1700 个土壤剖面。加权统计平均值适用于上层土壤（TOP，0 ~ 30cm）和下层土壤（SUB，30 ~ 100cm）中的化学和物理参数。可用的土壤参数包括土壤类型分类、黏土矿物学、土壤深度、土壤湿度、土壤容重、土壤压实状况等。这一产品不是直接根据卫星信息获得的，而主要来自于地面调查和国家数据库。

本书选取土壤黏土含量、砂土含量、淤泥含量、土壤 pH、土壤氮含量和有机碳含量 6 个具有生物指示意义的参数，按上下两层土壤分别描述东北亚南北样带内土壤理化性质及空间分布特征。

7.3　东北亚南北样带生态地理区域、植被和土壤的梯度

7.3.1　生态地理分区梯度

东北亚南北样带内共包含了 17 个生态地理分区（图 7-3 和表 7-2），按其纬度高低及覆盖范围排列顺序（图 7-4）为大巴山常绿林（PA0417）、长江平原常绿林（PA0415）、黄河平原混交林（PA0424）、秦岭落叶林（PA0434）、中国中部黄土高原混交林（PA0411）、鄂尔多斯高原草原（PA1013）、阿拉山平原荒漠（PA1302）、贺兰山山地针叶林（PA0508）、蒙古–中国东北草原（PA0813）、东戈壁荒漠草原（PA1314）、达乌尔森林草原（PA0804）、贝加尔地区针叶林（PA0609）、色楞格–鄂尔浑森林草原（PA0816）、萨彦山地针叶林（PA0519）、东西伯利亚泰加林（PA0601）、跨贝加尔秃山苔原（PA1112）和泰米尔中西伯利亚苔原（PA1111）。在 32°N ~ 42°N 和 47°N ~ 56°N 集中了大部分生态。各生态区中东西伯利亚泰加林面积最大，达到 3 920 150. 165km^2，泰米尔中西伯利亚苔原次之，为 926 494. 615km^2。

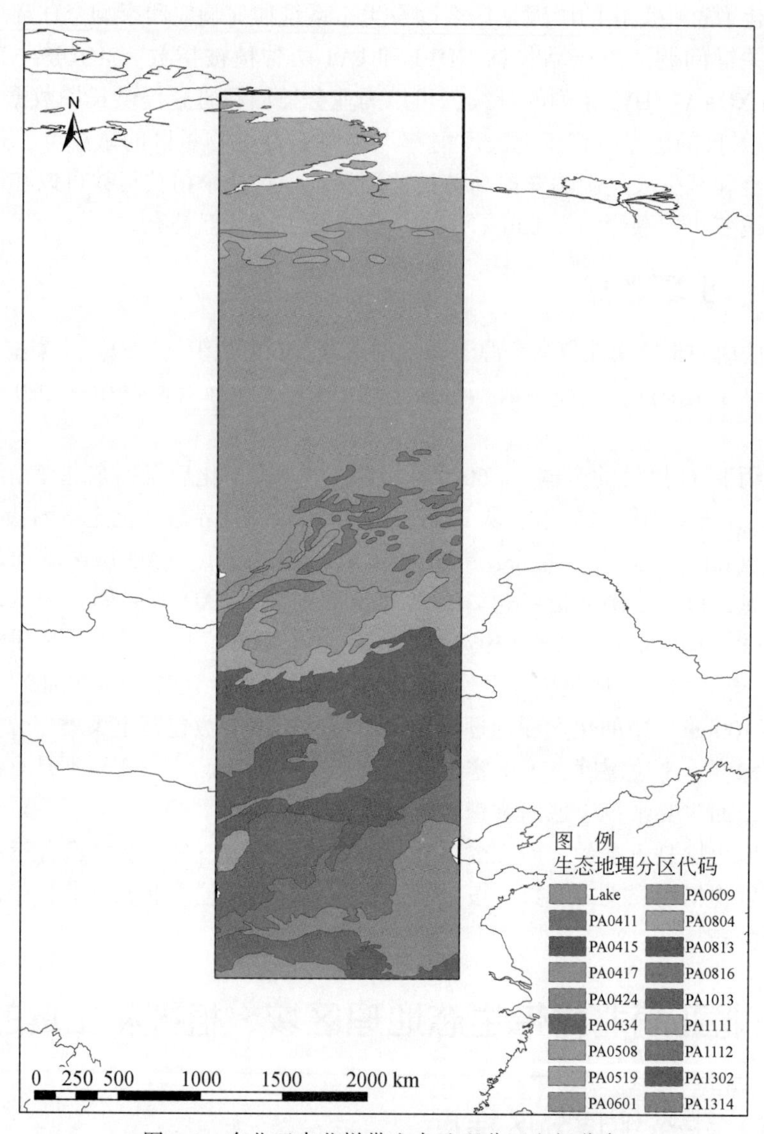

图 7-3 东北亚南北样带生态地理分区空间分布

表 7-2 东北亚南北样带生态地理分区信息

编号	生态区代码	生态区名称
1	PA0417	大巴山常绿林
2	PA0415	长江平原常绿林
3	PA0424	黄河平原混交林
4	PA0434	秦岭落叶林
5	PA0411	中国中部黄土高原混交林
6	PA1013	鄂尔多斯高原草原

续表

编号	生态区代码	生态区名称
7	PA1302	阿拉山平原荒漠
8	PA0508	贺兰山山地针叶林
9	PA0813	蒙古-中国东北草原
10	PA1314	东戈壁荒漠草原
11	PA0804	达乌尔森林草原
12	PA0609	贝加尔地区针叶林
13	PA0816	色楞格-鄂尔浑森林草原
14	PA0519	萨彦山地针叶林
15	PA0601	东西伯利亚泰加林
16	PA1112	跨贝加尔秃山苔原
17	PA1111	泰米尔中西伯利亚苔原
18	Lake	水体

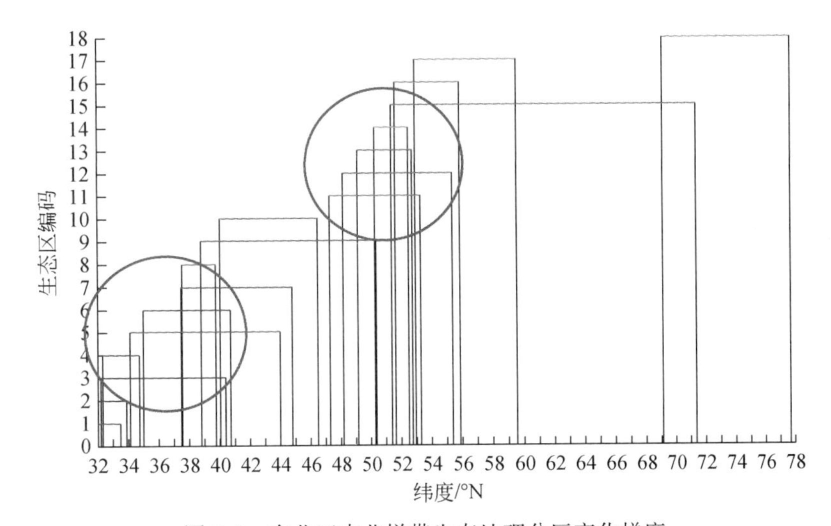

图 7-4　东北亚南北样带生态地理分区变化梯度

1. PA0417；2. PA0415；3. PA0424；4. PA0434；5. PA0411；6. PA1013；7. PA1302；8. PA0508；9. PA0813；10. PA1314；11. PA0804；12. PA0609；13. PA0816；14. PA0519；15. PA0601；16. PA1112；17. PA1111；18. Lake

7.3.2　植被梯度（植被类型、NDVI、LAI、NPP）

将两个或多个光谱通道进行组合，可以得到不同种类的植被指数，它们在一定程度上反映了植被演化的信息。到目前为止，植被指数已经发展出 40 余种，其中标准化植被指数（NDVI）应用最为广泛，它能有效地监测植被状况，并进行植被覆盖度、叶面积指数等生态参数的估算（杜子涛等，2009）。NDVI 还能部分地补偿照明条件、地面坡度以及卫星观测方向变化所引起的影响，其计算公式为

$$NDVI = (NIR-R)/(NIR+R) \tag{7-1}$$

式中，NIR 和 R 分别代表红外波段、红光波段的反射率。NDVI 值域为［-1，+1］，一般植株越高、群体越大、叶面积系数越大的植被，其 NDVI 值较大。

由于气温、降水及土壤等自然因素的共同作用，样带内植被类型分布呈现明显的梯度变化（图 7-5），表现为从低纬度向高纬度依次为阔叶林、农作物、荒漠草原、寒带森林、针叶落叶阔叶混交林、针叶林、草原和苔原。

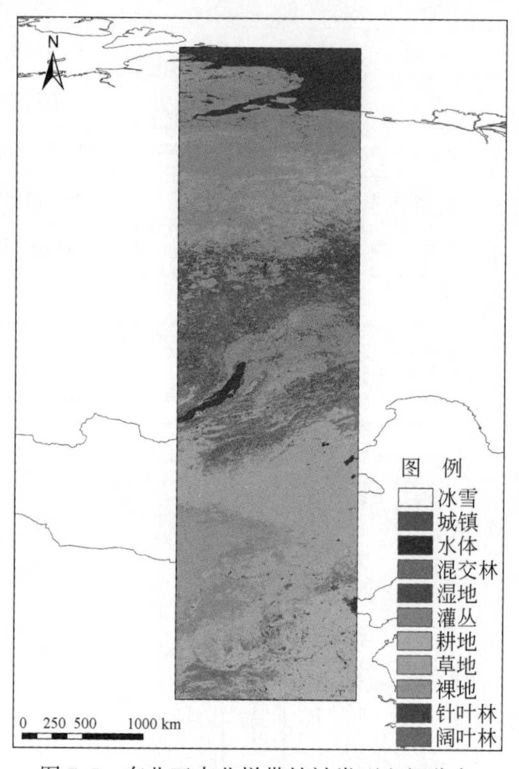

图 7-5　东北亚南北样带植被类型空间分布

东北亚南北样带内年均 NDVI（图 7-6）随气候变化梯度响应显著，样带南端变现为高值，后随温度与水分减少而下降，在 44°N 左右的荒漠地区达到最小值，后随水分增加 NDVI 有所升高，在针叶林（51°N 左右）及泰加林（58°N 左右）分别达到高值（图 7-7）。叶面积指数（图 7-8）及植被净初级生产力（图 7-9）也表现为相近趋势（图 7-10、图 7-11），表明降温及降水梯度对于植被类型分布与生长起决定性驱动作用。

7.3.3　土壤梯度

图 7-12 展示了东北亚南北样带土壤黏土含量梯度变化，整体而言，样带内土壤黏土含量为 20%～30%，仅在 77°N 左右土壤黏土含量小于 10%。样带在 32°N～41°N，上层土壤黏土含量高于下层土壤；而在 41°N～78°N，下层土壤黏土含量高于上层土壤。

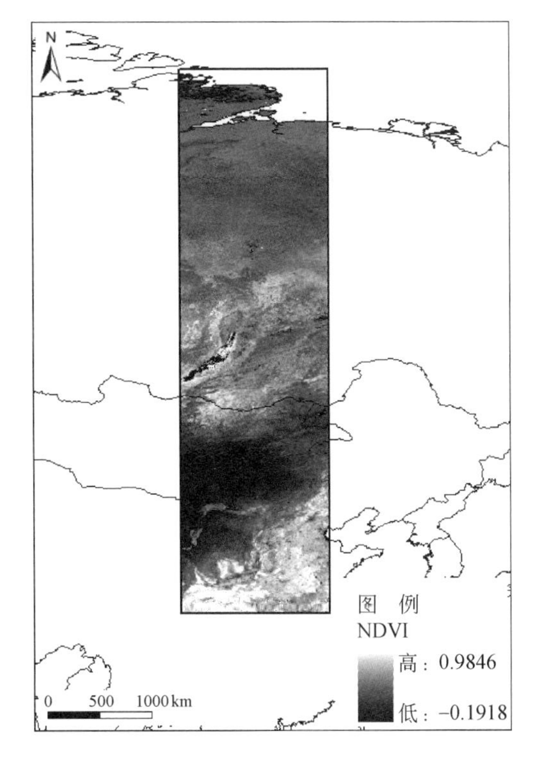

图 7-6　2005 年 7 月东北亚南北样带 NDVI 空间分布

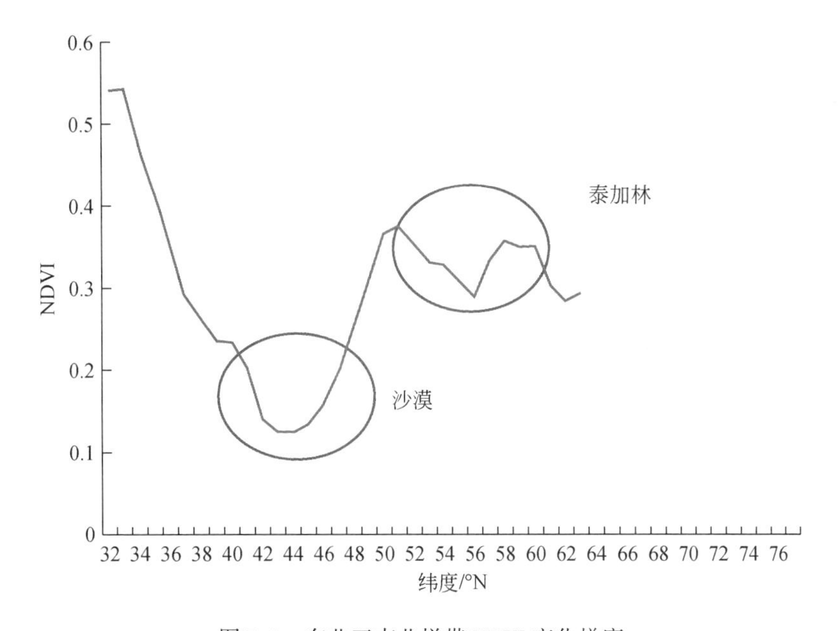

图 7-7　东北亚南北样带 NDVI 变化梯度

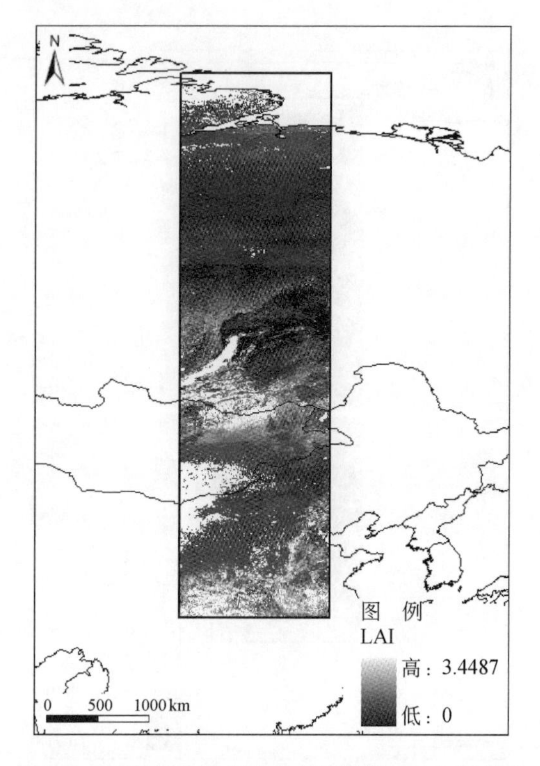

图 7-8　2005 年 7 月东北亚南北样带 LAI 空间分布

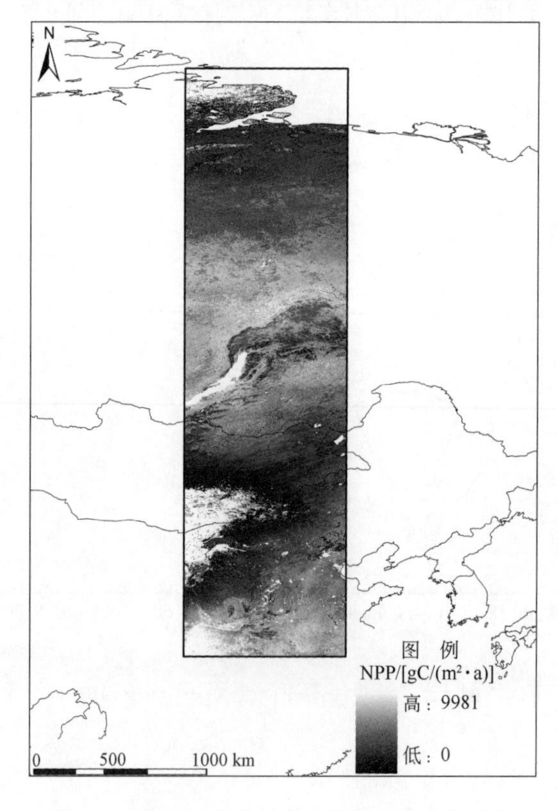

图 7-9　2005 年东北亚南北样带 NPP 空间分布

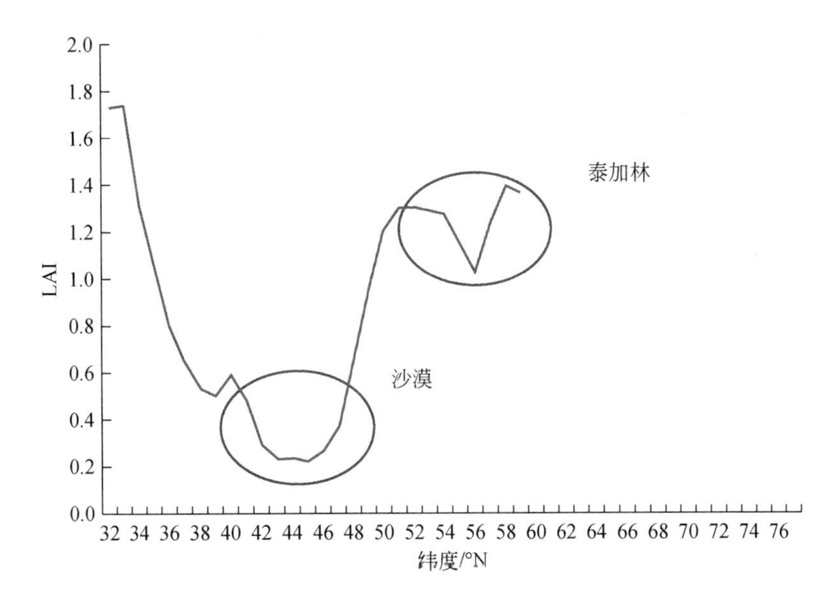

图7-10　东北亚南北样带LAI变化梯度

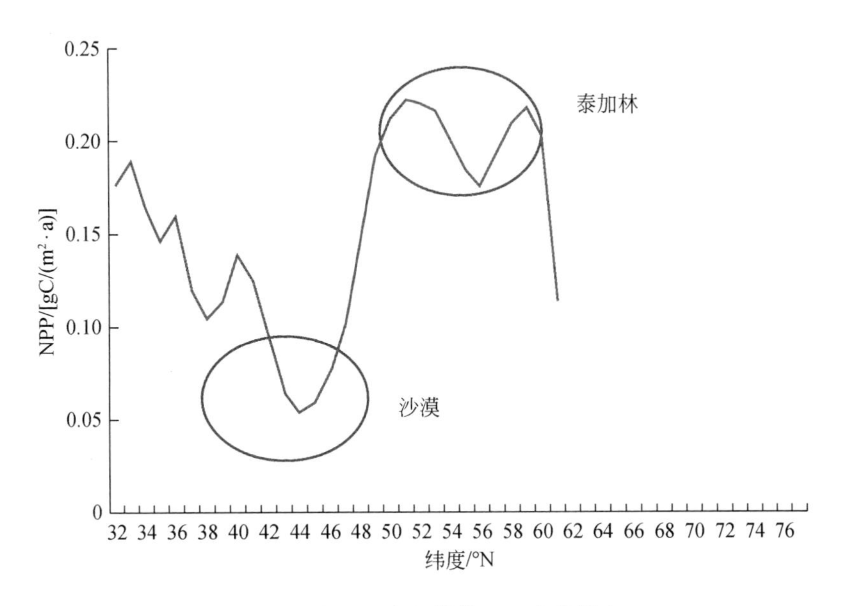

图7-11　东北亚南北样带NPP变化梯度

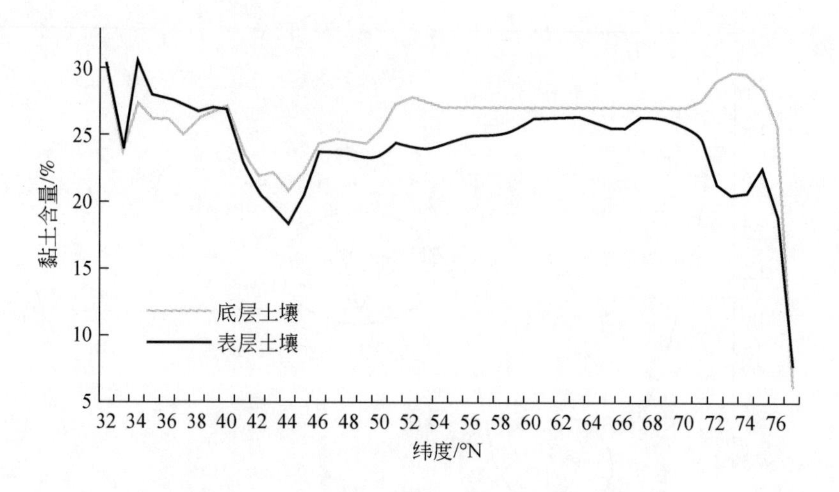

图 7-12　东北亚南北样带土壤黏土含量梯度变化

图 7-13 展示了东北亚南北样带土壤砂土含量梯度变化状况，样带内土壤砂土含量在 40% ~60%，随纬度变化表现出一定的波动性。样带内土壤在 32°N ~41°N 和 45°N ~49°N 上层土壤砂土含量低于下层土壤，其他纬度范围上层土壤砂土含量均高于下层土壤。

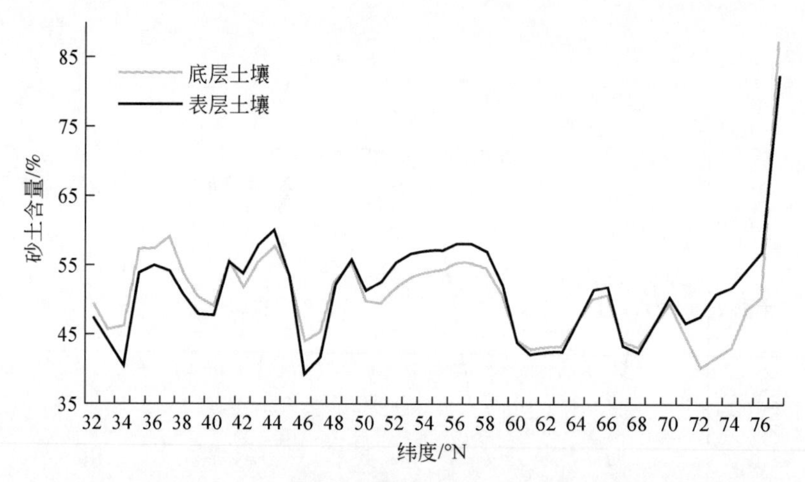

图 7-13　东北亚南北样带土壤砂土含量梯度变化

图 7-14 展示了东北亚南北样带土壤淤泥含量梯度变化，其含量在 15% ~35% 波动变化，与黏土含量相类似，在 77°N 左右地区淤泥含量呈现锐减趋势，仅占 5% ~10%。总体而言，除 42°N 及 53°N ~58°N 地区外，其他纬度地区均表现为上层土壤淤泥含量高于下层土壤。

图 7-15 展示了东北亚南北样带土壤 pH 梯度变化，沿纬度增加样带土壤表现为酸性-碱性-酸性的变化趋势，pH 变化范围在 5. 3 ~7. 7，并呈现一定的波动性。除 72°N ~78°N 外，其他纬度地区均变现为表层土壤 pH 低于下层土壤 pH。对于样带上层土壤而言，41°N ~52°N 的区域呈碱性，其他纬度区域呈酸性。对于下层土壤而言，在 34°N ~59°N 的区域呈碱性，其他纬度区域呈酸性。

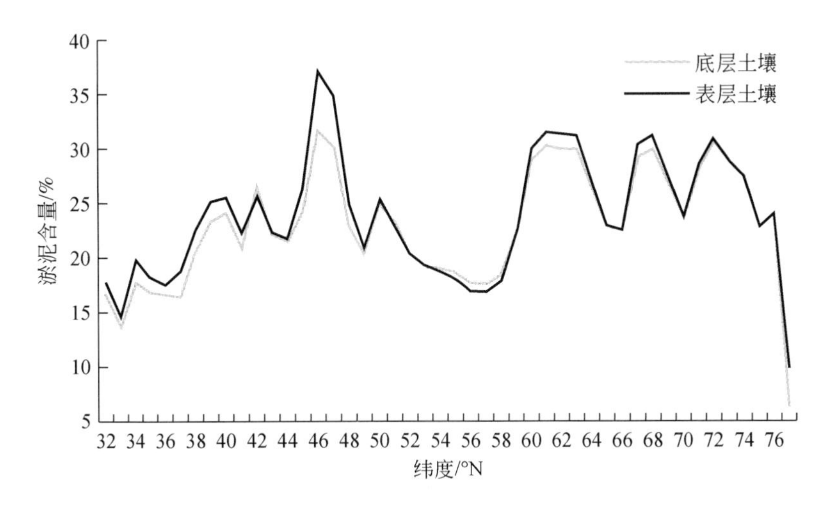

图 7-14　东北亚南北样带土壤淤泥含量梯度变化

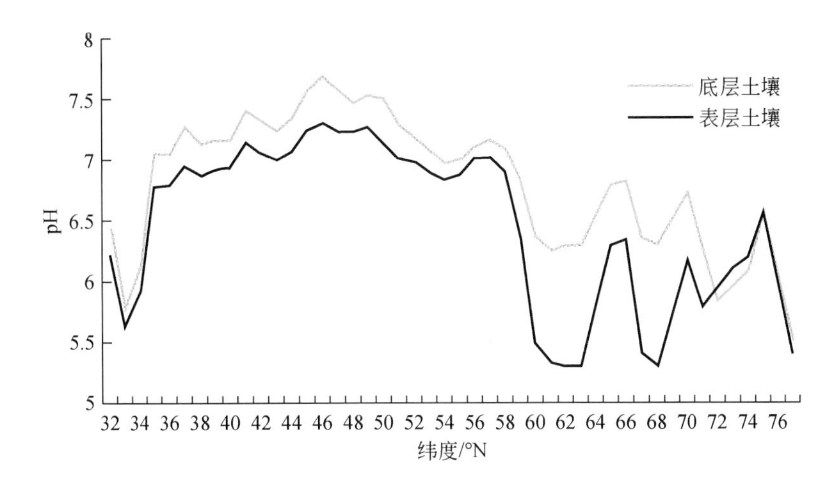

图 7-15　东北亚南北样带土壤 pH 梯度变化

图 7-16 展示的是东北亚南北样带土壤氮含量梯度变化。其中，表层土壤含氮量为 0.05% ~0.65%，下层土壤含氮量为 60% ~87%，样带内下层土壤含氮量远远高于表层土壤含氮量。土壤含氮量峰值出现在 46°N 左右，谷值与植被类型分布有较强相关。

图 7-17 展示的是东北亚南北样带土壤有机碳含量梯度变化，表层土壤有机碳含量波动范围为 0.5% ~5%，而下层土壤有机碳含量大部分低于 0.5%，整个样带区域内表层土壤有机碳含量均高于下层土壤，这样表层土壤接触更多的植物凋落物有关。总体而言样带南部地区土壤有机物含量低于样带北部，这与温度具有一定关系，温度越高，有机物分解效率相对更高，导致土壤有机物积累减低。

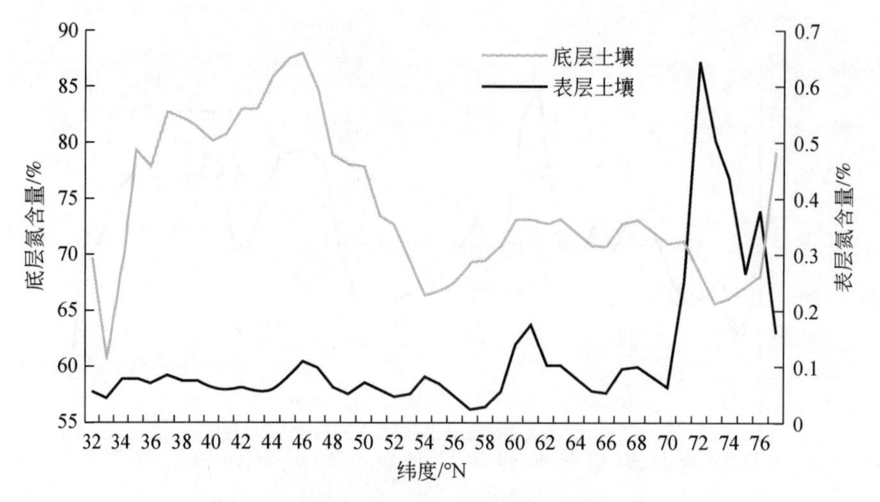

图 7-16　东北亚南北样带土壤氮含量梯度变化

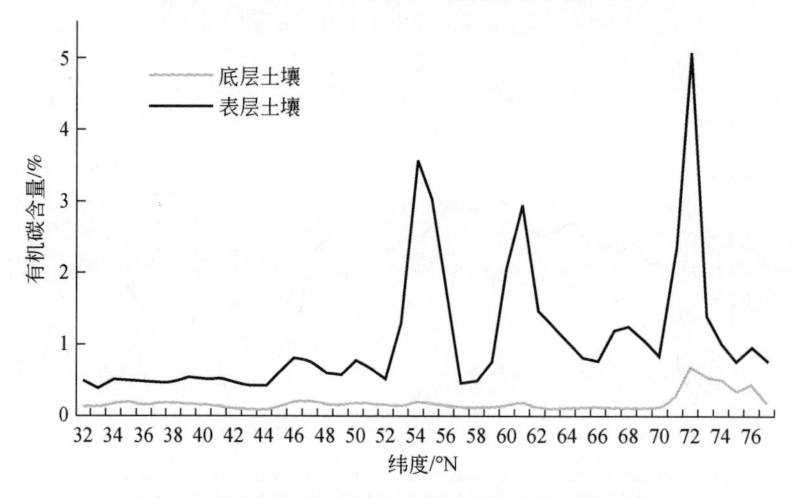

图 7-17　东北亚南北样带土壤有机碳含量梯度变化

7.4　东北亚南北样带生态地理区域、植被和土壤的变化分析

7.4.1　东北亚南北样带物候变化特征

本研究以东北亚南北样带为考察区，以生态地理分区为基础底图，基于 MODIS 数据产品中全球 16 天合成 NDVI 数据集，分析 2002 年 4 月 ~2010 年 8 月考察区内各生态地理分区植被物候特征变化情况。

本研究以各生态地理分区边界提取其范围内 NDVI 时间序列数据，以 Matlab 为操作平台，使用 TIMESAT2_3 对 NDVI 时序数据进行双 Logistic 拟合，以各生长周期 NDVI 波动范围的 20% 为阈值判断生长期始末，分别研究 2002 年 4 月 ~2010 年 8 月内 7 个完整生长周期的生长期开始日期、结束日期、生长期时长、NDVI 峰值日期、峰值和 NDVI 振幅的线性变化趋势，揭示该地区及东北亚气候等自然因素变化给生态系统带来的影响。

双逻辑斯蒂克模型（double logistic function）方法根据时间序列数据得到谷值（minima）和峰值（maxima），对位于 minima 或 maxima 的临近间隔区间（maxima-minima-maxima 或 minima-maxima-minima）的时序数据进行局部拟合，得到最优化拟合函数。局部拟合方程为

$$f(t) \equiv f(t;\ c,\ x) = c_1 + c_2 g(t;\ x) \tag{7-2}$$

式中，线性参数 $c = (c_1,\ c_2)$，决定数据基值和振幅；非线性参数 $x = (x_1,\ x_2,\ \cdots,\ x_p)$，决定基函数 $g(t;\ x)$ 的形状。

以双 Logistic 方程为基函数，公式如下：

$$g(t;\ x_1,\ \cdots,\ x_4) = \frac{1}{1 + \exp\left(\frac{x_1 - t}{x_2}\right)} - \frac{1}{1 + \exp\left(\frac{x_3 - t}{x_4}\right)} \tag{7-3}$$

式中，x_1 决定左拐点的位置；x_2 决定该点的变化率。类似的，x_3 决定右拐点的位置；x_4 决定该点的变化率。

双 Logistic 模型方程非常适用于描述峰值与谷值临建间隔区间相重叠的时间序列曲线的形状。若给定一组峰值或谷值临近重叠区间的时序数据点集 $(t_i,\ y_i)$，$i = n_1,\ \cdots,\ n_2$，参数 c 和 x 可由评价函数最小化得到：

$$\chi^2 = \sum_{i=n_1}^{n_2} \left\{ \omega_i \left[f(t_i,\ c,\ x) - y_i \right] \right\}^2 \tag{7-4}$$

该方程线性依赖于参数 c，非线性依赖于参数 x。在 TIMESAT 中，最小化过程由可分离 Levenberg-Marquardt 方法完成（Madsen et al.，2002；Nielsen，1999，2000），其中非线性参数约束框通过投影到可行的参数区间而强迫执行（Kanzow and Nagel，2002）。非线性参数的初始值可由多个预定义的模型方程迭代计算得到。

利用局部拟合函数构建整体拟合函数，将各局部拟合函数的特征加以综合，更灵活准确地描述整个生态系统生长期复杂的变化过程（Jönsson and Eklundh，2002）。用 $f_L(t)$、$f_C(t)$ 和 $f_R(t)$ 分别表示时间序列数据的左边最小值、中间最大值和右边最小值所临近数据区间的局部拟合方程，则准确模拟整个周期区间 $[t_L,\ t_R]$ 时序数据的全局方程 $F(t)$ 为

$$F(t) = \begin{cases} \alpha(t) f_L(t) + [1 - \alpha(t)] f_C(t), & t_L < t < t_C \\ \beta(t) f_C(t) + [1 - \beta(t)] f_R(t), & t_C < t < t_R \end{cases} \tag{7-5}$$

式中，$\alpha(t)$ 和 $\beta(t)$ 分别是 $(t_L + t_C)/2$ 和 $(t_C + t_R)/2$ 临近区间的剪切函数，从 1 到 0 均匀变动。

2002～2010 年东北亚南北样带区域内各生态地理分区植被生长起始日期线性变化率如图 7-18 所示，图中横轴为生态地理分区编码，纵轴为一元线性回归参数，其正值表示植被生长期的起始日期后延，物候推迟，而负值表示起始日期提前，物候特征提前。结果表明，不同生态区物候变化有所差异，东戈壁荒漠草原、达乌尔森林草原、蒙满草原等草原生态区及黄河平原混交林生态区植物的生长期起始日期有所延迟，而其他生态区植被的生长起始日期都在不同程度上有所提前，以萨彦山地针叶林物候提前最明显。

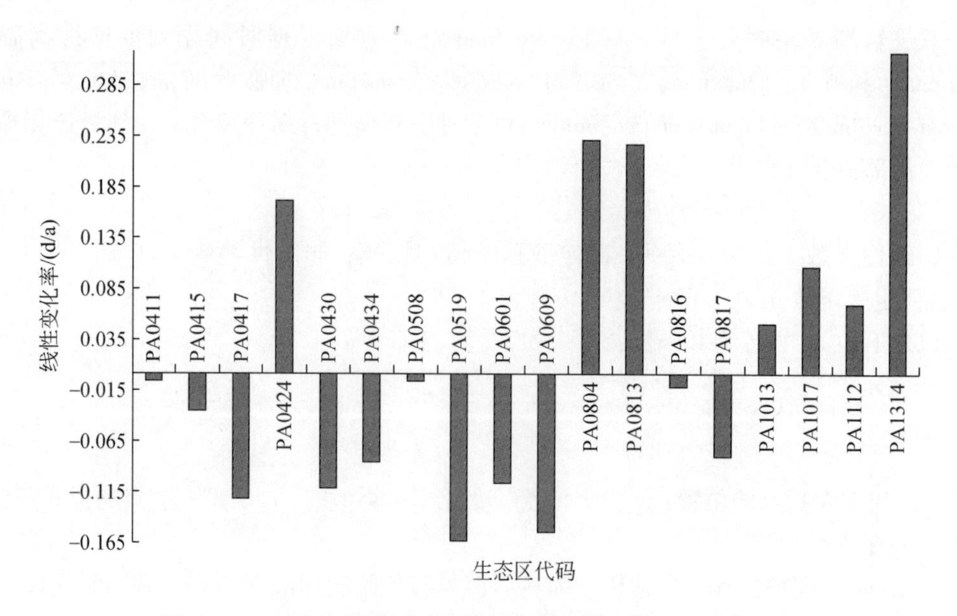

图 7-18　2002 ~ 2010 年东北亚南北样带区域内各生态地理分区植被生长起始日期线性变化率

2002 ~ 2010 年东北亚南北样带区域内各生态地理分区植被生长终止日期线性变化率如图 7-19 所示，正值表示生长终止日期延后，负值表示生长终止日期提前。结果表明，不同生态区植被终止生长日期对于气候变化的响应有所差异，跨贝加尔秃山苔原、藏东南灌木林和草地、东戈壁荒漠草原、南西伯利亚森林草原、东西伯利亚针叶林和大巴山常绿林生态区的生长终止日期均表现为延后，而其他生态区则表现为终止日期提前，其中萨彦山地针叶林日期提前得最为显著。

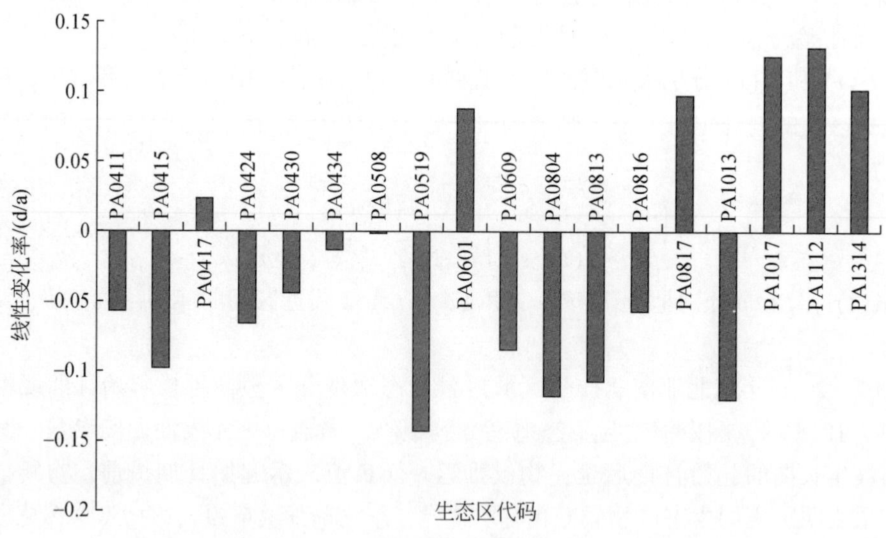

图 7-19　2002 ~ 2010 年东北亚南北样带区域内各生态地理分区植被生长终止日期线性变化率

2002～2010年东北亚南北样带区域内各生态地理分区植被生长时长线性变化率如图7-20所示，其正值表示生长时长增加，负值则表示减少。结果表明，在生长起始与终止日期共同变化下，样带内生态区以生长时长延长为主，但有所差异，其中东西伯利亚针叶林和跨贝加尔秃山苔原生气时长增加最为明显；对于达乌尔森林草原和蒙满草原生态区而言，生长时长则表现为明显的压缩。

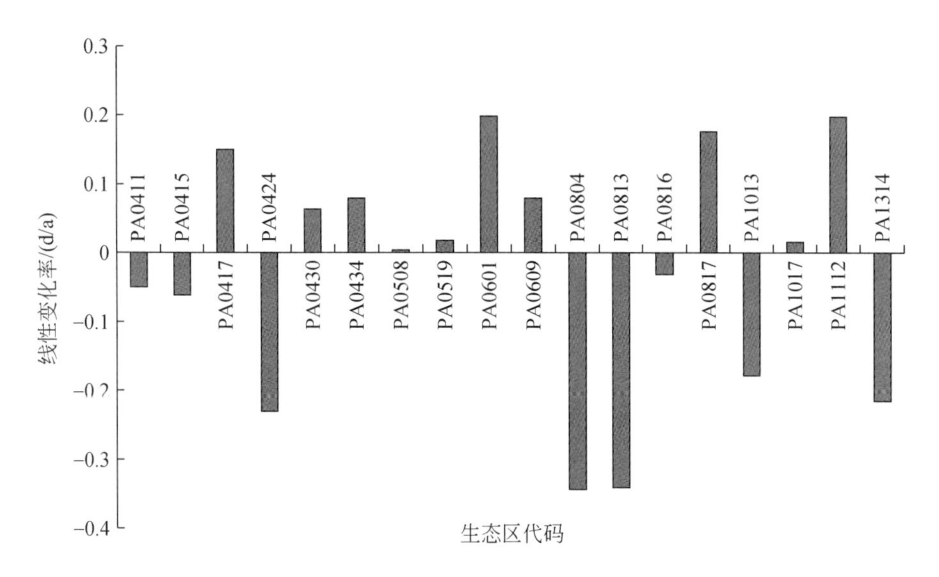

图7-20　2002～2010年东北亚南北样带区域内各生态地理分区
植被生长时长线性变化率

2002～2010年东北亚南北样带区域内各生态地理分区植被NDVI峰值日期线性变化率如图7-21所示，其正值表示生长期内到达NDVI峰值的日期有所延后，负值表示峰值

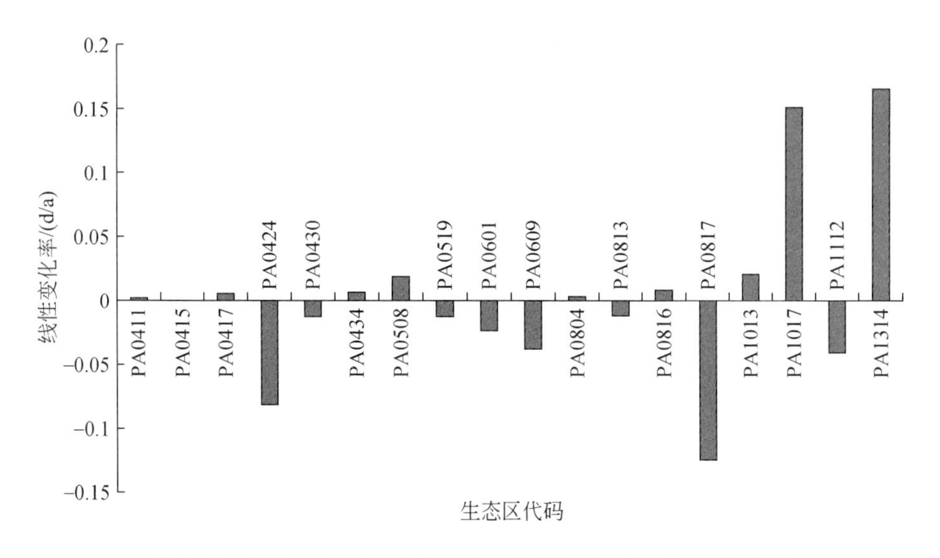

图7-21　2002～2010年东北亚南北样带区域内各生态地理分区
植被NDVI峰值日期线性变化率

日期提前。结果表明，大部分生态区生长期内 NDVI 峰值日期变化较小，而藏东南灌木林和草地及东戈壁荒漠草原生态区内植被 NDVI 峰值日期延后较为显著，黄河平原混交林和南西伯利亚森林草原生态区内植被 NDVI 峰值有明显的提前趋势。

2002～2010 年东北亚南北样带区域内各生态地理分区植被 NDVI 峰值线性变化率如图 7-22 所示，其正值表示 NDVI 峰值上升，负值表示下降，NDVI 峰值可表示该生态区内植被生长状况，与 NPP 有较强关系。结果表明，除中国东北落叶林、东戈壁荒漠草原和南西伯利亚森林草原生态区 NDVI 峰值有所下降外，其他生态区植被均呈现峰值增加的趋势，其中以达乌尔森林草原生态区 NDVI 峰值增加最为显著。

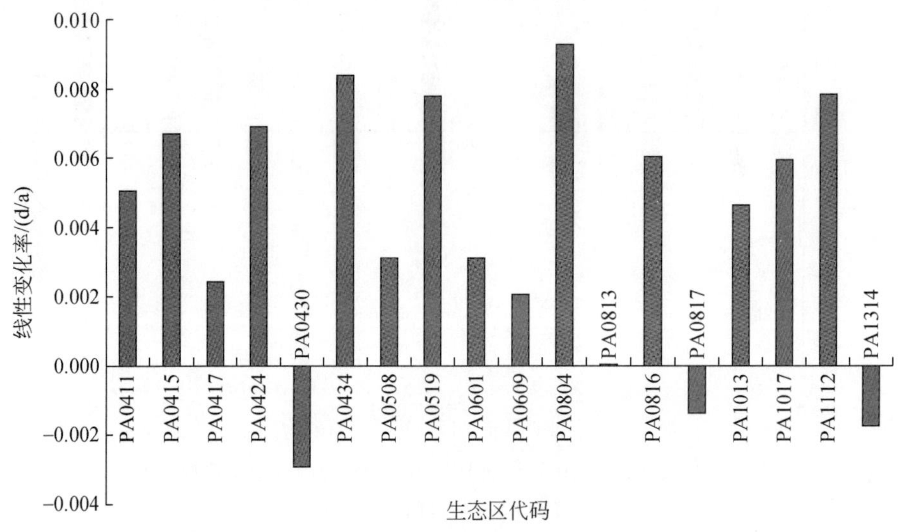

图 7-22　2002～2010 年东北亚南北样带区域内各生态地理分区植被 NDVI 峰值线性变化率

2002～2010 年东北亚南北样带区域内各生态地理分区植被 NDVI 振幅线性变化率如图 7-23 所示，其正值表示生长期内 NDVI 波动振幅呈增长趋势，负值表示波动幅度有所减小，该参量可以很好地表征生态区 NPP，是生态系统功能的重要指标。结果表明，考察区内大部分生态区 NDVI 振幅呈现上升趋势，其中以萨彦山地针叶林和跨贝加尔秃山苔原生态区最具代表性；而鄂尔多斯高原草原和东戈壁荒漠草原、黄河平原混交林和东北落叶林等生态区则表现出波动振幅下降的趋势，表明这些生态区内植被固碳能力有所下降。

7.4.2　东北亚南北样带土壤变化特征

按 FAO 发布的 1∶500 万全球土壤图，东北亚南北样带中共有 86 中土壤类型（图 7-24），FAO 土壤数据共分两层，表层土壤（上层，0～30cm）和深层土壤（下层，30～100cm），我们选取表层与深层土壤中的黏质与沙质比例沿样带纬度进行梯度分析。

图 7-25～图 7-30 展示了东北亚南北样带上层与下层土壤黏土含量、砂土含量、淤泥含量、土壤 pH、土壤氮含量和土壤有机碳含量空间分布格局，这些土壤理化属性与土壤类型密切相关，其随纬度变化的梯度变化并不显著。

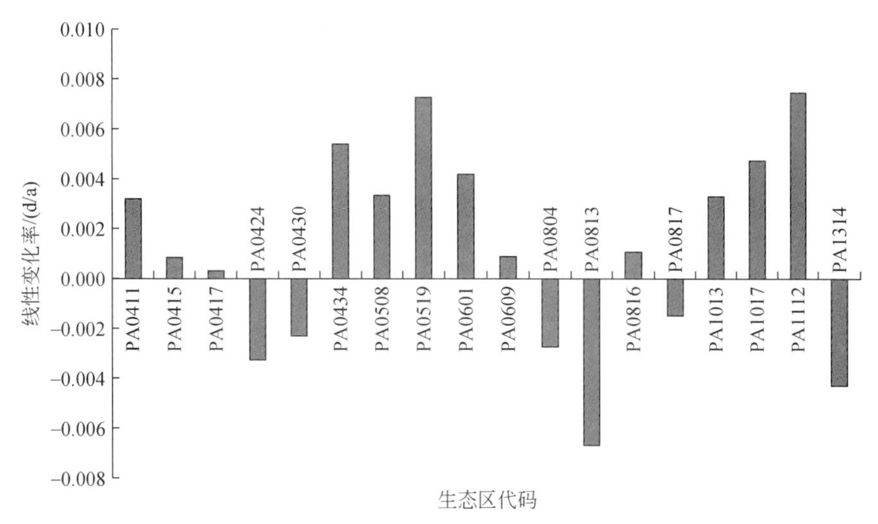

图7-23　2002～2010年东北亚南北样带区域内各生态地理分区植被NDVI振幅线性变化率

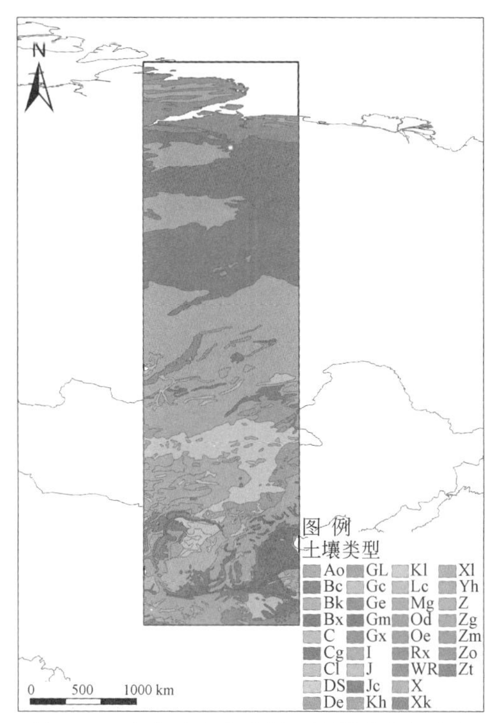

图7-24　东北亚南北样带土壤类型空间分布

注：Ao：Orthic Acrisols，典型强淋溶土；Bc：Chromic Cambisols，深色始成土；Bk：Calcic Cambisols，钙质始成土；Bx：Gelic Cambisols，冰冻始成土；C：Chernozems，黑钙土；Cg：Glossic Chernozems，舌状黑钙土；Cl：Luvic Chernozems，淋溶黑钙土；DS：Podzoluvisols 灰化土；De：Eutic Podzoluvisols 饱和灰化土；GL：Gleyosols：潜育土；Gc：CalcaricGleysols，石灰性潜育土；Ge：Eutric Gleysols，石灰性潜育土；Gm：Mollic Gleysols，松软潜育土；Gx：GelicGleysols，冰冻潜育土；I：Lithosols，石质土；J：Fluvisols，冲积土；Jc：Calcaric Fluvisols，石灰性冲积土；Kh：Haplic Kastanozems，普通栗钙土；Kl：LuvicKastanozems，淋溶栗钙土；Lc：Chromic Luvisols，深色淋溶土；Mg：Gleyic Greyzems，冰川灰色森林土；Od：DystricHistosols，不饱和有机土；Oe：Eutric Histosols，饱和有机土；Rx：Gelic Regosols，冰冻粗骨土；WR：Planosols，黏磐土；X：Xerosols，干旱土；Xh：Haplic Xerosols，薄层干旱土；Xk：Calcic Xerosols，钙质干旱土；Xl：Luvic Xerosols，淋溶干旱土；Yh：Haplic Yermosols，薄层漠境土；Z：Solonchaks，盐土；Zg：Gleyic Solonchaks，冰川盐土；Zm：Mollic Solonchaks，松软盐土；Zo：Orthic Solonchaks，典型盐土；Zt：Takyric Solonchaks，龟裂盐土

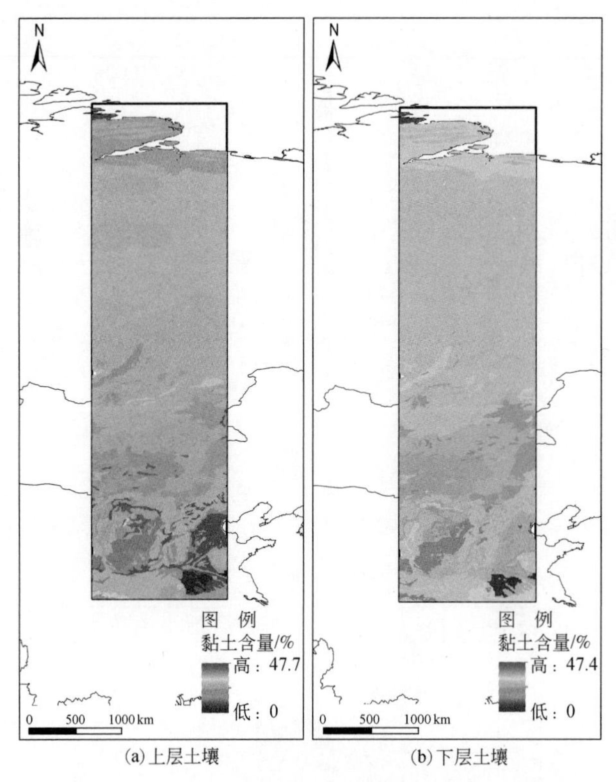

(a) 上层土壤　　(b) 下层土壤

图 7-25　东北亚南北样带土壤黏土含量空间分布

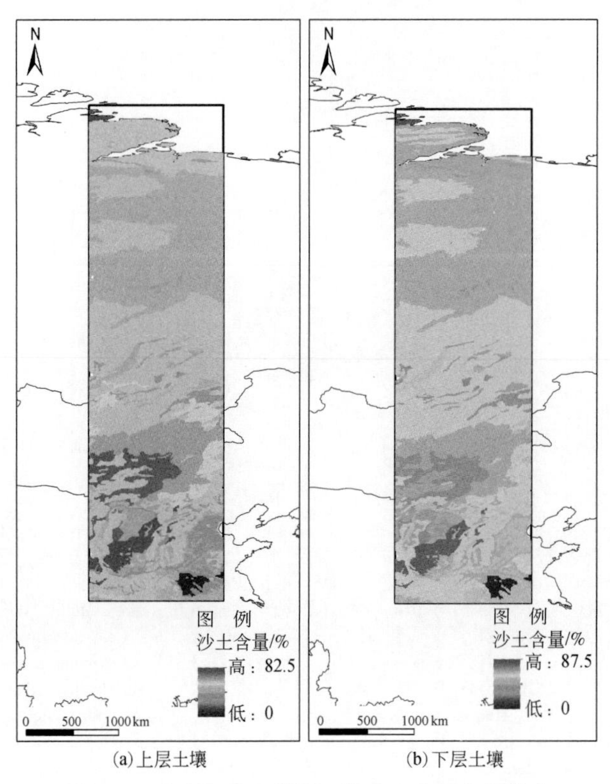

(a) 上层土壤　　(b) 下层土壤

图 7-26　东北亚南北样带土壤砂土含量空间分布

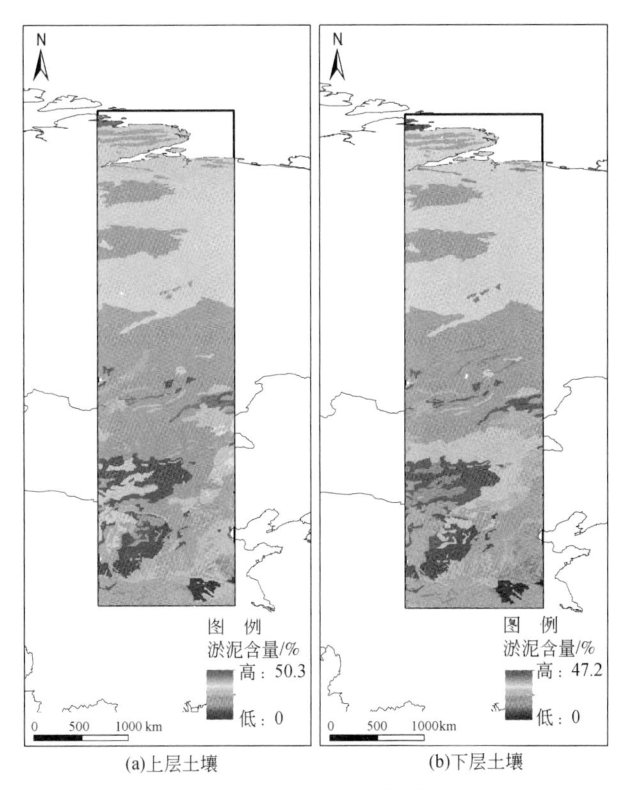

(a)上层土壤　　(b)下层土壤

图 7-27　东北亚南北样带土壤淤泥含量空间分布

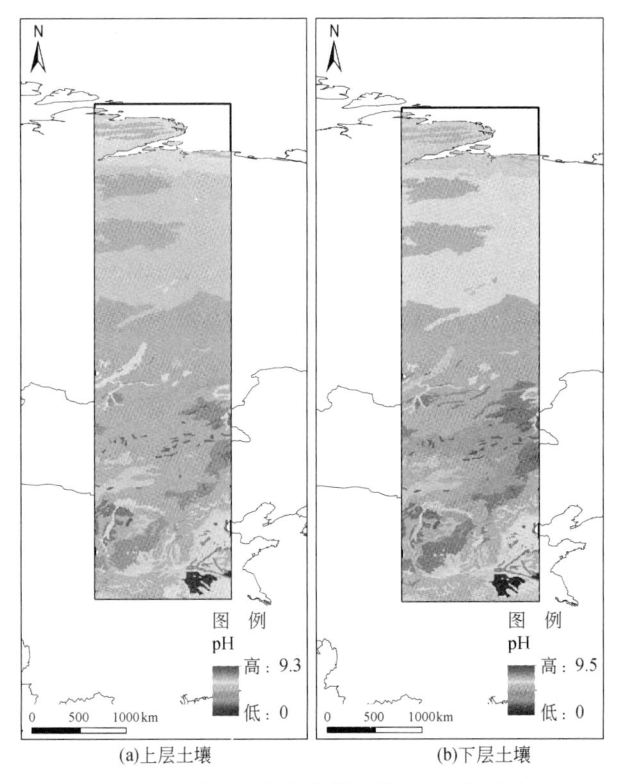

(a)上层土壤　　(b)下层土壤

图 7-28　东北亚南北样带土壤 pH 空间分布

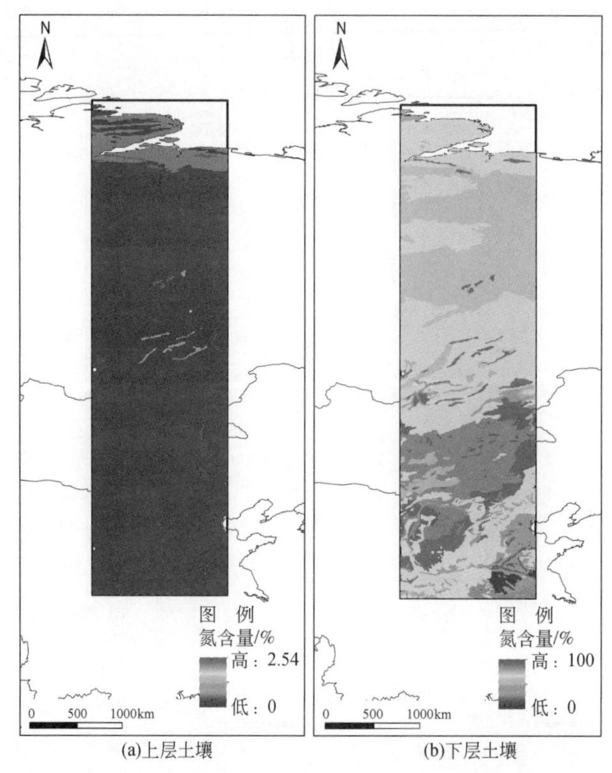

(a)上层土壤 (b)下层土壤

图 7-29 东北亚南北样带土壤氮含量空间分布

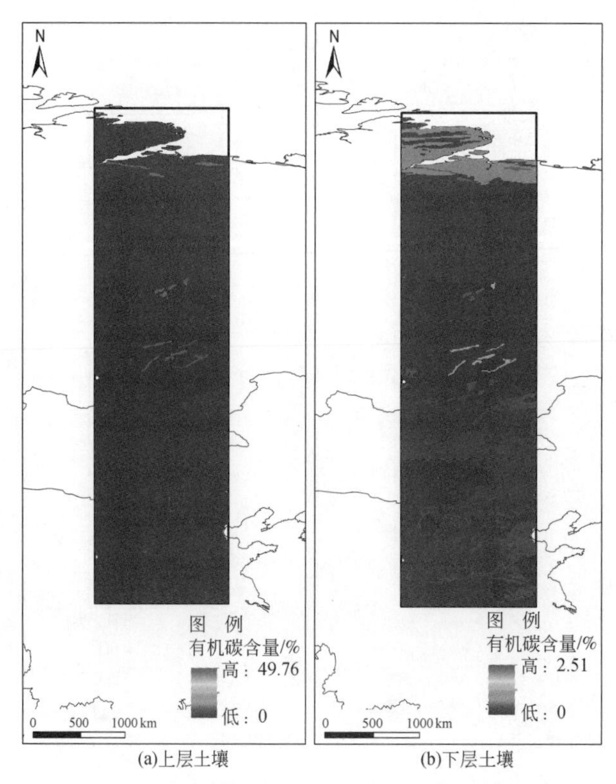

(a)上层土壤 (b)下层土壤

图 7-30 东北亚南北样带土壤有机碳含量空间分布

第8章　东北亚南北样带生物多样性及其自然保护的梯度和变化

8.1　生物多样性及其自然保护概述

生物多样性（biodiversity 或 biological diversity）是生物及其环境形成的生态复合体以及与此相关的各种生态过程的综合，包括动物、植物、微生物和它们所拥有的基因以及与其生存环境形成的复杂的生态系统，是一个描述自然界多样性程度的概念（马克平和钱迎倩，1998）。生物多样性通常包括遗传多样性、物种多样性、生态系统多样性以及景观多样性等。

遗传多样性是生物多样性的重要组成部分。广义的遗传多样性是指地球上生物所携带的各种遗传信息的总和。这些遗传信息储存在生物个体的基因之中。因此，遗传多样性也就是生物的遗传基因的多样性。基因的多样性是生命进化和物种分化的基础。狭义的遗传多样性主要是指生物种内基因的变化，包括种内及种间的遗传变异（沈浩和刘登义，2001）。在自然界中，种群内的个体之间往往没有完全一致的基因型，而种群就是由这些具有不同遗传结构的多个个体组成的。在生物的长期演化过程中，遗传物质的改变（或突变）是产生遗传多样性的根本原因。

物种多样性是指地球上动物、植物、微生物等生物种类的丰富程度。物种多样性包括两个方面，其一是指一定区域内的物种丰富程度，可称为区域物种多样性；其二是指生态学方面的物种分布的均匀程度，可称为生态多样性或群落物种多样性（蒋志刚等，1997）。物种多样性是衡量一定地区生物资源丰富程度的一个客观指标，也是生物多样性的核心。在阐述一个国家或地区生物多样性丰富程度时，最常用的指标是区域物种多样性，具体包括物种总数、物种密度和特有种比例等指标。

生态系统是各种生物与其周围环境所构成的自然综合体。所有的物种都是生态系统的组成部分。在生态系统之中，不仅各个物种之间相互依赖，彼此制约，而且生物与其周围的各种环境因子也是相互作用的。生态系统的多样性主要是指地球上生态系统组成、功能的多样性以及各种生态过程的多样性，包括生境的多样性、生物群落和生态过程的多样化等多个方面。其中，生境的多样性是生态系统多样性形成的基础，生物群落的多样化可以反映生态系统类型的多样性。从结构上看，生态系统主要由生产者、消费者、分解者所构成。生态系统的功能是对地球上的各种化学元素进行循环和维持能量在各组分之间的正常流动（汪殿蓓等，2001）。

景观是一种大尺度的空间，是由一些相互作用的景观要素组成的具有高度空间异质性的区域。景观多样性（landscape diversity）是指由不同类型的景观要素或生态系统构成的景观在空间结构、功能机制和时间动态方面的多样化程度。

自然保护（nature conservation）是对自然环境和和自然资源的保护（李周和包晓斌，1997）。自然环境是指客观存在的物质世界中同人类、人类社会发生相互影响的各种自然因素的总和，主要是大气、水、土壤、生物、矿物和阳光等。自然资源是自然环境中人类可以用于生活和生产的物质。人类在开发和利用自然资源的同时，必须对自然进行保护和管理。

生物多样性是人类社会赖以生存和发展的基础。生物多样性为我们提供了食物、纤维、木材、药材和多种工业原料。生物多样性还在保持土壤肥力、保证水质以及调节气候等方面发挥了重要作用。生物多样性在大气层成分、地球表面温度、地表沉积层氧化还原电位以及 pH 等方面的调控方面发挥着重要作用。生物多样性的维持，将有益于一些珍稀濒危物种的保存。保护生物多样性，特别是保护濒危物种，对于科学事业和整个人类社会都具有重要的战略意义。

为了保护生物多样性，需要把包含保护对象在内的一定面积的陆地或水体划分出来，进行保护和管理。比如，建立自然保护区实行就地保护。自然保护区是有代表性的自然系统、珍稀濒危野生动植物种的天然分布区，包括自然遗迹、陆地、陆地水体、海域等不同类型的生态系统。在科研价值方面，自然保护区能为人类提供生态系统的天然“本底”，是各种生态系统以及生物物种的天然储存库和科学研究的天然实验室。在社会价值方面，自然保护区是向大众进行有关自然和自然保护科普教育与宣传的天然博物馆，同时某些自然保护区可为旅游提供一定的场地。另外，自然保护区由于保护了天然植被及其组成的生态系统，在改善环境、保持水土、涵养水源、维持生态平衡方面也具有重要的作用。除了建立自然保护区，人们还通过迁地保护、建立基因库以及构建法律体系等手段来寻求对生物多样性的保护。

8.2 东北亚南北样带生物多样性及其自然保护数据的获取

本书通过计算东北亚南北样带纬度梯度的植被种类变差系数，表征植被物种多样性随气温、降水复合梯度分布与变化特征。

植被种类数据由东北亚土地利用/土地覆被数据集获取，该数据集包括 2001 年、2005 年和 2010 年三期整个考察区土地覆被矢量数据，其原始数据为由美国波士顿大学生产的 MODIS Collection 5 数据集。首先，选择 MODIS/Terra + Aqua Land Cover Type Yearly L3 Global 500m SIN Grid V005 这类产品，即 MCD12Q1 产品。整个考察区共涉及 33 景 MODIS 标准分幅数据。其次，采用 NASA 网站上提供的 MODIS 重投影工具（MODIS Reprojection Tool，MRT）对 MCD12Q1 产品进行数据镶嵌、投影体系及数据格式转换，并提取 land_ cover_ type_ 1 数据层。再次，由于原数据遵循了 IGBP 土地覆被分类系统，共有 17 类，项目所需分类系统共有 15 类，故对数据进行分类系统转化，采用重采样方式生成符合项目要求的 500m 分辨率的三期土地覆被栅格数据。数据整体精度在 75% 左右，不同土地覆被类型精度不同。将栅格数据在 ArcGIS 软件中用滤波方法进行预处理。最后，根据栅格转矢量命令将其转成相应的矢量数据。

本研究选取 4 大类共 11 小类植被类型（表 8-1），在植被覆盖层面上分析东北亚南北样带物种多样性格局及变化特征。土地覆被数据通过栅格化得到 1km 分辨率的栅格数据集，在样带1°纬度梯度范围内统计计算物种种类变差系数。变差系数可表征目标对象内部变化的激烈程度，变差系数越大，表明对象内部变化程度越强烈，反之则表示其相对稳定，内部较为均一。我们以该系数指示在1°纬度梯度带内物种类别的变化程度，以表征在植被类别水平上东北亚地区物种多样性及丰富程度。

表 8-1 项目统一的分类系统

一级类	代码	二级类	描述
森林	1	落叶针叶林	主要由年内季节落叶的针叶树覆盖的土地
	2	常绿针叶林	主要由常年保持常绿的针叶树覆盖的土地
	3	落叶阔叶林	主要由年内季节落叶的阔叶树覆盖的土地
	4	针阔混交林	由阔叶树和针叶树覆盖的土地，且每种树的覆盖度为25% ~75%
	5	常绿阔叶林	主要由常年保持常绿的阔叶树覆盖的土地
	6	灌丛	木本植被，高度为0.3 ~5m
草地	7	高覆盖草地	草本植被，覆盖度>65%
	8	中覆盖草地	草本植被，覆盖度为40% ~65%
	9	低覆盖草地	草本植被，覆盖度为15% ~40%
农田	10	农田	主要由无需灌溉或季节性灌溉的农作物覆盖的土地或需要周期性灌溉的农作物（主要指水稻）覆盖的土地
湿地	11	湿地	由周期性被水淹没的草本或木本覆盖的潮湿平缓地带

8.3 东北亚南北样带生物多样性及其自然保护的梯度

图8-1展示了东北亚南北样带物种变差系数变化梯度，该梯度剖线在一定程度上反映了样带内植被类型层面的物种多样性梯度。自样带南端至46°N，物种多样性呈现下降趋势，随纬度增加逐渐升高波动增加，分别于53°N、59°N和62°N区域到达局部极大值，表现出较高的物种多样性，而后显著下降，在71°N处再次达到谷值，向北略有回升。物种多样性受到气温、降水、土壤条件等多种自然因素影响，因此物种多样性随纬度的梯度变化并不显著。

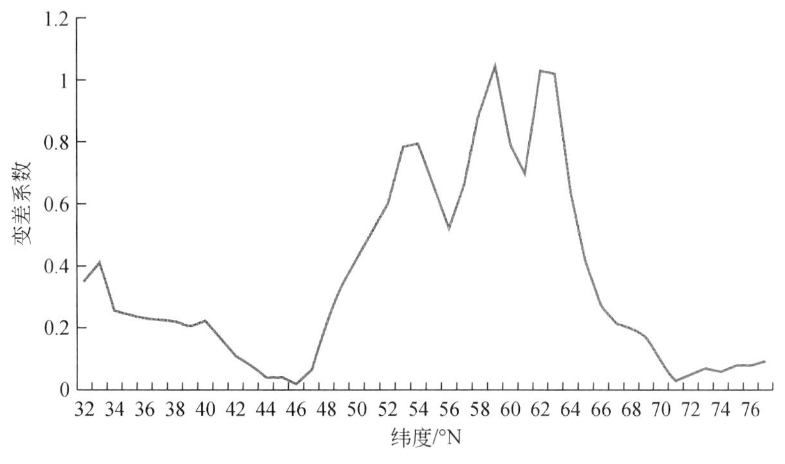

图8-1 东北亚南北样带物种变差系数变化梯度

8.4 东北亚南北样带生物多样性及其自然保护的变化分析

根据三期（2001 年、2005 年和 2010 年）土地利用/土地覆被数据，分别计算东北亚南北样带内物种变差系数梯度，得到东北亚南北样带物种变差系数梯度年际变化，见图 8-2。从图中可以看出，样带物种多样性的显著变化主要发生在 52°N ~ 55°N，其中 52°N ~ 59°N 和 51°N ~ 66°N 物种多样性表现为增加趋势，而 59°N ~ 51°N 表现为物种丰富度下降。样带其他大部分地区也表现为轻微的物种多样性下降，仅在样带南端表现出增加。以上表明全球变化对于物种丰富度影响具有区域性，变化梯度并不显著。

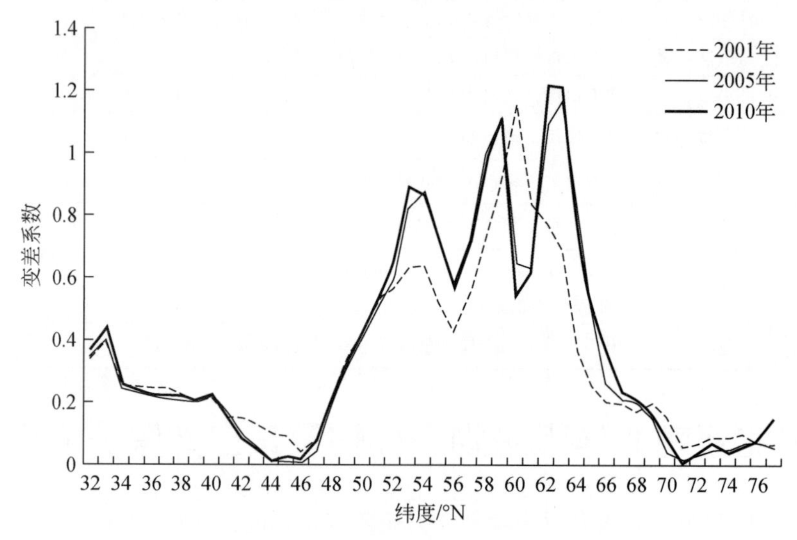

图 8-2　东北亚南北样带物种变差系数梯度年际变化

8.5 俄罗斯贝加尔湖周边地区自然保护区

贝加尔湖在众多的俄罗斯自然景观中第一批被列入联合国教科文组织世界文化遗产名单。贝加尔湖位于俄罗斯东西伯利亚南部，是世界上最深、蓄水量最大的湖，其最深处达 1637m，蓄水量占世界淡水总储量的 1/5。贝加尔湖呈长椭圆形，似一镰弯月镶嵌在西伯利亚南缘，景色奇丽，令人流连忘返。

贝加尔湖有各种各样的植物和动物，大约有 1800 种生物（另一资料：1200 多种）在湖中生活，其中四分之三是贝加尔湖所特有的世界其他地方寻觅不到的，从而形成了其独一无二的生物种群，如各种软体动物、海绵生物以及海豹等珍稀动物。贝加尔湖中有约 50 种鱼类，分属 7 科，最多的是杜文鱼科的 25 种杜文鱼。大马哈鱼、苗鱼、鲱型白鲑和鲟鱼也很多。最值得一提的是一种贝加尔湖特产鱼，名为胎生贝湖鱼。另外，还有两种完全是透明的贝尔鱼。湖里有 255 种虾，包括有些颜色淡得近乎白色的虾。这个地区还拥有 320 多种鸟类以及不同种类的无脊椎动物。

贝加尔湖地区植物植被资料是相当缺乏的，最详细的资料为 2005 年出版的《贝加尔地区国家公园维管束植物要览》，系统地记述了出现在该国家公园 4173km^2 范围内的维管束植物，共 118 科、494 属、1385 种，此外，该地区还有地衣 250 多种、苔藓物 200 多种。对维管束植物物种多样性的分析发现，很少的科拥有绝大多数的植物物种。菊科、禾本科、莎草科等 10 个科（占总科数的 8%），拥有 51%（254 属）的属和 59%（811 种）的种，这些科为该地区的大科，在植物物种构成中扮演着重要角色。而该地区还有很多小科，一个科里只有一个属或一个种。在 118 个科里，有 67 个科为单属科，占 57%，有 38 个科为单种科，占 32%。也就是说，占总科数 8% 的大科包含了 59% 的物种、占总科数 32% 的小科仅拥有 2. 7% 的物种，是贝加尔湖地区植物物种多样性的一个特点。与之相比较的是中国黑龙江省大兴安岭北部，该区域与俄罗斯中南部的贝加尔湖地区的南部，纬度相同。两地植物的大科均为菊科、禾本科、莎草科、豆科、毛茛科、蔷薇科，而在物种数量较多的其他科里，贝加尔湖地区百合科和藜科的物种相对贫乏，十字花科、石竹科的物种相对丰富。贝加尔湖两岸是针叶林覆盖的群山。山地草原植被分别为杨树、杉树和落叶树、西伯利亚松和桦树，植物种类达 600 多种，其中 3/4 是贝加尔湖特有的品种。贝加尔湖西岸是针叶林覆盖的连绵不断的群山，有很多悬崖峭壁，东岸多为平原。由于两岸气候的差异，自然景观也就迥然不同。贝加尔湖地区的森林树种以松科植物占优势，但却比中国东北地区的森林树种单一，且呈现明显的地理替代。贝加尔湖地区的植被为典型的温带森林草原植被，但不同植被类型的分布有着明显的地理差异。该地区的植被以泰加林为主，森林覆盖率达 70%，分布海拔在 500 ~ 1100m，优势树种为西伯利亚落叶松、西伯利亚红松和欧洲赤松，在相同的海拔高度上，分布着以针茅、羊茅为优势的羊草草甸，随着海拔升高，出现亚高山草甸和山地苔原，而在贝加尔湖或森林草甸之间大小湖泊的湖滨带，则呈现出以莎草科、毛茛科、蔷薇科植物为主的沼泽草甸，在湖泊水体中为以眼子菜、水毛茛、黑三棱为主的水生植被。贝加尔湖水生植被的重要特点之一是拥有大量的海绵，有的海绵高达 15m，形成水下丛林。植被的南北差异也很明显。以森林为例，在贝加尔湖地区的南部，为以西伯利亚红松和欧洲赤松为优势的松林，树种较多，除松树外，还有桦木、蔷薇等，而在北部地区则为以西伯利亚落叶松为优势的落叶松林，树种单一，几乎是纯林。

因贝加尔湖具有得天独厚的条件，俄罗斯专门在这里建立了“贝加尔湖自然保护区”。科学家们卓有成效地进行了自然科学、生态学的研究，贝加尔湖是研究进化过程的一个大自然实验室。

第9章 东北亚南北样带人口密度、城市化和社会经济的梯度及其变化

9.1 人口密度、城市化和社会经济概述

人口密度是单位面积土地上居住的人口数。它是表示世界各地人口的密集程度的指标。通常以每平方千米或每公顷内的常住人口为计算单位。世界上的陆地面积为14 800万km^2，以世界70.57亿人口计，平均人口密度约为47人/km^2。世界人口密度最高的在亚洲，其中有日本、朝鲜半岛、中国东部、中南半岛、南亚次大陆、伊拉克南部、黎巴嫩、以色列、土耳其沿海地带；在非洲有尼罗河下游、非洲的西北、西南以及几内亚湾的沿海地区；在欧洲，除北欧与俄罗斯的欧洲部分的东部地区以外，都属于人口密度较高的地区；在美洲主要是美国的东北部、巴西的东南部，以及阿根廷和乌拉圭沿拉普拉塔河的河口地区。人口密集地区的总面积约占世界陆地的1/6，而人口则占世界总人口的4/6。这些人口密集的地区也是世界工、农业比较发达的地区。从全球来看，亚洲人口最多，达41.643（2010年）亿，占世界人口60.5%；大洋洲最少，只有0.29亿，仅占世界人口的0.5%；介于其间的为欧洲、非洲、北美洲和南美洲。按国家为单位来看，到2008年，超过1亿人口的国家有中国（13.6亿）、印度（10.1亿）、美国（2.98亿）、印度尼西亚（2.12亿）、巴西（1.86亿）、俄罗斯（1.63亿）、日本（1.31亿）、尼日利亚（1.28亿）、巴基斯坦（1.19亿）、孟加拉（1.12亿）、墨西哥（1.08亿）。

城市化（urbanization）也称为城镇化，是指随着一个国家或地区社会生产力的发展、科学技术的进步以及产业结构的调整，其社会由以农业为主的传统乡村型社会向以工业（第二产业）和服务业（第三产业）等非农产业为主的现代城市型社会逐渐转变。城市化过程包括人口职业的转变、产业结构的转变、土地及地域空间的变化。不同的学科从不同的角度对之有不同的解释，就目前来说，国内外学者对城市化的概念分别从人口学、地理学、社会学、经济学等角度予以了阐述。合理的城市化可以改善环境，如通过平整土地、修建水利设施、绿化环境等措施，使得环境向着有利于提高人们生活水平和促进社会发展的方向转变，降低人类活动对环境的压力。作为区域发展的经济中心，城市化能带动区域经济发展，而区域经济水平的提高又促进城市的发展；促使生产方式、聚落形态、生活方式、价值观等的变化。尽管如此，城市化也会带来一些弊端。以我国为例，农民大量离开原耕种土地，弃耕抛荒问题越来越严重，粮食进口率逐渐增高，使得人口我国的粮食安全问题存在隐患，这不利于国家发展和政局稳定。当今我国大城市病已经相当严重。交通拥挤、资源紧缺、城市居民生活质量下降等问题在困扰着城市的进步。

人口密度和城市化发展进程对社会经济具有重要影响。人口与经济之间相互依存、

相互制约、相互渗透、相互作用的关系的一对范畴。人口与经济由于各自本身内在的原因和外在条件的影响，都在不断地运动和变化着。这种运动和变化是在两者之间相互作用中实现的。经济及其运动过程是人口存在和发展的前提，经济发展对人口发展起着决定性的作用。所谓城市化可以看作是一个与社会经济增长相适应，又为经济发展构筑载体，推动社会进步，促进人类文明的历史过程（赵克志，1996）。首先，城市化随着社会经济增长而逐步发展。其次，城市化特征 随着社会经济结构的变化而变化。第三，促进生产力发展是选择和加快城市化进程的最高标准。

9.2　东北亚南北样带人口与社会经济梯度数据处理

东北亚南北样带人口与社会经济数据的梯度分析是通过人口和社会经济等数据的空间化方法，对现有的以行政单元为单位的统计型人口数据库进行空间化处理，建立具有统一空间坐标参数、统一数据格式、统一的数据和元数据标准的东北亚南北样带 1km 格网人口数据，数据存储格式为 ARC/INFO GRID、Shapefile。这些梯度分析数据可应用于地理科学、环境学、生态学、社会经济与人口等领域的科学研究。

数据处理的基本技术流程如图 9-1 所示。以人口数据为例，首先在准备基础地理空间数据和人口与社会经济数据的基础上，形成人口密度属性数据与空间矢量数据，在 ArcGIS 软件平台上实现数据的矢量与栅格转换，形成千米格网的栅格数据。以东北亚南北样带矢量边界对该栅格数据进行裁剪，形成后续梯度分析的基础数据。以 1°纬度带

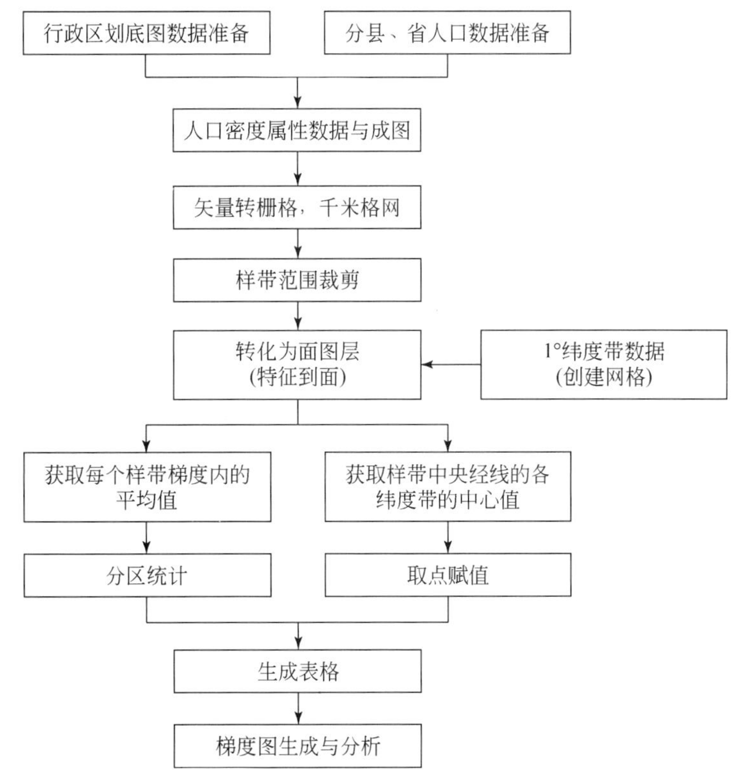

图 9-1　人口与社会经济数据梯度分析处理流程

为分割单元，依次获取每个分带内的平均人口数据和格网中心点的人口数据，建立分区统计分析，获取人口数据的样带梯度特征。

9.3 东北亚南北样带人口变化梯度分析

9.3.1 东北亚南北样带人口密度梯度变化

（1）数据时间范围

1）人口数据。中国、蒙古部分为2008年年底数据，俄罗斯部分为2009年1月1日估算值（以上一年度人口总数、全年出生率及死亡率计算）。

2）行政区国土面积。中国部分为2006年数据、蒙古为2008年数据、俄罗斯布里亚特共和国为2007年1月1日数据，其他地区为2009年数据。

（2）数据来源

1）中国数据。行政区划底图来源为地球系统科学数据共享网提供的中国1∶400万县界图。人口数据来源为公安部治安管理局《中华人民共和国全国分县市人口统计资料（2008）》。县（市）国土面积数据来源为《中国统计年鉴（2009）》。

2）蒙古数据。行政区划底图来源为中国科学院资源环境数据中心提供的1∶500万蒙古行政区划数据。人口及国土面积数据来源为蒙古国家统计局《蒙古年鉴（2009）》。

3）俄罗斯数据。行政区划底图来源为俄罗斯联邦1∶100万行政区划图。布里亚特共和国国土面积数据来源为俄联邦布里亚特共和国统计局《布里亚特共和国分地区统计资料（2007）》（俄罗斯科学院西伯利亚分院贝加尔湖资源管理研究所提供）。其他数据来源于俄罗斯联邦国家统计局网站各相关联邦主体节点：布里亚特共和国：http：//burstat. gks. ru/public/Lists/publishing/bySubject. aspx. 伊尔库茨克州：http：//irkutsk-stat. gks. ru/default. aspx. 外贝加尔边疆区：http：//chita. gks. ru/default. aspx. 克拉斯诺亚尔斯克边疆区：http：//www. krasstat. gks. ru/default. aspx. 萨哈（雅库特）共和国：http：//sakha. gks. ru/default. aspx. 因行政区划图中将城市Ulan-Ude、Chita和Petrovsk-Zabaikalsk分别划入Ivorginskiy、赤塔和彼得罗夫斯克地区，将其人口、土地面积数据分别加入相关地区统计结果中。

东北亚南北样带人口密度分布如图9-2所示。

（3）术语、缩略词

1）人口：人口是生活在特定社会制度、特定地域具有一定数量和质量的人的总称。

2）人口的空间分布：指一定时点上人口在各地区中的分布状况，是人口过程在空间上的表现形式。

3）人口密度：单位面积土地上居住的人口数。它是世界各地人口的密集程度的指标。通常以每平方千米或每公顷内的常住人口为计算单位。

（4）梯度分析

如图9-2和图9-3所示，东北亚南北样带地区平均人口密度为55.8人/km^2，大致呈现出自南向北递减的趋势，在32°N～41°N人口分布最密集，最大值出现在34°N（39 170.7人/km^2，中国天津市和平区），而44°N～48°N及57°N以北地区平均不足1人/km^2，至68°N以北几乎为无人区，蒙古北部（48°N～52°N）、贝加尔湖东南沿岸地区（55°N～57°N）受环境条件及城市分布影响，人口密度出现拐点。

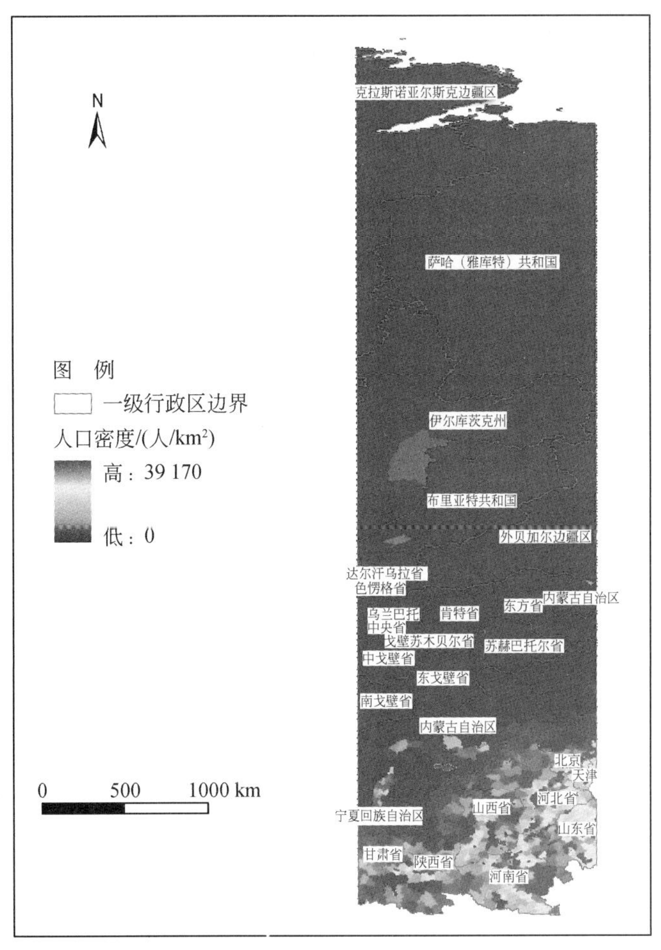

图 9-2　东北亚南北样带人口密度分布

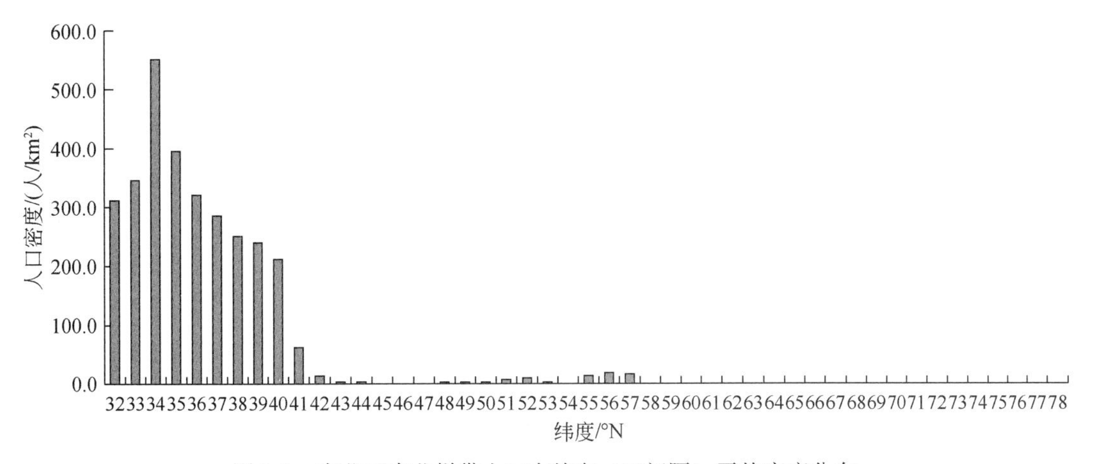

图 9-3　东北亚南北样带人口在纬向（1°间隔）平均密度分布

如图 9-4 所示，以各国一级行政区为单元进行人口密度对比，样带区中国部分整体上较俄、蒙地区人口密度高，尤以京津地区人口密度最高，超过 800 人/km^2，而内蒙古自治区在样带区中国部分人口密度最低，不足 35 人/km^2；蒙古人口密度最高的乌兰巴托市（Ulaanbaatar）225.72 人/km^2，其次为达尔汗乌拉省（Darhan）26.63 人/km^2，色楞格省（Selenge）2.45 人/km^2，戈壁苏木贝尔省（Govisumber）2.34 人/km^2，中央省（Tov）1.19 人/km^2，其他省人口密度不足 1 人/km^2；样带区俄罗斯联邦人口密度最高的地区为伊尔库茨克州（Irkutskaya Oblast）部分，为 9.83 人/km^2，外贝加尔边疆区（Zabaykalskiy Kray）和布里亚特共和国（Respublika Buryatiya）分别为 3.59 人/km^2 和 3.29 人/km^2，北冰洋沿岸两个联邦主体［Krasnoyarskiy Kray 和 Respublika Sakha（Yakutiya）］人口密度不足 0.5 人/km^2。

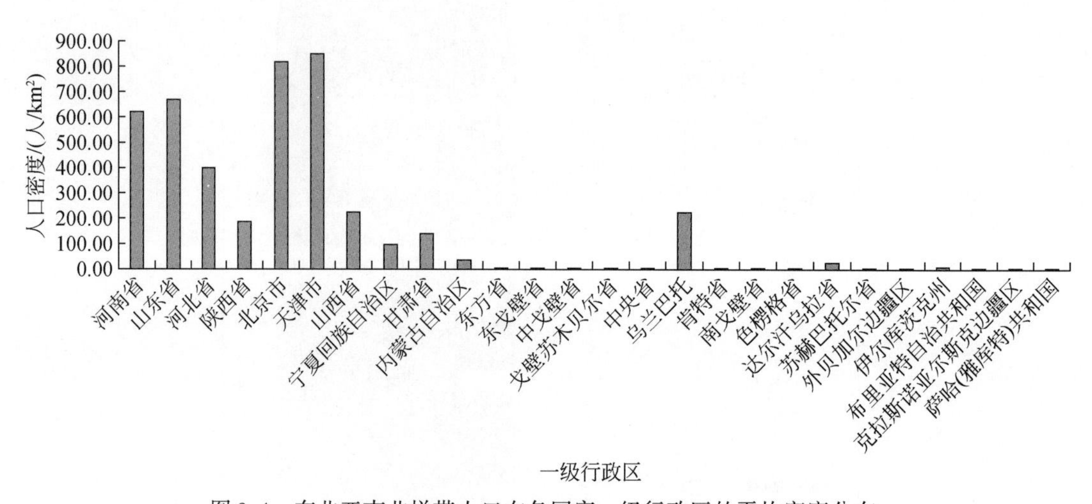

图 9-4　东北亚南北样带人口在各国家一级行政区的平均密度分布

9.3.2　东北亚南北样带人口自然增长率变化

（1）数据时间范围

1）人口自然增长率数据。中国、蒙古为 2009 年增长率以及 2008 年末总人口数。俄罗斯伊尔库茨克州、萨哈（雅库特）共和国、克拉斯诺亚尔斯克边疆区数据为 2010 年每平方千米的人口自然增长率、2010 年初总人口；布里亚特共和国、外贝加尔边疆区为 2009 年自然增长率、2009 年初总人口。

2）行政区国土面积。中国部分为 2006 年数据、蒙古为 2008 年数据、俄罗斯布里亚特共和国为 2007 年 1 月 1 日数据，其他地区为 2009 年数据。

（2）数据来源

1）中国数据。行政区划底图来源为地球系统科学数据共享网提供的中国 1∶400 万县界图。样带中国部分人口自然增长率数据和国土面积数据来源于《中国统计年鉴（2009）》。

2）蒙古来源数据。行政区划底图来源为中国科学院资源环境数据中心提供的 1∶500 万蒙古行政区划数据。人口自然增长率数据及国土面积数据来源为蒙古国家统计局《蒙古国年鉴（2009）》。

3）俄罗斯数据。行政区划底图来源为俄罗斯联邦1∶100万行政区划图。布里亚特共和国国土面积数据来源为俄罗斯联邦布里亚特共和国统计局《布里亚特共和国分地区统计资料（2007）》（俄罗斯科学院西伯利亚分院贝加尔湖资源管理研究所提供）。其他数据来源于俄罗斯联邦国家统计局网站各相关联邦主体节点：布里亚特共和国：http：//burstat. gks. ru/public/Lists/publishing/bySubject. aspx. 伊尔库茨克州：http：//irkutskstat. gks. ru/default. aspx. 外贝加尔边疆区：http：//chita. gks. ru/default. aspx. 克拉斯诺亚尔斯克边疆区：http：//www. krasstat. gks. ru/default. aspx. 萨哈（雅库特）共和国：http：//sakha. gks. ru/default. aspx.

东北亚南北样带人口自然增长率分布如图9-5所示。

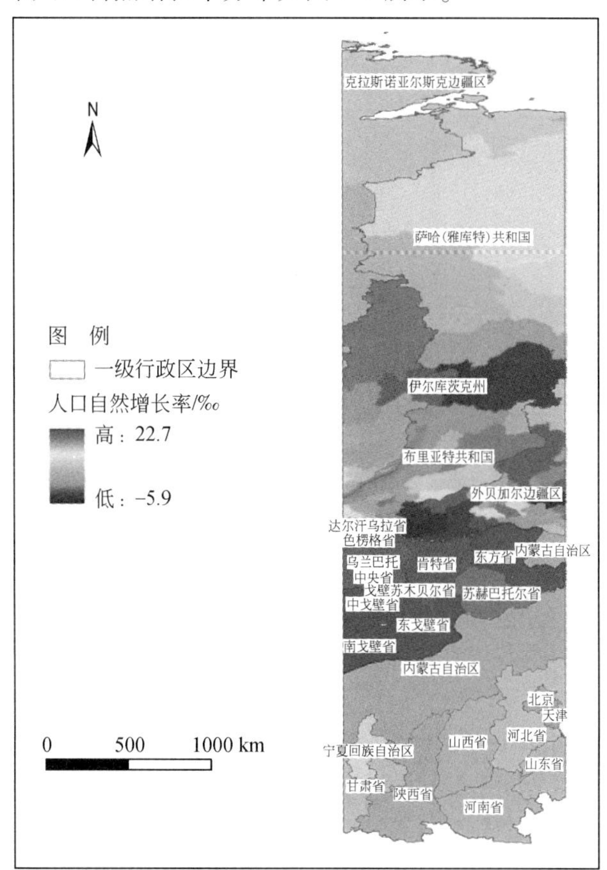

图9-5　东北亚南北样带人口自然增长率分布

（3）术语、缩略词

人口自然增长率：指在一定时期内（通常为一年）人口自然增加数（出生人数减死亡人数）与该时期内平均人数（或期中人数）之比，用千分率表示。计算公式为

$$人口自然增长率 = \frac{本年出生人数 - 本年死亡人数}{年平均人数} \times 1000‰$$

$$= 人口出生率 - 人口死亡率$$

（4）梯度分析

东北亚南北样带地区平均人口自然增长率为5.12‰，受生育政策差异以及自然、

经济条件等因素影响，样带区内人口自然增长率波动较大。整个样带区的人口自然增长率分别在47°N～48°N和68°N～70°N出现两个比较明显的波峰，最大值出现在47°N（22.7‰，蒙古戈壁苏木贝尔省），在58°N～61°N出现波谷，最小值在59°N（-5.9‰，俄罗斯外贝加尔边疆区Shelopuginskiy区），如图9-6所示。

从样带人口自然增长率分布图对比样带范围中、俄、蒙三国数据（图9-7）可见，蒙古整体上人口自然增长率最高。虽然俄罗斯联邦鼓励生育，但受恶劣的自然条件和不良生活习惯（如酗酒等），造成其人口死亡率较高，样带范围俄罗斯部分共统计74个行政区，其中24个行政区人口呈现负增长或零增长态势，外贝加尔边疆区占了14个。由于庞大的人口基数和严格的生育管制措施，与另外两国相比，中国人口自然增长率处于中等水平。

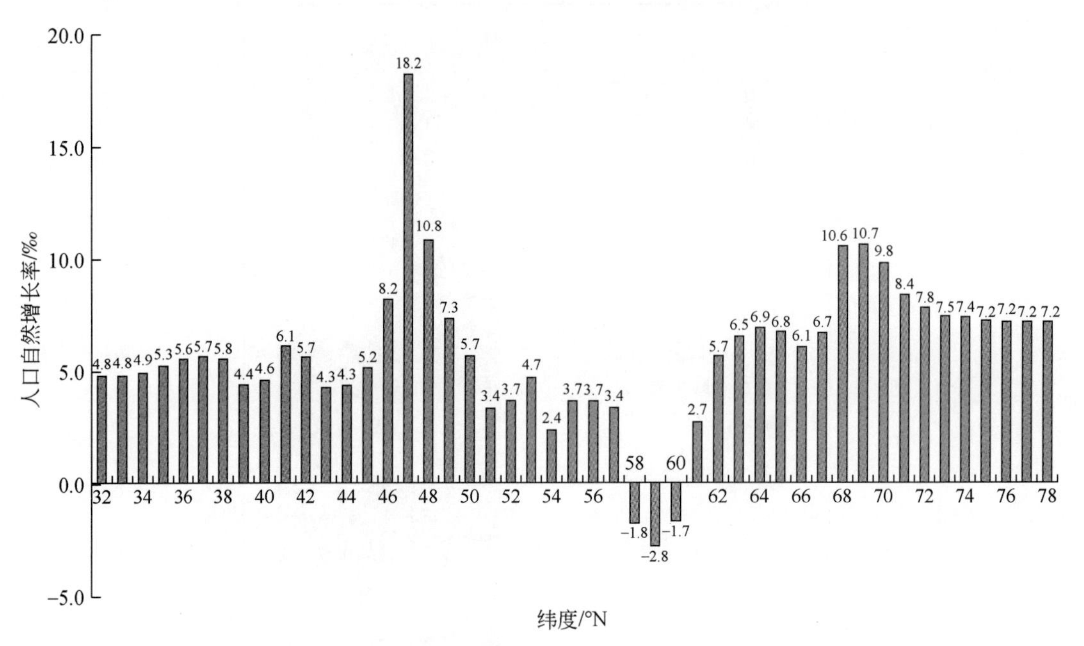

图9-6　东北亚南北样带人口自然增长率在纬向（1°间隔）的平均分布

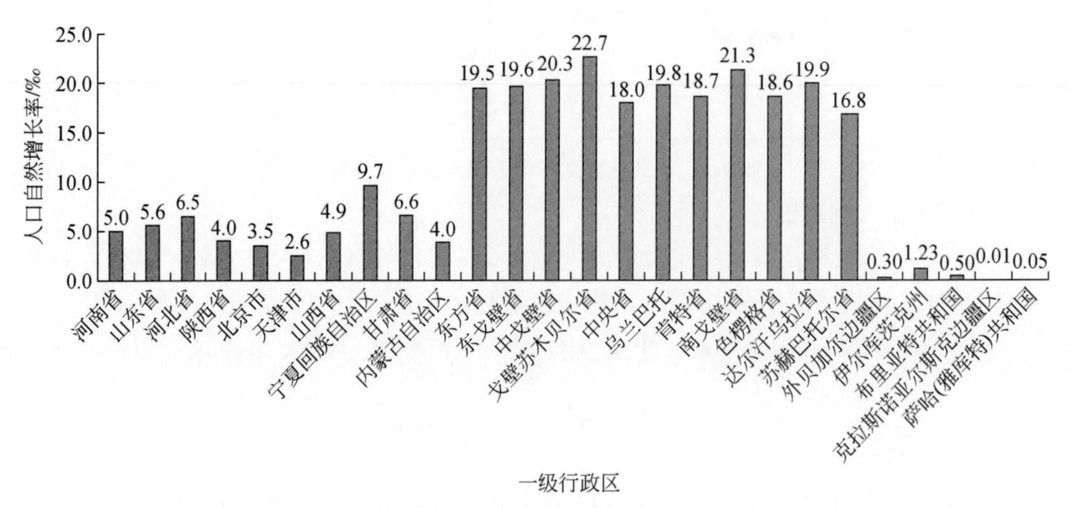

图9-7　东北亚南北样带人口自然增长率在各国一级行政区的平均分布

根据样带范围各国一级行政区人口自然增长率对比结果可见，整体上蒙古人口自然增长率最高，各省增长率都在 16‰以上，以戈壁苏木贝尔省最高，为 22.7‰；中国各一级行政区人口自然增长率在 2‰～10‰，处于中等水平；俄罗斯人口增长最慢，克拉斯诺亚尔斯克边疆区在整个样带区人口自然增长率最低，仅为 0.01‰。

9.3.3　东北亚南北样带就业人员数变化

（1）数据时间范围

1）就业人员数据。俄罗斯部分数据为分地区 2009 年（1～12 月）平均机构在职人员数；中国部分为 2008 年末单位从业人员数，其中，内蒙古自治区和甘肃省为区县数据；蒙古为分省 2008 年末就业人数。

2）行政区国土面积。中国部分为 2006 年数据、蒙古为 2008 年数据、俄罗斯布里亚特共和国为 2007 年 1 月 1 日数据，其他地区为 2009 年数据。

（2）数据来源

1）中国数据。行政区划底图来源为地球系统科学数据共享网提供的中国 1∶400 万县界图。样带中国部分县（市）就业人员数据来源为《中国县（市）社会经济统计年鉴（2009）》，各城区数据为全省数据（来源为《中国统计年鉴（2009）》）减去分县数据后的算数平均值。国土面积数据来源于《中国统计年鉴（2009）》。

2）蒙古数据。行政区划底图来源为中国科学院资源环境数据中心提供的 1∶500 万蒙古行政区划数据。就业人员数据及国土面积数据来源为蒙古国家统计局《蒙古国年鉴（2009）》。

3）俄罗斯数据。行政区划底图来源为项目组第二课题提供的俄罗斯联邦 1∶100 万行政区划图。布里亚特共和国国土面积数据来源为俄罗斯联邦布里亚特共和国统计局《布里亚特共和国分地区统计资料（2007）》（俄罗斯科学院西伯利亚分院贝加尔湖资源管理研究所提供）。其他数据来源于俄罗斯联邦国家统计局网站各相关联邦主体节点：布里亚特共和国：http：//burstat. gks. ru/public/Lists/publishing/bySubject. aspx. 伊尔库茨克州：http：//irkutskstat. gks. ru/default. aspx. 外贝加尔边疆区：http：//chita. gks. ru/default. aspx. 克拉斯诺亚尔斯克边疆区：http：//www. krasstat. gks. ru/default. aspx. 萨哈（雅库特）共和国：http：//sakha. gks. ru/default. aspx.

东北亚南北样带就业人数梯度分布如图 9-8 所示。

（3）术语、缩略词

1）就业人员：指在 16 周岁及以上，从事一定社会劳动并取得劳动报酬或经营收入的人员。

2）单位就业人员：指在各级国家机关、政党机关、社会团体及企业、事业单位中工作，取得工资或其他形式的劳动报酬的全部人员。

（4）梯度分析

东北亚南北样带地区平均就业人员为 50.4 人/km^2，大体上呈现出有波动的自南向北递减趋势。在 42°N 以南区域，单位面积就业人员数处于整个样带区的高位，波动也较为显著，最大值出现在 34°N（23 613 人/km^2，内蒙古自治区包头市东河区）；在 42°N以北地区，单位面积就业人数整体处于低位，尤其在 58°N 以北，平均就业不足

1 人/km²。通过与样带人口梯度分布对比可以发现，在样带中高纬度地区就业人员与人口的梯度分布大体一致（图 9-8）。东北亚南北样带就业人数在纬向平均密度如图 9-9 所示。

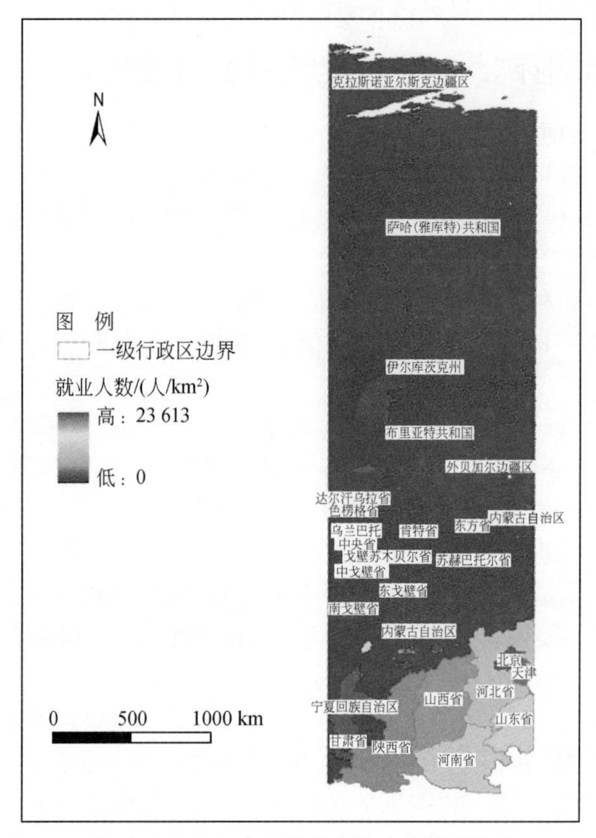

图 9-8 东北亚南北样带就业人数梯度分布

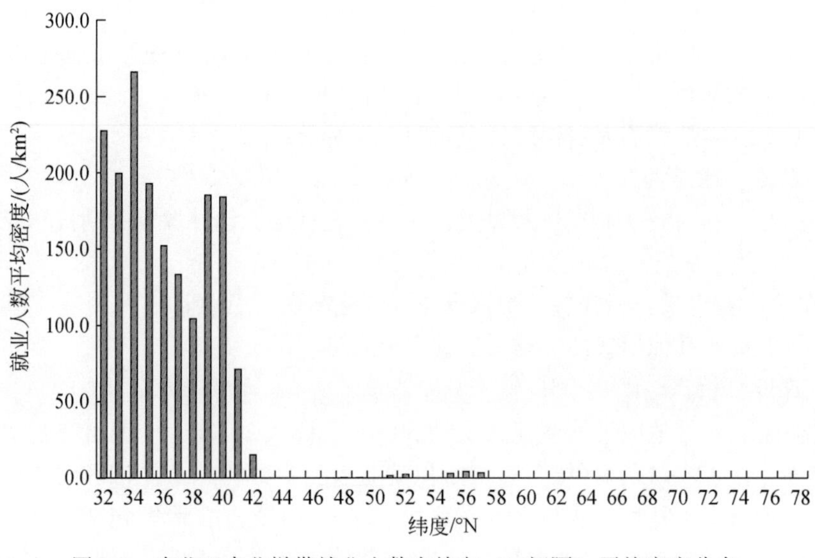

图 9-9 东北亚南北样带就业人数在纬向（1°间隔）平均密度分布

如图9-10所示，样带就业人数按一级行政区为对比单元，中国部分就业人数显著高于俄、蒙地区，中国北京、天津、河南、山东单位面积就业人数最高，分别达到698.7人/km^2、457.4人/km^2、364.7人/km^2和356.8人/km^2。而俄罗斯外贝加尔边疆区、布里亚特共和国、伊尔库茨克州和蒙古的达尔汗乌拉省、乌兰巴托5个地区每平方公里就业人数不足1人，分别为0.87人/km^2、0.85人/km^2、0.67人/km^2、0.1人/km^2和0.01人/km^2。

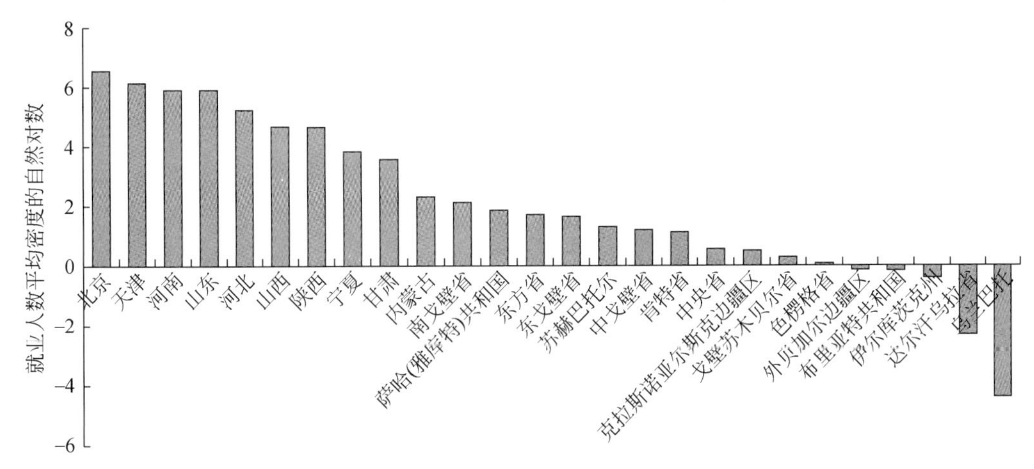

图9-10　东北亚南北样带就业人数在各国一级行政区平均密度分布

9.4　东北亚南北样带社会经济梯度分析

9.4.1　东北亚南北样带GDP梯度分析

(1) 数据时间范围

1）GDP数据。GDP数据统计时间为2008年。

2）行政区国土面积。中国部分为2006年数据、蒙古为2008年数据、俄罗斯布里亚特共和国为2007年1月1日数据，其他地区为2009年数据。

(2) 数据来源

1）中国数据。行政区划底图来源为地球系统科学数据共享网提供的中国1∶400万县界图。样带中国部分GDP和国土面积数据来源于《中国统计年鉴（2009)》。

2）蒙古数据。行政区划底图来源为中国科学院资源环境数据中心提供的1∶500万蒙古行政区划数据。GDP及国土面积数据来源为蒙古国家统计局《蒙古国年鉴(2009)》。

3）俄罗斯数据。行政区划底图来源为俄罗斯联邦1∶100万行政区划图。GDP及国土面积数据来源为俄罗斯国家统计局《俄罗斯联邦分区域社会经济指数（2009)》。

(3) 术语、缩略词

国内生产总值（GDP）指按市场价格计算的一个国家（或地区）所有常住单位在一定时期内生产活动的最终成果。国内生产总值有三种表现形态，即价值形态、收入形态和产品形态。从价值形态看，它是所有常住单位在一定时期内生产的全部货物和服务价值超过同期投入的全部非固定资产货物和服务价值的差额，即所有常住单位的增加值之和；从收入形态看，它是所有常住单位在一定时期内创造并分配给常住单位和非常住单位的初次收入之和；从产品形态看，它是所有常住单位在一定时期内最终使用的货物和服务价值减去货物和服务进口价值。在实际核算中，国内生产总值有三种计算方法，即生产法、收入法和支出法。三种方法分别从不同的方面反映国内生产总值及其构成。对于一个地区来说，称为地区生产总值或地区 GDP。东北亚南北样带地区 GDP 如图 9-11 所示。

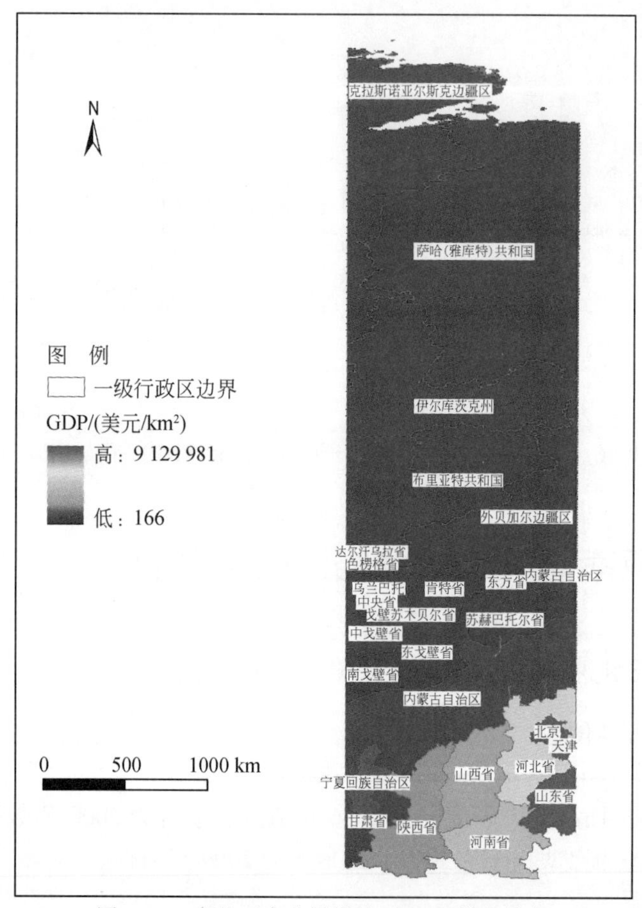

图 9-11　东北亚南北样带地区 GDP 梯度分布

（4）梯度分析

东北亚南北样带地区平均地区 GDP 为 0.1493 美元/km²，大致呈现出自南向北波浪式递减的趋势。在 32°N ~ 41°N 区域单位面积地区 GDP 处于高位，最大值出现在 40°N（9 129 981 元/km²，北京），在 47°N 探底（166 元/km²，蒙古中央省），受自然条件转机和城市化影响，48°N ~ 49°N 出现一个小波峰，每平方千米地区 GDP 达到万美元以上，一直延续至 61°N，62°N ~ 74°N 再次出现波谷，谷底在 67°N［3367 美元/km²，萨哈（雅库特）共和国］，75°N ~ 78°N 单位面积地区 GDP 保持在万美元以上，这与克拉斯诺亚尔斯克边疆区拥有丰富的能源、矿产资源、水电资源以及发达的汽车、有色金属加工、核工业有直接关系（图 9-12）。

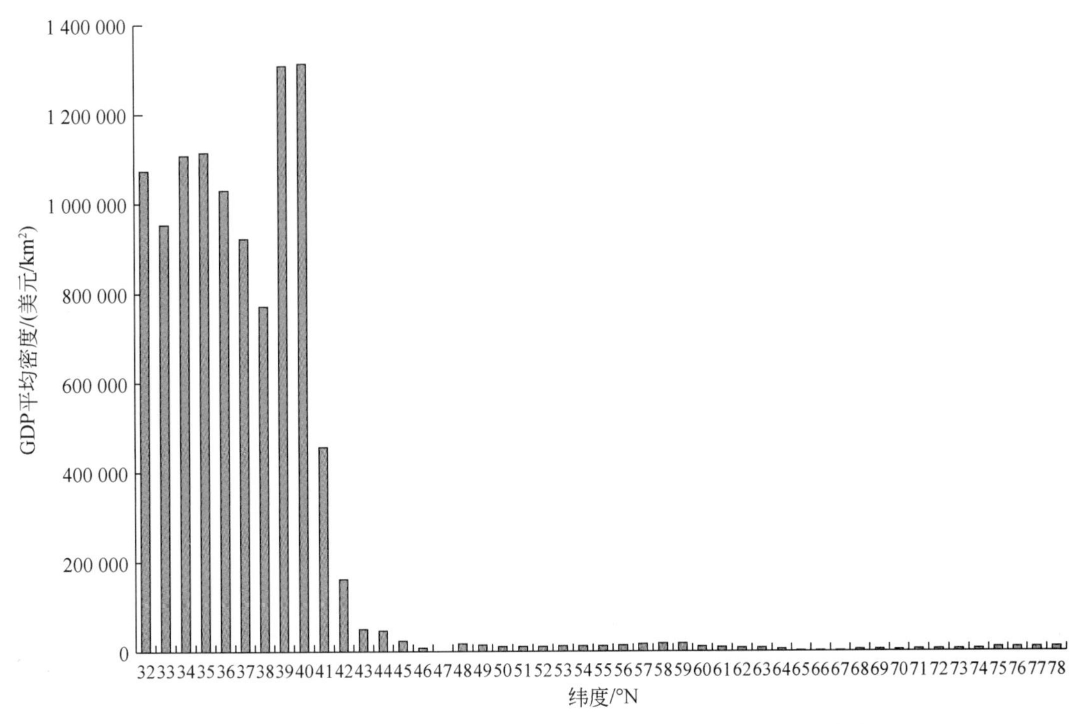

图 9-12　东北亚南北样带地区 GDP 纬向（1°间隔）平均密度分布

如图 9-13 所示，以东北亚南北样带各国一级行政区为对比单元，可见，中国京津两地单位面积 GDP 产出最高，国内生产总值产出达到 800 万美元/km^2，蒙古各省单位面积 GDP 产出都很低，只有乌兰巴托市比较突出，而俄罗斯联邦样带区域内各主体受到恶劣自然条件以及行政区面积较大影响，单位面积 GDP 产出都处于较低水平。

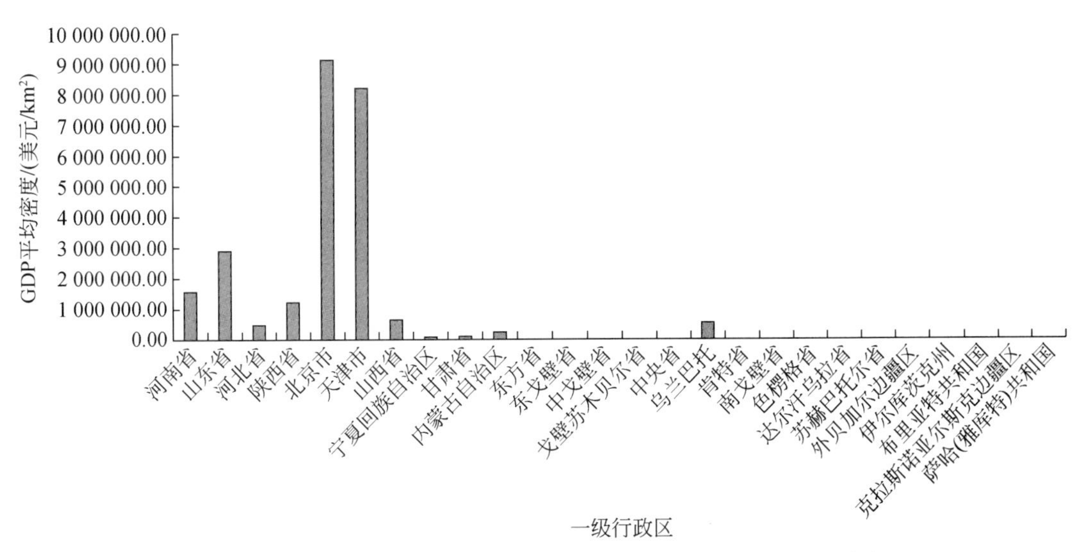

图 9-13　东北亚南北样带地区 GDP 在各国一级行政区平均密度分布

9.4.2 东北亚南北样带工业产值梯度分析

（1）数据时间范围

1）工业产值数据。工业产值数据统计时间为2008年。

2）行政区国土面积。中国部分为2006年数据、蒙古为2008年数据、俄罗斯布里亚特共和国为2007年1月1日数据，其他地区为2009年数据。

（2）数据来源

1）中国数据。行政区划底图来源为地球系统科学数据共享网提供的中国1∶400万县界图。样带中国部分工业产值数据和国土面积数据来源于《中国统计年鉴（2009）》。

2）蒙古数据。行政区划底图来源为中国科学院资源环境数据中心提供的1∶500万蒙古行政区划数据。工业产值数据及国土面积数据来源为蒙古国家统计局《蒙古国年鉴（2009）》。

3）俄罗斯数据。行政区划底图来源为俄罗斯联邦1∶100万行政区划图。布里亚特共和国数据来源于俄罗斯联邦统计局布里亚特共和国署《布里亚特共和国年鉴（2010）》；萨哈（雅库特）共和国数据来源于俄罗斯联邦国家统计局《俄罗斯联邦分区域社会经济指数（2009）》；俄罗斯其他地区数据来源于俄罗斯联邦国家统计局网站各相关联邦主体节点：伊尔库茨克州：http：//irkutskstat. gks. ru/default. aspx. 外贝加尔边疆区：http：//chita. gks. ru/default. aspx. 克拉斯诺亚尔斯克边疆区：http：//www. krasstat. gks. ru/default. aspx.

（3）术语、缩略词

1）工业：指从事自然资源的开采，对采掘品和农产品进行加工和再加工的物质生产部门。具体包括：对自然资源的开采，如采矿、晒盐等（但不包括禽兽捕猎和水产捕捞）；对农副产品的加工、再加工，如粮油加工、食品加工、缫丝、纺织、制革等；对采掘品的加工、再加工，如炼铁、炼钢、化工生产、石油加工、机器制造、木材加工等，以及电力、自来水、煤气的生产和供应等；对工业品的修理、翻新，如机器设备的修理、交通运输工具（如汽车）的修理等。

工业统计调查单位为独立核算法人工业企业。

独立核算法人工业企业指从事工业生产经营活动的单位。独立核算法人工业企业应同时具备以下条件：①依法成立，有自己的名称、组织机构和场所，能够承担民事责任；②独立拥有和使用资产，承担负债，有权与其他单位签订合同；③独立核算盈亏，并能够编制资产负债表。

2）工业总产值：是以货币形式表现的，指工业企业在一定时期内生产的工业最终产品或提供工业性劳务活动的总价值量。它反映一定时间内工业生产的总规模和总水平。

3）工业销售产值：是指以货币表现的工业企业在报告期内销售的本企业生产的工业产品总量。包括已销售的成品、半成品价值、对外提供的工业性作业价值和对本企业基建部门、生产福利部门等提供的产品和工业性作业及自制设备的价值，按现行价格计算。

（4）梯度分析

如图9-14～图9-16所示，东北亚南北样带地区平均工业产值为146 663.271 9美元/km^2，受地域资源禀赋及总体经济发展水平影响，样带区内单位面积工业产值在局部波动中大体呈现出自南向北递减的趋势。最高值出现在 39°N（4 573 679 美元/km^2，天津）；最低值出现在 54°N（0.5 美元/km^2，俄罗斯联邦伊尔库茨克州 Kachugskiy 区）。

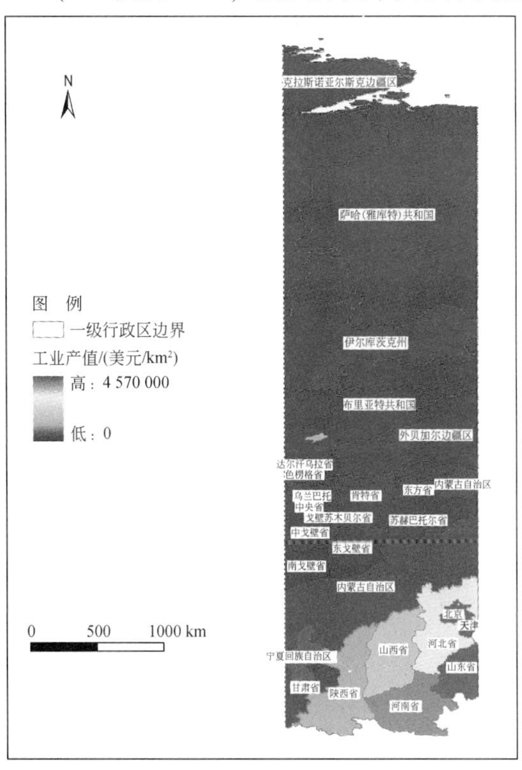

图 9-14　东北亚南北样带工业产值梯度分布

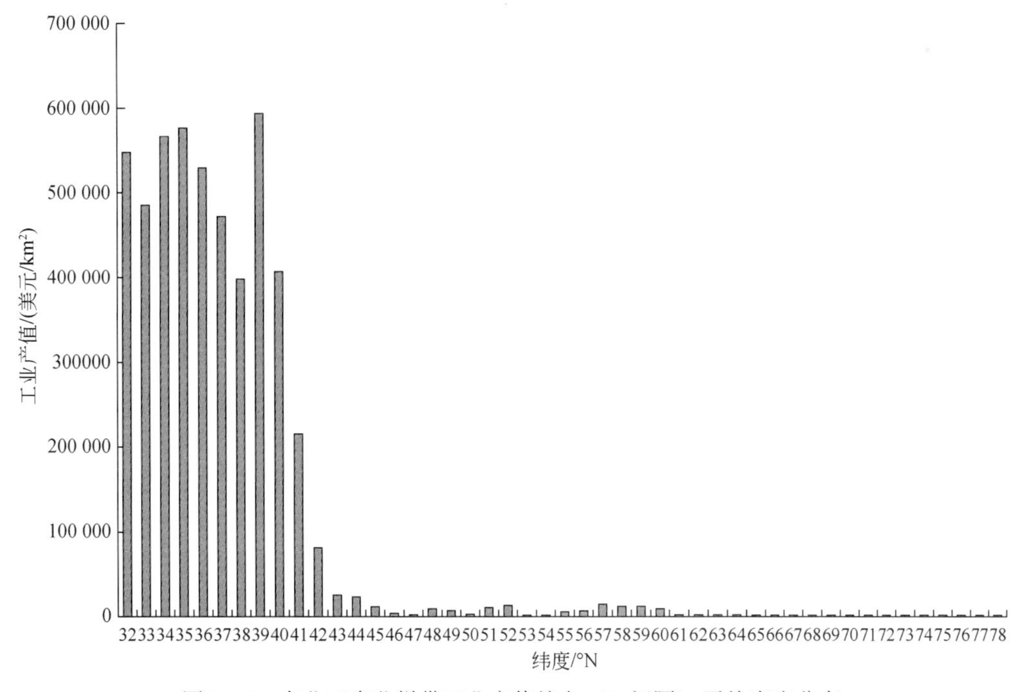

图 9-15　东北亚南北样带工业产值纬向（1°间隔）平均密度分布

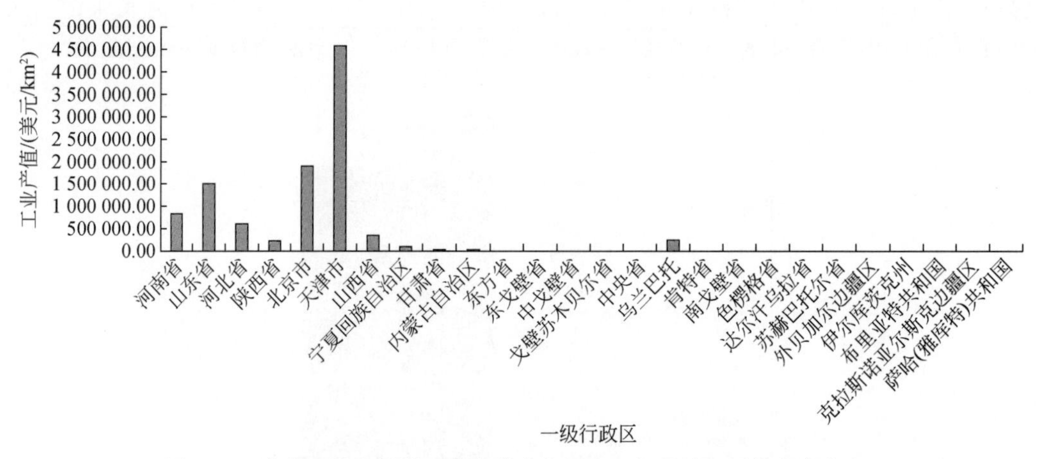

图 9-16　东北亚南北样带工业产值在各国家一级行政区平均密度分布

整体上，样带范围中国区域单位面积工业产值高于俄罗斯和蒙古。对样带各国一级行政区单位面积工业产值进行比较可见，天津市最高，达到 4 562 120 美元/km²，而蒙古东方省（Dornod）、东戈壁省（Dornogovi）、中戈壁省（Dundgovi）、戈壁苏木贝尔省和肯特省（Khentiy）不足 50 美元/km²，为样带区最低水平，高低相差 9 万倍以上。中国区单位面积工业产值排在第二位的北京市，工业产值为 1 912 000 美元/km²，甘肃省位列样带中国区单位面积工业产值最末位，为 39 416. 1 美元/km²。蒙古乌兰巴托市单位面积工业产值最高，达到 260 523 美元/km²；其次为达尔汗乌拉省（18 873. 9 美元/km²）。俄罗斯单位面积工业产值最高的一级行政区为伊尔库茨克州（10 804. 3 美元/km²），布里亚特共和国土地工业产值达到 5465. 08 美元/km²，位居俄罗斯联邦第二，其下依次为外贝加尔边疆区和萨哈（雅库特）共和国，分别为 3744. 91 美元/km² 和 1971. 93 美元/km²，由于拥有广大的国土面积且人口稀少，以资源密集型产业为支撑的克拉斯诺亚尔斯克边疆区工业产值被平均到每平方千米土地上仅为 119. 73 美元，位列俄罗斯联邦样带区最末。

9. 4. 3　东北亚南北样带农业产值梯度分析

(1) 数据时间范围

1）农业产值数据。农业产值数据统计时间为 2008 年。

2）行政区国土面积。中国部分为 2006 年数据、蒙古为 2008 年数据、俄罗斯布里亚特共和国为 2007 年 1 月 1 日数据，其他地区为 2009 年数据。

(2) 数据来源

1）中国数据。行政区划底图来源为地球系统科学数据共享网提供的中国 1∶400 万县界图。样带中国农业产值数据和国土面积数据来源于《中国统计年鉴（2009）》。

2）蒙古数据。行政区划底图来源为中国科学院资源环境数据中心提供的 1∶500 万蒙古行政区划数据。农业产值数据及国土面积数据来源为蒙古国家统计局《蒙古国年鉴(2009)》。

3）俄罗斯数据。行政区划底图来源为俄罗斯联邦 1∶100 万行政区划图。布里亚特共和国、伊尔库茨克州、外贝加尔边疆区为全省数据，来源于《俄罗斯联邦分区域社会经济指数

(2009)》；萨哈（雅库特）共和国、克拉斯诺亚尔斯克边疆区为分地区数据，来源于俄罗斯国家统计局网站各联邦主体统计数据库：萨哈（雅库特）共和国：http：//sakha. gks. ru/default. aspx. 克拉斯诺亚尔斯克边疆区：http：//www. krasstat. gks. ru/default. aspx.

（3）术语、缩略词

农业产值指以货币表现的农、林、牧、渔业全部产品和对农林牧渔业生产活动进行的各种支持性服务活动的价值总量，它反映一定时期内农林牧渔业生产总规模和总成果。

（4）梯度分析

如图 9-17 所示，东北亚南北样带地区平均农业产值为 50 355. 37 美元/km²，受水热条件分布以及农业生产历史因素影响，样带区内农业产值呈现出自南向北逐级递减趋势，从 40°N 以南地区农业产值超过 10 万美元/km²，到 60°N 以北不足 10 美元/km²，地域差异巨大。单位面积农业产值的最高值出现在 32°N（523 094 美元/km²，山东省）；最低值出现在 51°N（0. 67 美元/km²，俄罗斯联邦萨哈（雅库特）共和国 Olyenyokskiy 区）（图 9-18）。

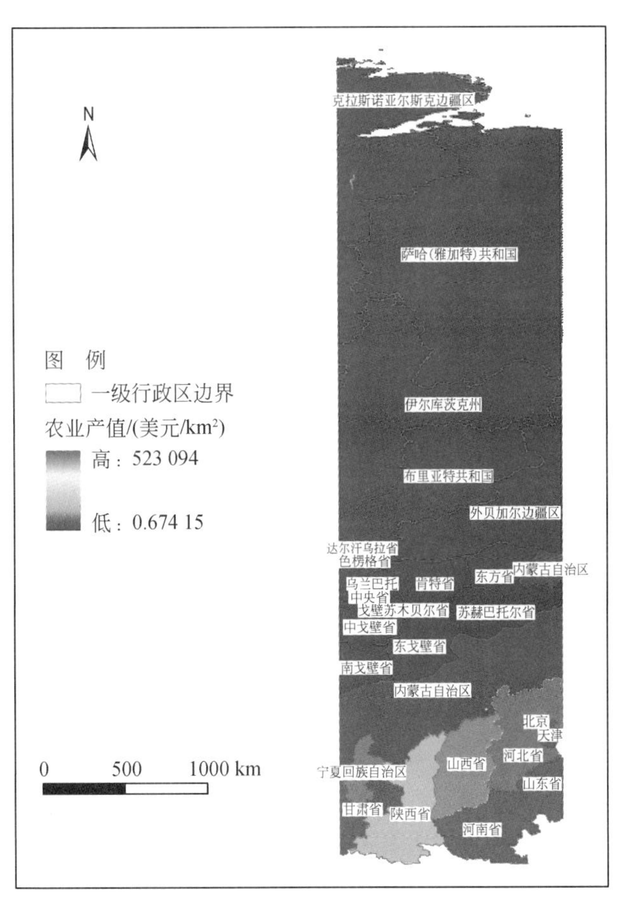

图 9-17　东北亚南北样带农业产值梯度分布

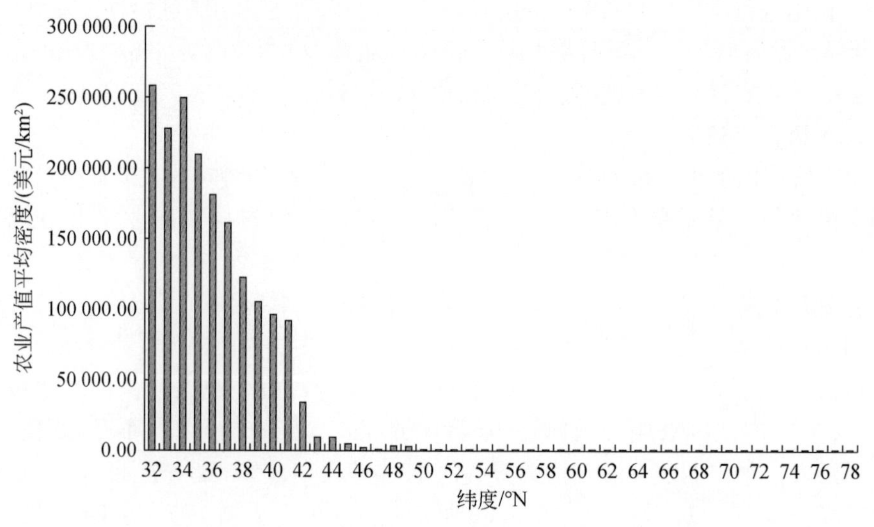

图 9-18　东北亚南北样带农业产值纬向（1°间隔）平均密度分布

从样带农业产值分布图可见，中国东南部单位面积农业产值最高（包括河南、河北、山东、北京、天津地区），中部次之（陕西、山西等省），西部和北部处于样带区中等水平（甘肃、宁夏、内蒙古等），蒙古和俄罗斯联邦地区在农业产值样带分布的最低位，且基本持平（图 9-19）。

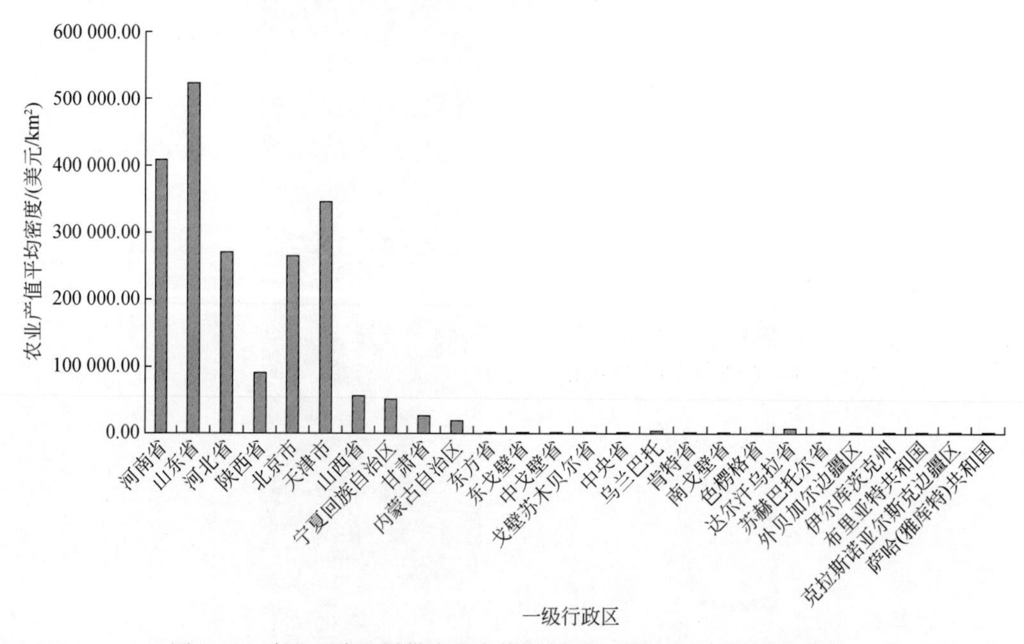

图 9-19　东北亚南北样带农业产值在各国一级行政区平均密度分布

从样带按一级行政区进行对比的农业产值分布图（图 9-19）可见，由于适宜的水热条件和悠久的农耕历史，中国单位面积农业产值显著高于蒙古和俄罗斯联邦样带区。样带区中国东南部单位面积农业产值较高，山东省单位面积农业产值居样带各一级行政区之首，达到523 094美元/km^2，河南省次之，为409 084美元/km^2，天津市单位面积农业产值排名第三，为346 779美元/km^2，西部和北部农业生产水平较低，其中，内蒙古自治区单位面积农业产值在样带区中国部分排名最末，为18 900.4美元/km^2；近年来蒙古中部和北部地区集约型农业有所发展，达尔汗乌拉省、乌兰巴托市、色楞格省和中央省单位面积农业产值较样带部分其他地区有所提高，分别达到6822.18美元/km^2、4495.53美元/km^2、2182.69美元/km^2和1197.49美元/km^2；俄罗斯联邦样带部分除萨哈（雅库特）共和国达到115.13美元/km^2，其他联邦主体甚至不到2.1美元/km^2。

9.4.4　东北亚南北样带粮食产量梯度分析

(1) 数据时间范围

1）粮食产量数据。数据时间为2008年。

2）行政区国土面积。中国部分为2006年数据、蒙古为2008年数据、俄罗斯布里亚特共和国为2007年1月1日数据，其他地区为2009年数据。

(2) 数据来源

1）中国数据。行政区划底图来源为地球系统科学数据共享网提供的中国1∶400万县界图；中国部分内蒙古自治区和甘肃省分县数据来源为《中国县（市）社会经济统计年鉴（2009）》，各城区数据为全省数据［来源为《中国统计年鉴（2009）》］减去分县数据后的算数平均值。

2）蒙古数据。行政区划底图来源为中国科学院资源环境数据中心提供的1∶500万蒙古行政区划数据；粮食产量数据及国土面积数据来源为蒙古国家统计局《蒙古国年鉴（2009）》。

3）俄罗斯数据。行政区划底图来源为俄罗斯联邦1∶100万行政区划图。布里亚特共和国国土面积数据来源为俄罗斯联邦布里亚特共和国统计局《布里亚特共和国分地区统计资料（2007）》（俄罗斯科学院西伯利亚分院贝加尔湖资源管理研究所提供）。其他数据来源于俄罗斯联邦国家统计局网站各相关联邦主体节点：伊尔库茨克州：http://irkutskstat.gks.ru/default.aspx. 外贝加尔边疆区：http://chita.gks.ru/default.aspx. 克拉斯诺亚尔斯克边疆区：http://www.krasstat.gks.ru/default.aspx. 萨哈（雅库特）共和国：http://sakha.gks.ru/default.aspx.

(3) 术语、缩略词

1）粮食：指烹饪食品中，作为主食的各种植物种子总称，也可概括称为“谷物”。粮食基本是属于禾本科植物，所含营养物质主要为糖类，以淀粉为主，其次是蛋白质。

2）粮食产量：指粮食总产量。包括国有经济经营的、集体统一经营的和农民家庭经营的粮食产量，还包括工矿企业办的农场和其他生产单位的产量。

(4) 梯度分析

东北亚南北样带粮食产量分布如图9-20所示。东北亚南北样带地区平均产粮54 229kg/km^2，大体上呈现出有波动的自南向北递减趋势（图9-21）。在42°N以南区域，单位面积粮食产量处于整个样带区的高位，波动也较为显著，最大值出现在34°N（36 324 545kg/km^2，内蒙古自治区包头市东河区）；在46°N以北地区，单位面积粮食产量整体处于低位，48°N～54°N，出现小幅波动，在49°N甚至达到800kg/km^2以上，在54°N以北，平均粮食产量维持在 100kg/km² 以下的水平，最小值出现在 60°N（整个纬度带粮食产量的均值为 1.41kg/km²）。

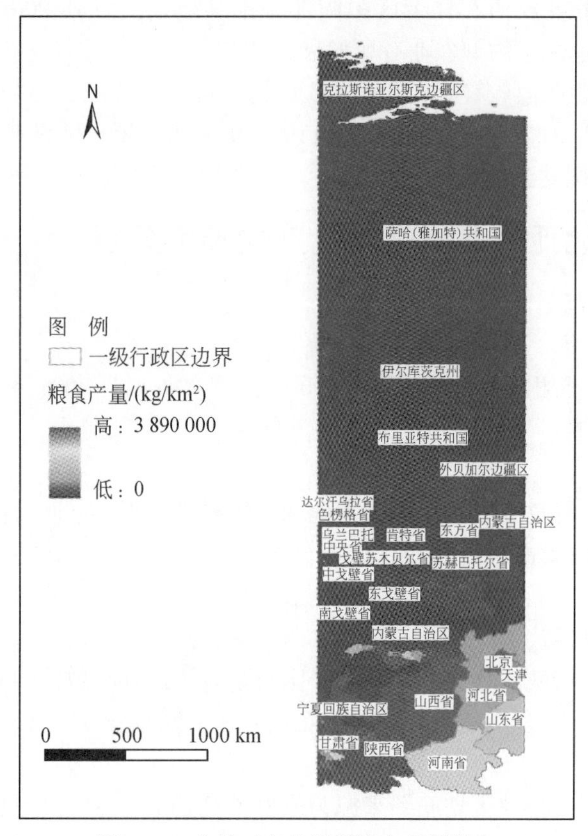

图 9-20 东北亚南北样带粮食产量分布

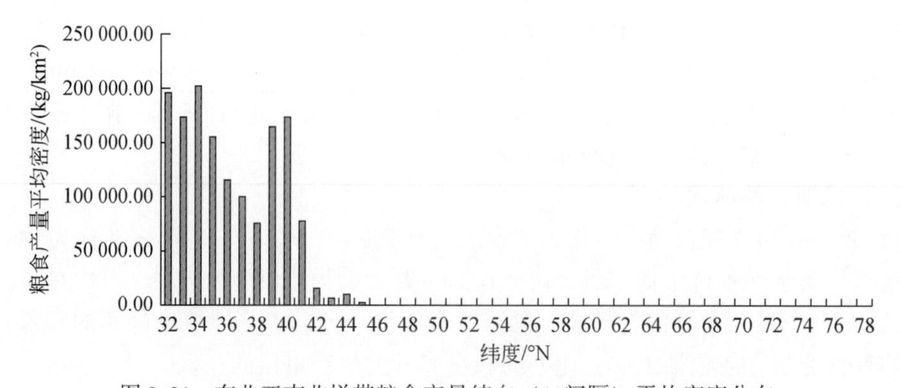

图 9-21 东北亚南北样带粮食产量纬向（1°间隔）平均密度分布

如图 9-22 所示，基于样带范围中、俄、蒙三国区域单位面积粮食产量的比较，受水热条件以及人口压力驱动等自然、人文因素影响，整体上中国产量能力高于其他两国。对各国一级行政区粮食生产能力进行比较，中国河南省粮食单产水平最高，达到 321 257kg/km²，山东省位列第二，为 271 383kg/km²，中国部分粮食生产能力最弱的宁夏回族自治区也达到49 610.4kg/km²，约为粮食单产水平较高的蒙古北部地区色楞格省（3284.49kg/km²）的15倍；蒙古除色楞格省、达尔汗乌拉省（Darhanuul）粮食单产达到1260.51kg/km²，位列俄蒙样带区第二，此外，外贝加尔边疆区为342.2kg/km²，蒙古中央省为285.05 kg/km²，布里亚特共和国为207.11kg/km²，伊尔库茨克州为128.65 kg/km²，是俄蒙两国样带范围具有一定粮食自给能力的一级行政区，其他地区粮食生产能力不足100kg/km²。受到气候极端干旱、土壤有机质匮乏的影响，蒙古中戈壁省和戈壁苏木贝尔省几乎颗粒不收，粮食全部依靠外部供给。

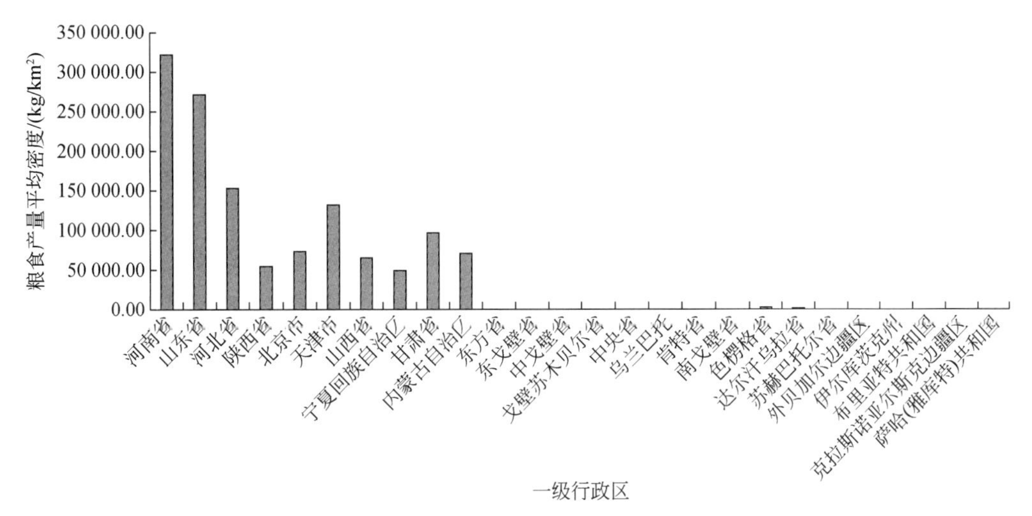

图9-22　东北亚南北样带粮食产量在各国一级行政区平均密度分布

第10章 东北亚南北样带大气环境的梯度及其变化

10.1 大气环境概述

大气环境是指生物赖以生存的空气的物理、化学和生物学特性。物理特性主要包括空气的温度、湿度、风速、气压和降水，这一切均由太阳辐射这一原动力引起。化学特性则主要为空气的化学组成：大气对流层中氮、氧、氢3种气体占99.96%，二氧化碳约占0.03%，还有一些痕量气体、杂质及含量变化较大的水汽。人类生活或工农业生产排出的氨、二氧化硫、一氧化碳、氮化物与氟化物等有害气体可改变原有空气的组成，并引起污染，造成全球气候变化，破坏生态平衡。大气环境和人类生存密切相关，大气环境的每一个因素几乎都可影响到人类（杨洪斌等，2005）。

全球变暖是我们所处的时代最重要的气候变化议题，有许多关于全球变暖灾难性的预测（IPCC，2007）。这些预测包括：大范围积雪和冰融化；全球海平面上升；极端气候事件发生几率的增加，以及农业格局的改变等（Alo and Wang，2008）。随着这些预测逐渐被证实，全球变暖仍在继续并主要由温室气体（如 CO_2、CH_4、CFCs）的增加所驱动。温室气体增长增加了地球表面接受的长波太阳辐射，并因此改变全球气候。控制全球变暖的关键，就取决于我们对于温室气体排放的控制，以及理解温室气体浓度上升对地球圈层的机理性影响（Beaulieu et al.，2012）。大气污染对大气物理状态的影响，主要是引起气候的异常变化（黄振中，2004）。这种变化有时是很明显的，有时则以渐渐变化的形式发生，一般人难以觉察，但任其发展，后果有可能非常严重。大气是在不断变化着的，其自然的变化进程相当缓慢，而人类活动造成的变化非常显著，已引起世界范围的殷切关注。针对不同大气环境要素的特性、变化趋势以及影响，当前国际社会已采取多样方式予以应对。减少当前大气中的 CO_2，目前最切实可行的办法是广泛植树造林，停止滥伐森林，限制自然植被破坏，用太阳光的光合作用大量吸收和固定大气中的 CO_2。另外，制定严格的法律法规，加强国际合作，限制工业等 CO_2 排放，从“汇”和“源”两方面分别降低大气 CO_2 浓度。对于臭氧层的保护，减少并逐步禁止氟氯烃等消耗臭氧层的物质的排放，积极研制新型的制冷系统。矿物燃料燃烧排放出来的硫氧化物、氮氧化物以及它们的盐类是形成酸雨的重要大气前导物，减少人为硫氧化合物和氮氧化合物的排放是减少酸雨灾害最根本的途径。为此，需要制定严格的大气环境质量标准，调整工业布局，限制固定污染源和汽车污染源的排放量，改造污染严重的企业，改进生产技术，提高能源利用率，减少污染排放量。此外，对于传统能源，积极开发利用煤炭的新技术，推广煤炭的净化技术、转化技术，改进燃煤技术，改进污染物控制技术，采取烟气脱硫、脱氮技术等重大措施；同时调整能源结构，增加无污染或少污染的能源比例，发展太阳能、核能、水能、风能、地热能等不产生酸雨前导物的能源。

相对于传统大气环境监测方法，遥感技术具有监测范围广、时效性强、成本低且便于进行长期的动态监测等优势，广泛用于大尺度时空范围的大气环境变化研究。同时，利用遥感技术可以监测到常规方法难以揭示的污染源及其扩散的状态，可以实时、快速跟踪和监测突发性大气环境污染事件的发生、发展，以便及时制订处理措施，减少大气污染造成的损失。因此，遥感监测作为大气环境管理和大气污染控制的重要手段之一，正发挥着不可替代的作用（程立刚等，2005）。遥感监测就是用仪器对一段距离以外的目标物或现象进行观测，是一种不直接接触目标物或现象而能收集信息，对其进行识别、分析、判断的更高自动化程度的监测手段。它最重要的作用是不需要采样而直接可以进行区域性的大气环境特征与动态变化，从而获得全面的综合信息。根据所利用的波段，常用的遥感监测技术主要分为可见光遥感技术、热红外遥感技术和微波遥感技术。大气环境遥感监测作为遥感技术应用中较为重要的内容之一，在业务上不同于常规气象要素的监测。常规气象要素遥感监测主要是指测量大气的垂直温度剖面、大气的垂直湿度剖面、降水量及频度、云覆盖率（云量和云层厚度）和长波辐射、风（风速和风向）、地球辐射收支的测量等（Zhao，1994）。而大气环境遥感则是监测大气中的 CH_4、CO_2、CO、NO_x、SO_2、O_3 等痕量气体成分以及气溶胶、有害气体等的时空分布。前者所述的物理量通常不可能用遥感手段直接识别，但由于水汽、二氧化碳、氮氧化物、臭氧、甲烷等微量气体成分具有各自分子所固有的辐射和吸收光谱特征，因此我们实际上可通过测量大气散射、吸收及辐射的光谱特征值而从中识别出这些组分来。研究表明，在卫星遥感中，有两个非常好的大气窗可以用来探测这些组分，即位于可见光范围内的 0.40 ~ 0.75μm 的波段和在近红外和中红外的 0.85μm、1.06μm、1.22μm、1.60μm、2.20μm 波段处。

大气环境遥感监测技术按其工作方式可分为被动式遥感监测和主动式遥感监测，被动式遥感监测主要依靠接收大气自身所发射的红外光波或微波等辐射而实现对大气成分的探测；主动式遥感监测是指由遥感探测仪器发出波束、次波束与大气物质相互作用而产生回波，通过检测这种回波而实现对大气成分的探测。由于主动式大气探测仪器既要发射波束，又要接收回波，通常将这种方式称为雷达工作方式。根据遥感平台的不同，大气环境遥感监测又可分为天基、空基遥感和地基遥感。天基、空基遥感是以卫星、宇宙飞机、飞机和高空气球等为遥感平台，地基遥感则是以地面为主要遥感平台。

本章节针对重要的温室气体、污染气体等痕量气体以及大气气溶胶等大气环境要素，利用遥感数据对东北亚地区，特别是东北亚南北样带空间范围内大气环境的时空模式与变化进行研究与探讨。

10.2 东北亚南北样带大气环境数据的获取

10.2.1 大气气溶胶

中分辨率成像光谱仪（moderate resolution imaging spectroradiometer）-MODIS（美国国家宇航局网站：http：//modis. gsfc. nasa. gov/）是 Terra 和 Aqua 卫星上搭载的主要传感器之一，两颗星相互配合每 1 ~2 天可重复观测整个地球表面，得到 36 个波段的观测数据。MODIS 标准数据产品根据内容的不同分为 0 级、1 级数据产品，在 1B 级数据产品之后，划分 2 ~4 级数据产品，包括：陆地标准数据产品、大气标准数据产品和海洋标准数据产品三种主要标准数据产品类型，总计分解为 44 种标准数据产品类型。本文使用的是 NASA 戈达德空间飞行中心（Goddard Space Flight Center，GSFC）提供的 Terra 1B 的 2 级和 3 级数据产品，包括 MOD021KM、MOD03、MOD35_ L2。

上述产品中，MOD021KM 产品是经过辐射校正的 1 级产品，它是将空间分辨率为 250m 和 500m 的数据整合成空间分辨率为 1km 的数据，包括大气顶部的辐射亮度数据和反射率数据，这里我们选用它前面 7 个通道的数据。MOD03 是用于数据地理定位用的 1 级产品，对于白天的卫星轨道，它给出了每个 1km 分辨率像元的地理坐标等信息，包括每个像元的纬度、经度、地面高程、太阳天顶角和方位角、卫星天顶角和方位角以及海陆掩膜等数据。本次研究中，我们使用了纬度、经度、太阳天顶角和方位角以及卫星天顶角和方位角数据。MOD35_ L2 利用 MODIS36 个通道中的 19 个根据不同的路径采用不同的检测方法，对每个像素有没有云给出 4 个层次的判断：无云（Confident Clear）、可能无云（Probably Clear）、可能有云（Uncertain）、有云（Cloudy）。最后对每个像素的去云结果用 48 个二进制位表示。目前数据的下载可以通过 NASA 的 LADDS 网址（http：//ladsweb. nascom. nasa. gov）。

10. 2. 2 对流层 NO_2 垂直柱浓度

本研究中使用的对流层 NO_2 垂直柱浓度月平均卫星数据主要由荷兰皇家气象研究所（KNMI）提供（http：//www. temis. nl），该数据是利用搭载欧洲空间局（ESA）发射的 ERS-2 卫星上的全球臭氧监测仪（GOME）和 ENVISAT 卫星上的大气制图扫描成像吸收光谱仪（SCIAMACHY）反演而来。关于这些对流层 NO_2 垂直柱浓度的算法和反演技术以及地面验证工作和误差分析，前人已经做了大量的研究，在本文的前面内容中做了详细的介绍，该数据的原始格式分为三种，即 HDF、TOMS GIRD、ESRI GRID 格式，本研究使用的是 ESRI GRID 格式，GOME_ NO_2 数据的分辨率为 0. 25°×0. 25°，时间为 1996 年 4 月 ~2003 年 6 月的月平均数据，每一个原始数据压缩包的大小约为 0. 8MB（大小随着野点的不同而不同，一般野点越多数据越小），SCIAMACHY_ NO_2 数据分辨率也为 0. 25°×0. 25°，时间为 2002 年 7 月 ~2009 年 4 月的月平均数据，每个数据压缩包的大小约为 0. 9MB。由于两种数据在反演算法上的完全一致，所以获得的数据产品可以在长时间序列上结合使用，目前也已经有好多前人的研究成果均是将两种数据结合使用的。

将获得的原始 NO_2 数据在 ArcGIS 中按照东北亚样带边界进行剪切，然后将栅格数据转化为点的数据，使用地统计插值将点数据插值为 10km 的数据，插值的主要目的是为了将缺值点补齐，有利于区域的统计分析。在比较了几种插值方法后，发现使用 IDW 插值效果最好，检验方法为：在插值前选择 15% 的点为检验点，不参与插值，利用其余的 85% 的点进行插值，选用 2008 年 1 月作为验证数据，检验结果见图 10-1，从线性相关结果看效果较好，可以满足分析需要。

ArcGIS 中的地统计模块（ArcGIS Geostatistical Analyst）是 ArcGIS 桌面系统中一个功能强大的扩展分析模块，它科学地应用确定性方法和地统计方法根据研究对象在地理景观中不同位置上获的地采样数据进行高级表面建模，从而准确预测研究对象在地理景

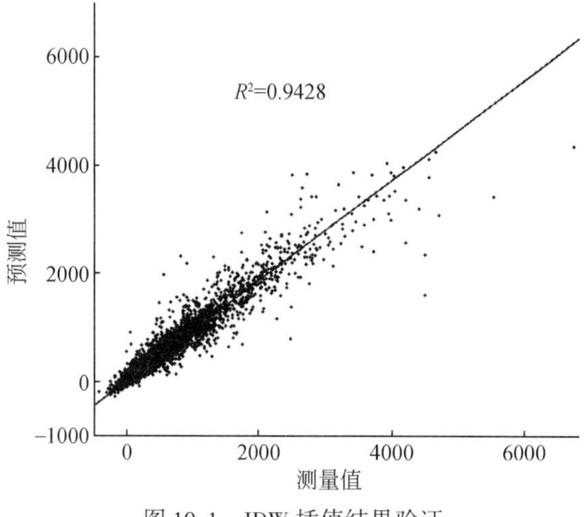

图 10-1　IDW 插值结果验证

观中的连续分布，获得其在任意空间位置上的数值特征。

本研究使用的 NO_2 垂直柱浓度原始数据为以文本状态存储的 ESRI GRID 格式，首先在 ArcGIS 中通过的数据转化工具（ASCII to RASTER）将其转化为栅格的形式，然后对转化后的栅格数据使用 ArcGIS 中的 Geostatistical Analyst 工具进行插值处理，选择插值后的栅格大小为 10km×10km，选择的地统计插值方法为反距离插值（inverse distance weighted，IDW）。

IDW 插值是基于相近相似的原理，即两个物体离得近，它们的性质就越相似。反之，离得越远则相似性越小。它们插值点与样本点间的距离为权重进行加权平均，离插值点越近的样本点赋予的权重越大。以数据点到待求点的距离给予适当的权重，按最小二乘法平差原理求解。权的值应与距离成反比，间距愈近，对待求点测定值的影响应愈大，幂越高，内插结果越具有平滑的效果。反距离加权法是最常用的空间内插方法之一。反距离加权插值法的一般公式如下：

$$\hat{Z}(S_0) = \sum_{i=1}^{n} \lambda_i Z(S_i) \tag{10-1}$$

式中，$\hat{Z}(S_0)$ 为 S_0 处的预测值；n 为预测计算过程中使用的预测点周围样点数；$Z(S_i)$ 为预测计算过程中使用的各样点的权重，该值随着样点与预测点之间距离的增加而减少；λ_i 为在 i 处的测量值。确定权重的计算公式为

$$\lambda_i = d_{i0}^{-p} / \sum_{i=1}^{n} d_{i0}^{-p}, \quad \sum_{i=1}^{n} \lambda_i = 1 \tag{10-2}$$

式中，p 为指数值，d_{i0}^{-p} 是预测点 S_0 与各已知样点之间的距离。样点在预测点值的计算过程中所占权重的大小受参数 p 的影响，也就是说随着采样点与预测值之间距离的增加，标准样点对预测点影响的权重按指数规律减少。在预测过程中，各样点值对预测点值作用的权重大小是成比例的，这些权重的总和为 1。

10.2.3　CO 和 CO_2 柱浓度

研究采用的 CO 和 CO_2 柱浓度（carbon monoxide and carbon dioxide columns）数据来

自德国、荷兰及比利时联合为欧洲空间局研制的搭载在环境卫星（ENVISAT）上的大气化学研究仪器——大气制图扫描成像吸收光谱仪（Scanning Imaging Absorption SpectroMeter for Atmospheric Chartography，SCIAMACHY）反演的痕量气体产品（Burrows，1995）。SCIAMACHY 的首要目的是增加对大气层中各种重要的物理、化学过程的了解，研究人类活动和自然现象对全球气候变化的影响以及各种痕量气体的全球含量。此外，为了订正云和气溶胶对各种气体的影响，它还具备反演大气温度、压力廓线以及获得云和气溶胶几何、光学参数的潜力。SCIAMACHY 空间分辨率为 60km×30km，6 天覆盖一次全球（Noel et al.，1999；张言等，2008）。此次分析采用来用其网站上发布的三级月均值产品（Level3）CO 和 CO_2 数据产品，分辨率为 0.5°×0.5°经纬度。CO 垂直柱浓度（carbon monoxide vertical column）的反演算法 WFM- DOAS v0.6（The Weighting Function Modified Differential Optical Absorption Spectroscopy retrieval algorithm），单位为 mol/cm^2，CO_2（XCO_2，the dry air column averaged mole fraction）的单位为 ppm（parts per million），反演算法为 WFM-DOAS v1.0（Barkley et al.，2007；Buchwitz et al.，2004；Buchwitz et al.，2005）。

SCIAMACHY 是欧洲空间局 ESA 在 2002 年 3 月发射的大型环境监测卫星 ENVISAT 上搭载的 10 大载荷之一，由荷兰政府、德国政府以及比利时政府联合出资设计，能在极宽的波长范围内对大气中各种气体、云团及灰尘粒子进行监测，从而绘制动态分布图。它采用差分吸收光谱技术，检测出光谱吸收所跟踪的阳光到达范围内、在紫外、可见光和近红外区内的、被地球大气和地表反射或散射的气体“指纹”。其有 8 个光谱通道，光谱分辨率为 0.2～1.5nm，波长范围为214～2380nm。

SCIAMACHY 通过天底观测获取大气柱总量信息。它每次扫描范围大约为 30km×960km。SCIAMACHY 在天底扫描模式下扫描速度和探测器的积分时间决定了它的实际观测的空间分辨率，积分时间要受限于观测信噪比的限制和数据速率的影响，因此 SCIAMACHY 数据空间分辨率通常为 30km×240km。为了进一步提高分辨率，SCIAMACHY 将光谱细分为多组波谱段，根据仪器信噪比需求和数据速率设定不同积分时间，从而提高空间分辨率（王跃启，2010），将空间分辨率提高到 30km×120km。

SCIAMACHY 的 2 级产品包括痕量气体的柱密度、云量和高度及气溶胶吸收因子等。气体产品包括：O_2、O_3、O_4、SO_2、NO、NO_2、NO_3、N_2O、BrO、ClO、OClO、CO、CO_2、CH_4、H_2O、H_2CO_3 等（王跃启，2010）。

使用的辅助分析数据主要有生物质燃烧、工业污染和气象地形数据等。生物质燃烧数据世界火点数据分布集（WFA）① 是 ENVISAT 卫星上的先进跟踪扫描辐射计（AASTR）在夜间探测反演得到的 2003～2005 年热点（hotspots）数据集，从中截取中国及其周边区域数据进行分析。ASTR 与 AASTR 反演的世界火点分布集，已经得到很好的验证（Arino et al.，2005）。

① 世界火点数据介绍网址：http：//dup.esrin.esa.it。

10.2.4　对流层 SO_2 柱浓度

10.2.4.1　遥感监测 SO_2 柱浓度产品介绍

本研究中使用的对流层 SO_2 垂直柱浓度数据来源于荷兰皇家气象研究所（KNMI）提供的SCIAMACHY 反演的月平均 SO_2 数据产品和 OMI（Ozone Monitoring Instrument，臭氧监测仪）反演的日平均 SO_2 数据产品（http：//www. temis. nl）。

10.2.4.2　SCIAMACHY 对流层 SO_2 垂直柱浓度数据产品简介

SCIAMACHY SO_2 数据的原始格式分为三种，即 HDF、TOMS GIRD、ESRI GRID 格式，本书使用 HDF 格式，SCIAMACHY SO_2 垂直柱浓度数据的分辨率为 0. 25°×0. 25°，时间范围为 2004 年 1 月 ~2010 年 12 月。

关于这些对流层 SO_2 垂直柱浓度的算法和反演技术以及地面验证工作和误差分析，前人已经做了大量的研究，本书的前面内容中也有详细的介绍。

10.2.4.3　OMI 对流层 SO_2 垂直柱浓度数据产品简介

OMI SO_2 是由 NASA 发射的 Aura 地球观测系统卫星上的 OMI 传感器数据反演而来。OMI 由荷兰航空局和芬兰气象所提供，传感器波长范围270 ~ 500nm，利用 SO_2 在波段 290 ~310nm 的强吸收特性进行 SO_2 反演，其波谱分辨率为 0. 5nm，空间分辨率达12km×24km，传感器视场角为 114°，覆盖全球一次只需一天（王跃启，2010）。OMI 主要监测大气中的臭氧柱浓度和气溶胶、云、表面紫外辐射和痕量气体 SO_2、NO_2、BrO、HCHO、OClO 等（王跃启，2010）。

在酸雨前体物来源气流轨迹分析中使用的 OMI SO_2 数据格式是 HDF 格式，数据分辨率为 0. 125°×0. 125°，使用的是 2009 年典型场次酸雨过程中的 SO_2 日平均垂直柱浓度数据。

10.2.4.4　对流层 SO_2 垂直柱浓度反演算法简介

SCIAMACHY 传感器的首要目的是增加对大气中各种重要的物理和化学过程的了解，分析各种痕量气体的全球分布及含量，进一步研究人类工农业活动和各种自然地理现象对全球气候变化的影响。SCIAMACHY 传感器主要获得从 UV 到可见光的太阳后向散射信息，获得波长范围为 240 ~ 2380nm 的光谱信息，使用差分光学吸收光谱法(Differential Optical Absorption Spectroscopy，DOAS）（Burrows et al. , 1995；Mellqvist et al. , 1996；Richter et al. , 1999）来反演大气 SO_2 斜柱浓度信息（Slant column densities，SCD)，经过模式模拟，或由经验公式计算得到大气质量因子（air mass factor，AMF)，将有效倾斜柱浓度转化为垂直柱浓度。此外，还有学者在 DOAS 算法的基础上提出了一些改进的算法并加以应用，如 IUP- Bremen 开发的 WFM- DOAS 算法（Buchwitz et al. , 2004；Buchwitz et al. , 2005；Goede et al. , 2002），Lee 等（2008）将 GOME WF- DOAS 反演酸雨用于 SCIAMACHY SO_2 的反演，取得了良好的效果。

SCIAMACHY 卫星 SO_2 和 NO_2 这两种数据在反演算法上完全一致，都是采用差分光学吸收光谱法（DOAS）反演痕量气体的浓度和空间分布信息。DOAS 算法是 20 世纪 70 年代末由德国大气物理学家 Platt 和 Perner 等提出，是紫外-可见光波段用于衡量气体反演的主要算法，其以比尔定律为基础，把入射光的消光作用分成气体吸收和粒子散射两部分（王跃启，2010）。

根据比尔定律：

$$I(\lambda)=I_0(\lambda)\exp[-\sigma(\lambda)\times \mathrm{SCD}] \tag{10-3}$$

式中，I_0 为大气顶入射太阳辐射强度；I 为消光后的辐射强度；σ（λ）为波长 λ 处的吸收截面，σ（λ）随波长变化其变化较大，有较强的光谱吸收特性，同时，σ（λ）也随温度而变化，常用某一温度的吸收截面来表示；SCD 为路径上吸收体的量，即有效倾斜气柱总量。

考虑消光作用后，观测气体的光学厚度（τ_{path}）为

$$\tau_{\mathrm{path}}=-\ln\frac{I(\lambda)}{I_0(\lambda)}=\sum_i\sigma_i(\lambda)+\sigma_{\mathrm{Ray}}(\lambda)\mathrm{SCD}_{\mathrm{Ray}}(\lambda)+\sigma_{\mathrm{Mie}}(\lambda)\mathrm{SCD}_{\mathrm{Mie}}(\lambda) \tag{10-4}$$

因分子瑞利散射和气溶胶米散射都随波长而缓慢变化，分别正比于 λ^{-4} 和 λ^{-1}；而气体吸收随波长快速变化，具有位置固定的光谱吸收特性。根据二者的差异，DOAS 方法通过光谱差分技术将消光作用分解为快变部分和慢变部分，通过低阶多项式拟合处理消除慢变部分的影响，并从快变部分中提取目标气体沿吸收路径总量信息。

$$\sigma_i(\lambda)=\sigma'_i(\lambda)+\sigma_i^B(\lambda)$$

$$\begin{aligned}\tau_{\mathrm{path}}&=-\ln\frac{I(\lambda)}{I_0(\lambda)}\\&=\sum_i\sigma'_i(\lambda)\mathrm{SCD}_i(\lambda)\\&\quad+\Big[\sum_i\sigma_i^B(\lambda)\mathrm{SCD}_i(\lambda)+\cdots+\sigma_{\mathrm{Ray}}(\lambda)\mathrm{SCD}_{\mathrm{Ray}}(\lambda)+\sigma_{\mathrm{Mie}}(\lambda)\mathrm{SCD}_{\mathrm{Mie}}(\lambda)\Big]\end{aligned} \tag{10-5}$$

将有效倾斜柱总量转换为垂直柱总量：

$$\mathrm{AMF}_{\mathrm{total}}(g,\lambda)=\frac{\ln[I_{\mathrm{nogas}}(\lambda)]-\ln[I_{\mathrm{total}}(\lambda)]}{\tau_{\mathrm{vert}}(\lambda)} \tag{10-6}$$

式中，$\mathrm{AMF}_{\mathrm{total}}$（$g$，$\lambda$）为第 g 种气体在波长 λ 处的大气质量因子；I_{nogas} 为除目标气体外包含所有吸收体的模拟卫星辐射率；I_{total} 为包含所有吸收气体的模拟卫星辐射率，则 ln［I_{nogas}（λ）］-ln［I_{total}［λ）］为目标气体倾斜光路上的光学厚度；τ_{vert}（λ）为目标气体垂直光路上的光学厚度，有云的情况下，视场内的大气质量因子可写为

$$\mathrm{AMF}_{\mathrm{total}}=F\times\mathrm{AMF}_{\mathrm{cloudy}}+(1-F)\times\mathrm{AMF}_{\mathrm{clear}} \tag{10-7}$$

$$\mathrm{AMF}=\sec\theta_s+\sec\theta_v \tag{10-8}$$

式中，θ_s 为太阳天顶角；θ_v 为卫星观测角。

则垂直柱浓度可表示为

$$\mathrm{VCD}_i=\frac{\mathrm{SCD}_i}{\mathrm{AMF}_i} \tag{10-9}$$

DOAS 算法的优点在于不必求解大气辐射传输方程，即能获取大气中多种痕量气体的柱总量信息。但痕量气体在大气中一般信号微弱，该方法的使用受到一定限制。

10.2.4.5　对流层 SO_2 垂直柱浓度数据的处理

主要利用 ArcGIS 和 Matlab 等软件对下载的原始 HDF 格式的 SO_2 柱浓度数据进行数据提取、坐标转换等操作，将数据处理后输出为 Shapefile 格式，便于后面的分析和使用。在 ArcGIS 中按照中国行政区划进行剪切，由于 SO_2 遥感数据产品部分区域或点位存在数据缺失，当一区域或点位某一月或几月 SO_2 数据缺失，SO_2 柱浓度不同月份变化差异很大，致使用普通的求平均值方法计算年均浓度会导致结果值偏离实际浓度值较大。所以本研究利用普通 Kriging 插值分析方法（Giannitrapani et al.，2007；Oliver et al.，1990；朱求安等，2004）进行数据插值，插值的主要目的是为了将缺值点补齐，有利于区域的统计分析，插值后的数据分辨率与原始数据一致，为 0.25°×0.25°。

Kriging 法由南非地质学家 Krige 于 1951 年提出，主要用于矿山勘探，1962 年法国学者 Matheron 引入区域化量的概念，对 Kriging 法进行了完善和推广（侯景儒等，1998），广泛应用于地理学领域。Kriging 插值方法充分吸纳了地理统计思想，认为空间连续变化的属性非常不规则，不能简单地用平滑函数模拟，而可用随机面来进行适当的描述，这种连续变化的空间属性成为“区域性变量”。Kriging 法是一种区域化变量线性无偏最优插值方法，在插值过程中根据某种优化准则确定变量数值，注重权重系数的确定从而使 Kriging 插值函数处于最优状态（朱求安等，2004）。

普通 Kriging 插值可表示为

$$Z(x_0) = \sum_{i=1}^{n} \lambda_i Z(x_i) \tag{10-10}$$

式中，$Z(x_i)$（$i=1, 2, \cdots, n$）为 n 个样本点的观测值；$Z(x_0)$ 为待定点值；λ_i 为权重，权重决定于 Kriging 方程组：

$$\begin{cases} \sum_{i=1}^{n} \lambda_i C(x_i, x_j) - \mu = C(x_i, x_0) \\ \sum_{i=1}^{n} \lambda_i = 1 \end{cases} \tag{10-11}$$

式中，$C(x_i, x_j)$ 为测站样本点之间的协方差；$C(x_i, x_0)$ 为测站样本点与插值点之间的协方差；μ 为拉格朗日乘子。插值数据的空间结构特征由半变异函数描述，其表达式为

$$\gamma(h) = \frac{1}{2N(h)} \sum_{i=1}^{N(h)} [Z(x_i) - Z(x_i + h)]^2 \tag{10-12}$$

式中，$\gamma(h)$ 为半变异函数，变异函数又称为变差函数，是地统计分析所特有的基本工具，在一维条件下变异函数定义为，当空间点 x 在一维轴 x 轴上变化时，区域化变量 $z(x)$ 在 $z(x)$ 值与 $z(x+h)$ 差的方差的一半为区域变量 $z(x)$ 在 x 轴方向上的变异函数，记为 $\gamma(h)$；$N(h)$ 为被距离区段分割的实验数据对数据，根据试验变异函数的特征，选取适当的理论变异函数模型。根据试验半变异函数得到的试验变异函数图，从而确定出合理的变异函数理论模型。

进行 Kriging 插值，需要对插值经度进行检验，检验方法为：插值前选择 90% 的点作为训练样本，其余 10% 的点作为检验样本，不参与插值。选用 2009 年 1 月数据进行

插值检验，检验结果见图 10-2，从线性相关结果看效果良好，可以满足分析需要。

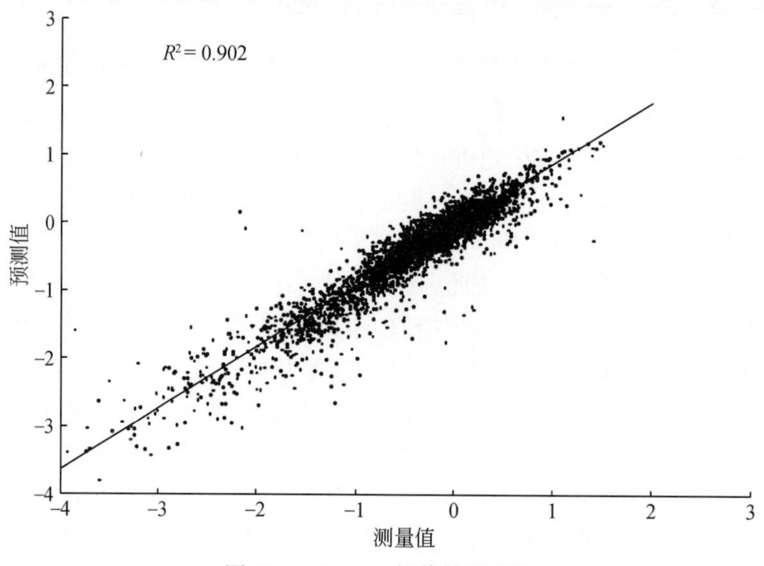

图 10-2　Kriging 插值结果验证

图 10-3 是利用 Kriging 插值方法进行插值后的空间分布结果图与未插值图的比较，发现经过 Kriging 插值后，可以有效地避免原始数据高值和低值条带的存在（图 10-3b）以及减少由于仪器测量或数据本身存在的误差，减少了极大或极小异常值对整个数据质量的影响。因此，本研究采用 Kriging 插值方法对 SO_2 垂直柱浓度数据进行按月插值，是符合数据处理及分析要求的。

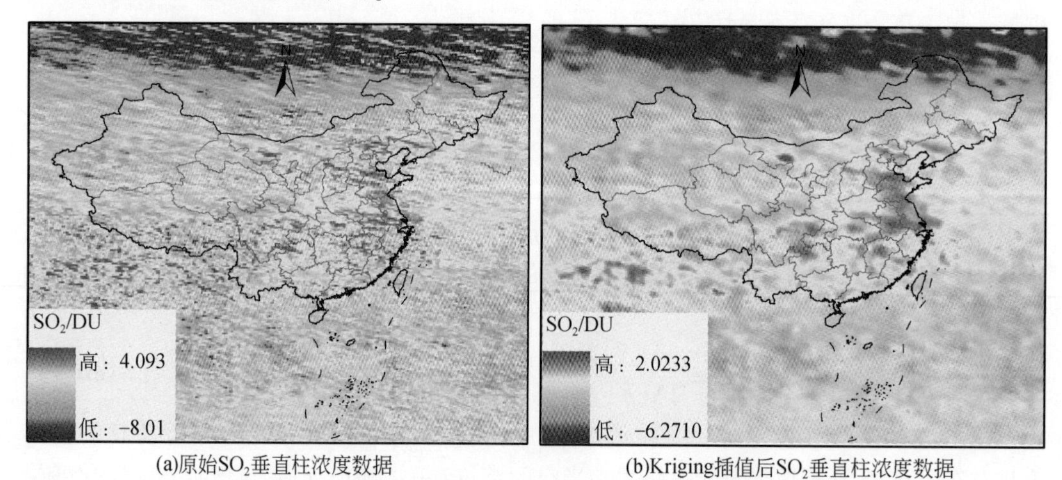

(a)原始SO_2垂直柱浓度数据　　(b)Kriging插值后SO_2垂直柱浓度数据

图 10-3　SO_2 垂直柱浓度数据插值前后比较

10.3　东北亚南北样带大气环境的梯度

作为重要的温室气体，甲烷（CH_4）日益受到人们的关注。在东北亚南北样带中（图 10-4），甲烷浓度梯度呈现明显的波动性（图 10-5），并且与下垫面关系显著。样带内甲烷浓度高值区主要分布在32°N、59°N和70°N左右，分别对应中国北方、泰加林和极地苔原，而低值区主要集中在44°N左右的荒漠地区和76°N左右的极地地区。目

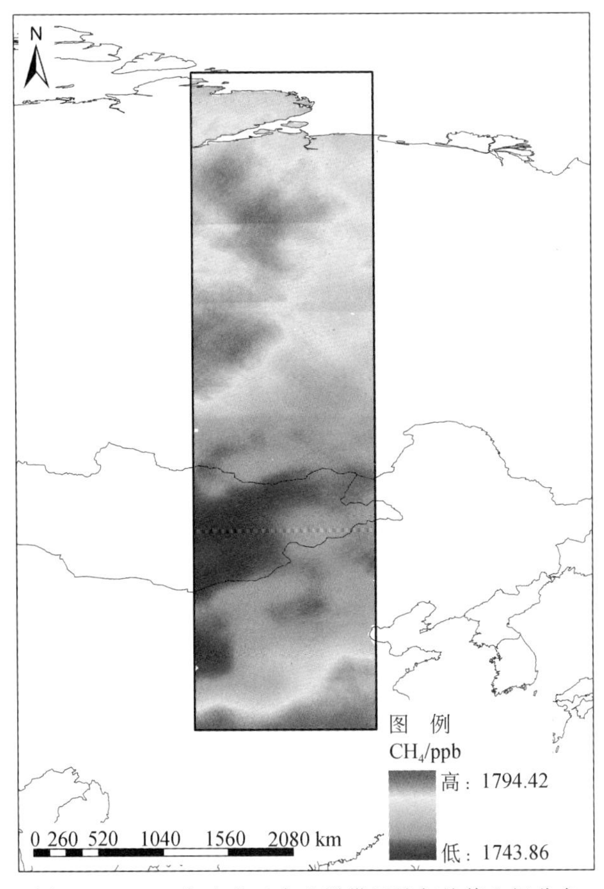

图10-4　2005年东北亚南北样带甲烷年均值空间分布

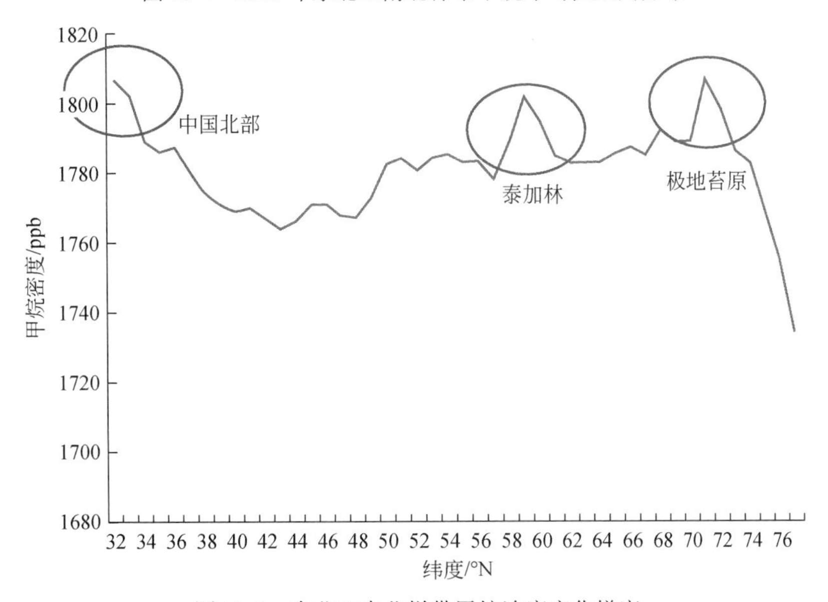

图10-5　东北亚南北样带甲烷浓度变化梯度

前，关于甲烷与植被间关系的研究并没有得到明确的结果，而样带中甲烷梯度的变化在一定程度上为该研究提供了新的研究方法与证据。

CO_2 是目前研究最为广泛的温室气体，其浓度在东北亚南北样带中表现出显著的梯度变化（图 10-6、图 10-7）。总体而言，CO_2 浓度随纬度的增加呈波动形势的下降，其中在样带南端呈现最高值，在 44°N 左右同样保持一定程度的高值区，随后 CO_2 浓度逐渐下降，在 64°N 左右到达谷值。进入极地苔原区后，CO_2 浓度呈现显著的增加趋势，在 70°N 左右出现了一个小的峰值，随后又急剧下降。

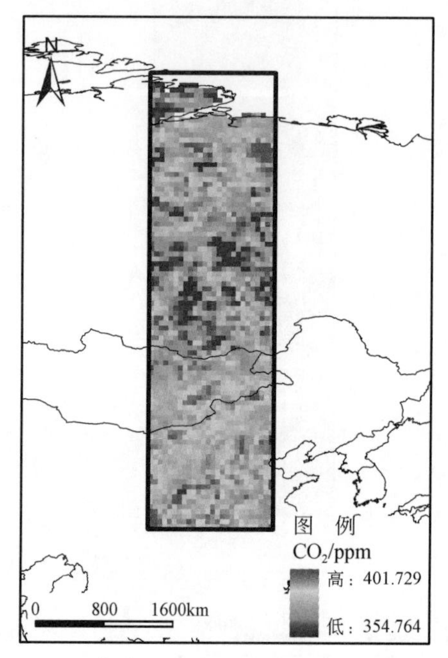

图 10-6　2005 年东北亚南北样带 CO_2 年均值空间分布

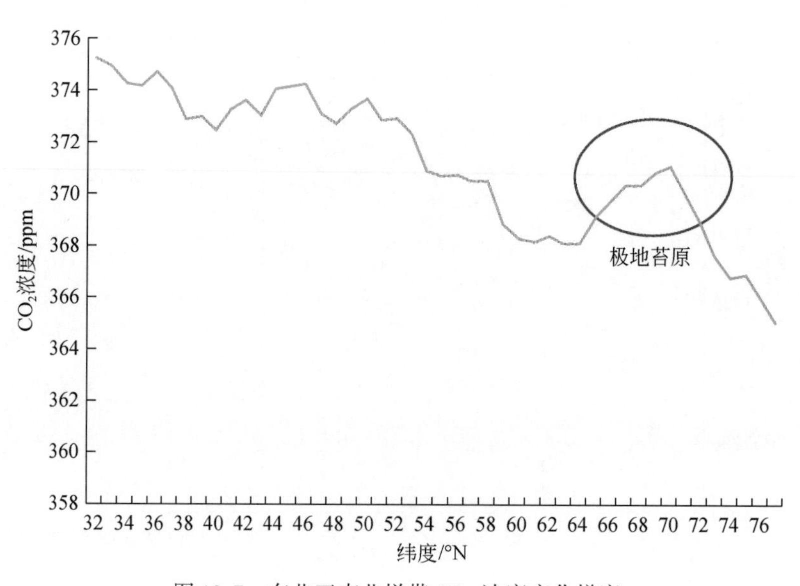

图 10-7　东北亚南北样带 CO_2 浓度变化梯度

对 CO 而言，其浓度在东北亚南北样带中也呈现出一定程度的梯度变化（图 10-8、图 10-9）。总体而言，CO 浓度在中国北方地区较高，在 36°N 左右达到最高值，后呈现下降趋势，在 42°N 左右达到平稳值，随后直到进入 60°N 左右的泰加林区，CO 浓度又表现出较小的上浮，之后又恢复原稳定值。

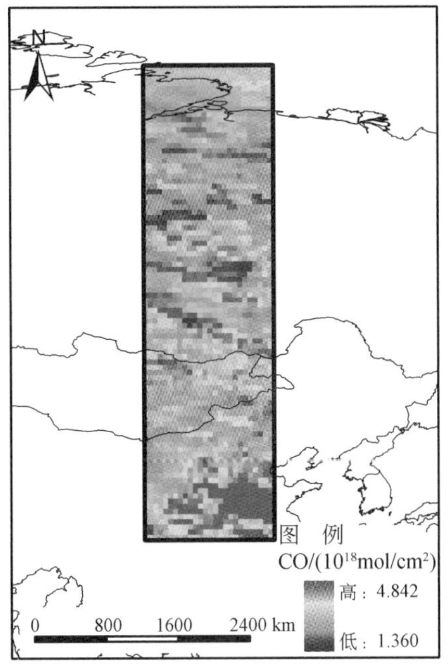

图 10-8　2005 年东北亚南北样带 CO 年均值空间分布

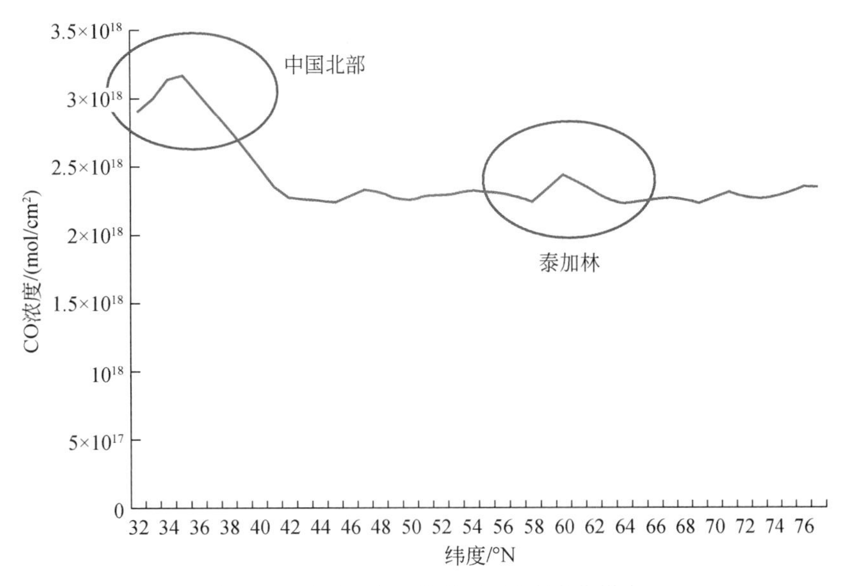

图 10-9　东北亚南北样带 CO 浓度变化梯度

NO_2 属于污染气体，其分布与浓度受人为影响较为显著。在东北亚南北样带中，NO_2 在人类活动显著的区域具有较高的浓度（图 10-10）。在样带中国北方地区，特别是34°N～40°N，NO_2 浓度极高，表明该地区人为排放 NO_2 强度极高。在42°N以后 NO_2 基本保持稳定低值（图10-11）。

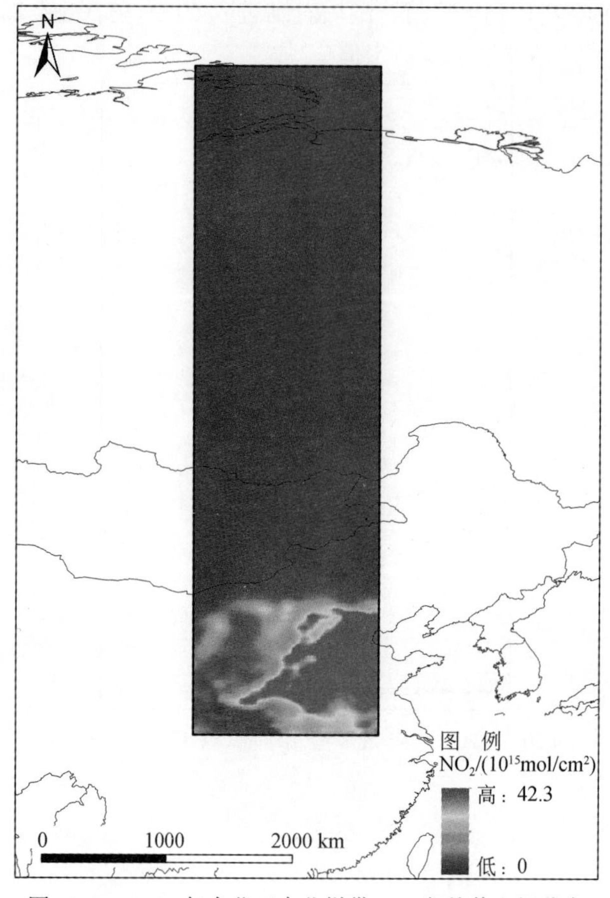

图10-10　2005年东北亚南北样带 NO_2 年均值空间分布

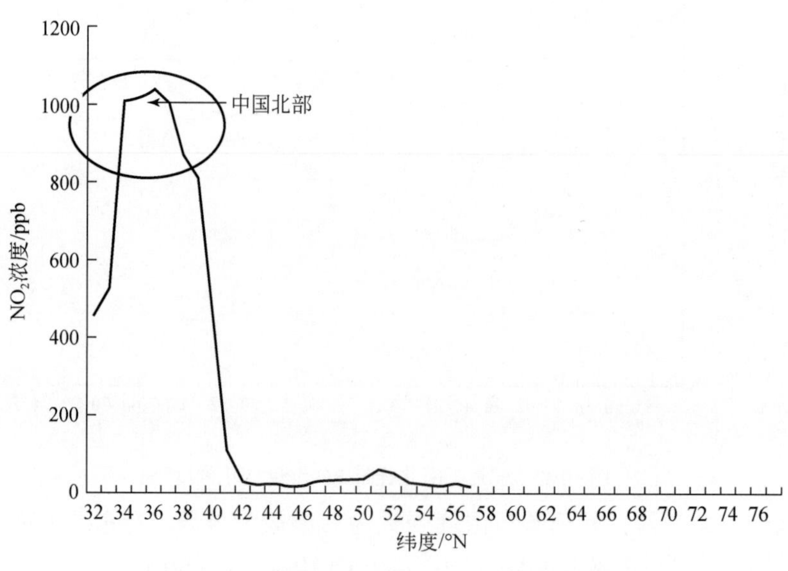

图10-11　东北亚南北样带 NO_2 浓度变化梯度

SO_2 与 NO_2 同属于污染气体，同样受人为活动影响显著，SO_2 在东北亚南北样带中浓度梯度与 NO_2 基本一致（图 10-12、图 10-13），同样表现为在中国北方地区呈现显著高值区，在 35°N 左右 SO_2 浓度达到最高，随后逐渐降低，在 42°N 之后达到稳定低值。

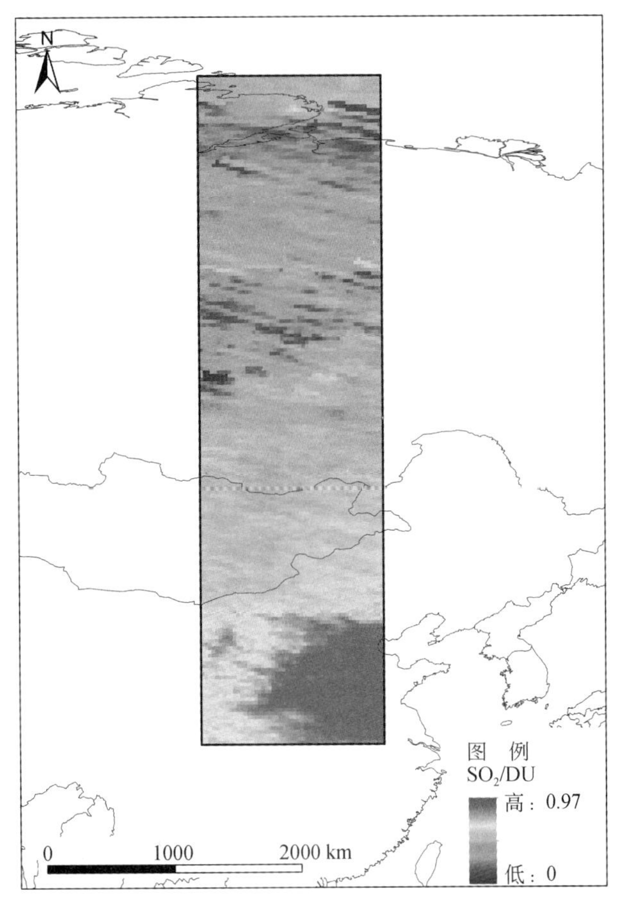

图 10-12　2005 年东北亚南北样带 SO_2 浓度年均值空间分布

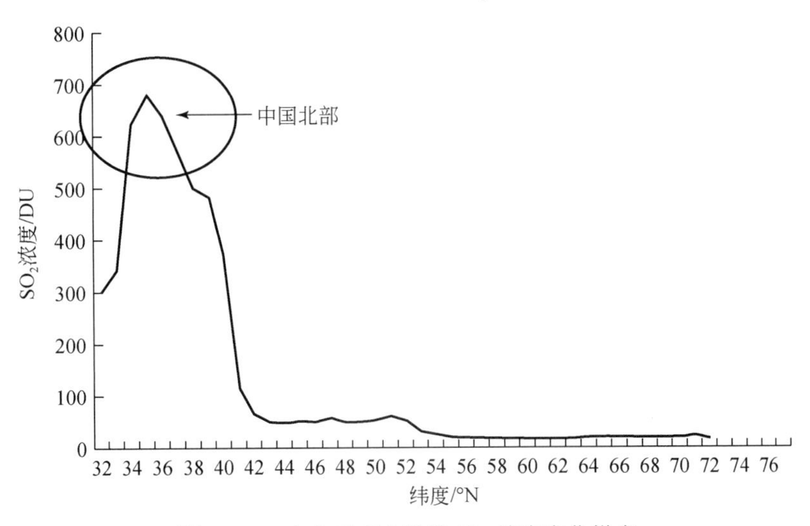

图 10-13　东北亚南北样带 SO_2 浓度变化梯度

气溶胶光学厚度（AOD）可反映出大气气溶胶的浓度，在东北亚南北样带中，AOD随纬度升高表现出显著梯度变化（图 10-14、图 10-15）。其中，中国北方地区是样带

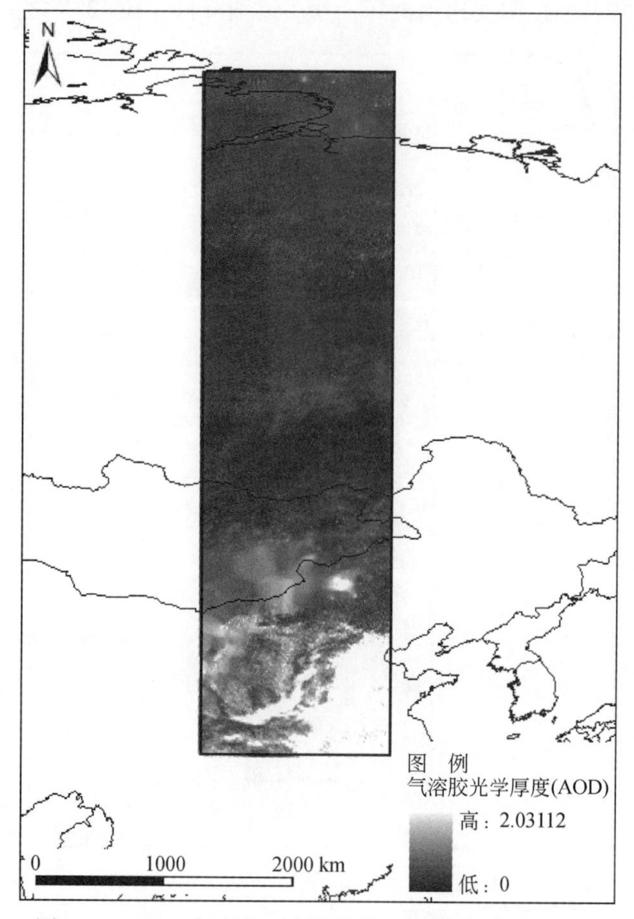

图 10-14　2005 年东北亚南北样带 AOD 年均值空间分布

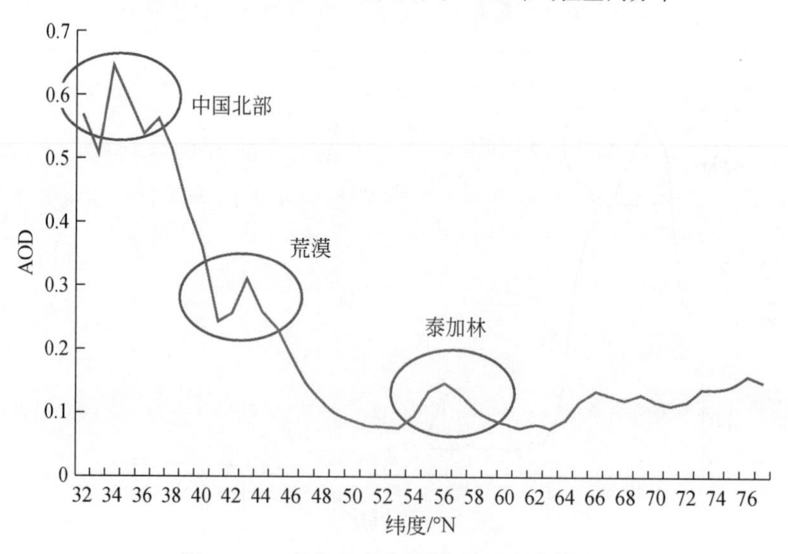

图 10-15　东北亚南北样带 AOD 变化梯度

AOD 高值区，特别是在 34°N 左右地区，AOD 达到最高值，这与中国北方人类活动强度高直接相关；随纬度升高，AOD 呈现下降趋势，但在 43°N 左右出现较低的二次峰值，这可能与该地区荒漠化沙尘较为严重有关，形成较强的沙尘型气溶胶；AOD 继续下降，在 53°N 左右达到最小值，进入泰加林地区后，AOD 有所上升，并在 56°N 处再次达到小峰值，随后又出现多次波动。总体而言，气溶胶含量受人类活动影响更为显著，这和纬度地区、土地覆被类型存在一定关系。

10.4　东北亚南北样带大气环境的变化分析

10.4.1　气溶胶时空动态分析

大气中含有悬浮的各种固体和液体粒子，如尘埃、烟粒、微生物、花粉以及云雾滴、冰晶和雨雪等粒子，把这种悬浮在气体中的固体或液体微粒与气体载体组成的多相体系称为气溶胶。大气气溶胶是地球—大气—海洋系统的重要组成部分（IPCC，2001）

气溶胶颗粒物，尤其是对流层气溶胶颗粒物是影响大气环境质量的重要污染物，广泛影响着我们的气候和环境，给公众健康带来负面影响。空气动力学粒径在 10μm 以下的气溶胶颗粒物（particulate matter，PM）——PM10 能够到达人体呼吸系统的支气管区；粒径在 2.5μm 以下的 PM2.5 可以到达人类呼吸系统，甚至肺泡组织，极大地危害到人体健康。一系列研究表明，呼吸系统疾病的增多以及正在逐年增加的死亡率与大气中 PM2.5 质量浓度的上升存在着紧密的联系。同时，由于气溶胶颗粒物对可见光的消光作用，导致了地面能见度的下降，直接对城市交通、居民生活造成了严重的影响。

此外，对流层气溶胶是地球—大气系统的重要组成部分，能够通过辐射强迫对气候产生影响（Schwartz et al.，1995）。第一，气溶胶粒子通过对太阳辐射的反射和吸收，对气候系统产生直接辐射强迫作用；第二，气溶胶粒子可以作为凝结核，通过改变云的微物理特性，使云的辐射特性发生变化，引起间接辐射强迫作用。另外，气溶胶粒子对各种化学反应有间接影响，能通过改变气候要素（如臭氧等）的含量而改变气候。

大气气溶胶质粒主要来自地球表面，来源主要是自然源和人为源，也可以通过化学和光化学反应转化而来。依据排放源和排放机理的不同，可以将其分为 6 种类型：城市工业气溶胶、生物质燃烧气溶胶、沙尘气溶胶、海盐气溶胶、植物生长过程产生的有机气溶胶以及火山排放的火山气溶胶，不同类型的气溶胶具有不同的光学特性和辐射特性。利用 V5.2 算法对东北亚南北样带及周边地区的气溶胶光学厚度进行反演，得到光学厚度的空间分布特性，结合 AERONET 站点数据分析气溶胶的时空分布特征及其来源。

10.4.1.1　基于 MODIS 的大气气溶胶反演

（1）大气气溶胶反演算法

当前，气溶胶的辐射强迫效应是气候变化的一个重要研究领域，准确获取气溶胶光学特性的全球分布是研究其全球辐射强迫的前提。由于气溶胶的生命周期较短，浓度的空间变化很大，地基观测站虽然在测量气溶胶物理和光学特性上十分重要，但却难以评估全球的气溶胶收支状况，因为诸如太阳光度计等地基观测仪器的分布极为不均，并且只能反映整层大气柱的气溶胶的总量和单点的气溶胶信息，对分析海洋上空的气溶胶特性、研究气溶胶的空间分布和输送特征有很大的困难，因此要求发展和寻找更多新的探测气溶胶的手段。卫星遥感资料反演气溶胶弥补了一般地面观测难以反映气溶胶空间分布和变化趋势的不足，利用卫星资料遥感大陆和海洋上的气溶胶已被认为是获得全球气溶胶收支、确定人为发射气溶胶的贡献、评估气溶胶对气候的辐射强迫的主要方法，为探测大气气溶胶提供了新的手段（Twomey，1977）。

卫星遥感气溶胶的研究始于20 世纪70 年代，Griggs（1975）进行了辐射传输的模拟研究指出，对于平面平行大气模型来说，大气顶的可见光和红外波段的向上辐射与气溶胶的光学厚度之间单调相关。这为气溶胶光学厚度卫星遥感提供了理论基础，并由此开始了气溶胶卫星遥感研究。在清洁大气条件下，密集植被地区甚至较暗土壤地区的表观反射率在红光、蓝光和短波红外的2.1μm 处有很好的线性相关性，而且短波红外的观测基本不受气溶胶的影响，根据这一发现，Kaufman 等（1997）开发出了适用于植被覆盖度高的暗背景地区的气溶胶光学厚度的反演方法，被称为暗像元法（Dense Dark Vegetation，DDV）。该方法是目前应用最为广泛的陆地上空气溶胶光学厚度的反演算法。

V5.2 算法是Levy 等（2007）和Remer 等（2005）在Kaufman 等的暗像元法的基础上发展起来的。V5.2 气溶胶反演算法同时考虑了植被指数和散射角这两个参数，可以对卫星可见光通道（MODIS 红光、蓝光波段）和短波红外通道（MODIS 2.1μm）的反射率之比对地面反射率设置不同的参数，使可见光和近红外通道的反射率成为植被指数和散射角这两个参数的相关函数。在获得红、蓝通道的地表反射率之后，对大气气溶胶的反演模型进行设定，利用卫星观测的表观反射率及其参数根据公式反演得到AOT 值。

当采用标量方法进行陆地气溶胶光学厚度的反演时，在地表为朗伯体、大气水平均一的假设条件下，利用卫星观测得到的大气层顶部反射率ρ_{TOA}的表达式为

$$\rho_{TOA}(\mu_S,\ \mu_V,\ \varphi)=\rho_0(\mu_S,\ \mu_V,\ \varphi)+\frac{T(\mu_S)T(\mu_V)\rho_S(\mu_S,\ \mu_V,\ \varphi)}{[1-\rho_S(\mu_S,\ \mu_V,\ \varphi)S]} \tag{10-13}$$

式中，$\mu_s=\cos\theta_s$；$\mu_v=\cos\theta_v$，θ_s 和 θ_v 分别为太阳天顶角和观测天顶角；ρ_0 为观测方向的大气路径辐射项等效反射率；ρ_s 为地表二向反射率；S 为大气下界的半球反射率；T 为大气透过率；φ 为相对方位角。要从 ρ_0 中提取出气溶胶的参数，需要解决两个问题：地表反射噪声的去除直接依赖于 ρ_s 的估算精度；气溶胶模式问题。

对于地表反射噪声的去除，MODIS 数据采取暗像元法来消除地表的贡献。其原理为：①对于植被密集的地表地区（即暗像元），其反射率较低，在近红外波段的反射率与红、蓝波段反射率线性相关性较好；②短波红外波段气溶胶的影响相对于可见光的影响，可以忽略不计。因此，可以通过短波红外波段的表观反射率计算红、蓝光波段的地表反射率，然后从红光和蓝光波段的表观反射率中去除地表反射率的贡献，获得大气参数 S、ρ_0 和 $T(\mu_s)\cdot T(\mu_v)$，进而得到气溶胶的光学厚度。

对暗像元以及暗像元红、蓝波段与短波红外波段地表反射率关系的确定是MODIS 数据反演气溶胶光学厚度的重要环节。当波长2.1μm 处的像元表观反射率满足大于0.01 小于0.4 的条件时，该像元被认为是暗像元。Remer 等（2005）的研究表明，浓密植被在2.1μm 处的反射率与0.47μm、0.66μm 处反射率之间的关系不仅与散射角有关，

而且与植被的浓密程度有关。

理论上可以利用卫星观测的可见光和近红外通道的反射率比值（VIS/SWIR）对表面反射率进行参数化，使其成为植被指数和散射角的函数。新的方法对植被指数加以考虑，认为可见光与中红外通道的表观反射率比值的变化与植被状况有一定关系，我们熟悉的归一化植被指数（NDVI），是以红通道（0.66μm，MODIS第1通道）和近红外通道（0.86μm，MODIS第2通道）来定义的，但是这两个通道对气溶胶影响很大，因此重新定义了一个植被指数 $NDVI_{SWIR}$：

$$NDVI_{SWIR} = (\rho^{m}_{1.24} - \rho^{m}_{2.12})/(\rho^{m}_{1.24} + \rho^{m}_{2.12}) \tag{10-14}$$

式中，$\rho_{1.24}$和$\rho_{2.12}$是MODIS接收到的第5（1.24μm）和第7（2.12μm）通道的辐射值，这两个通道受气溶胶影响比较小（高值和沙尘气溶胶除外）。相对于从前的方法，可见光与中红外通道辐射值的比值关系（VIS/SWIR）发生了很大变化，它与几何条件及地表类型有一定关系。所定义的新的比值关系是NDVISWIR和散射角 Θ 的函数：

$$\rho^{s}_{0.66} = f(\rho^{s}_{2.12}) = \rho^{s}_{2.12} \times slope_{0.66/2.12} + y_{int0.66/2.12} \tag{10-15}$$

$$\rho^{s}_{0.47} = g(\rho^{s}_{0.66}) = \rho^{s}_{0.66} \times slope_{0.47/0.66} + y_{int0.47/0.66} \tag{10-16}$$

式中，

$$\begin{cases} slope_{0.66/2.12} = slope^{NDVI_{SWIR}}_{0.66/2.12} + 0.002\Theta - 0.27 \\ y_{int0.66/2.12} = 0.00025\Theta + 0.033 \\ slope_{0.47/0.66} = 0.49 \\ y_{int0.47/0.66} = 0.005 \end{cases} \tag{10-17}$$

其中，$\Theta=\cos^{-1}(-\cos\theta_0\cos\theta+\sin\theta_0\cos\varphi)$，当 $NDVI_{SWIR}< 0.25$ 时，$slope^{NDVI_{SWIR}}_{0.66/2.12} = 0.48$；当 $NDVI_{SWIR}> 0.75$ 时，$slope^{NDVI_{SWIR}}_{0.66/2.12} = 0.58$；当 $0.25 \leqslant NDVI_{SWIR} \leqslant 0.75$ 时，$slope^{NDVI_{SWIR}}_{0.66/2.12} = 0.48 + 0.2(NDVI_{SWIR} - 0.25)$。

式中，θ_0、θ、和 φ 分别是太阳天顶角、卫星天顶角和相对方位角。

确定了可见光通道的地表反射率，合理假定气溶胶模型之后，就可以用实际的卫星表观反射率及其他参数得到气溶胶光学厚度。

（2）气溶胶反演

基于以上原理，利用Matlab进行数据预处理，包括从MODIS的1km分辨率的表观反射率数据和几何定位数据读取所需数据，包括海陆像元分离、云像元识别、暗像元识别；最后，计算暗像元地表反射波段变化函数，并依据气溶胶查找表获得的最近光学厚度值进行插值和海拔校正，获得气溶胶监测结果。

反演气溶胶的基本方法就是首先针对不同的气溶胶类型，改变地表反照率、太阳和卫星方位及气溶胶光学厚度等参数计算卫星接收到的表观反照率，做出查算表。在确定了气溶胶模型之后，用实际的卫星接收到的表观反照率及其他参数查算相应的表，就得到气溶胶光学厚度。

具体建立查找表时，设定不同卫星观测几何参数，不同的大气气溶胶参数，考虑要观测数据所在的波段，并考虑海拔、地表类型等参数。其中，观测几何参数包括：9个太阳天顶角（0.0°，6.0°，12.0°，24.0°，35.2°，48.0°，54.0°，60.0°，66.0°）、12个卫星高度角（0.0°，6.0°，12.0°，18.0°，24.0°，30.0°，36.0°，42.0°，48.0°，

54.0°，60.0°，66.0°）、16 个相对方位角（0.0°，12.0°，24.0°，36.0°，48.0°，60.0°，72.0°，84.0°，96.0°，108.0°，120.0°，132.0°，144.0°，156.0°，168.0°，180.0°）。大气气溶胶模式参数假设为大陆型气溶胶，并设立 7 个大气气溶胶光学厚度值（在波长 0.55μm 处）：0.0，0.2，0.5，1.0，2.0，3.0，5.0。

（3）气溶胶光学厚度校正

将 2008 年 4 ~ 11 月反演的结果与气溶胶自动地面遥感网（AERONET，http：//aeronet.gsfc.nasa.gov）的伊尔库茨克站点数据对比，结果如图 10-16 所示。校正结果显示，均方根偏差小于 0.1，符合要求。一般站点给出的观测值比较大。偏差产生的原因包括：在气溶胶光学厚度比较小时，地表反射率的误差成为气溶胶光学厚度的主要误差。算法中利用固定的暗背景条件下可见与近红外波段的地表反射率关系，对地表反射率的估计可能偏小。在气溶胶光学厚度比较大的情况下，比较大的数值主要集中在 5 月，实际气溶胶可能沙尘成分较大。同时卫星反算法中利用近红外信道得到可见信道的地表反射率，也由于沙尘对近红外通道的影响，使得实际估计的地表反射率偏高，而气溶胶光学厚度偏小。

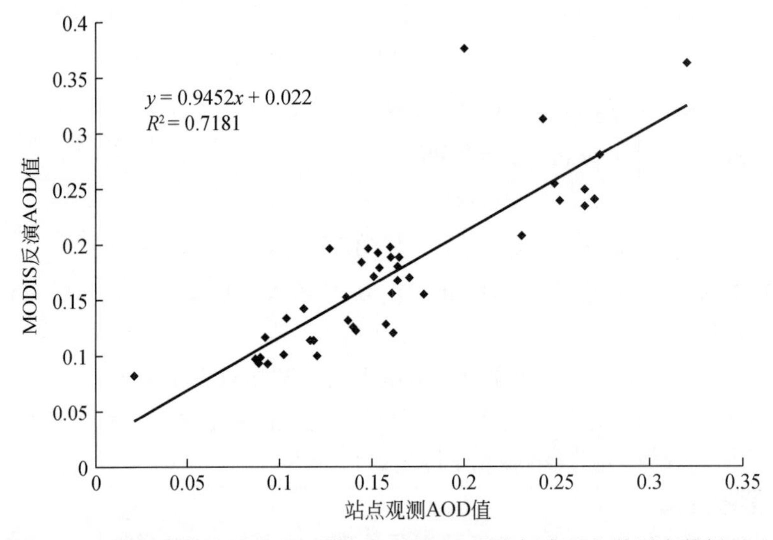

图 10-16 伊尔库茨克站点观测数据与 MODIS 反演气溶胶光学厚度数据对比

10.4.1.2 大气气溶胶光学厚度分布特征

利用 2003 年 1 月 ~2005 年 12 月 NASA 的 MODIS 气溶胶产品，统计了东北亚样带气溶胶光学厚度分布特征和季节变化。本文讨论的“季节”，按照 3 ~ 5 月为春季、6 ~ 8 月为夏季、9 ~ 11 月为秋季、12 月至次年 2 月为冬季来划分。在这个大范围来说对于不同的地区用统一的时间段划分季节不尽合理。为了获得同一时间不同地区的比较，暂时这样处理。分析的区域包括 32°N ~ 78°N，105°E ~ 118°E 的范围。

图 10-17 为 2003 年东北亚样带 AOD 空间分布，空白区域由遥感数据缺失导致。由于高纬度在冬季没有反演值，所以 1 ~ 4 月、11 ~ 12 月在高纬度没有数据。

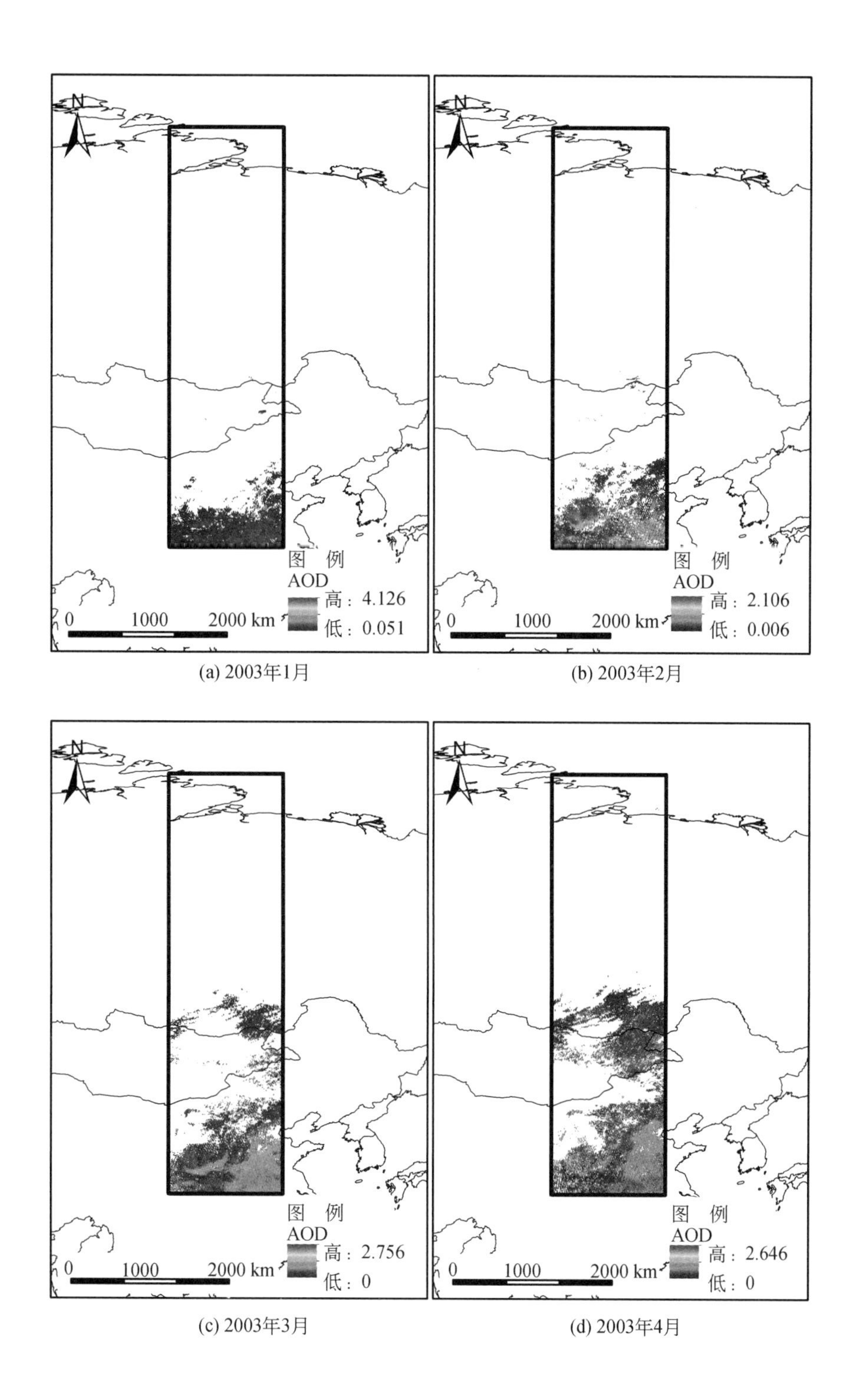

(a) 2003年1月　(b) 2003年2月

(c) 2003年3月　(d) 2003年4月

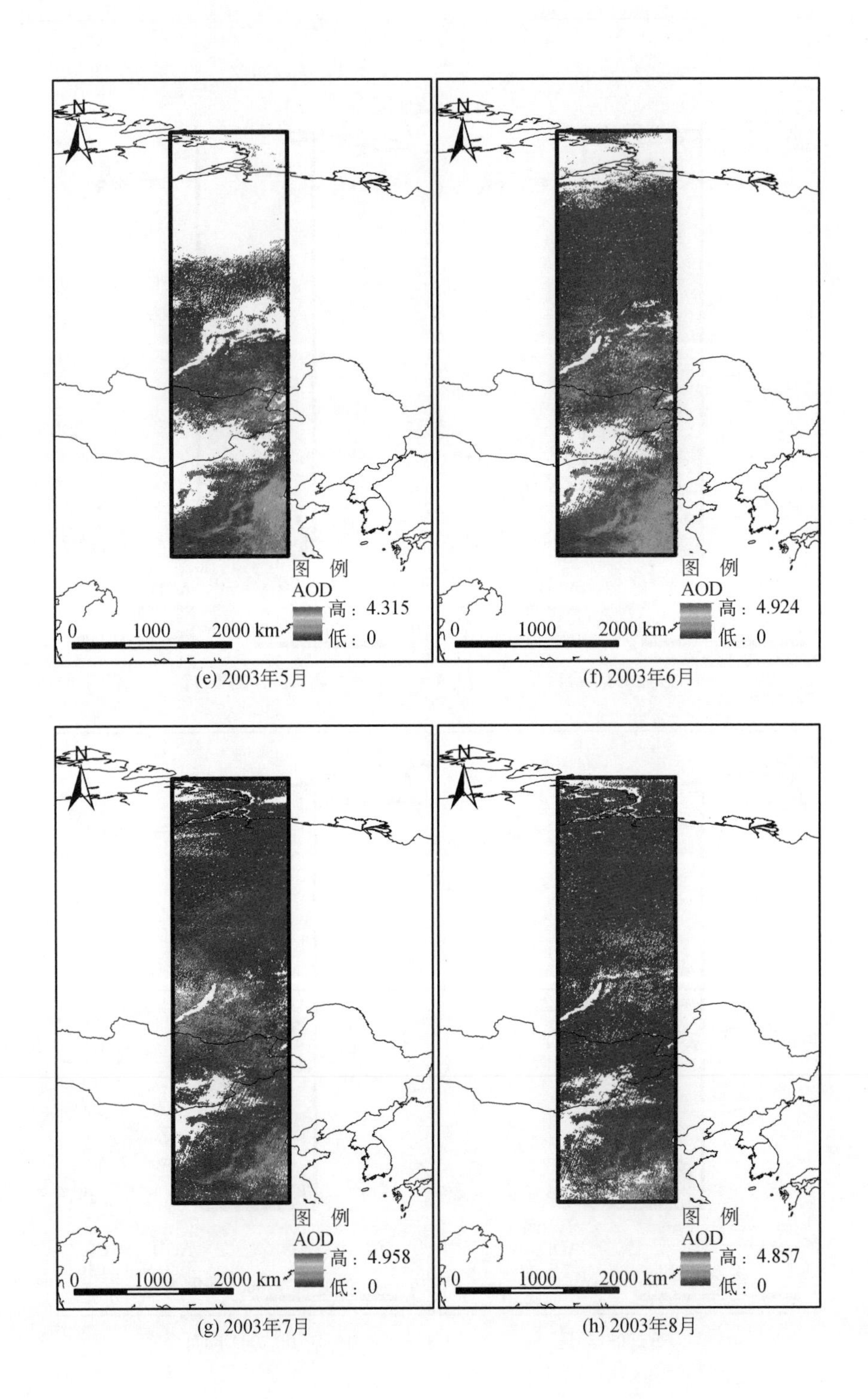

(e) 2003年5月　　(f) 2003年6月

(g) 2003年7月　　(h) 2003年8月

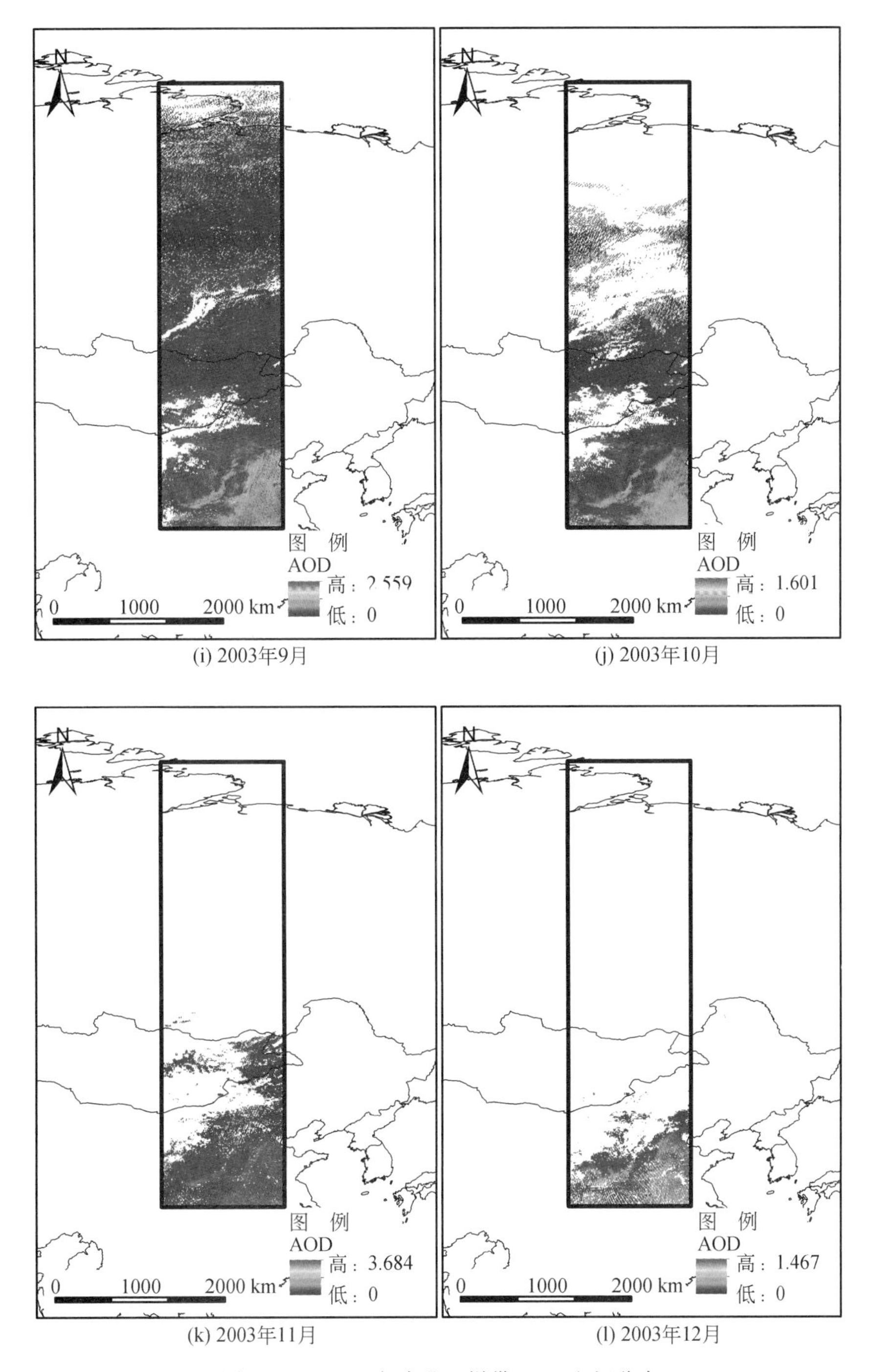

图 10-17　2003 年东北亚样带 AOD 空间分布

图 10-18 为 2004 年东北亚样带 AOD 空间分布。由于高纬度在冬季没有反演值，所以 1 ~4 月、11 ~12 月在高纬度没有数据。

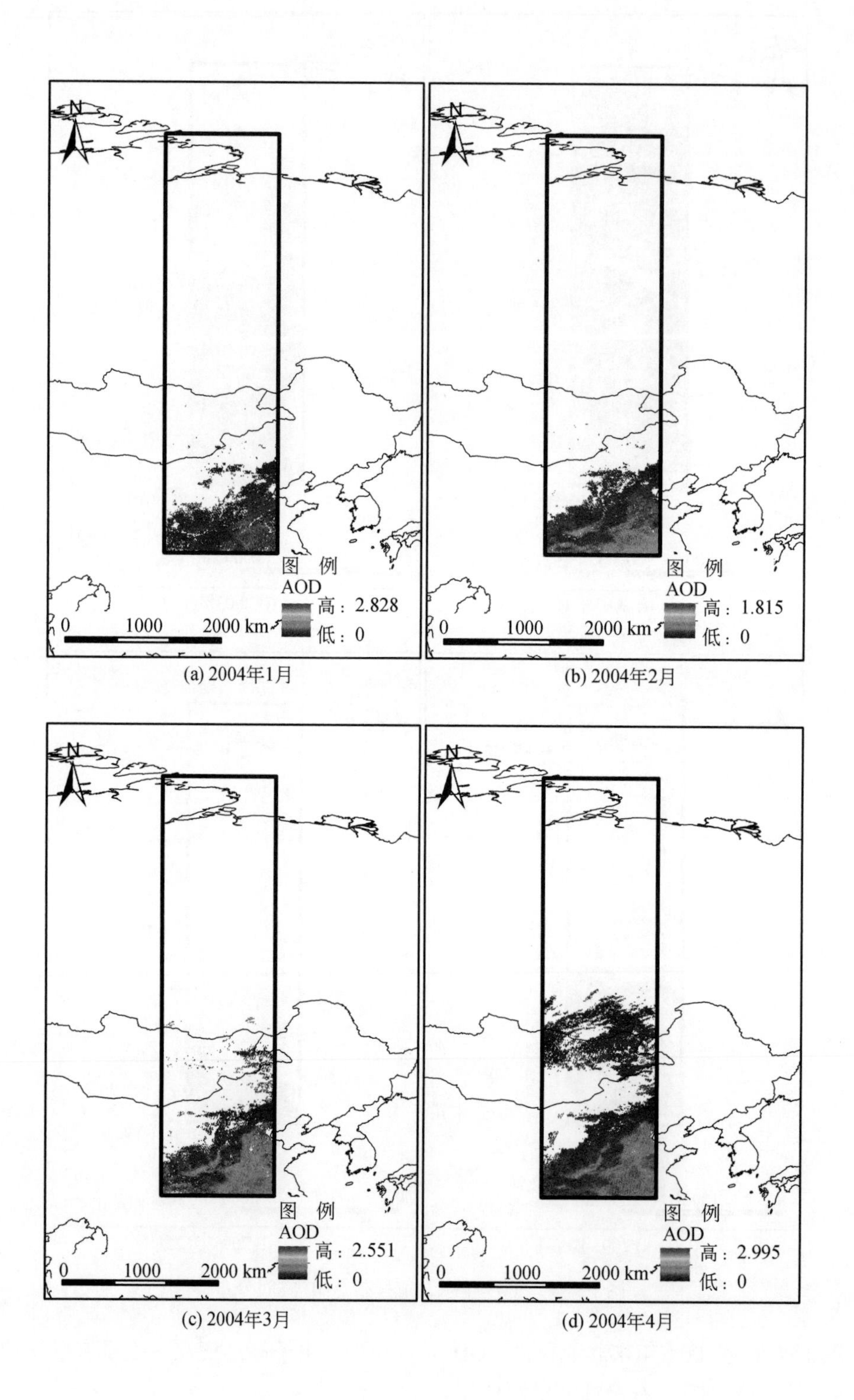

(a) 2004年1月

(b) 2004年2月

(c) 2004年3月

(d) 2004年4月

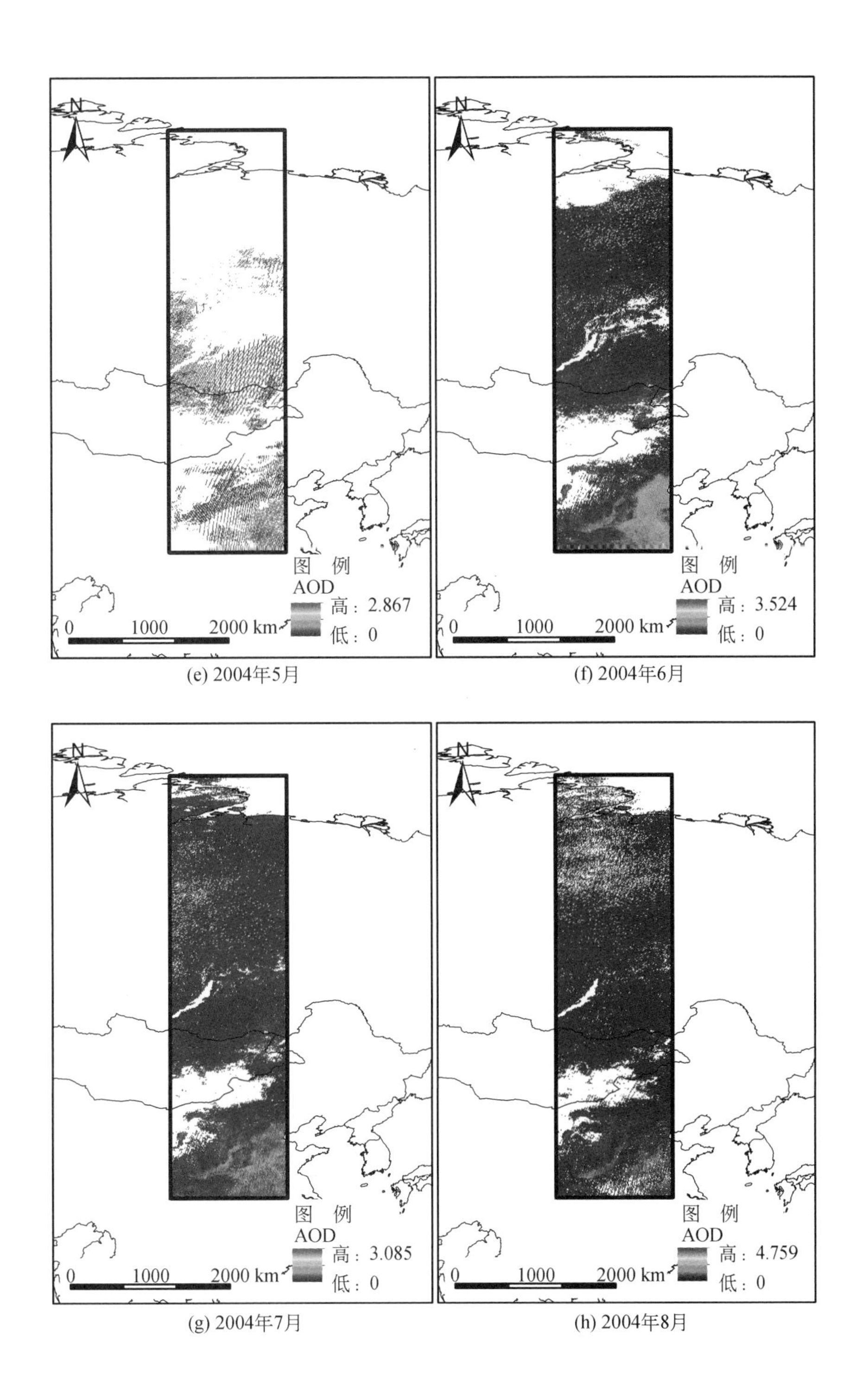

(e) 2004年5月　(f) 2004年6月

(g) 2004年7月　(h) 2004年8月

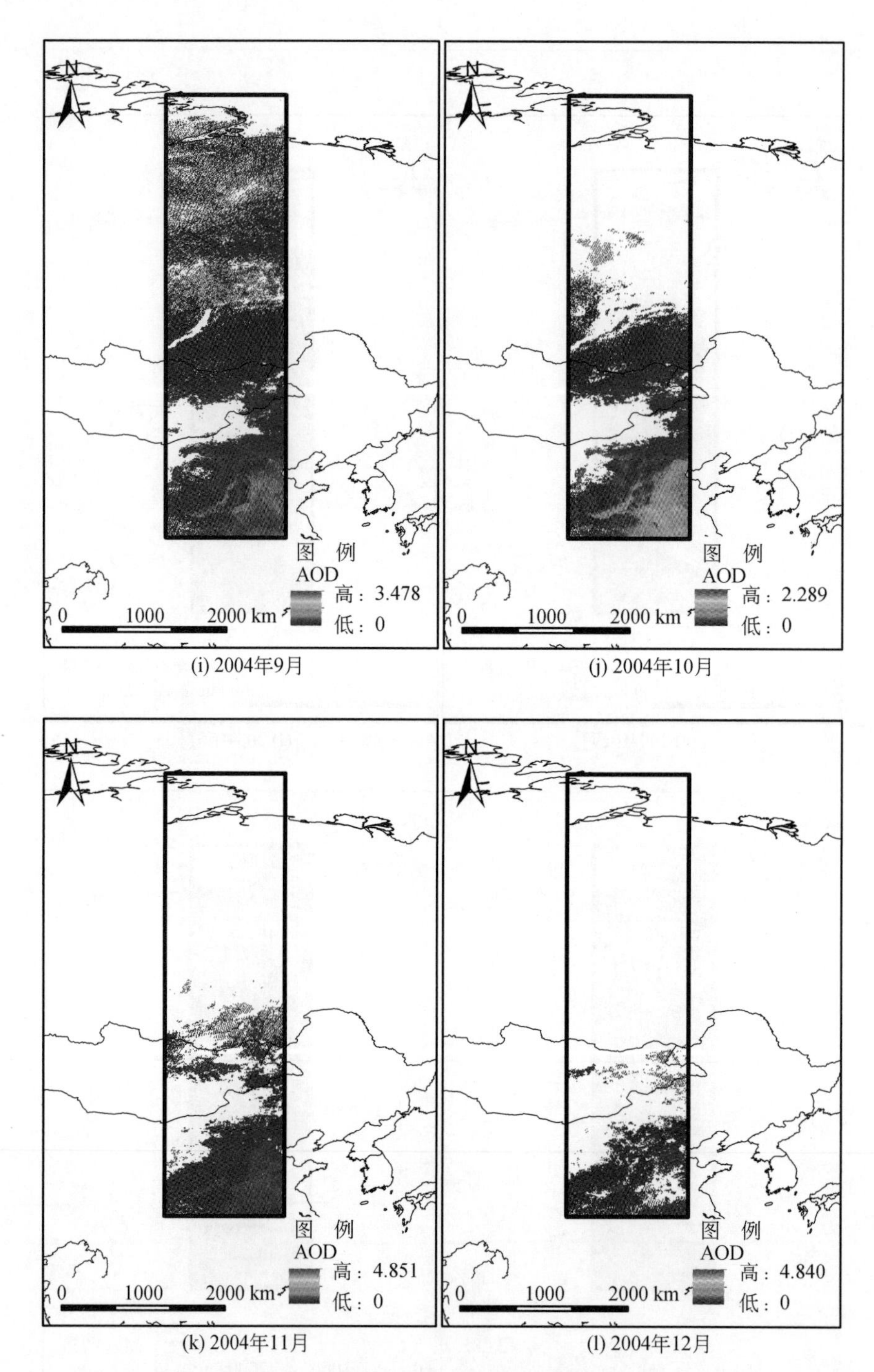

(i) 2004年9月 (j) 2004年10月

(k) 2004年11月 (l) 2004年12月

图 10-18 2004 年东北亚样带 AOD 空间分布

图 10-19 为 2005 年东北亚样带 AOD 空间分布。由于高纬度在冬季没有反演值，所以 1 ~4 月、11 ~12 月在高纬度没有数据。

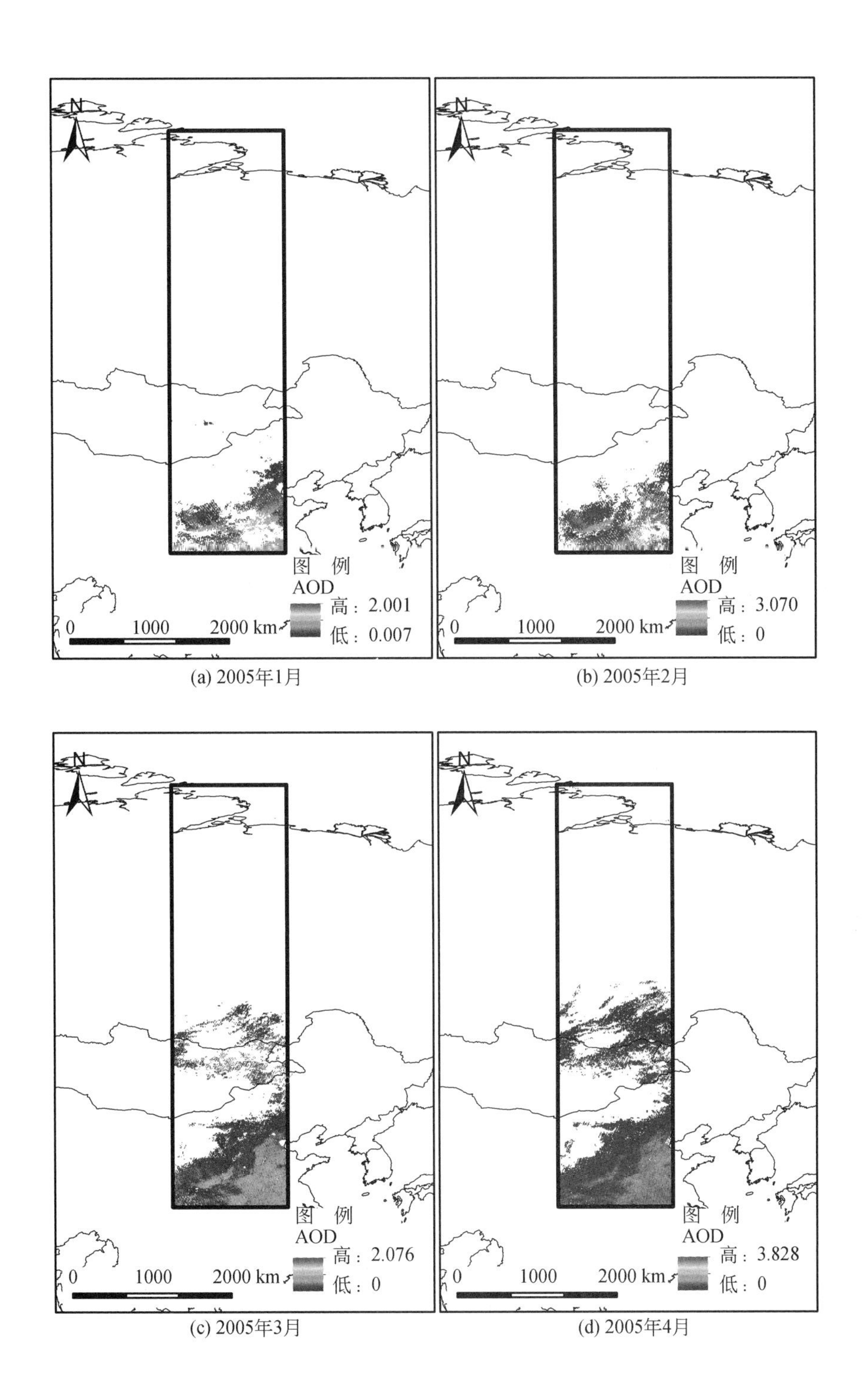

(a) 2005年1月　(b) 2005年2月

(c) 2005年3月　(d) 2005年4月

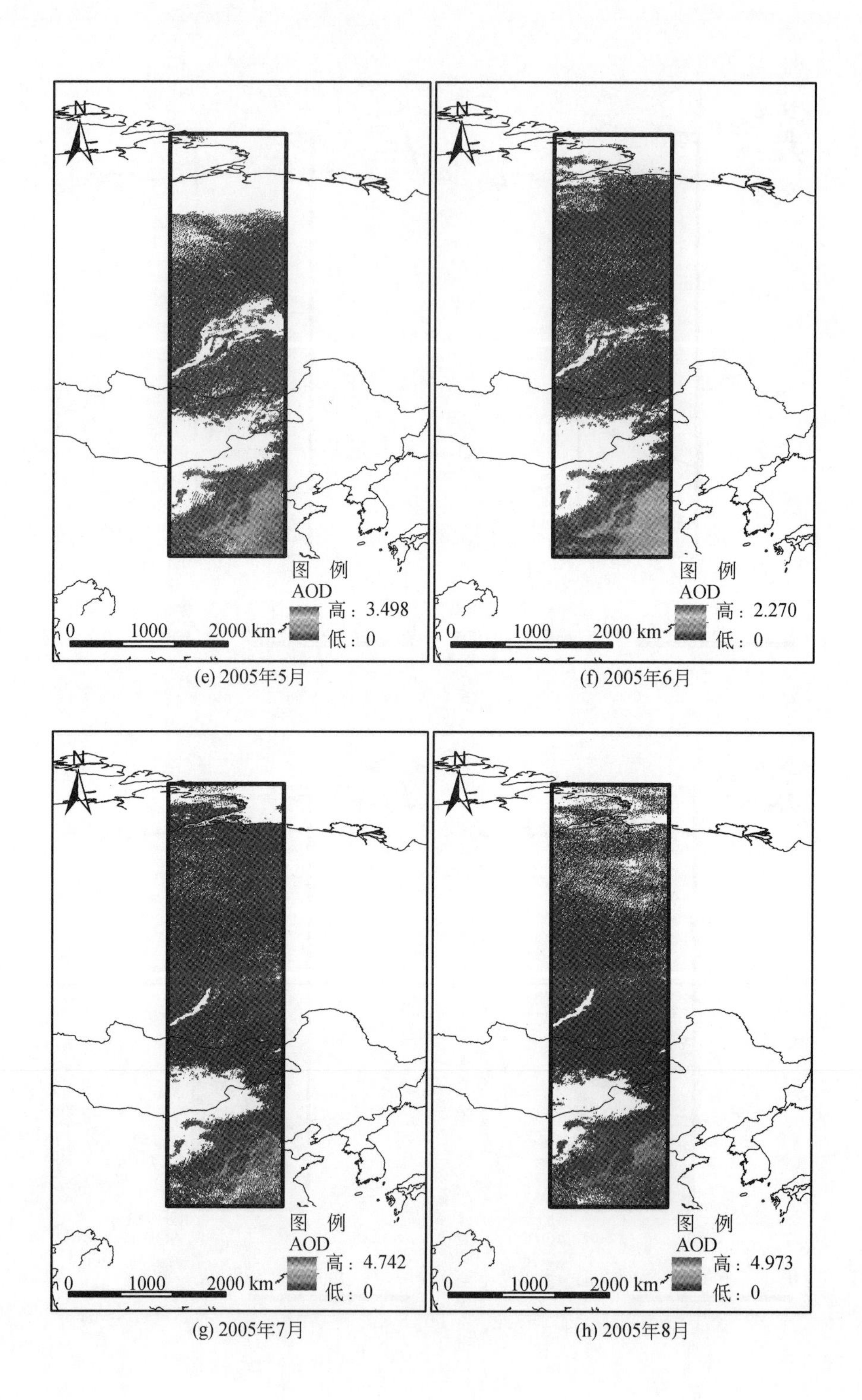

(e) 2005年5月

(f) 2005年6月

(g) 2005年7月

(h) 2005年8月

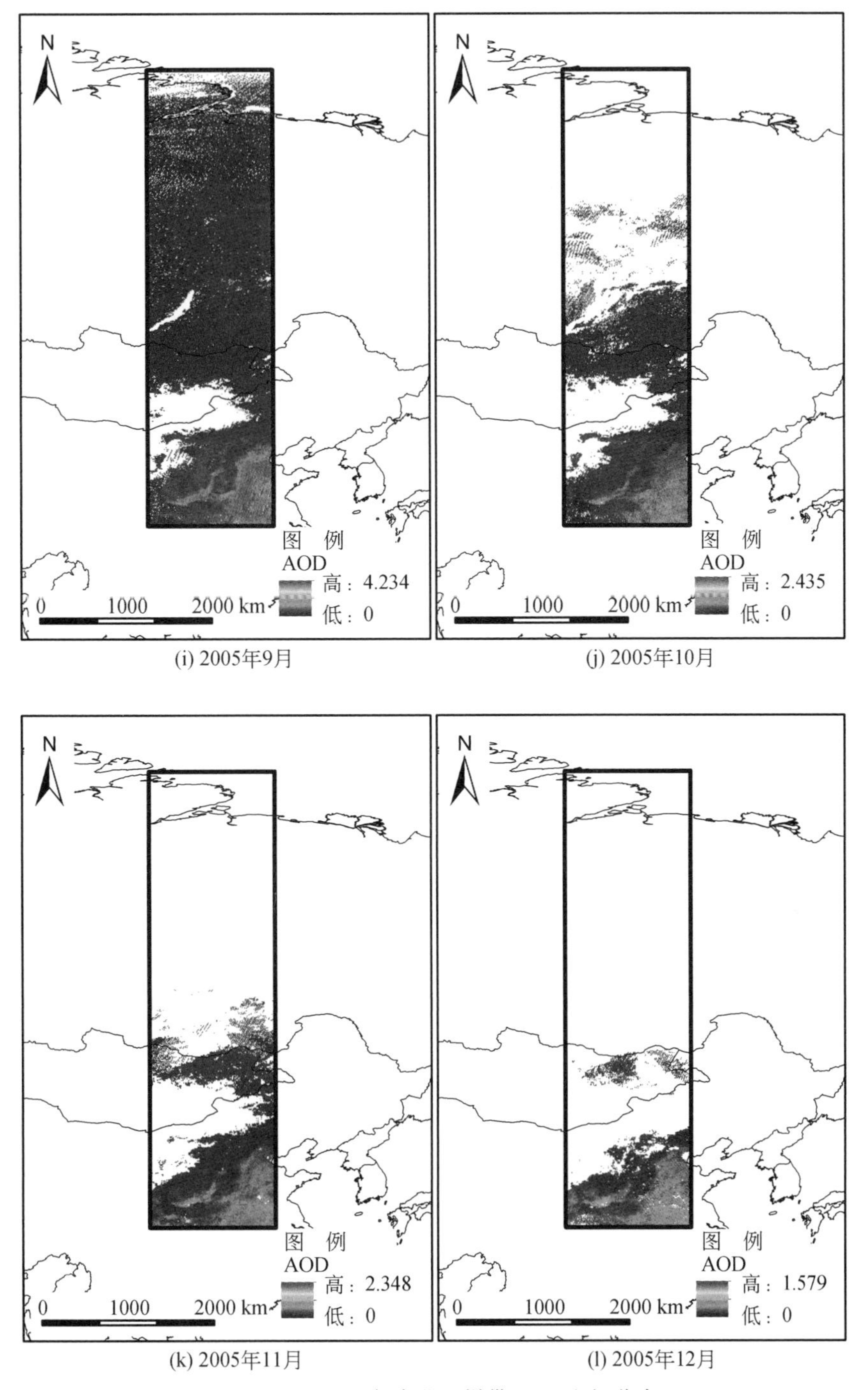

(i) 2005年9月　(j) 2005年10月

(k) 2005年11月　(l) 2005年12月

图 10-19　2005 年东北亚样带 AOD 空间分布

图 10-20 为 2003 ~ 2005 年多年 AOD 月均值空间分布。由于高纬度在冬季没有反演值，所以 1 ~ 4 月、11 ~ 12 月在高纬度没有数据。可以看出，气溶胶高值区分布在低纬度区域，集中分布在东部区域。

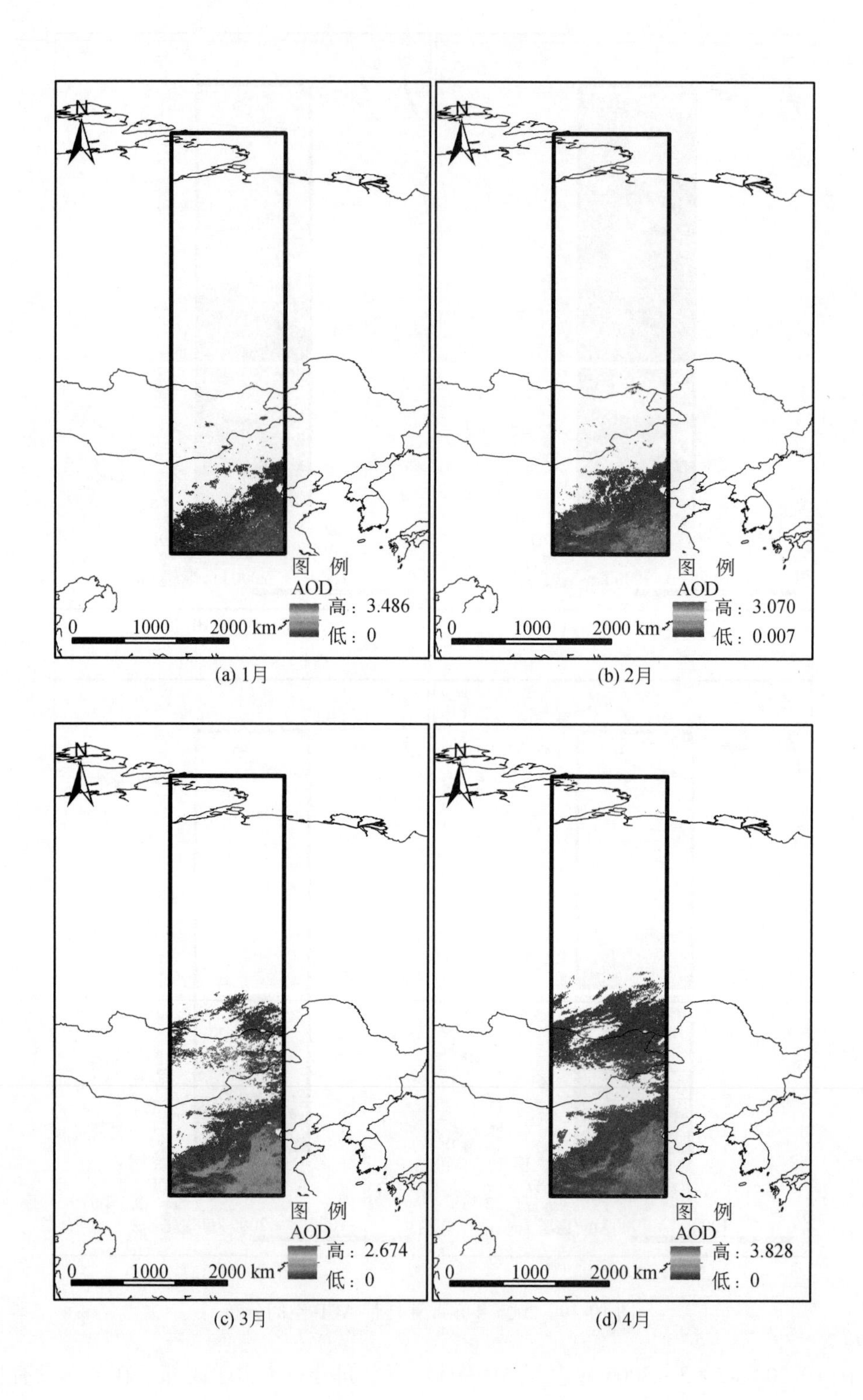

N
图 例
AOD
高：3.486
低：0
0 1000 2000 km
(a) 1月
N
图 例
AOD
高：3.070
低：0.007
0 1000 2000 km
(b) 2月
N
图 例
AOD
高：2.674
低：0
0 1000 2000 km
(c) 3月
N
图 例
AOD
高：3.828
低：0
0 1000 2000 km
(d) 4月

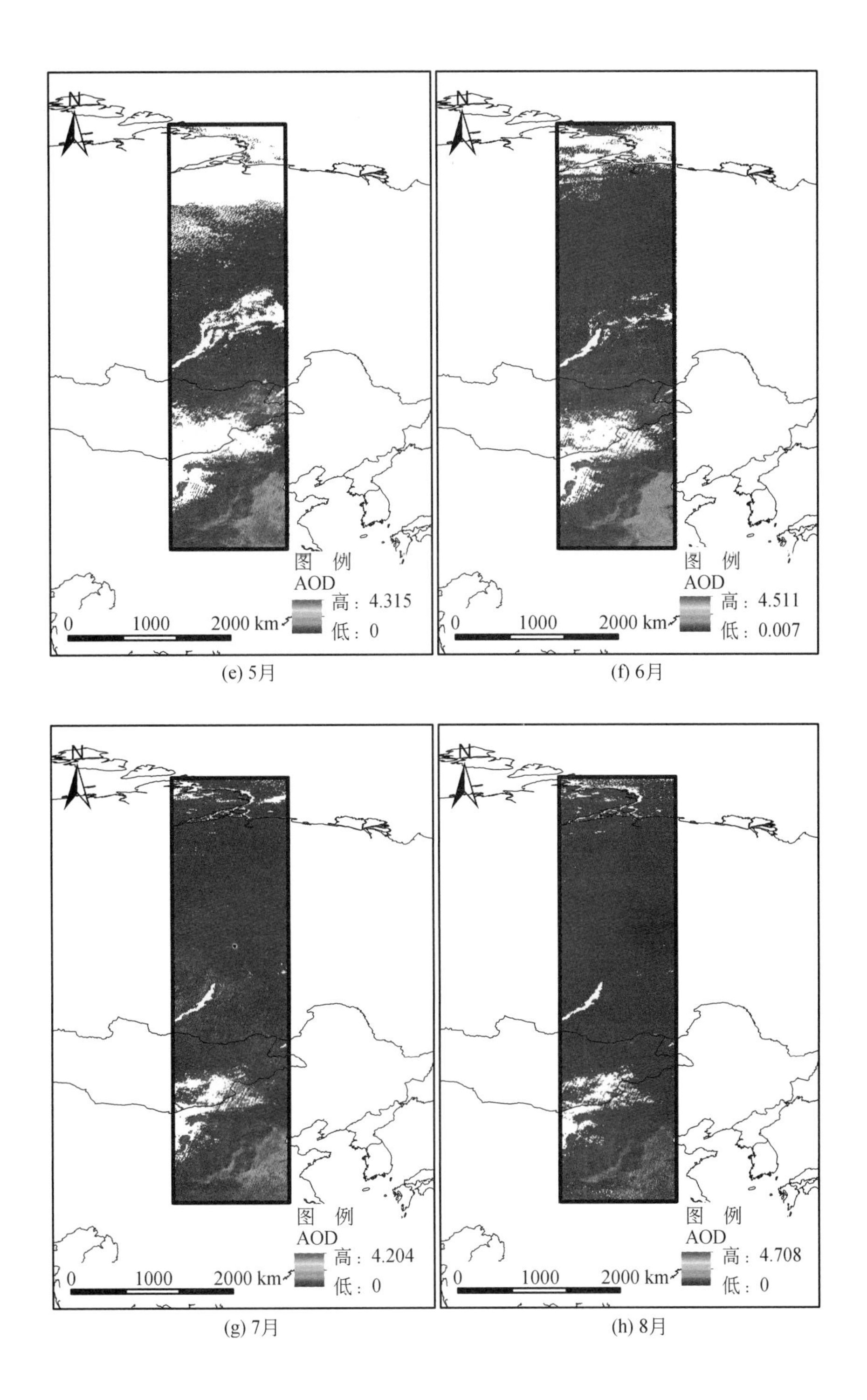

(e) 5月　　(f) 6月

(g) 7月　　(h) 8月

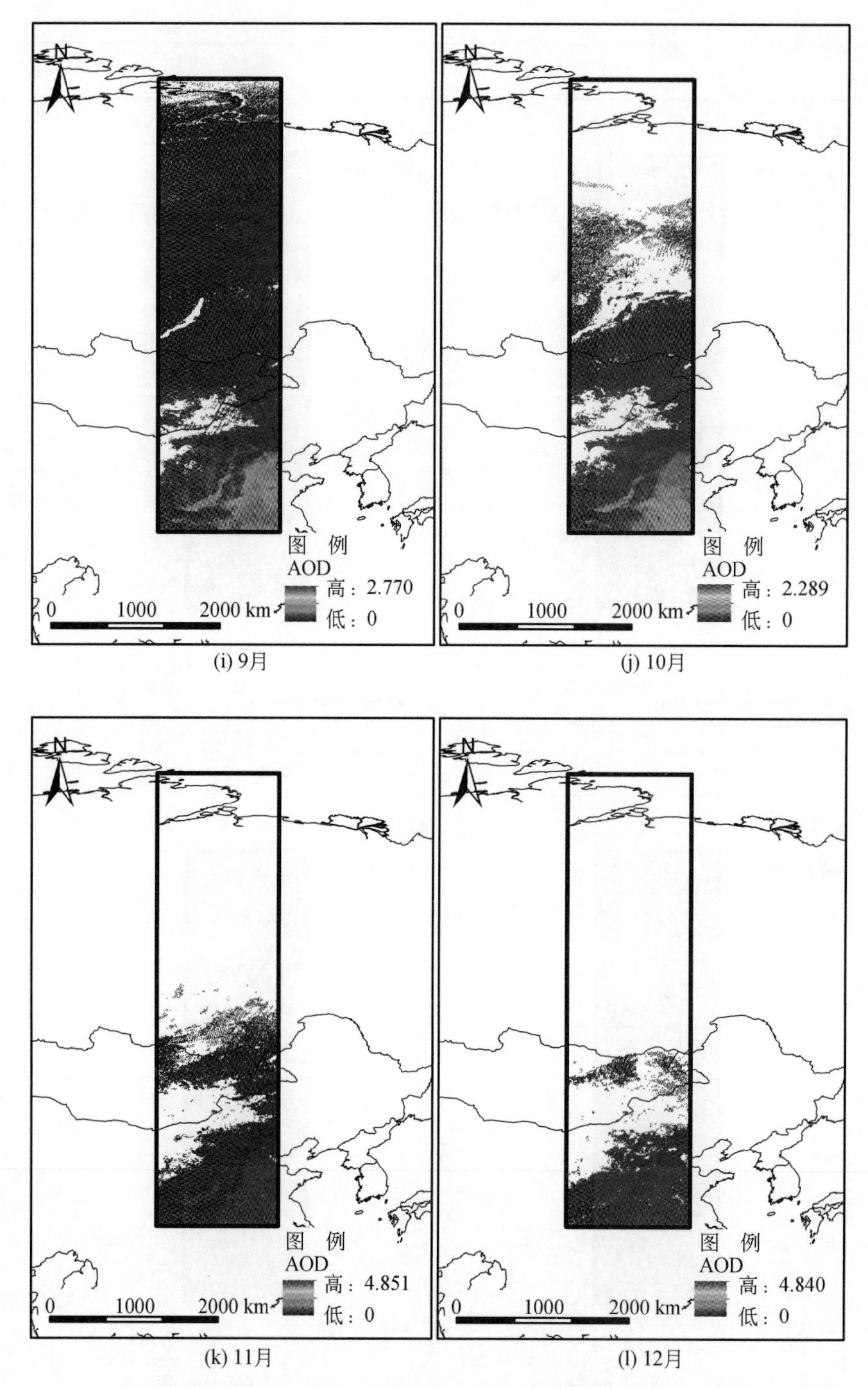

(i) 9月 (j) 10月

(k) 11月 (l) 12月

图 10-20 2003～2005 年多年 AOD 月均值空间分布

图 10-21 为 2003～2005 年多年 AOD 季节均值空间分布。可以看出冬季高纬度地区 AOD 值缺失，气溶胶高值区分布在低纬度区域，集中分布在东部区域。

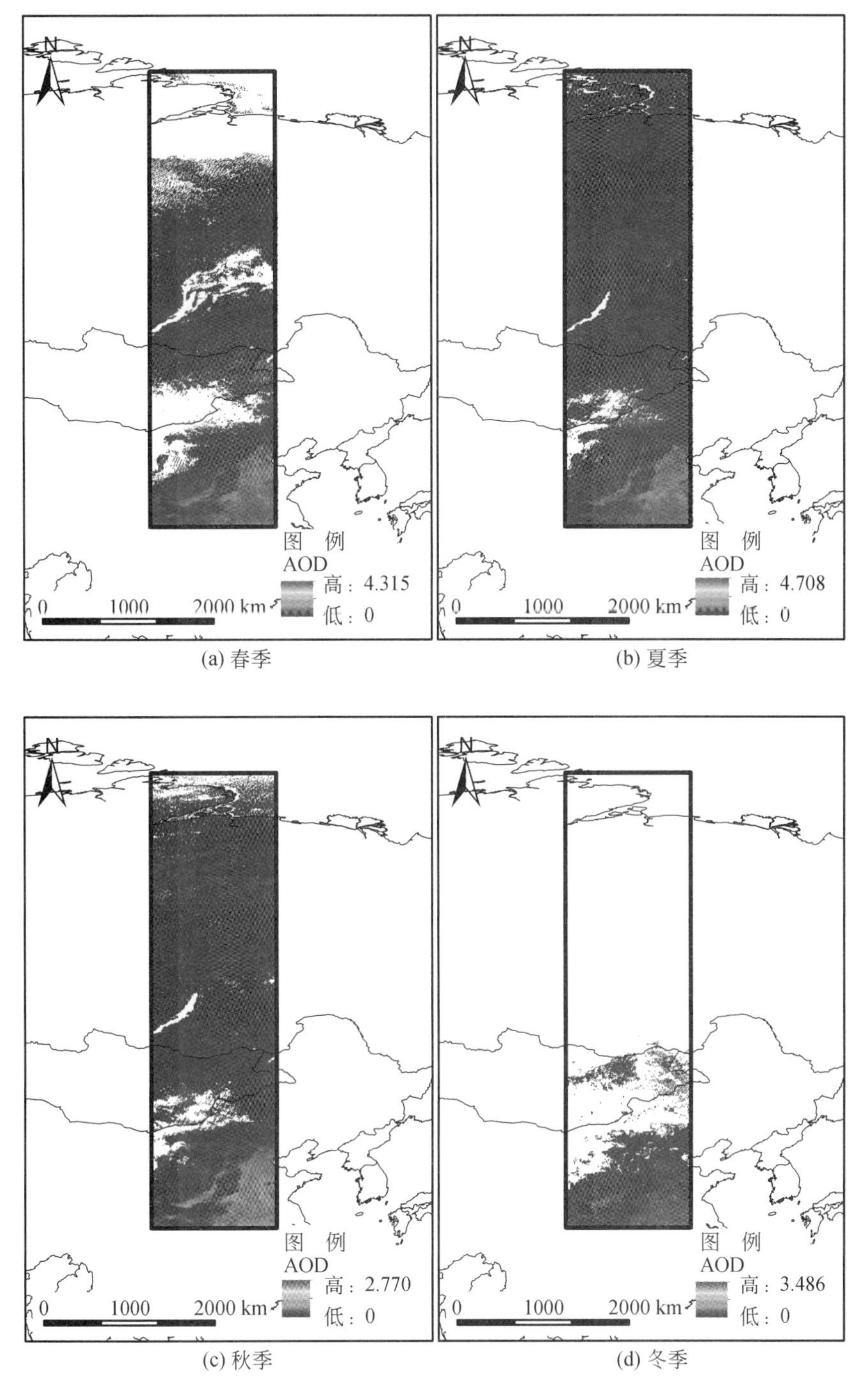

(a) 春季　(b) 夏季

(c) 秋季　(d) 冬季

图 10-21　2003 ~ 2005 年多年 AOD 季节均值空间分布

图 10-22 为 2003 ~ 2005 年 AOD 年均值空间分布。可以看出，冬季高纬度地区 AOD 值较低，而高值区主要分布在低纬度区域，集中分布在东部区域。

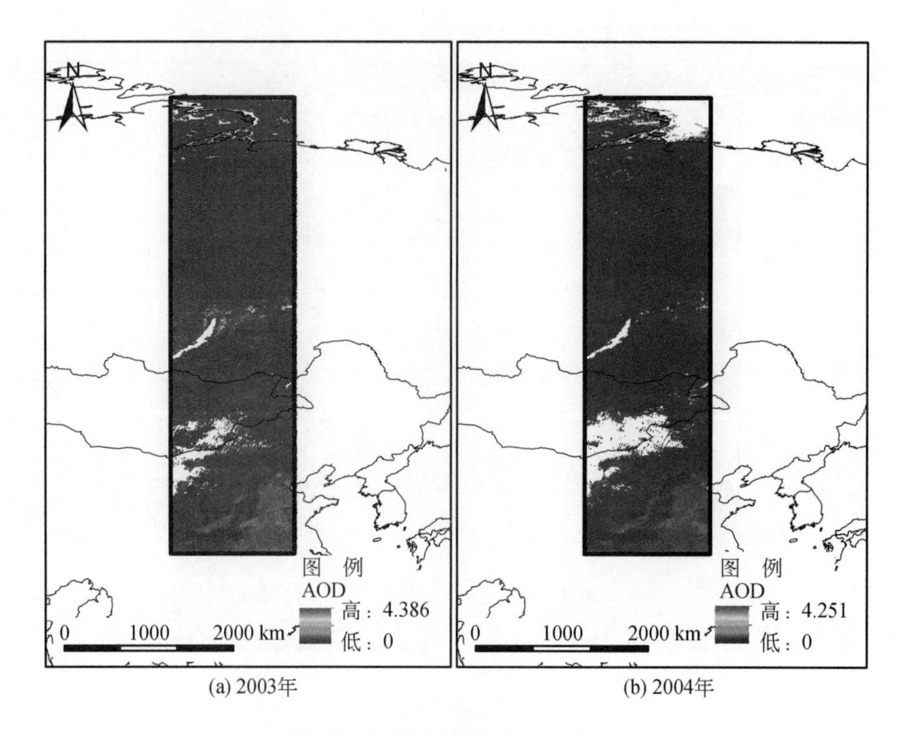

(a) 2003年 (b) 2004年

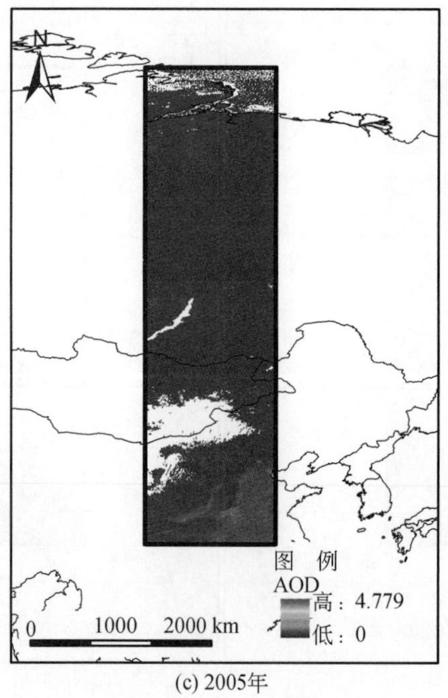

(c) 2005年

图 10-22 2003～2005 年 AOD 年均值空间分布

10.4.2 NO_2 时空动态分析

NO_2 是一种重要的大气痕量气体，主要分布于大气对流层和平流层，在平流层和对流层大气化学中有着重要的作用。在平流层，它参与臭氧的生消和活性卤素氧化物的转化。在对流层，它是一个非常重要的臭氧前体物并可导致局地辐射强迫。同时，它还具有强烈的腐蚀性，大量吸入会对人体健康造成影响，在某些区域对流层 NO_2 在酸雨的形成中扮演着重要的作用。平流层 NO_2 浓度虽高，但其含量相对稳定，对流层浓度虽低，却受人类活动影响变动较大。因此，对于对流层 NO_2 浓度变化研究是目前的一个热点研究方向。

对流层 NO_2 的主要来源有工农生产业能源燃烧排放、生物质燃烧、土壤排放以及闪电等。化石燃料在高温燃烧时，燃料中的氮和空气中的氧发生氧化反应而生成 NO_x，据估计全球每年通过化石燃料燃烧排放的 NO_x 总量为 14×10^6 ~ 28×10^6t（以纯氮计）。据大量研究估计全球每年燃烧生物质而排放的 NO_x 为 4×10^6 ~ 24×10^6t（以氮计）。另外，土壤微生物活动也是大气中 NO_x 的一个重要的排放源，经初步估算，全球土壤生物活动每年向大气中排放的 NO_x 约为 8×10^6t（以氮计）。另外在地球上还存在许多未知的有待于进一步证实和定量化的氮源，如还有海洋、大气平流层光解、NH_3 的氧化等对于对流层 NO_x 的增加都有一定的贡献。

在很长的一段时间里，人类对于大气中 NO_2 浓度时空分布特征的研究多借助于大气化学模式等，地基检测和空基检测面临着诸多时空方面的限制，但是这种状况在1995年4月全球臭氧监测仪（GOME）的成功发射后获得了极大的改观。GOME 能够提供全球范围内的对流层 NO_2 垂直柱浓度的反演结果，继 GOME 之后全球用于对流层 NO_2 垂直柱浓度观测的传感器不断涌现，如大气制图扫描成像式吸收光谱仪（SCIAMACHY）、臭氧监测仪（OMI）以及 GOME-2 等，利用这些传感器反演获得的全球及区域对流层 NO_2 垂直柱浓度产品已经广泛地应用于环境污染物排放及污染物分布方面的研究。

NO_2 在大气中的浓度及化学特性，是衡量人为大气污染的一个重要风向标。了解东北亚地区 NO_2 分布及其变化对大气环境研究和空气质量控制等方面都有指导意义。本研究利用 GOME 和 SCIAMACHY 对流层 NO_2 垂直柱浓度产品，结合东北亚地区自然分区数据，研究东北亚地区上空对流层十多年的 NO_2 变化趋势和时空分布特征。

10.4.2.1 方法与材料

（1）卫星数据的验证

本书利用全国污染监测网中上甸子站点地表 NO_2 质量浓度数据来验证南北样带地区对流层 NO_2 柱浓度的可靠性。除了飞机排放和闪电所造成的 NO_2 污染外，其他排放源都属于近地排放源。此外大气中的 NO_2 寿命很短，结合其排放源分布，对流层 NO_2 柱浓度的空间分布主要受地表排放的影响。因此我们比较了位于北京地区上甸子站点的地表 NO_2 质量浓度与对流层 NO_2 柱浓度，时间范围是2007年1月~2009年4月。

值得注意的是，地面观测数据为多时次多点的平均值，而卫星观测数据则是某一时刻的观测范围内大气边界层总量信息。虽然二者在观测尺度和时间上有一定差异，但大气边界层 NO_2 来源主要是近地面的源排放。因此，二者具有一定的可比性。

结果表明，在2007年1月1~2009年4月，上甸子站点地表 NO_2 质量浓度与对流层 NO_2 柱浓度具有很好的一致性，如图10-23所示。

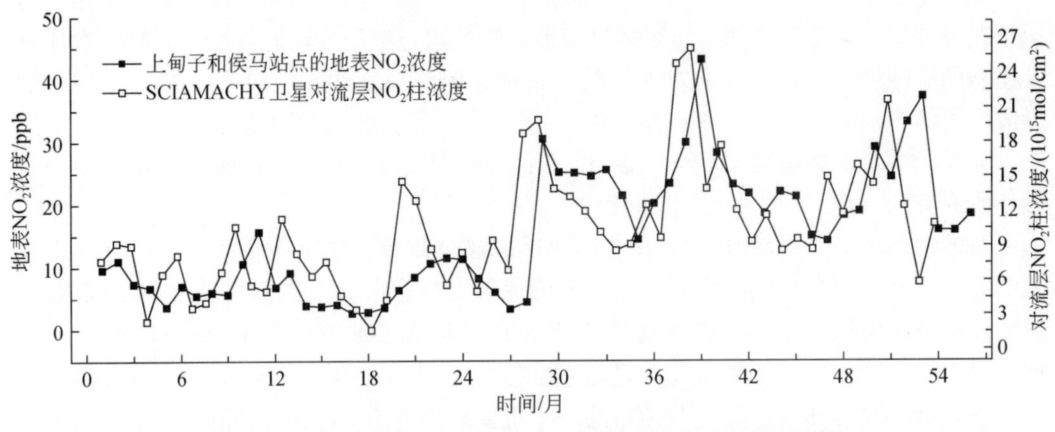

图 10-23　对流层 NO_2 柱浓度与近地 NO_2 质量浓度之间的比较

对流层 NO_2 柱浓度与地表 NO_2 浓度的相关性分析如图 10-24 所示。大气中的 NO_2 主要存在于排放源的附近以及近地面大气层中，其均值质量浓度反映了局地地面大气 NO_2 浓度，边界层 NO_2 柱浓度值同样反映了局地低层大气 NO_2 污染程度，二者之间的趋势存在较好的重叠。2007 年 1 月 ~2009 年 4 月的卫星观测与地面观测在趋势上有较好的一致性。可以看出，NO_2 柱浓度与其质量浓度呈线性正相关关系，相关系数达 0.79。据此可以利用该卫星遥感资料来分析特定区域大气 NO_2 污染的季节变化和年际变化。

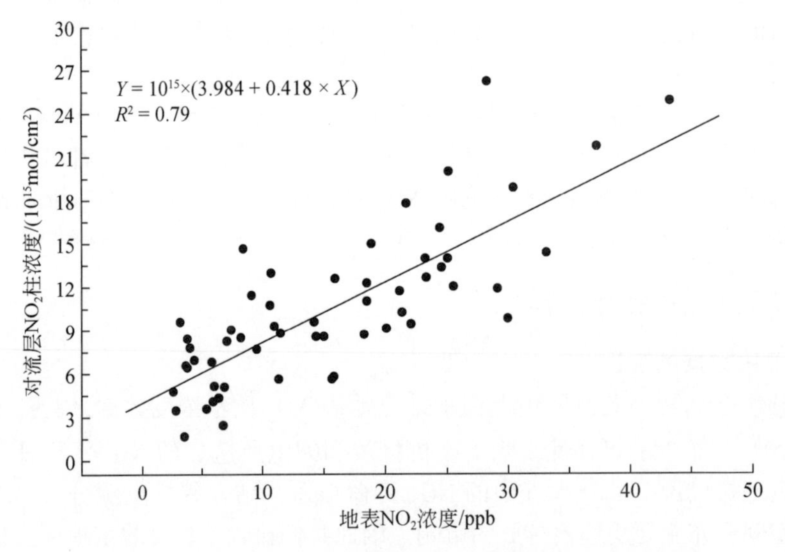

图 10-24　对流层 NO_2 柱浓度与地表 NO_2 浓度的相关性分析

(2) 对流层 NO_2 柱浓度分级方法

为了分析不同土地利用类型上空 NO_2 柱浓度的分布结构，本研究需要将 NO_2 柱浓度分级。由于对 NO_2 柱浓度的等级划分没有先例可循，本书在划分等级时主要是依据 API 指数所对应的 NO_2 浓度值进行划分，共分为 7 级。其中 NO_2-Ⅶ为 NO_2 柱浓度最高、污染最严重等级，NO_2-Ⅰ为 NO_2 柱浓度最低、污染最轻等级。

根据表 10-1 中的公式，我们可以推算出不同级别 API 所对应的 NO_2 柱浓度值，结果如表 10-2 所示。

表 10-1　API 与 NO_2 质量浓度之间的公式

分段公式	阈值	NO_2浓度/（10^3 ppb）
C=1.6I	50	8
C= 0.8I+40	100	12
C= 1.6I−40	200	28
C= 2.85I−290	300	56.5
C= 1.85I+10	400	75
C= 1.9I−10	500	94

表 10-2　7 个级别所对应的 NO_2 柱浓度值阈

等级	NO_2 柱浓度/（10^{15} mol/cm^2）	空气污染状况
NO_2−Ⅰ	≤3.74	优
NO_2−Ⅱ	5.41	良
NO_2−Ⅲ	12.10	轻微污染
NO_2−Ⅳ	24.02	轻度污染
NO_2−Ⅴ	31.75	中度污染
NO_2−Ⅵ	39.69	重度污染
NO_2−Ⅶ	≥39.69	严重污染

（3）南北样带土地利用/土地覆被数据

土地利用/土地覆被数据有两个数据源。UMD 数据产品来自 1992～1993 年 AVHRR 数据合成的 10 天 NDVI 时间序列数据，采用数据挖掘的决策树完成，使用的分类体系为 14 类覆被类型分类系统。该数据的总体精度评价精度为66.9%，空间分辨率为1km。该数据代表了南北样带地区 1996～2000 年土地利用与土地覆被变化情况。EUROPE300 数据产品来自 2004 年 12 月～2006 年 6 月 300m ENVISAT/MERIS 数据，分 22 个生态气候区，采用多维迭代聚类方法进行分类，通过 16 位专家在全球 3000 个点验证，总精度为 73%。该数据代表了南北样带地区 2000～2010 年土地利用/土地覆被变化情况。

按照国家土地资源分类系统大类将上述分类体系重新合并为耕地、林地、草地、水域和城市居民用地（图 10-25）。

10.4.2.2　结果与分析

（1）东北亚南北样带对流层 NO_2 柱浓度空间分布特征

本研究数据时间尺度选择 1996 年 4 月～2010 年 12 月数据进行分析。NO_2 年均值的高浓度区域主要分布在样带的东南区域［图 10-26（a）］。该区域靠近中国境内；北部地区其值较低。样带的北部地区（46°N～77°N，105.3°N～118°E）和南部地区（31.5°N～46°N，

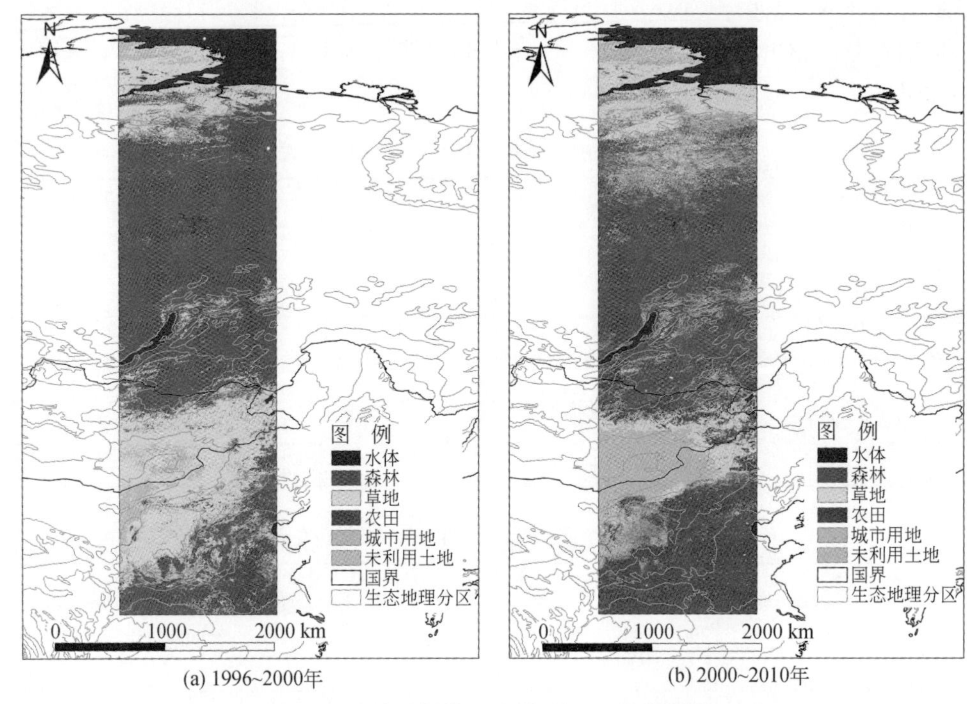

(a) 1996~2000年　　(b) 2000~2010年

图 10-25　南北样带土地利用与土地覆被类型

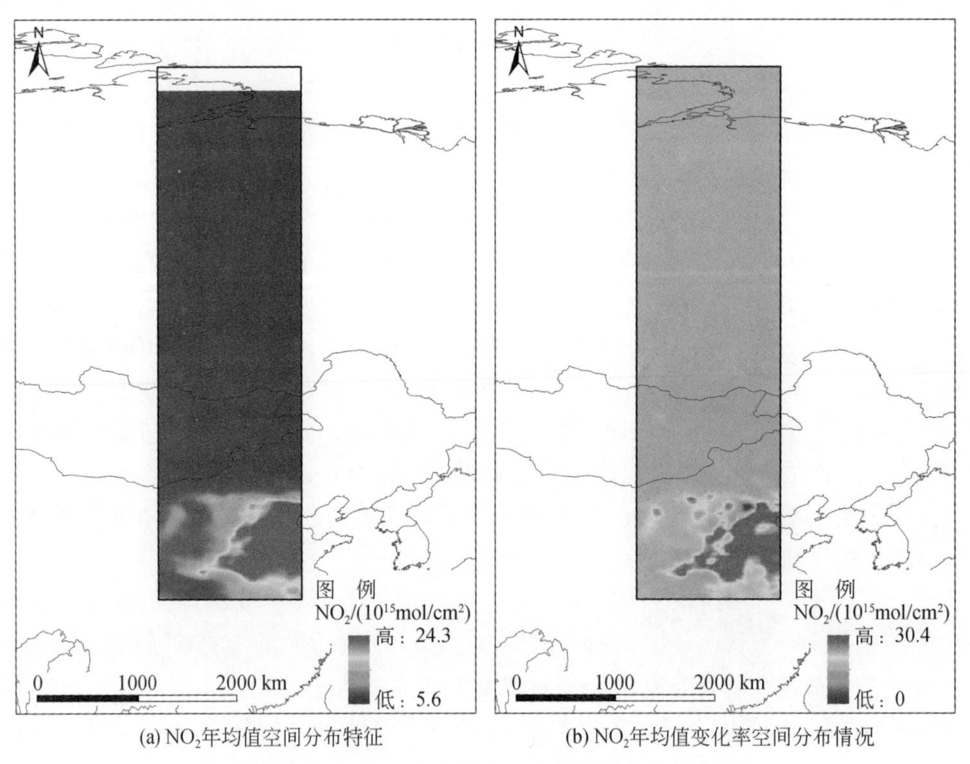

(a) NO_2年均值空间分布特征　　(b) NO_2年均值变化率空间分布情况

图 10-26　1996 ~ 2010 年 NO_2 柱浓度年平均值分布

105.3°N～118°E）形成鲜明对比。其南部地区对流层 NO_2 平均值约为 2.6×10^{15} mol/cm^2，而北部地区的值约为 0.5×10^{15} mol/cm^2。

图 10-26（b）表示的是该区域对流层 NO_2 柱浓度增长率空间变化情况。图中可见，在南北样带的北部地区其对流层 NO_2 呈现减少趋势，而在南部地区则呈现显著增加趋势。增加最显著的地方出现在样带南部包括北京、天津等大都市以及阿拉善平原地区。而最大减少地区则出现在样带中部地区。显然在样带北端靠近极地地区，对流层 NO_2 柱浓度也呈现增长趋势，其增长速率约为 1.0×10^{15} mol/cm^2。

这些地区人口密集，城市分布集中，汽车使用量高，人类活动频繁，尤其是样带南部地区靠近环渤海大都市区，其汽车尾气排放、工业排放、飞机和轮船排放以及农业烧荒都增加对流层 NO_2 的含量。

图 10-27 是 1996～2010 年东北亚南北样带对流层 NO_2 柱浓度年均值分布特征，与该地区的年均分布、月分布特征一致，其高值区位于样带的东南区域，低值区位于样带的北部地区。

图 10-28 是对流层 NO_2 级别在东北亚南北样带空间和时间分布特征。图 10-28（a）是 15 年平均分布图，表明整个区域以污染较轻的 NO_2-Ⅰ级别为主，而在样带东南部中国环渤海地区则以轻度污染的 NO_2-Ⅲ和 NO_2-Ⅳ为主。图 10-28（b）是样带南部地区对流层 NO_2 级别每年的空间变化。图中可见，其污染较重的高级别主要从渤海湾地区向南部、西南和西北地区扩散。在研究期间的前六年，NO_2-Ⅰ和 NO_2-Ⅲ级别是该地区主要组成部分，而到了近九年，NO_2-Ⅵ和 NO_2-Ⅶ级别则快速增加并扩散。此外近几年来在宁夏和内蒙古东南地区 NO_2-Ⅲ级别取代了 NO_2-Ⅰ并快速增加。

为了定量描述 NO_2 柱浓度的月均值变化特征，采用正弦曲线模型：

$$Y_t = A + BX_t + C\sin\left(2\frac{\pi}{D}X_t + E\right) \tag{10-18}$$

式中，$A+BX_t$ 描述 1996 年 4 月～2010 年 12 月对流层 NO_2 柱浓度的线性变化趋势；$C\sin\left(2\frac{\pi}{D}X_t+E\right)$ 描述其季节性循环规律；X_t 代表月份；Y_t 代表 X_t 月对流层 NO_2 柱浓度；A、B、C、D、E 为模型参数，B 代表月平均变化趋势，C 代表季节性变化的振幅，D 代表变化的周期。利用式（10-18）对 1996 年 4 月至 2010 年 12 月东北亚南北样带对流层 NO_2 柱浓度的月均值进行拟合。

图 10-29 表示东北亚南北样带 1996 年 4 月～2010 年 12 月对流层 NO_2 柱浓度月平均值的变化趋势。正弦曲线表示这段时间内 NO_2 柱浓度的季节性循环，拟合优度为 0.513。从图中的趋势线可以看出在本研究时间尺度内东北亚南北样带上空对流层 NO_2 柱浓度月均值总体呈现增加趋势。其对流层 NO_2 柱浓度季节循环很明显，在每年的 5 月、6 月、7 月值较低，而在 11 月、12 月、1 月达到最高值，这与其他研究结果较一致。在特定时间，某区域内对流层 NO_2 垂直柱密度的变化可归因于三个因素：该区域内 NO_2 排放量的改变、NO_2 化学寿命的改变、NO_2 在区域间的流动与转移。季节性循环的原因一方面是冬季处于采暖期，煤、石油等燃料使用量较非采暖期大幅增加，使得 NO_2 排放量增长；另一方面，冬季太阳辐射较弱，光化学反应时间较长，与夏季相比，NO_2 寿命更长。

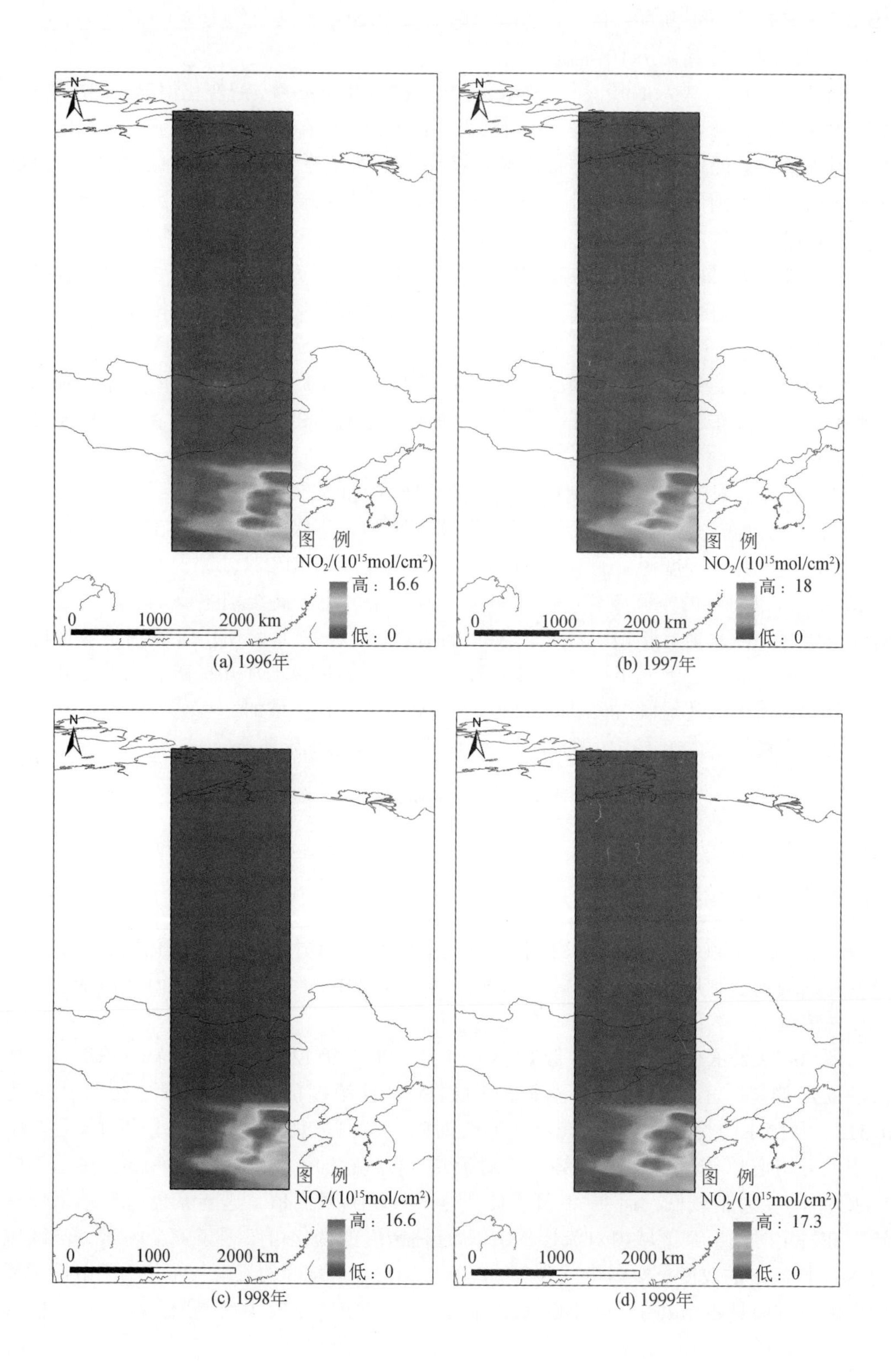

(a) 1996年　(b) 1997年

(c) 1998年　(d) 1999年

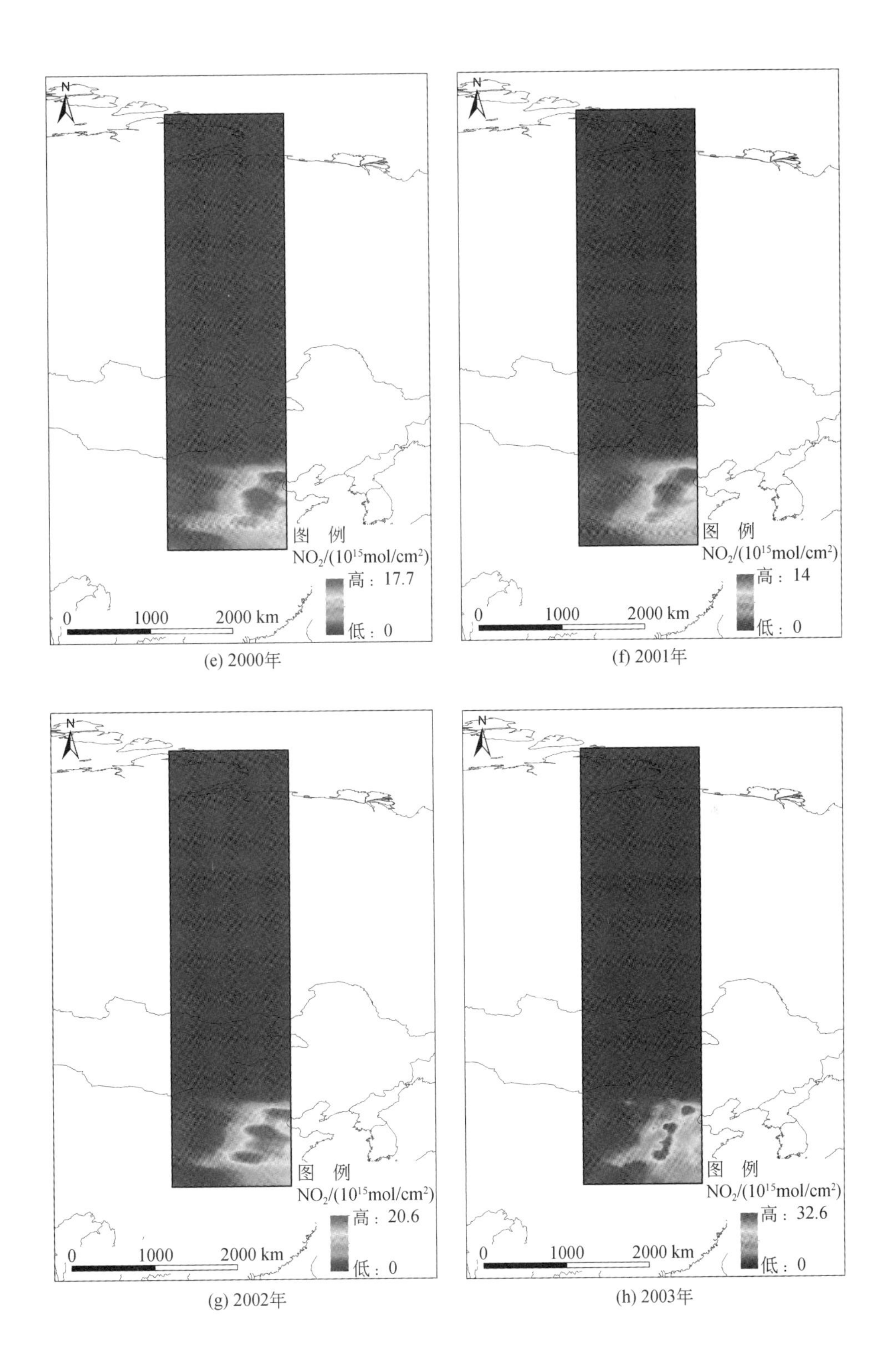

(e) 2000年

(f) 2001年

(g) 2002年

(h) 2003年

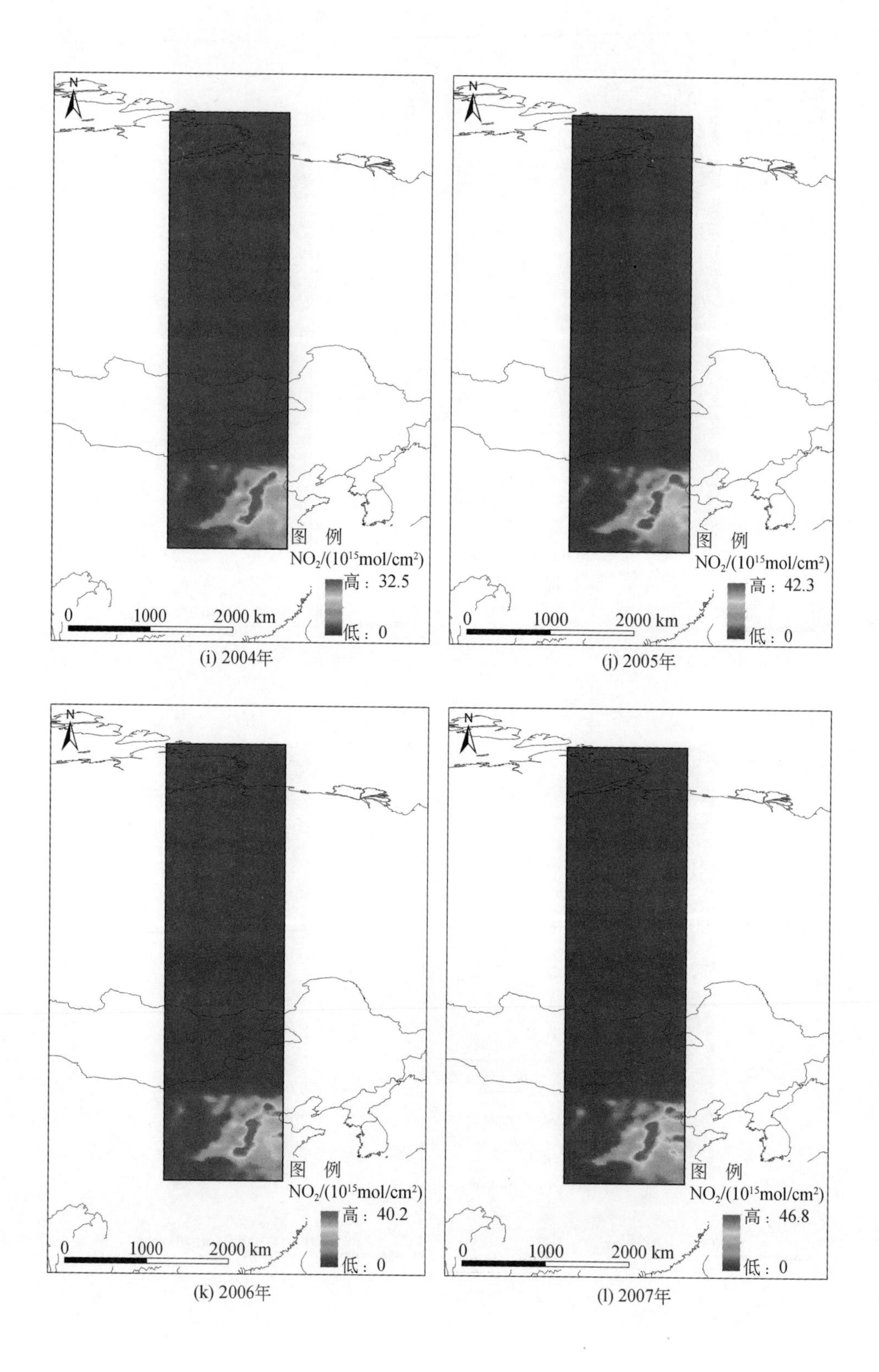

(i) 2004年

(j) 2005年

(k) 2006年

(l) 2007年

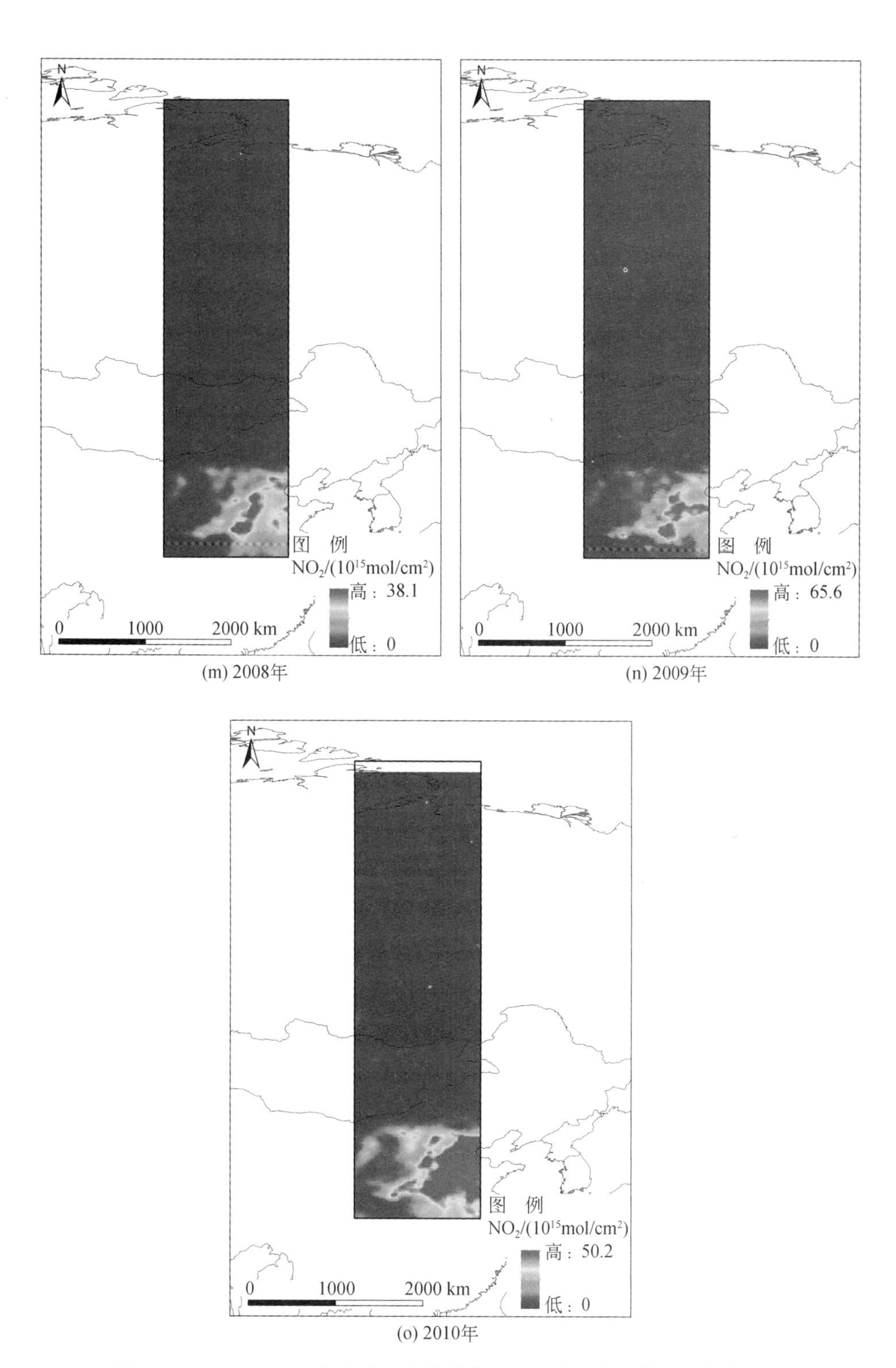

图10-27　1996～2010年东北亚南北样带 NO_2 柱浓度年均值空间分布特征

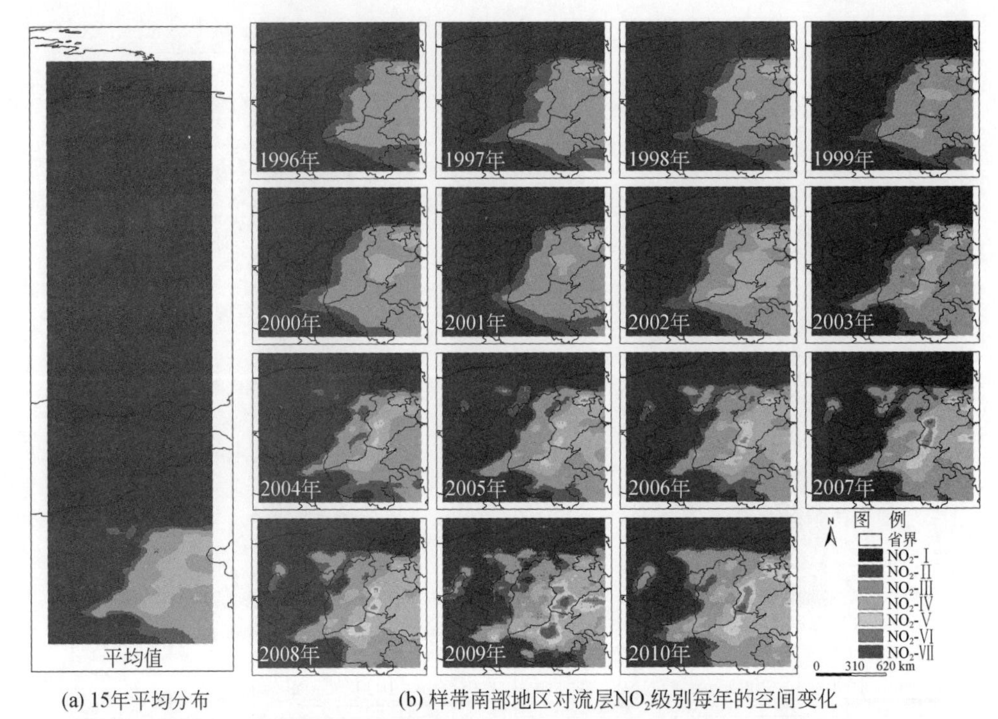

(a) 15年平均分布　(b) 样带南部地区对流层NO_2级别每年的空间变化

图 10-28　1996～2010 年东北亚南北样带对流层 NO_2 柱浓度分级结果空间和时间分布趋势

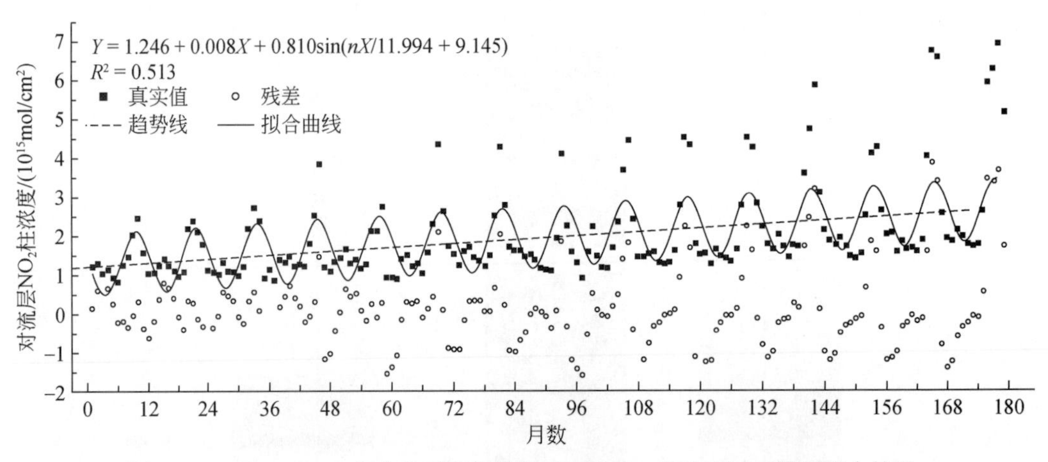

图 10-29　1996～2010 年东北亚南北样带对流层 NO_2 柱浓度正弦模型拟合结果

有研究表明，在人类活动较小的地区，对流层 NO_2 的来源主要以自然源为主，其季节变化规律较为显著，模型拟合效果较好；而在人类活动干扰强烈的地区，如本研究的考察区东北亚南北样带，对流层 NO_2 的来源以人源为主，受人类活动影响其季节变化规律不明显，模型拟合效果较差。考察区对流层 NO_2 来源受人为因素干扰强烈，模型模拟精度较低。从图 10-29 中的趋势线可以看出在本研究时间尺度内（1996～2010 年）东北亚南北样带上空对流层 NO_2 柱浓度月均值总体呈现增加趋势。从正弦模型拟合结果来看，其对流层 NO_2 柱浓度也呈现一定的季节循环特征，但模型拟合精度较低（R^2 =

0.513)。

图 10-30～图 10-35 为 2005～2010 年东北亚地区 NO_2 柱浓度月均值空间分布特征，从中可见，其总体分布特征基本一致，且与年均值分布特征相似，高值区均分布在样带东南地区，北部地区具有最低值。

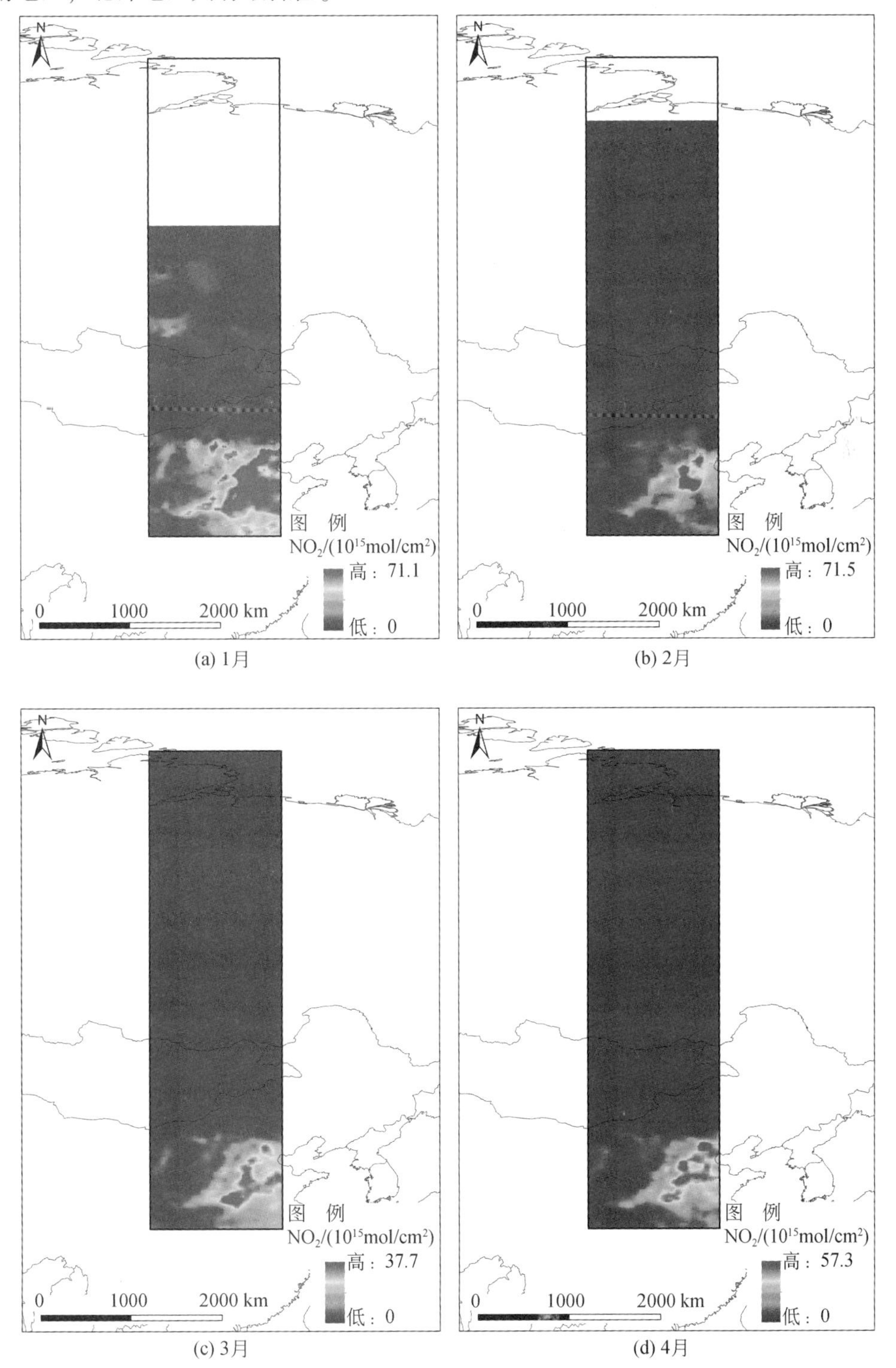

(a) 1月　(b) 2月　(c) 3月　(d) 4月

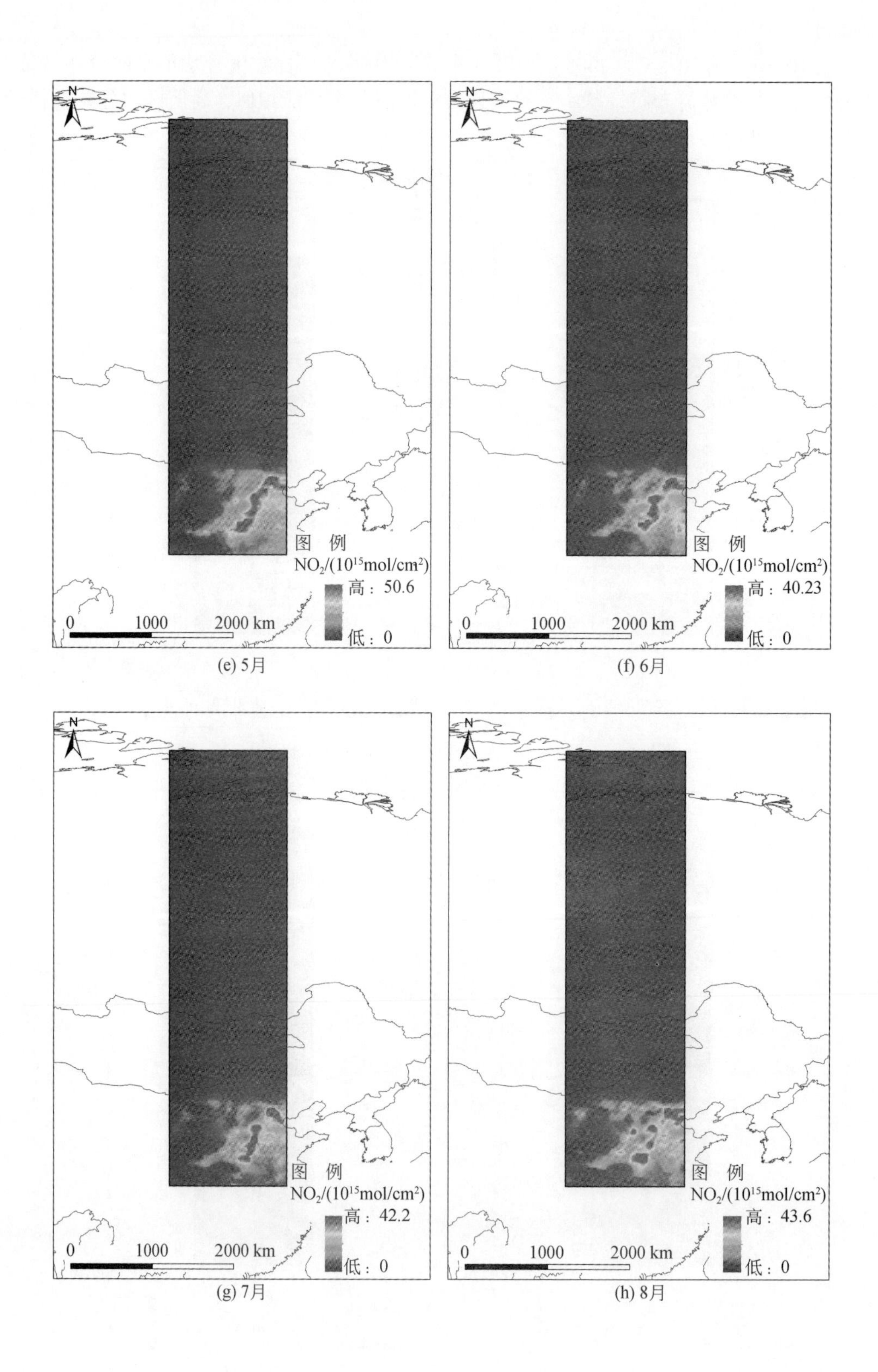

(e) 5月

(f) 6月

(g) 7月

(h) 8月

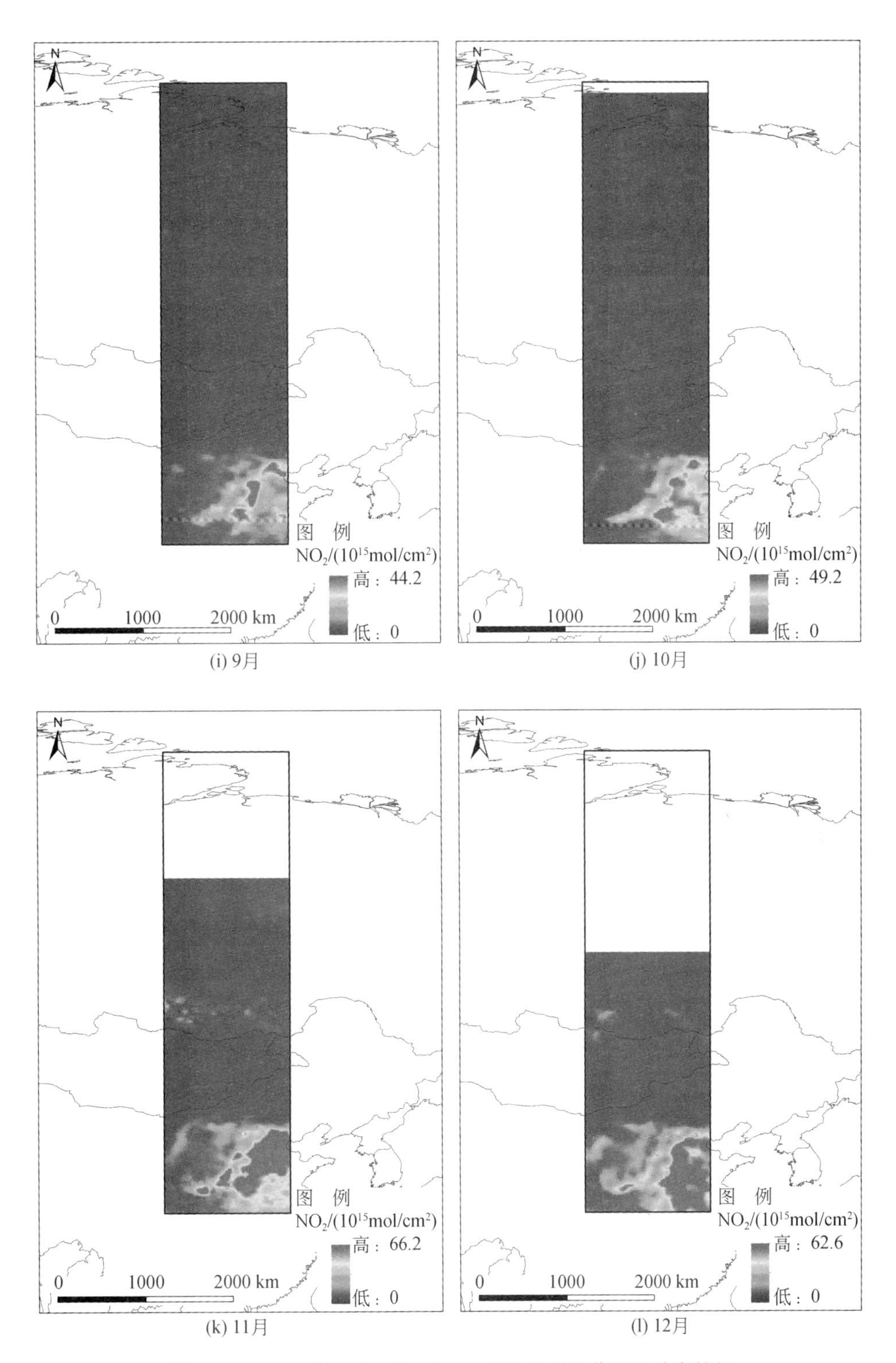

(i) 9月　(j) 10月

(k) 11月　(l) 12月

图 10-30　2005 年东北亚地区 NO_2 柱浓度月均值空间分布特征

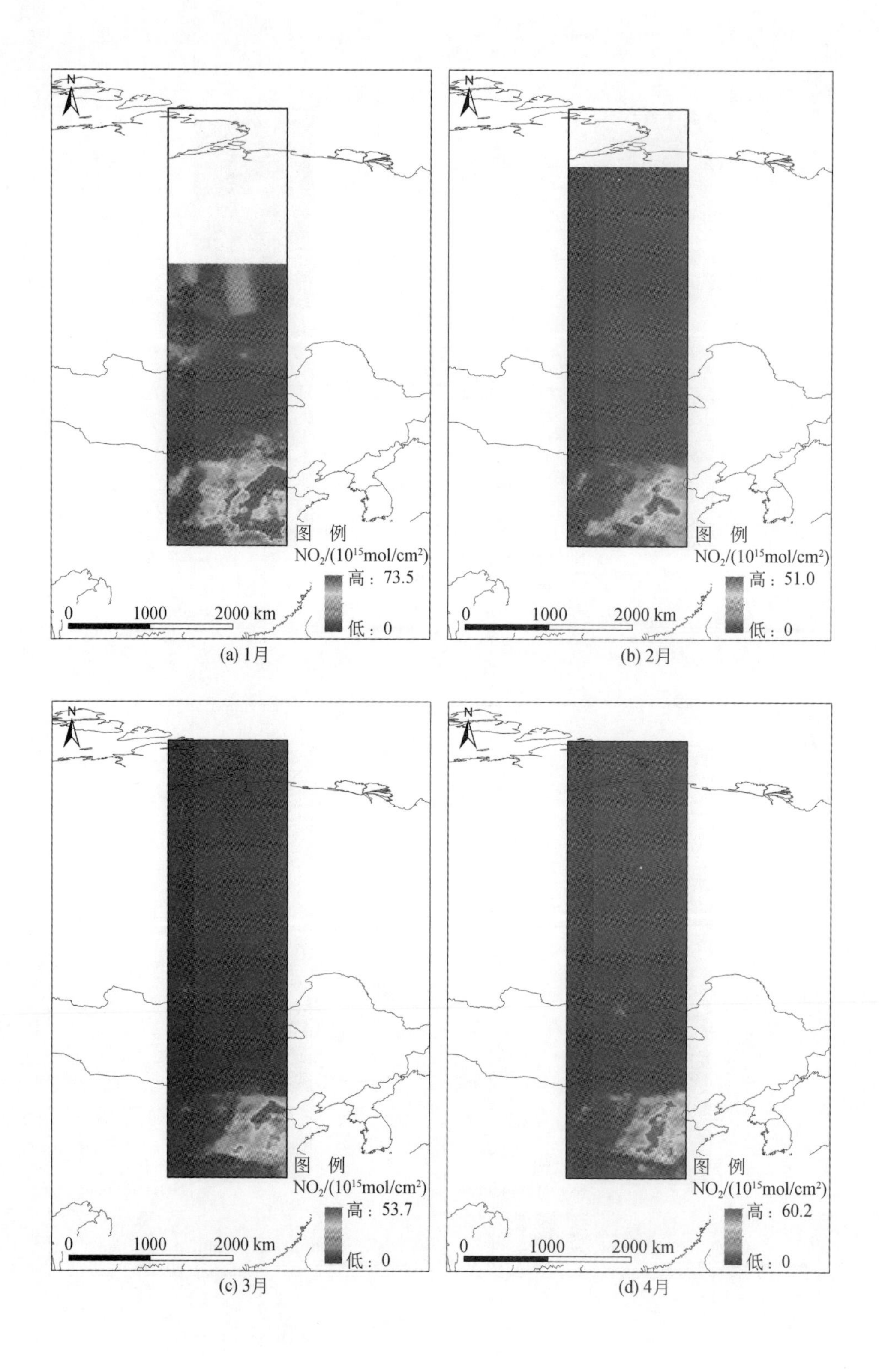

(a) 1月

(b) 2月

(c) 3月

(d) 4月

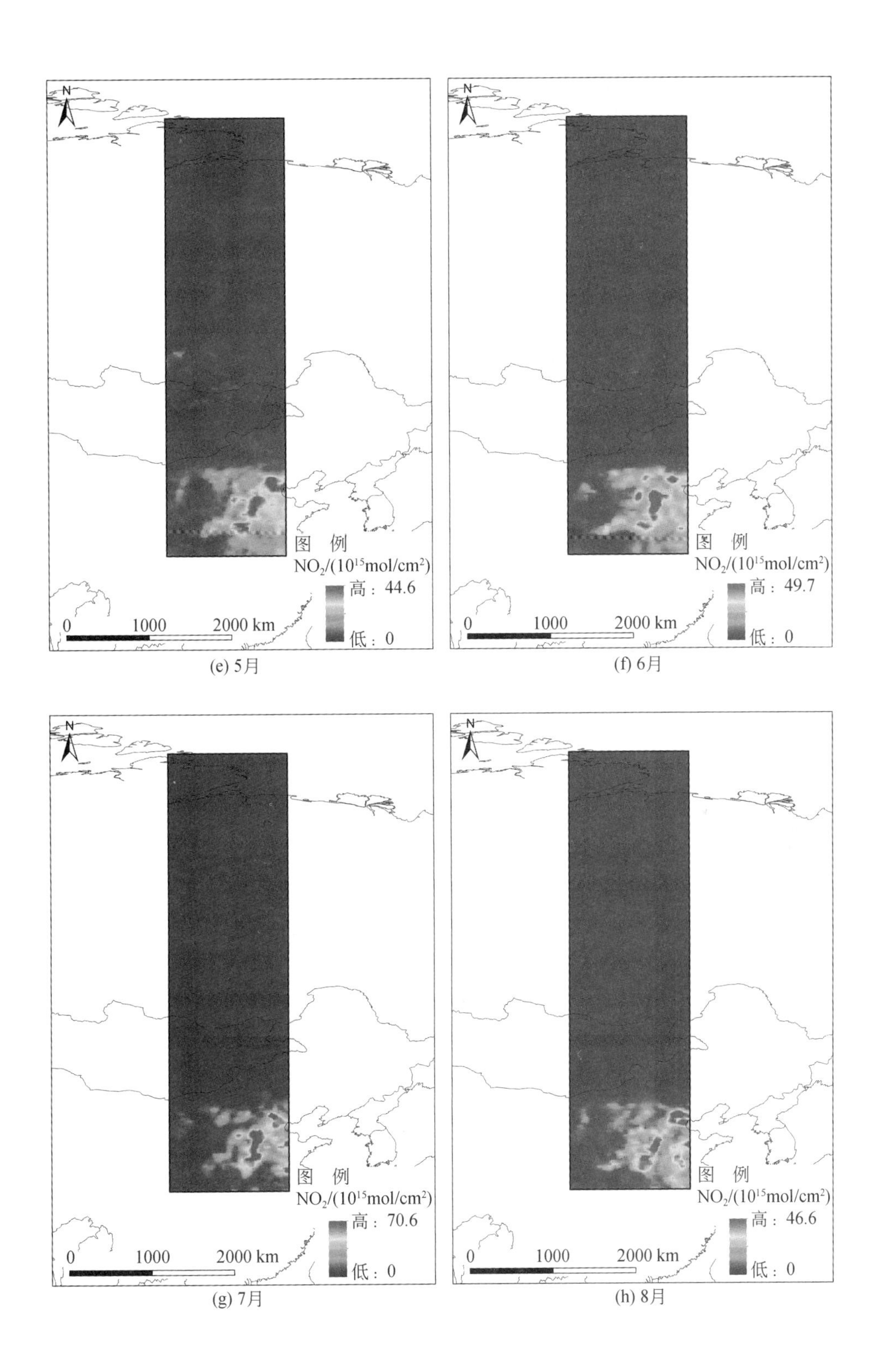

(e) 5月　(f) 6月

(g) 7月　(h) 8月

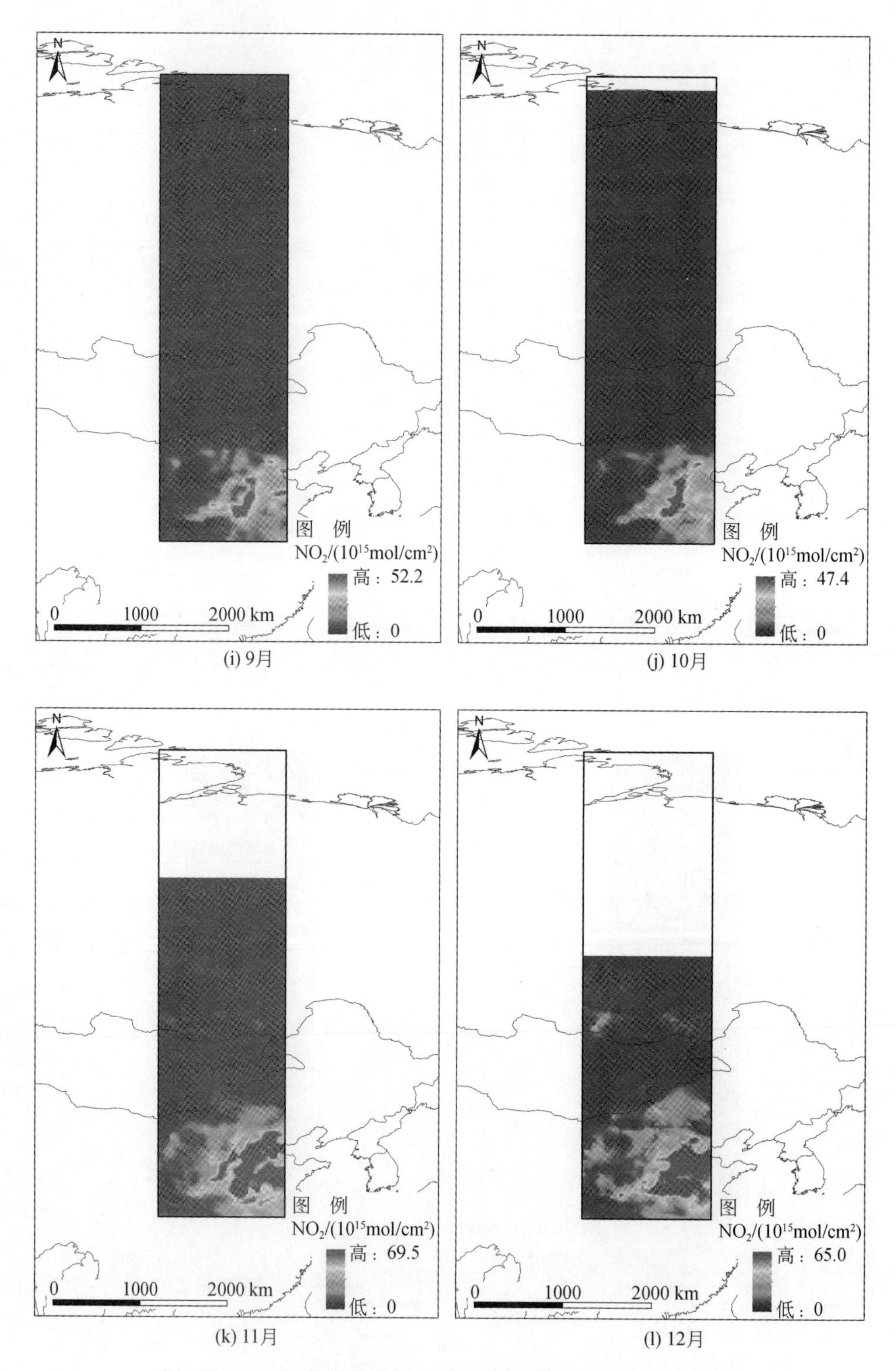

图 10-31 2006 年东北亚地区 NO_2 柱浓度月均值空间分布特征

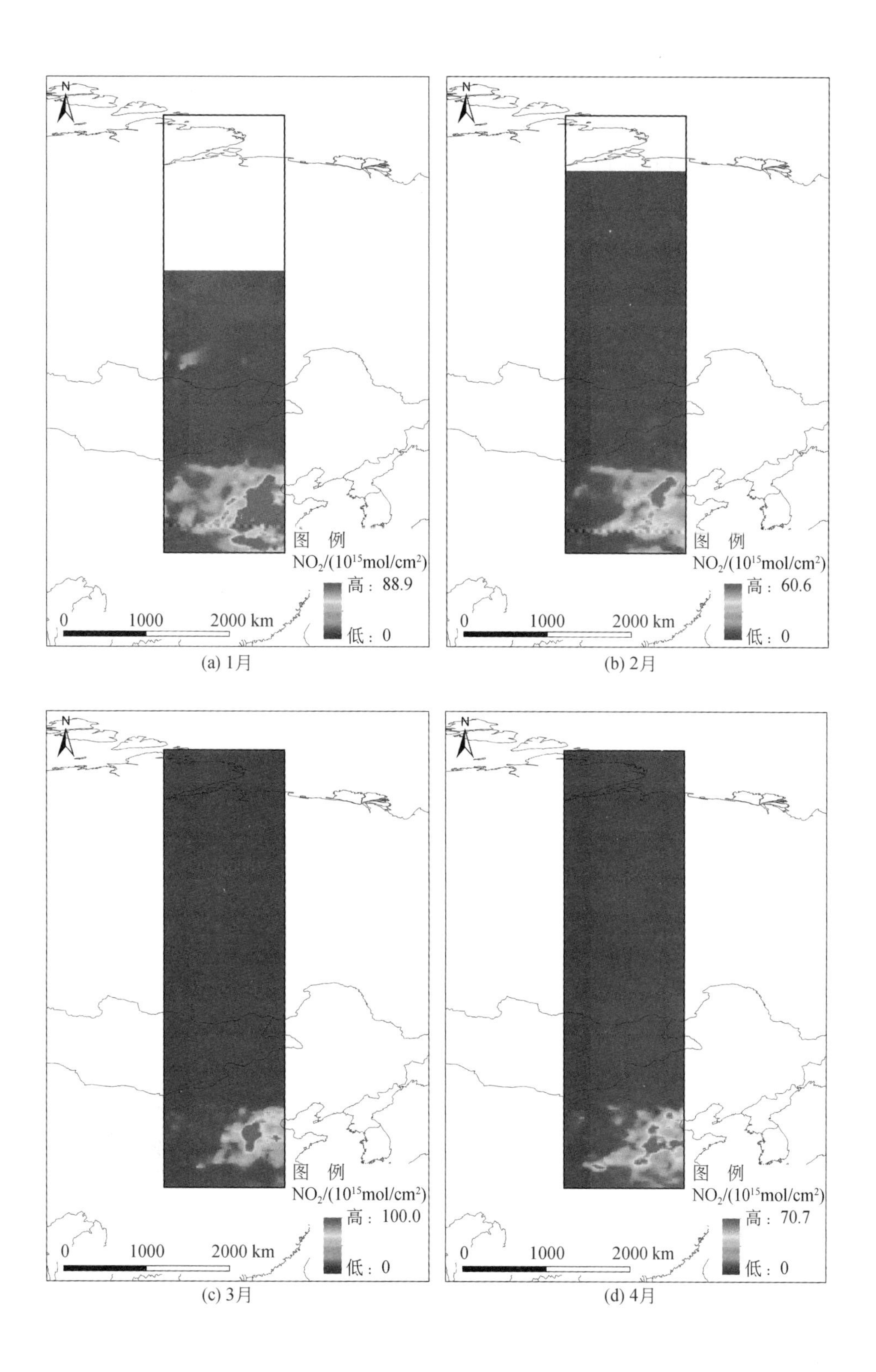

(a) 1月　(b) 2月　(c) 3月　(d) 4月

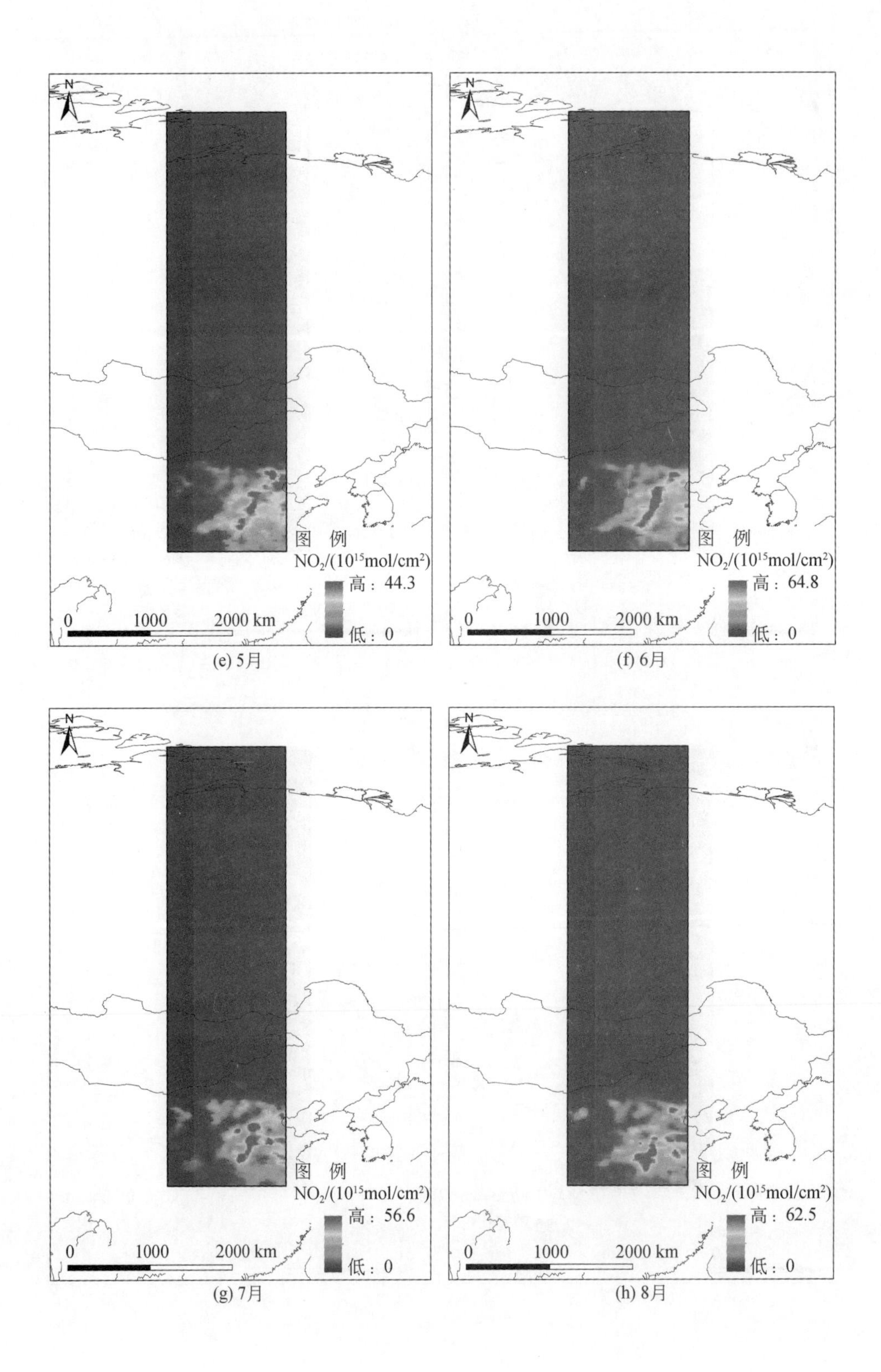

(e) 5月

(f) 6月

(g) 7月

(h) 8月

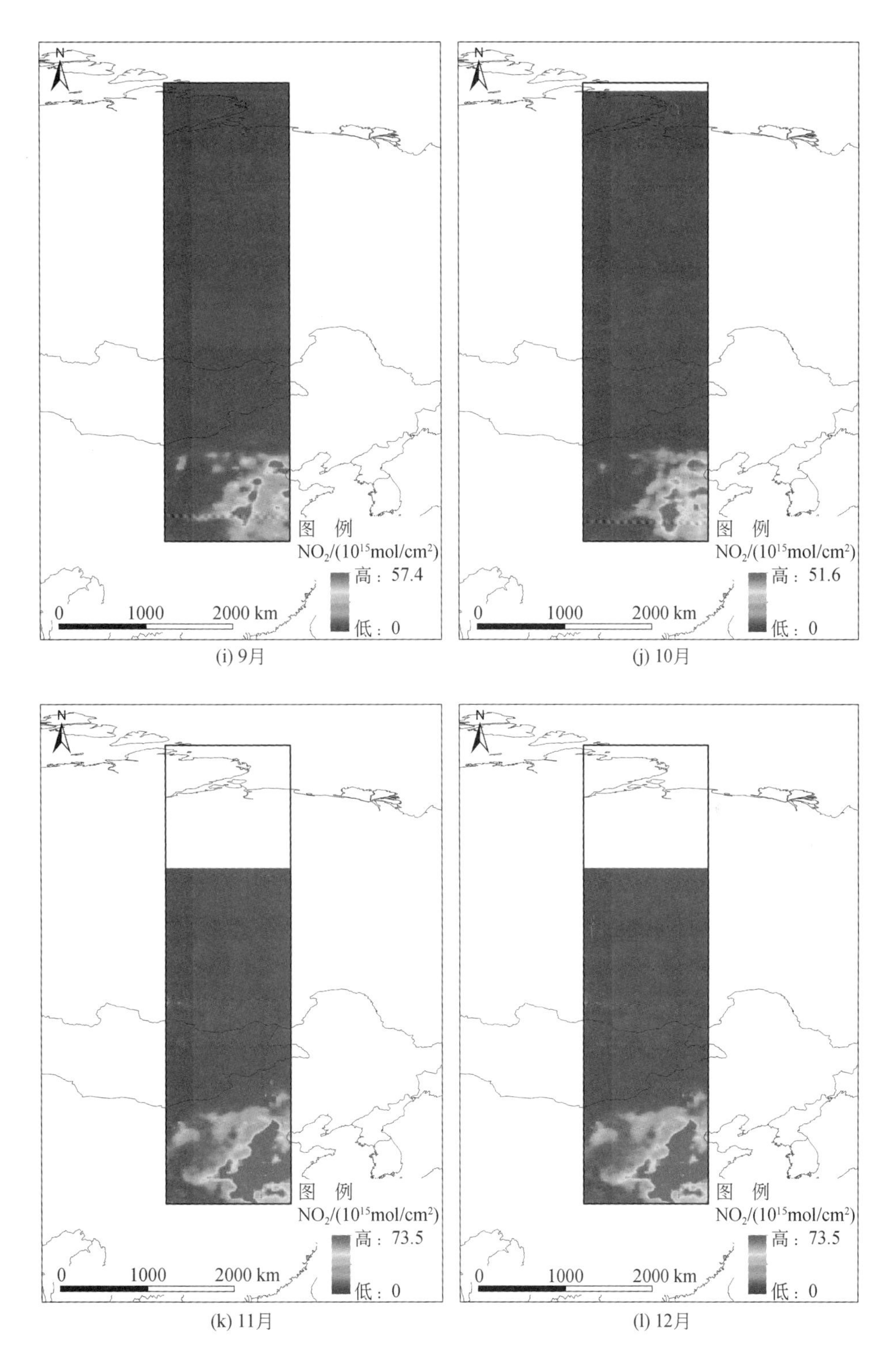

图 10-32　2007 年东北亚地区 NO_2 柱浓度月均值空间分布特征

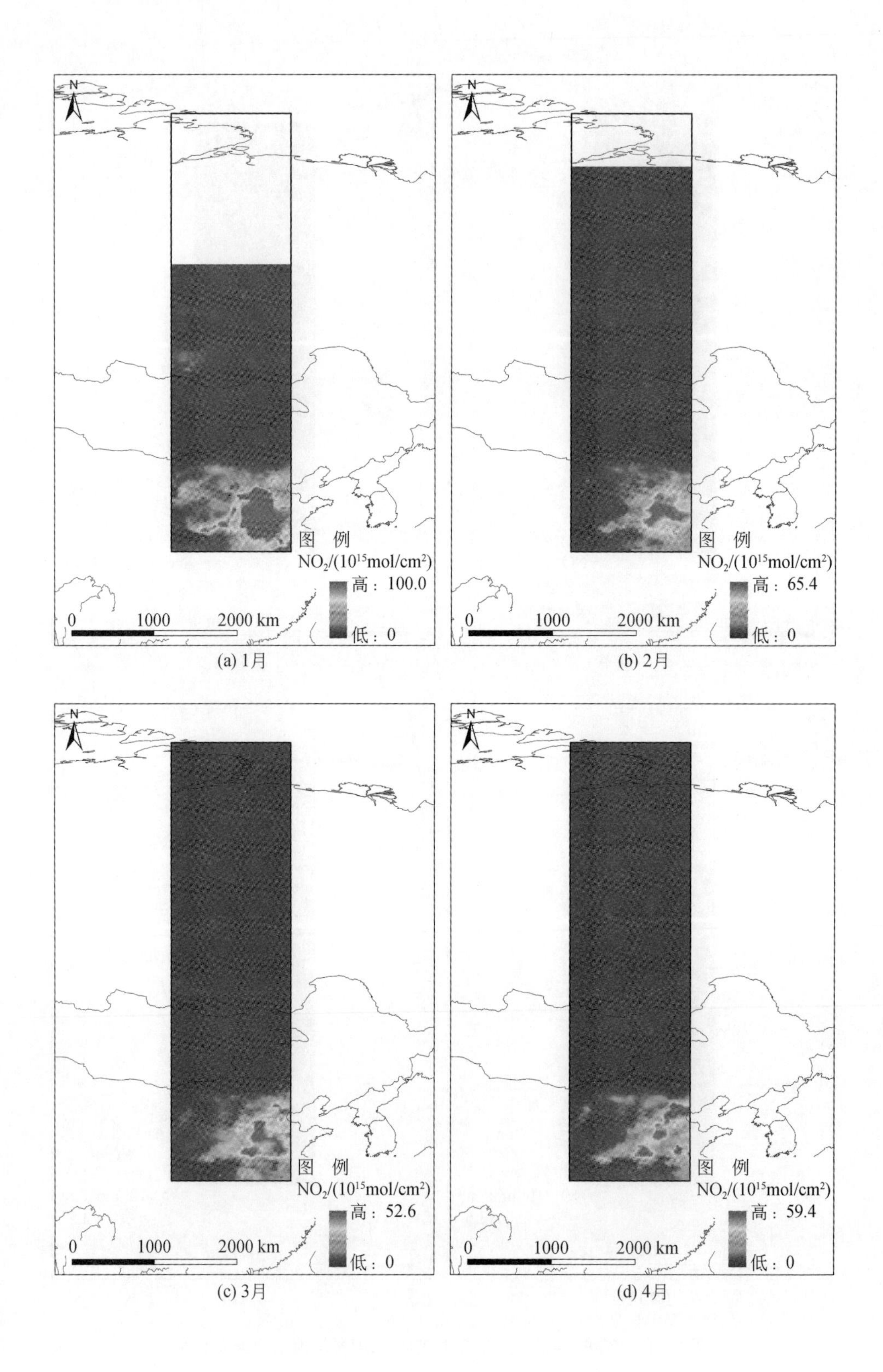

(a) 1月 (b) 2月

(c) 3月 (d) 4月

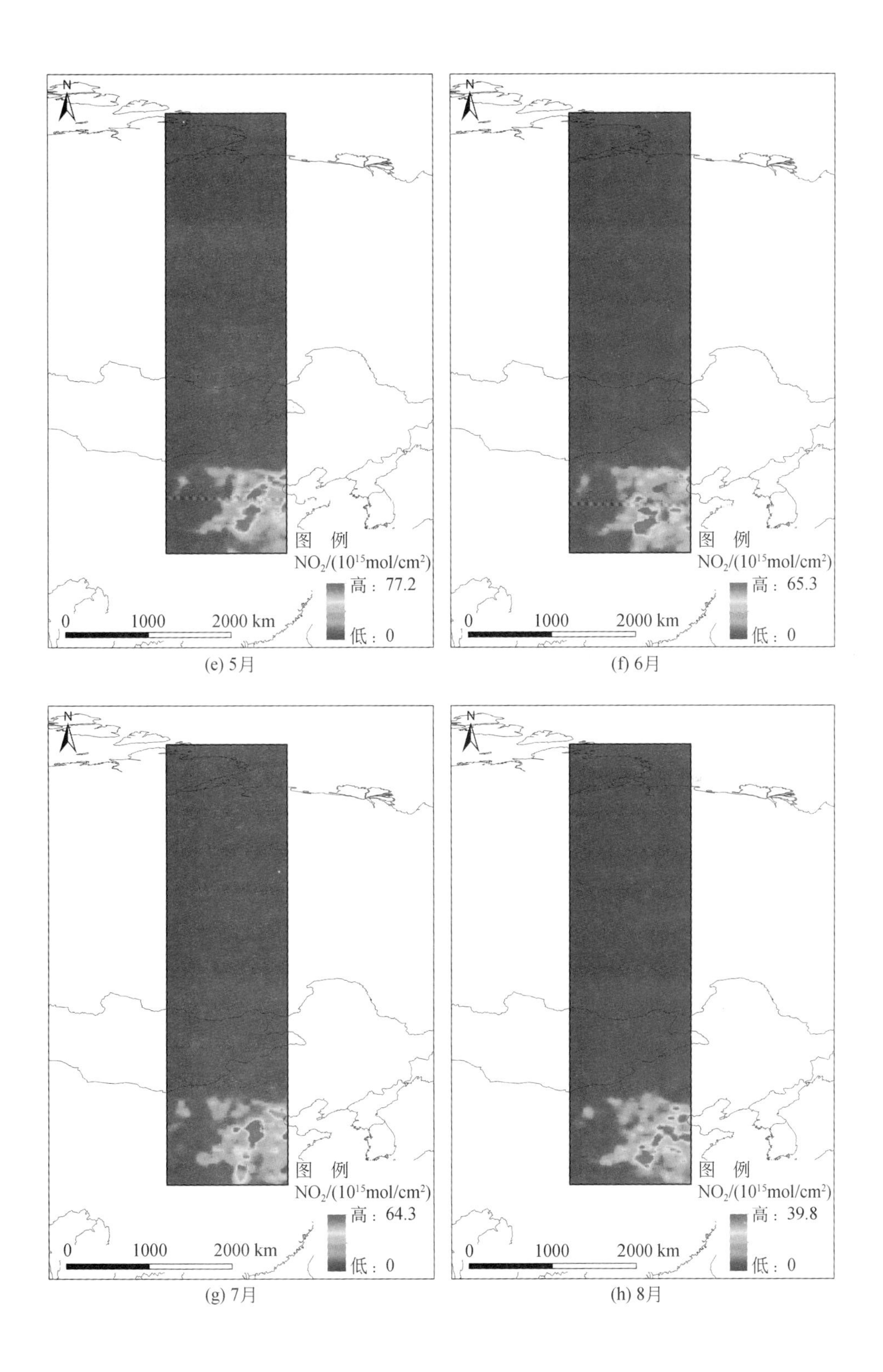

(e) 5月　(f) 6月

(g) 7月　(h) 8月

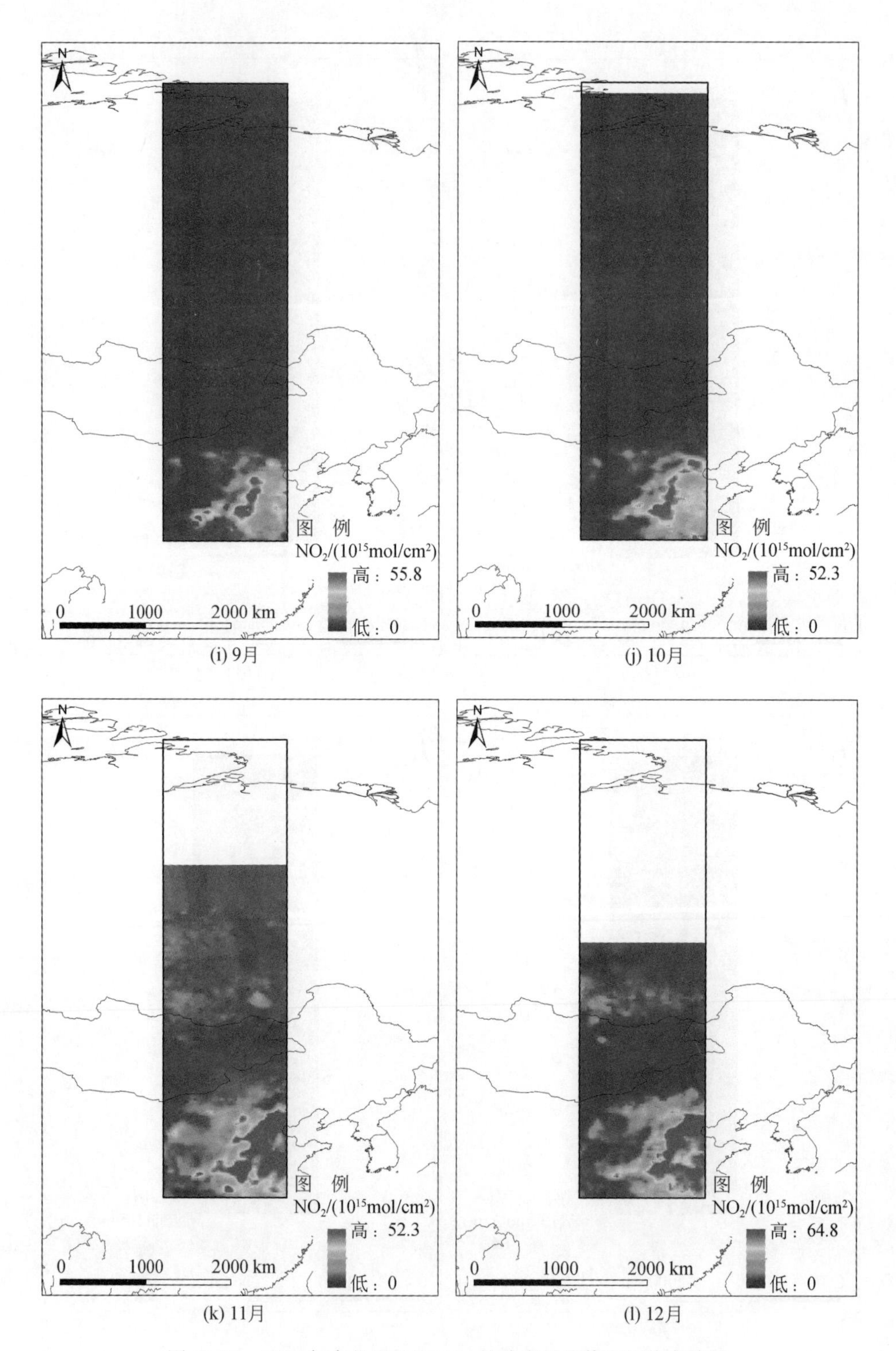

(i) 9月

(j) 10月

(k) 11月

(l) 12月

图 10-33　2008 年东北亚地区 NO_2 柱浓度月均值空间分布特征

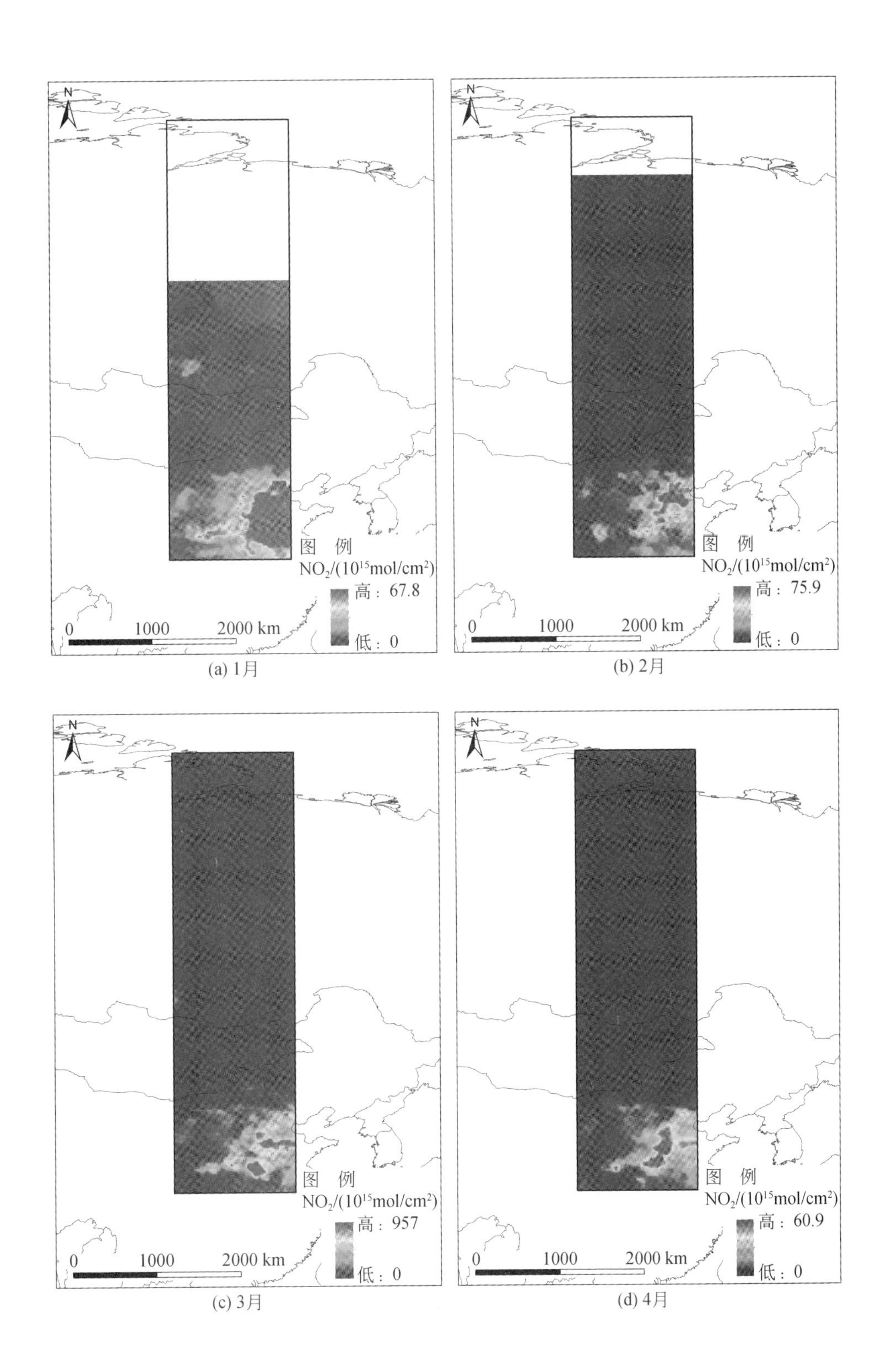

(a) 1月

(b) 2月

(c) 3月

(d) 4月

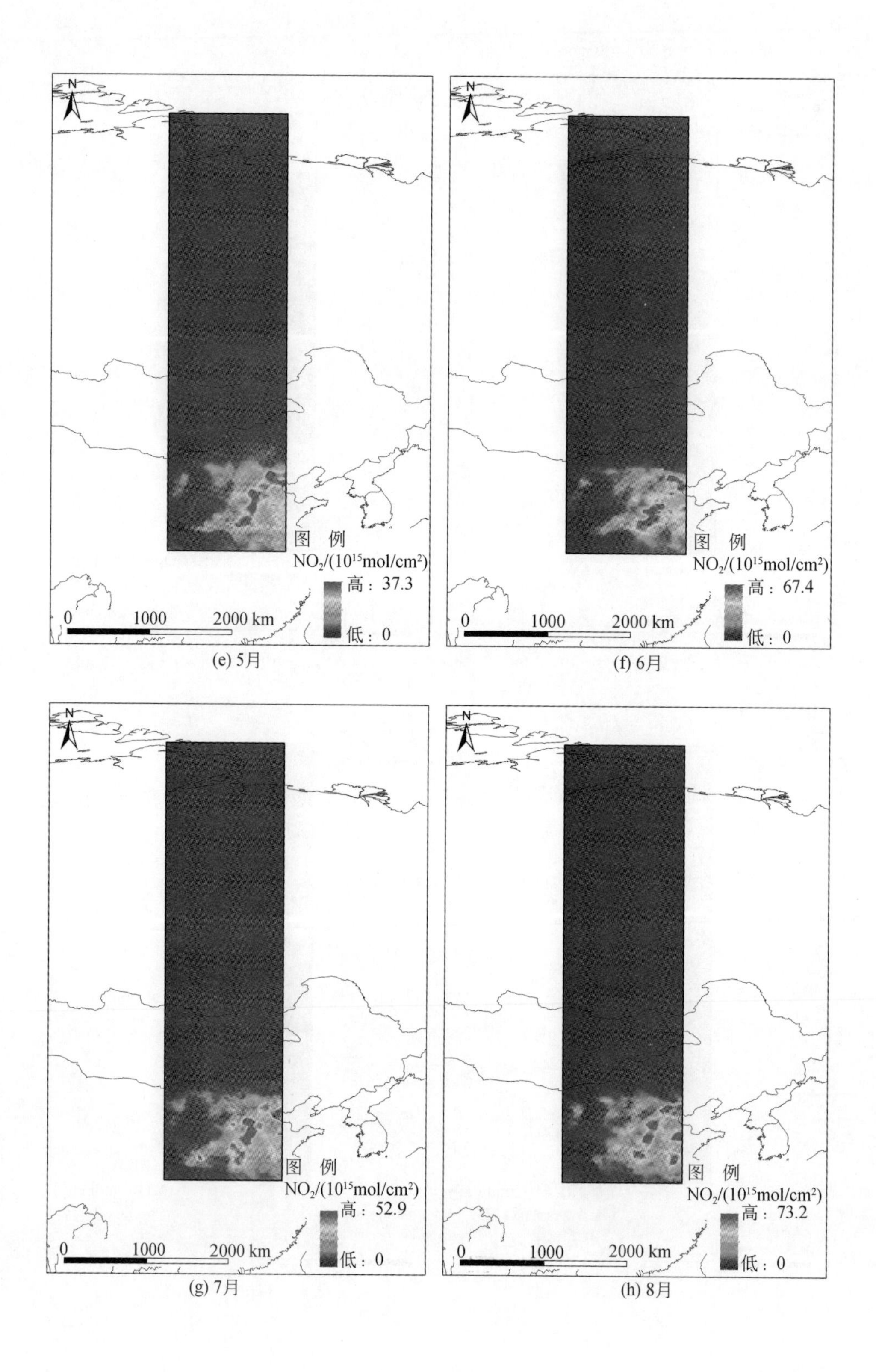

(e) 5月

(f) 6月

(g) 7月

(h) 8月

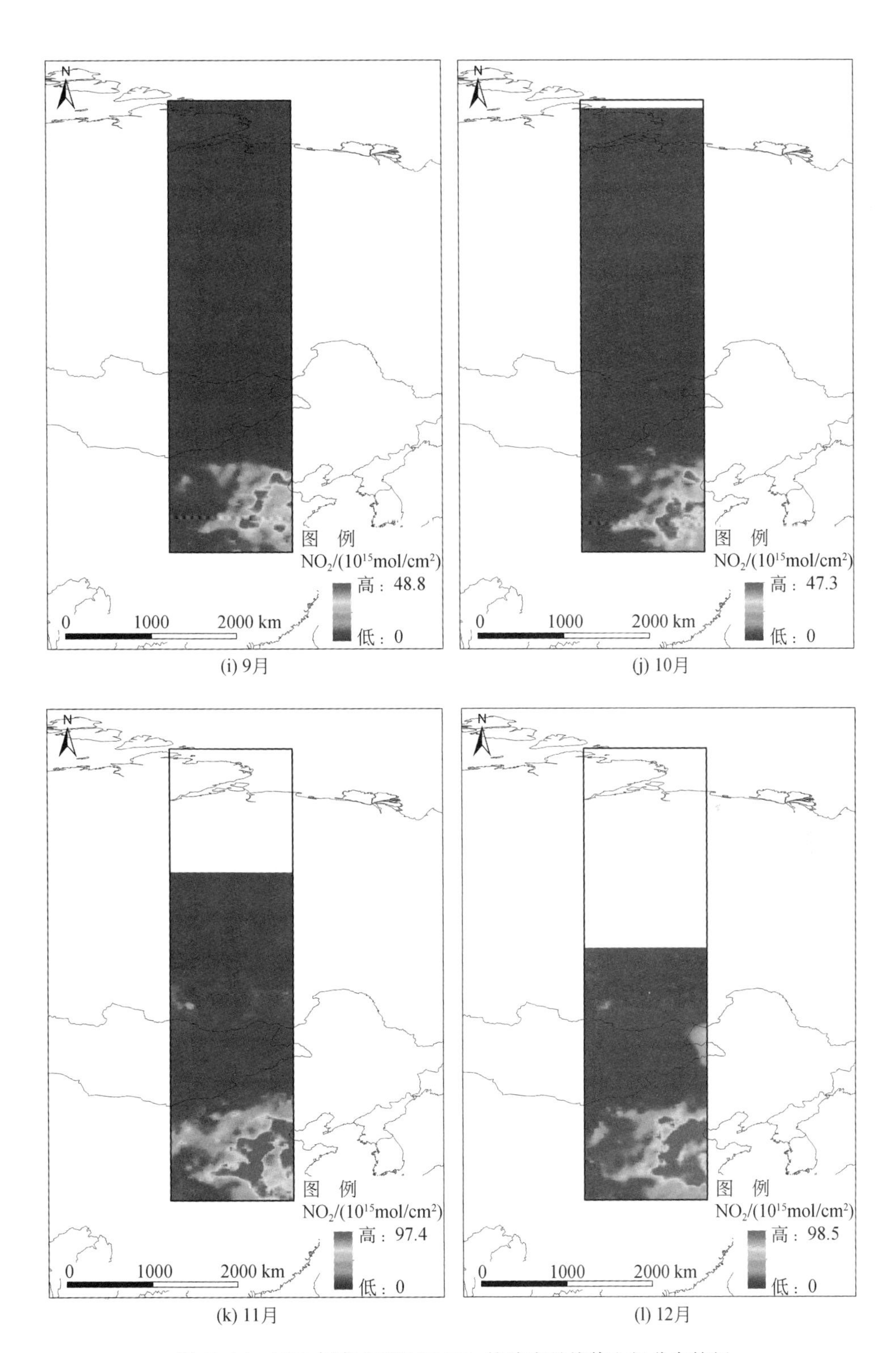

(i) 9月　(j) 10月

(k) 11月　(l) 12月

图 10-34　2009 年东北亚地区 NO_2 柱浓度月均值空间分布特征

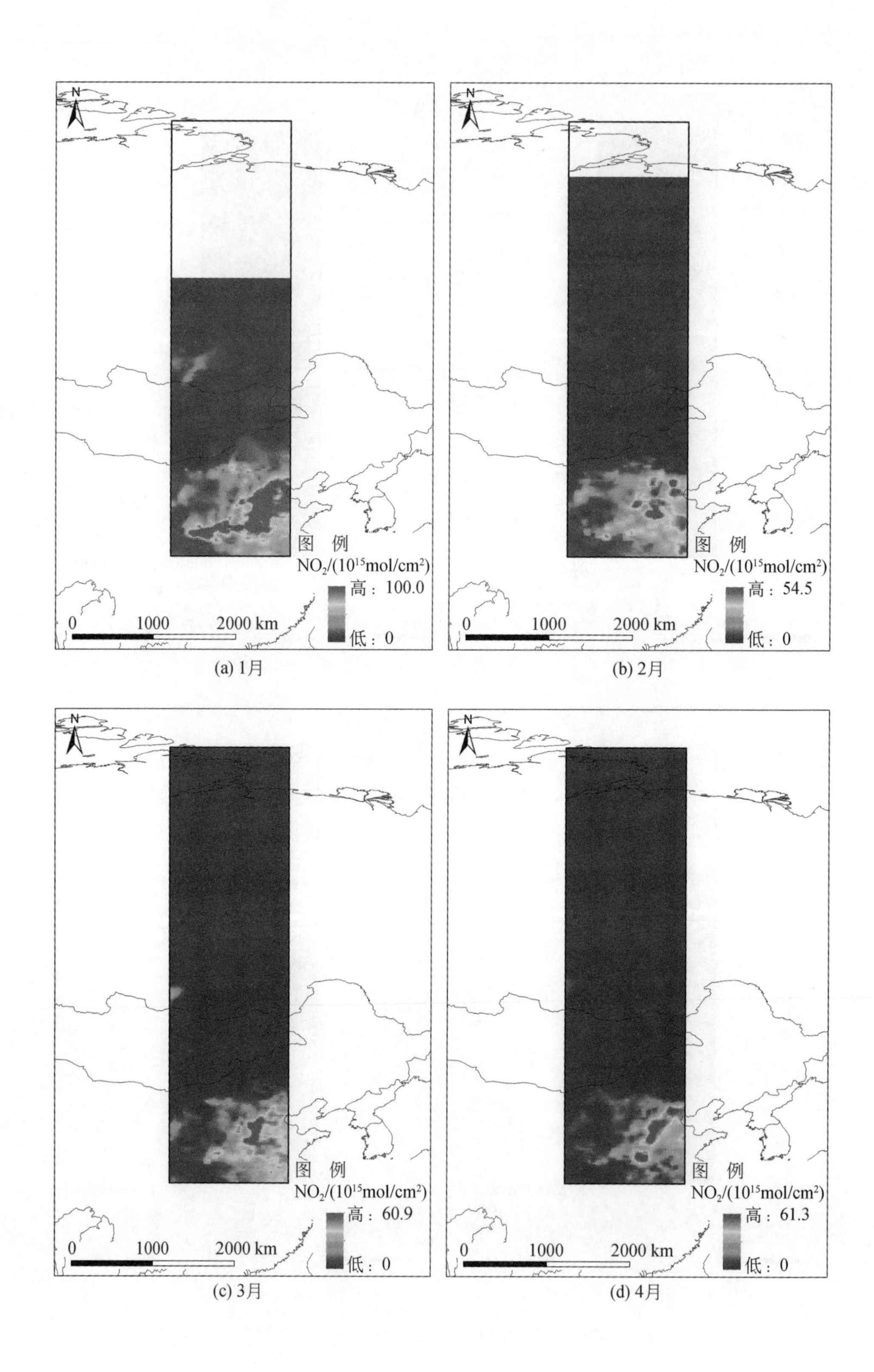

(a) 1月
(b) 2月
(c) 3月
(d) 4月

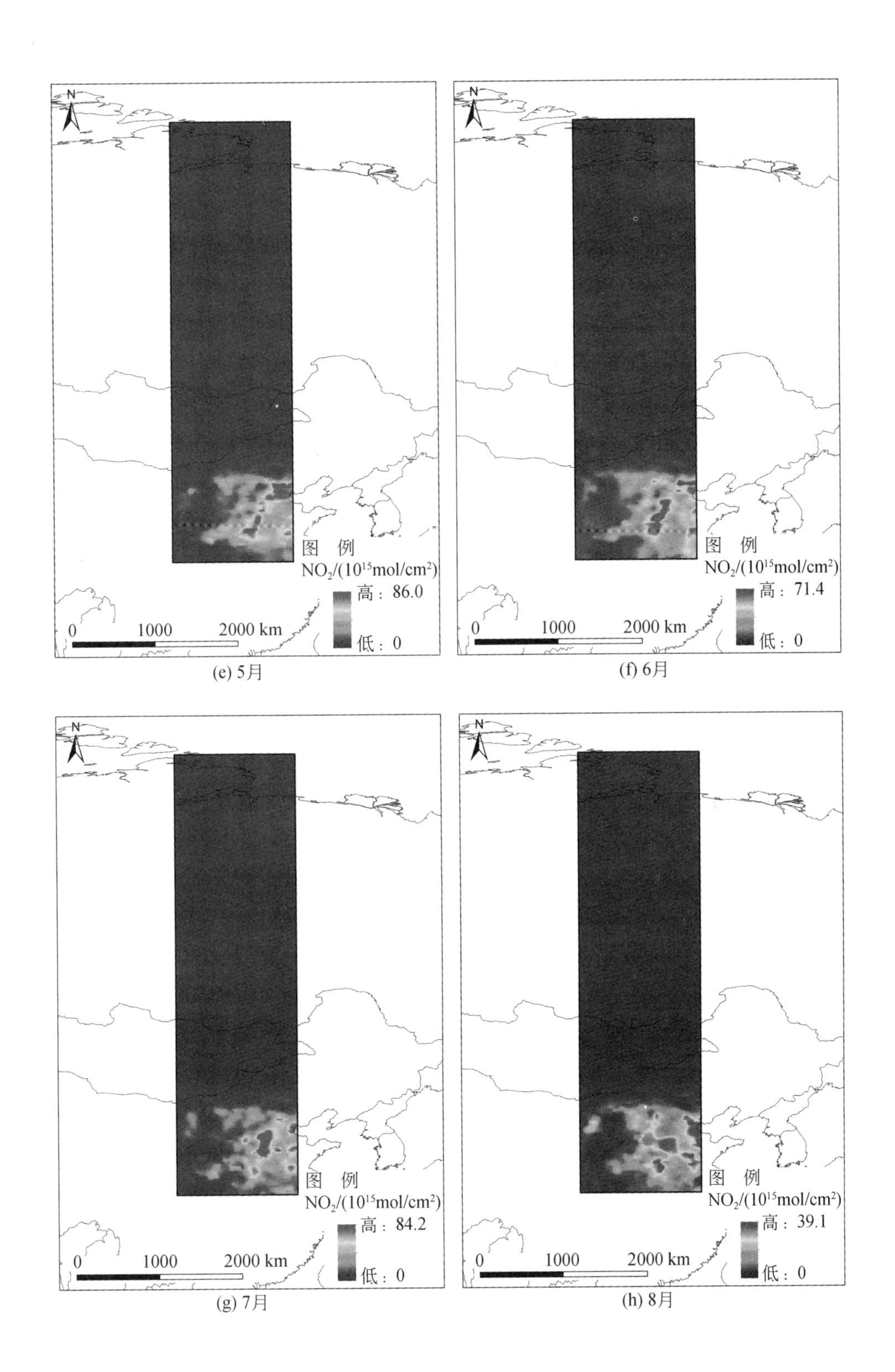

(e) 5月

(f) 6月

(g) 7月

(h) 8月

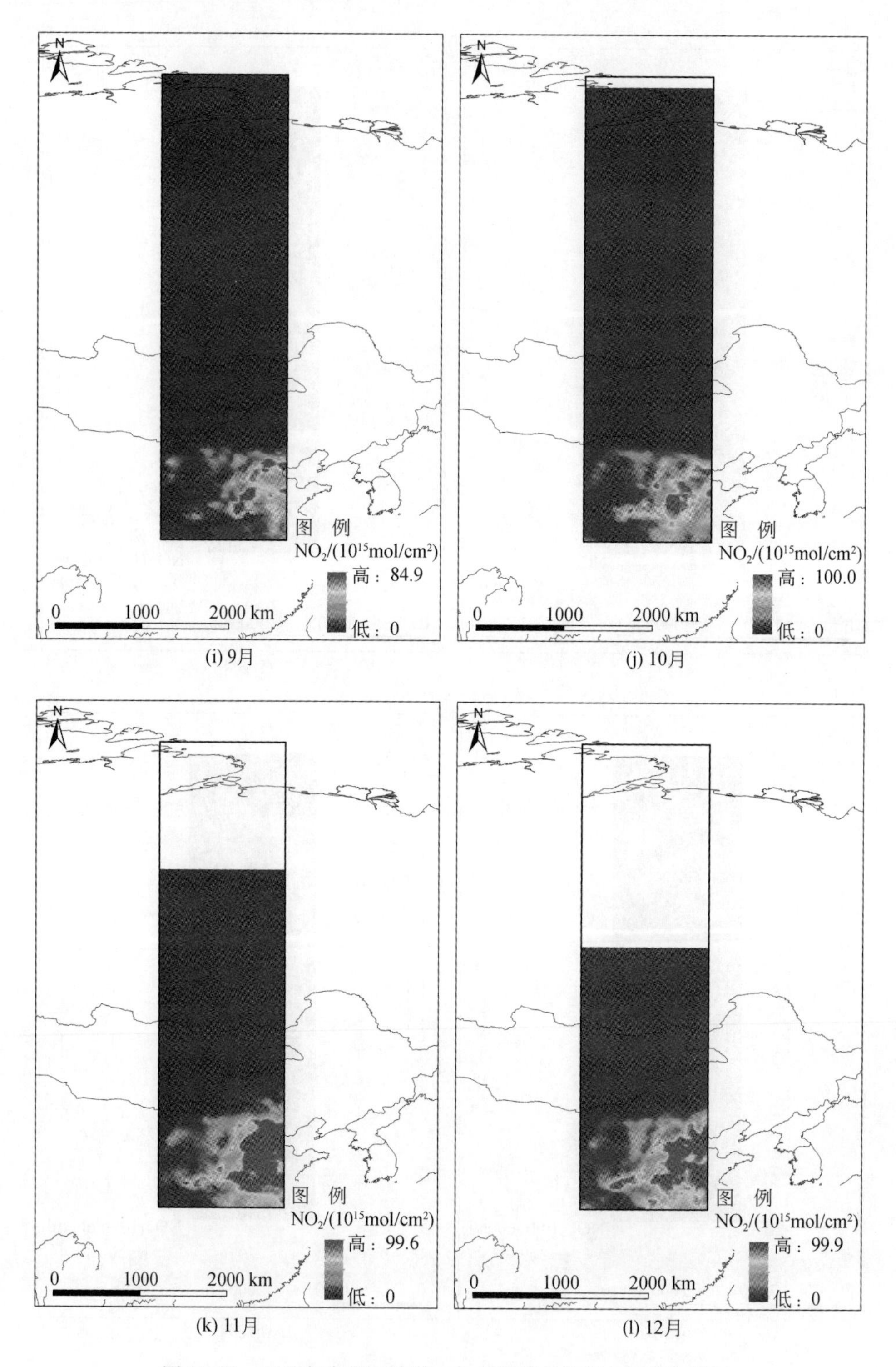

图 10-35 2010 年东北亚地区 NO_2 柱浓度月均值空间分布特征

图 10-36 是研究期间 NO_2 柱浓度时间序列的变化趋势。从中可见，东北亚地区 NO_2 柱浓度的月变化具有一定的循环特征，其高值一般出现在每年 1 月、12 月，而低值则出现在每年 3 月、4 月和 8 月、9 月。从年际变化来看，NO_2 柱浓度呈现持续增加趋势，其中 2008 年 1 月具有最高值，为 5.85×10^{15} mol/cm^2。

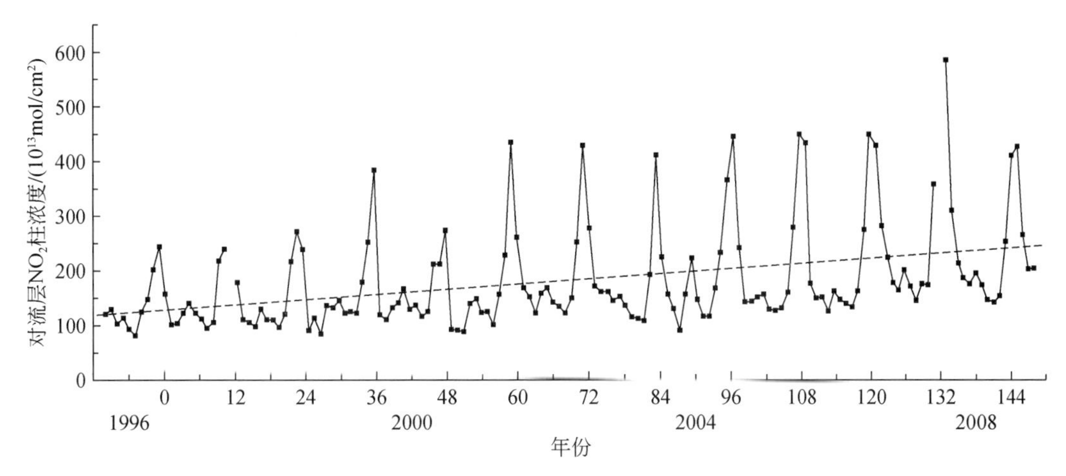

图 10-36　1996 ~ 2009 年 NO_2 柱浓度月均值时间序列变化特征

为了进一步得到 NO_2 柱浓度在全年中的变化趋势，我们选取 2005 年月均值数据进行分析，结果如图 10-37 所示。由图中可见，在全年中对流层 NO_2 柱浓度变化呈现 U 型特征，即 1 月和 12 月具有全年最大值，其次是 2 月和 11 月，3 ~ 5 月和 7 ~ 9 月具有全年最小值。

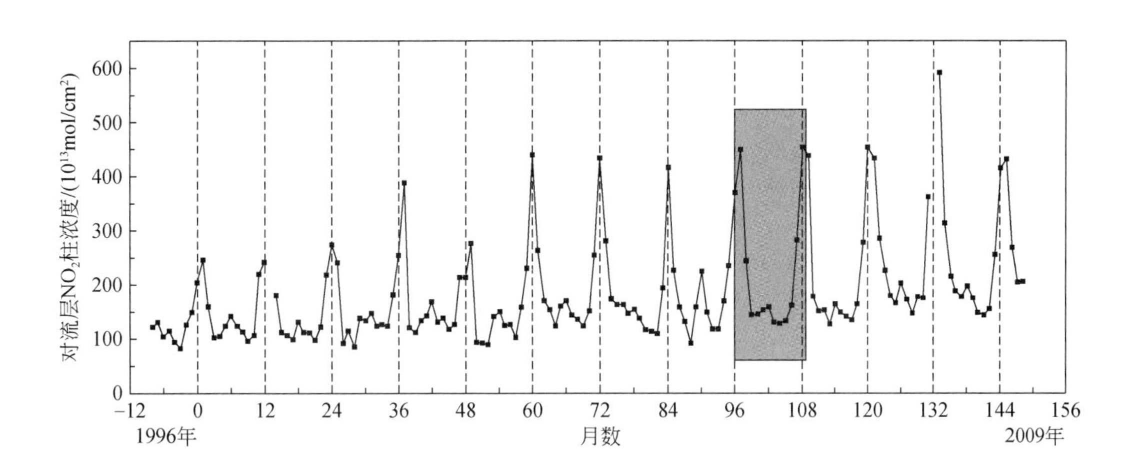

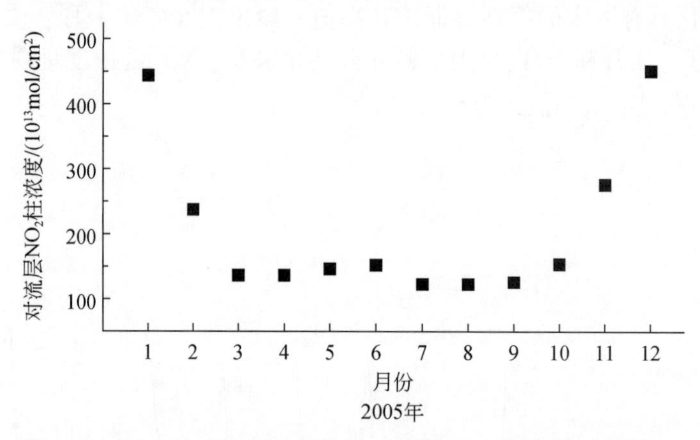

图 10-37　2005 年东北亚南北样带对流层 NO_2 柱浓度月变化特征

图 10-38 是 15 年期间的东北亚南北样带地区 NO_2 柱浓度年均值时间序列变化趋势。从图 10-38 中可见，NO_2 柱浓度呈现阶梯状增加趋势，其中 2007 年和 2010 年具有最大增长趋势，分别为 $2.62\times10^{15}mol/cm^2$ 和 $3.45\times10^{15}mol/cm^2$；显著增加的年份有 2002 年、2007 年和 2010 年，增长率分别为 13%、22% 和 16%。与 1996 年相比，2010 年对流层 NO_2 柱浓度值增加超过 $2.0\times10^{15}mol/cm^2$。

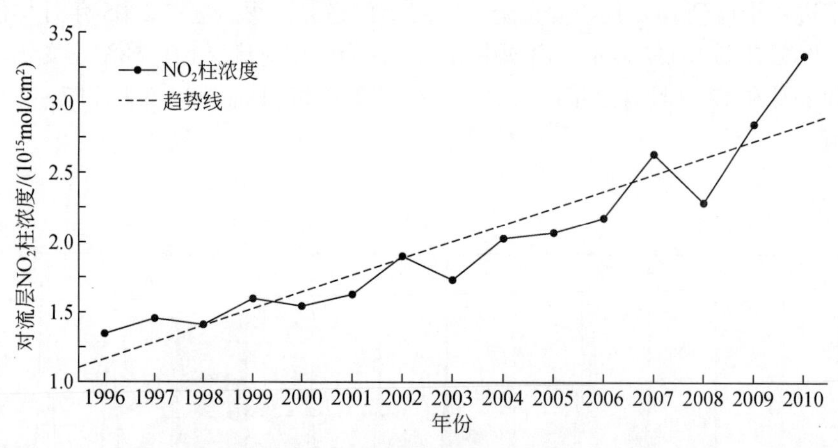

图 10-38　东北亚南北样带对流层 NO_2 柱浓度年均值变化

由于东北亚南北样带对流层 NO_2 柱浓度具有明显的季节变化特征，因此其季节变化趋势进行分析。图 10-39 是 1996 ~ 2010 年东北亚南北样带对流层 NO_2 柱浓度季节性差异，季节划分标准是：12 月至次年 2 月为冬季，3 ~ 5 月为春季，6 ~ 8 月为夏季，9 ~ 11月为秋季。文中所涉及的四季划分标准均为此划分方法。

由于受季节气象影响，NO_2 呈现明显的季节变化规律。在东北亚南北样带南部地区，秋、冬季节，因采暖需要，汽车尾气排放量增加，而且太阳辐射较弱，其气象因子不利于大气扩散，污染物可以长时间留存在对流层中，因此秋、冬季对流层 NO_2 柱浓度值较高，一般最高值出现在冬季；而春、夏季节太阳辐射较强，光化学反应较强，对

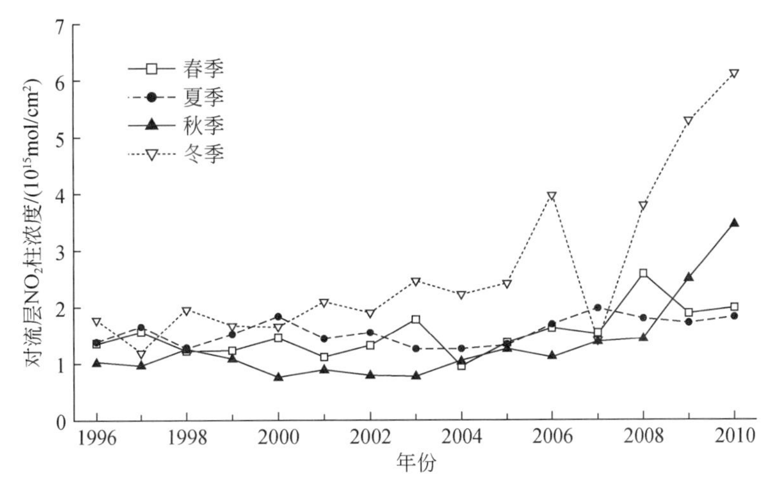

图 10-39　1996～2010 年东北亚南北样带对流层 NO_2 柱浓度季节性变化

流层中的 NO_2 很快被氧化，并以干湿沉降的方式回到地面，因此春、夏两季的 NO_2 柱浓度值较低，一般最低值出现在秋季。

（2）不同土地利用类型上空对流层 NO_2 柱浓度分布特征

由于不同的区域环境特征和污染排放来源，对流层 NO_2 浓度具有显著不同特征。本研究根据 UMD 和 EUROPE300 产品得到 1996～2010 年土地利用类型数据，并分析其上空对流层 NO_2 柱浓度分布特征。

1）不同土地利用类型上空对流层 NO_2 柱浓度的月变化分析。由图 10-40 可见，不同土地利用类型上空的 NO_2 柱浓度变化趋势与东北亚南北样带总的 NO_2 柱浓度变化趋势一致，随着时间的增加呈现上升趋势和明显的季节变化特征。其中，农田和城市用地

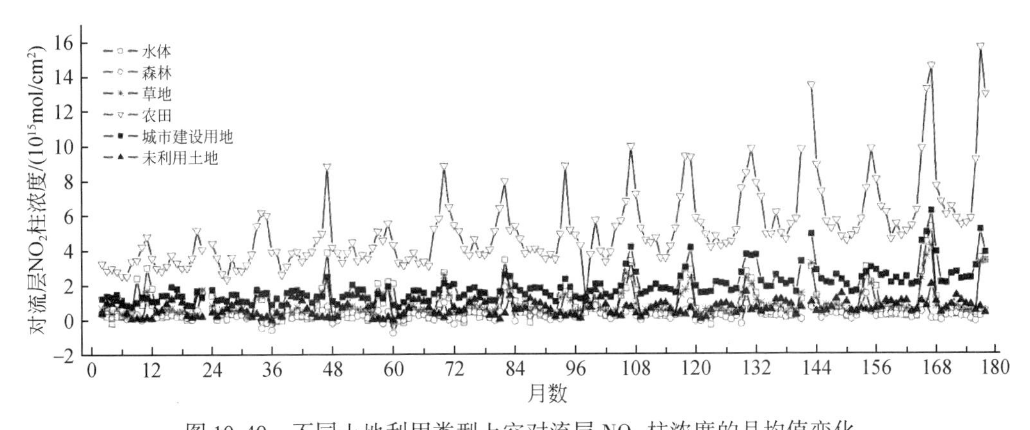

图 10-40　不同土地利用类型上空对流层 NO_2 柱浓度的月均值变化

上空 NO_2 柱浓度上升趋势明显，而森林上空 NO_2 柱浓度则无明显上升趋势。二者均呈现明显的季节变化特征。对比不同土地利用类型上空 NO_2 柱浓度月均值可以看到，农田用地上空具有 NO_2 柱浓度的最高值，森林上空则出现最低值。在不同土地利用类型中 NO_2 柱浓度呈现农田>城市用地>水体>草地>森林的规律。人类活动已经成为增加对流层 NO_2 浓度的主要来源之一，其中城市地区废气排放尤其是汽车尾气排放以及农业烧荒等影响最为

严重，因此农田和城市用地上空 NO_2 柱浓度具有最高值。水体中的微生物过程产生的 NO_2 也是对流层 NO_2 的主要来源。水体上空 NO_2 柱浓度较高，仅次于城市用地。

2）不同土地利用类型上空对流层 NO_2 柱浓度的季节变化分析。除未利用土地外，不同土地利用类型上空其对流层 NO_2 柱浓度具有一致的季节变化特征。由图 10-41 可见，高值均出现在冬季和春季，而低值则出现在夏季和秋季。在未利用土地上空，这种变化趋势则呈现相反的特征，其对流层 NO_2 柱浓度高值出现在夏季，而低值则出现在冬季。主要原因是由于其对流层 NO_2 源排放不同所致，在农田、城市和水体上空，其 NO_2 来源主要是人为排放为主，而在未利用土地上空则主要是由自然源排放为主。

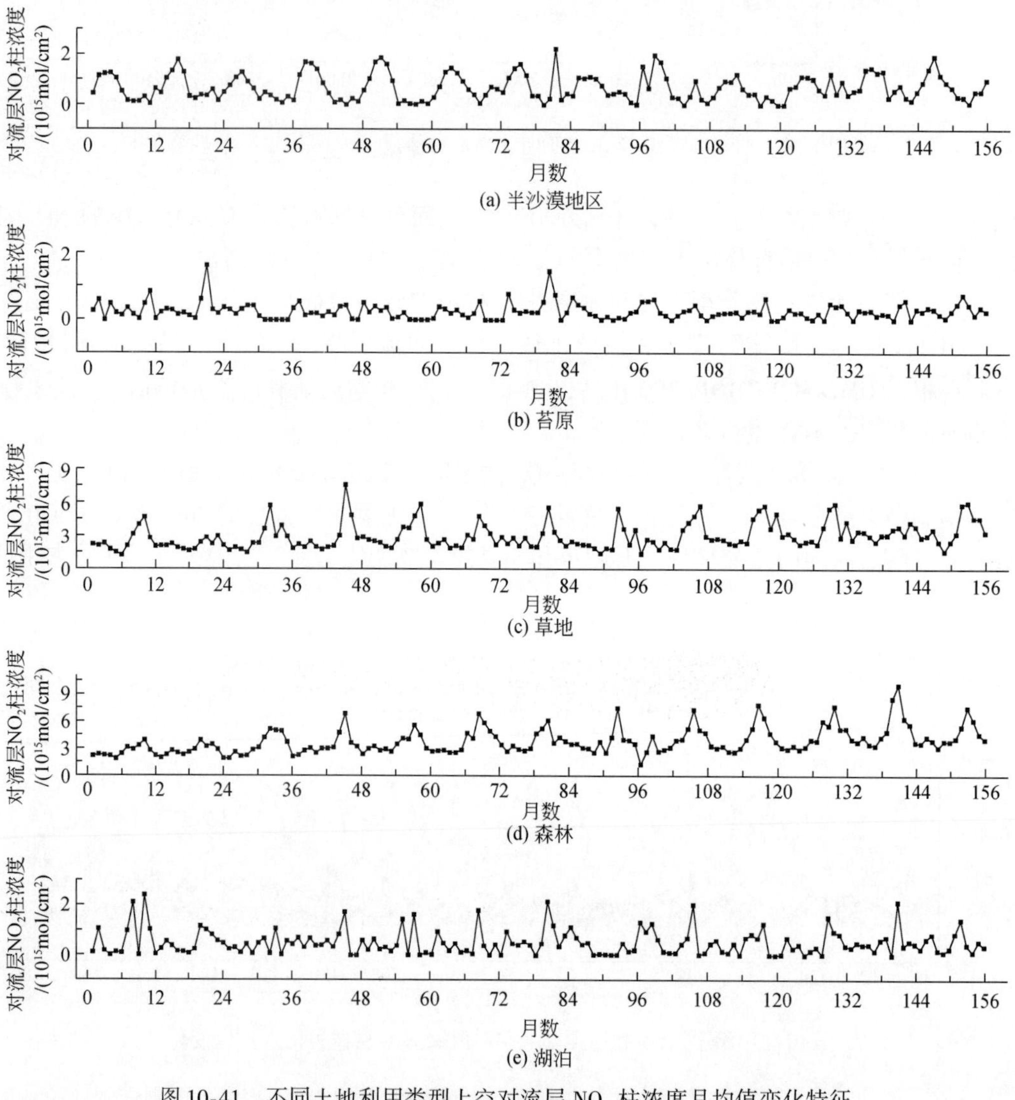

图 10-41　不同土地利用类型上空对流层 NO_2 柱浓度月均值变化特征

3）不同土地利用类型与其 NO_2 柱浓度之间的动态变化。1996～2010 年，不同土地利用类型上 NO_2 柱浓度等级发生了显著的变化（图 10-42）。

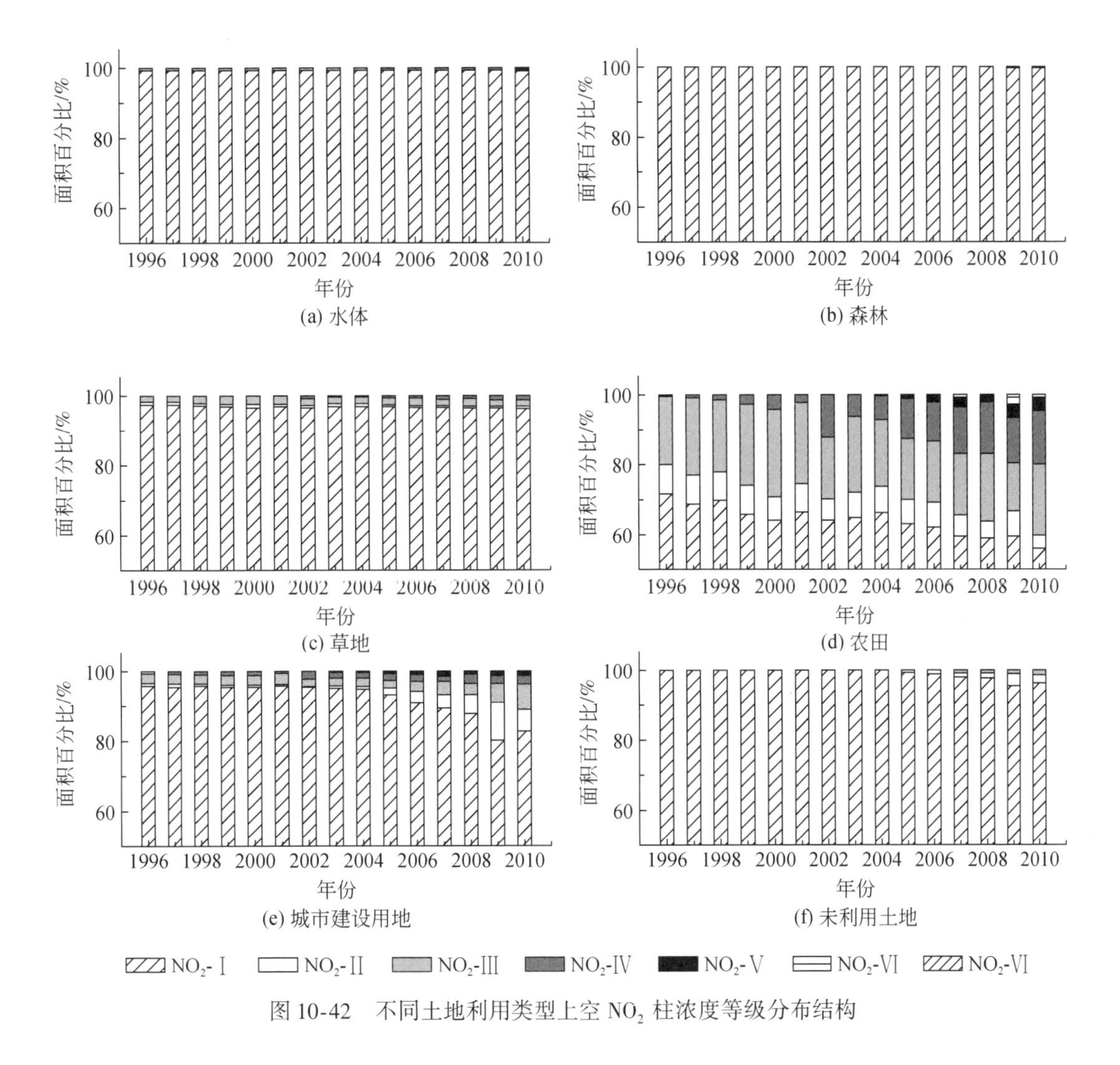

图 10-42　不同土地利用类型上空 NO_2 柱浓度等级分布结构

对比不同土地利用类型可见，NO_2 在其面积上的等级分布特征主要分成两类：一类以污染较轻的 NO_2-Ⅰ、NO_2-Ⅱ、NO_2-Ⅲ和 NO_2-Ⅳ为主体，包括森林、水体和未利用土地，其中 NO_2-Ⅰ占 99%；另一类以污染较重的 NO_2-Ⅶ、NO_2-Ⅴ和 NO_2-Ⅵ为主体，包括农田、城市建设用地和草地，分别占到各自的 20%、16% 和 3%。

由此可见，随着 NO_2 柱浓度的增加，不同土地利用类型上空 NO_2-Ⅰ所占的面积减少最为显著，而 NO_2-Ⅲ所占面积增加最为显著。

10.4.3　CH_4 时空动态分析

10.4.3.1　东北亚南北样带甲烷柱浓度的空间分布

通过利用 SCIMACHY 卫星数据的统计处理，获得 2003 ~ 2009 年东北亚南北样带及周边地区 CH_4 垂直柱浓度的时空分布特征（图 10-43 ~ 图 10-63），空白区域由遥感数据缺失导致。

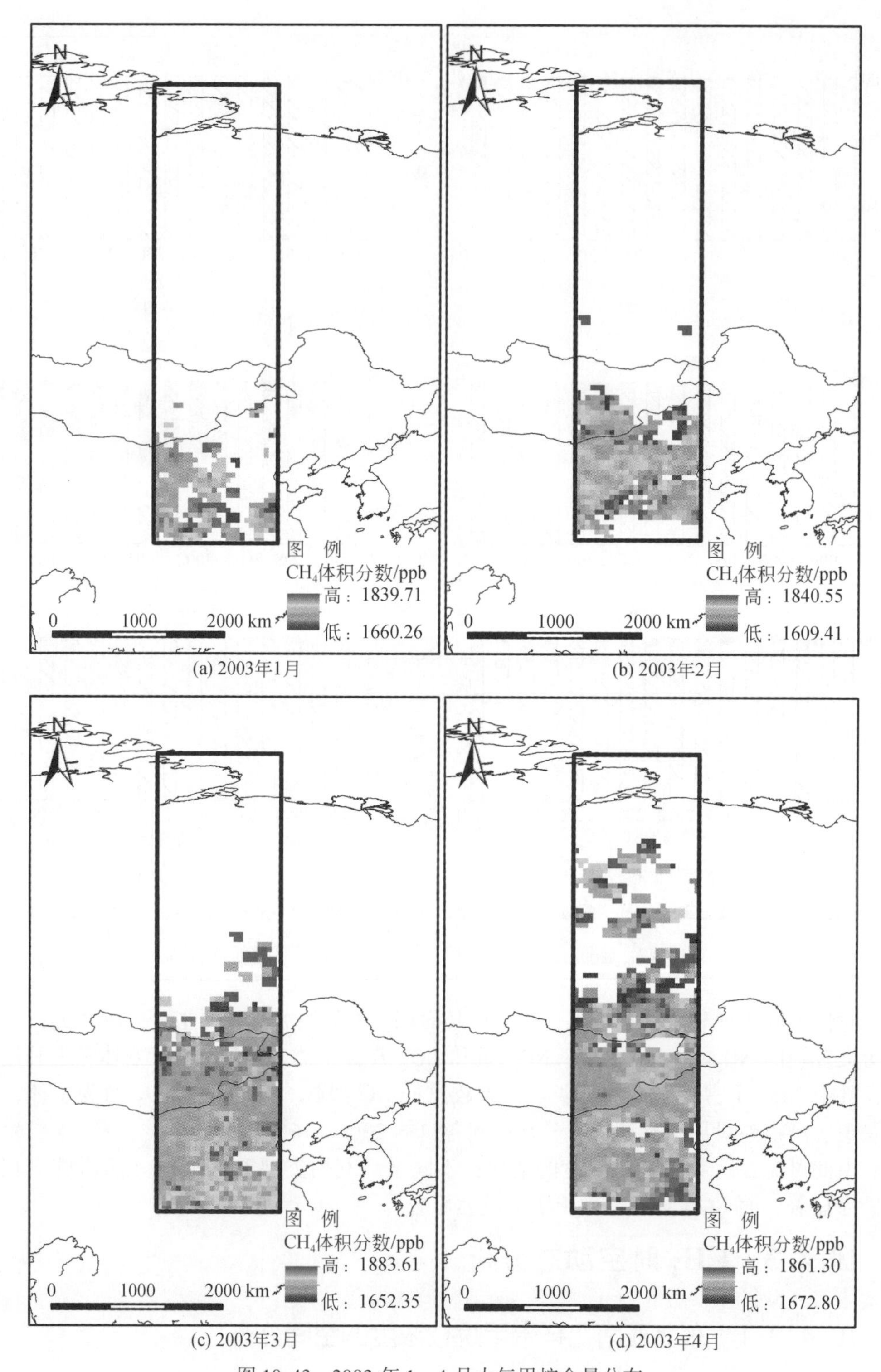

图 10-43 2003 年 1 ~4 月大气甲烷含量分布

由于冬季甲烷卫星数据缺失严重，1 ~4 月观测到的甲烷主要分布在东北亚样带南部，从 3 月、4 月的甲烷分布可以看出，样带东南部即中国华北地区甲烷浓度较高

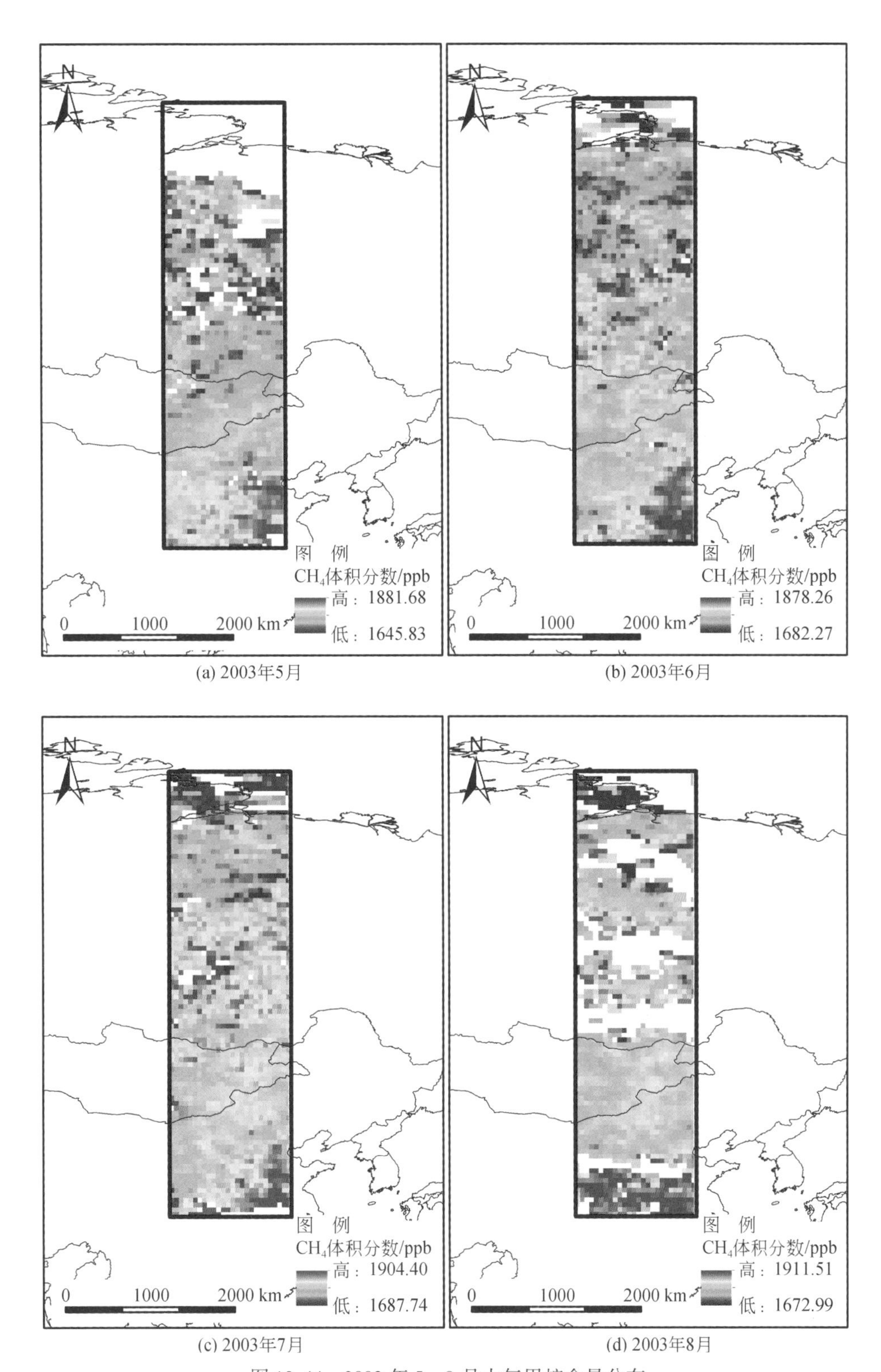

(a) 2003年5月　(b) 2003年6月

(c) 2003年7月　(d) 2003年8月

图 10-44　2003 年 5 ~ 8 月大气甲烷含量分布

5 ~ 8 月大气甲烷含量逐渐升高，高值主要分布在样带南部和中部地区，在样带北部的高纬度地区是甲烷分布的低值区域。从 6 月、7 月的空间分布看，在样带中偏北部区域大气甲烷含量较高

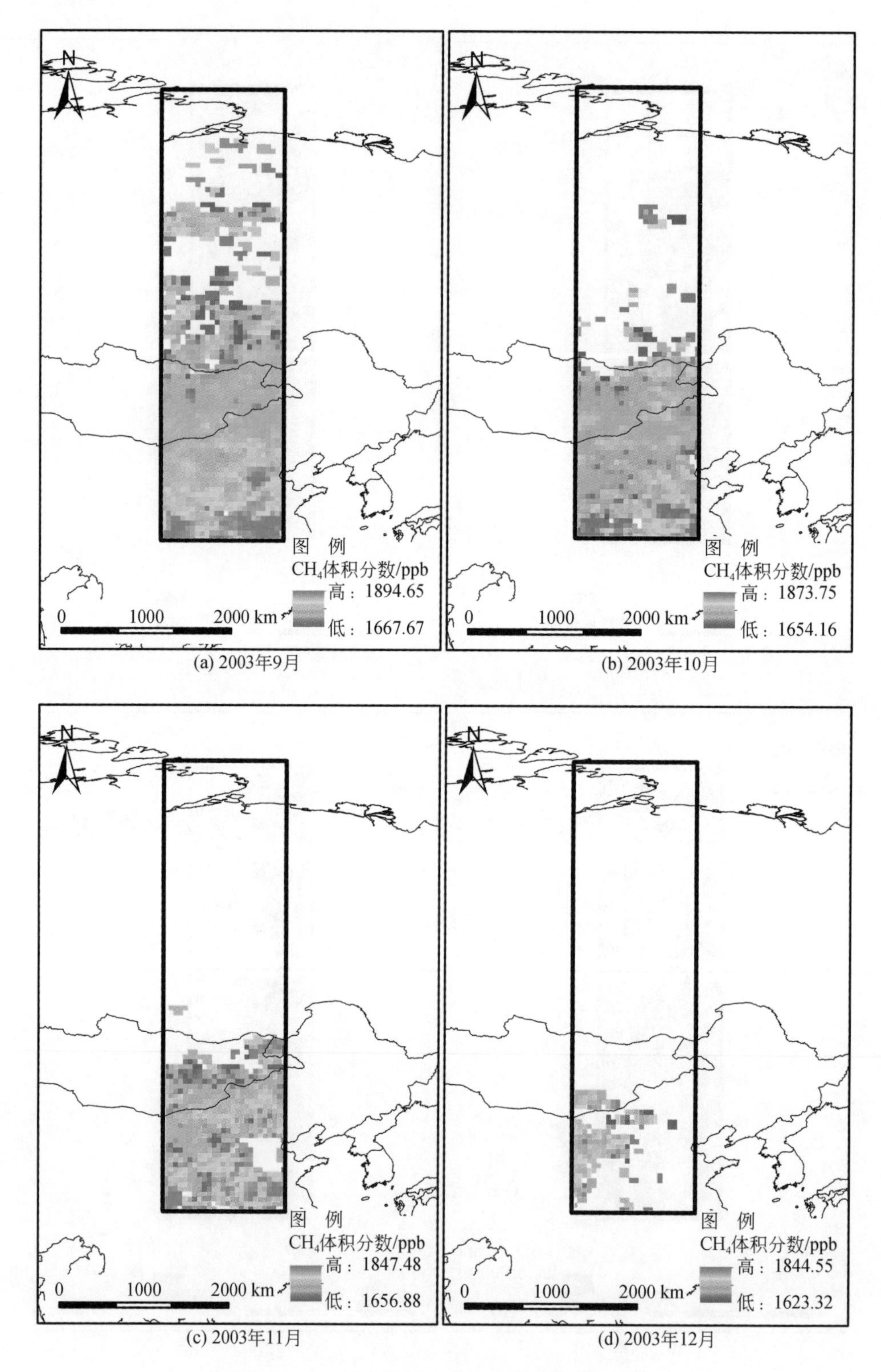

(a) 2003年9月

(b) 2003年10月

(c) 2003年11月

(d) 2003年12月

图 10-45 2003 年 9～12 月大气甲烷含量分布

9 月、10 月甲烷最大值逐步降低，以现有覆盖区域显示，样带南部依然是甲烷分布的高值地区

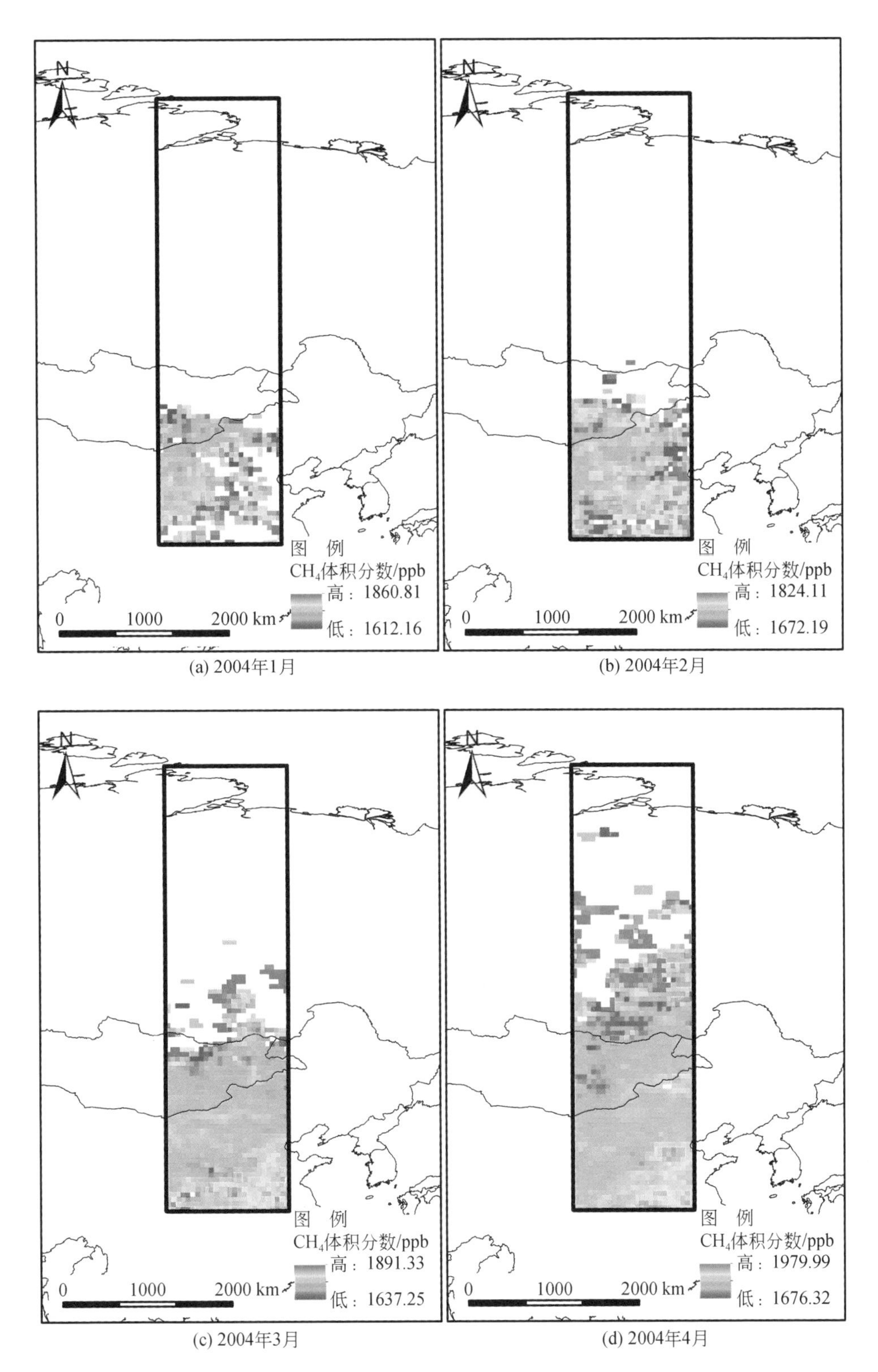

图 10-46　2004 年 1 ~4 月大气甲烷含量分布

观测到东南亚样带大气甲烷含量 2004 年 1 ~4 月最高值升高明显

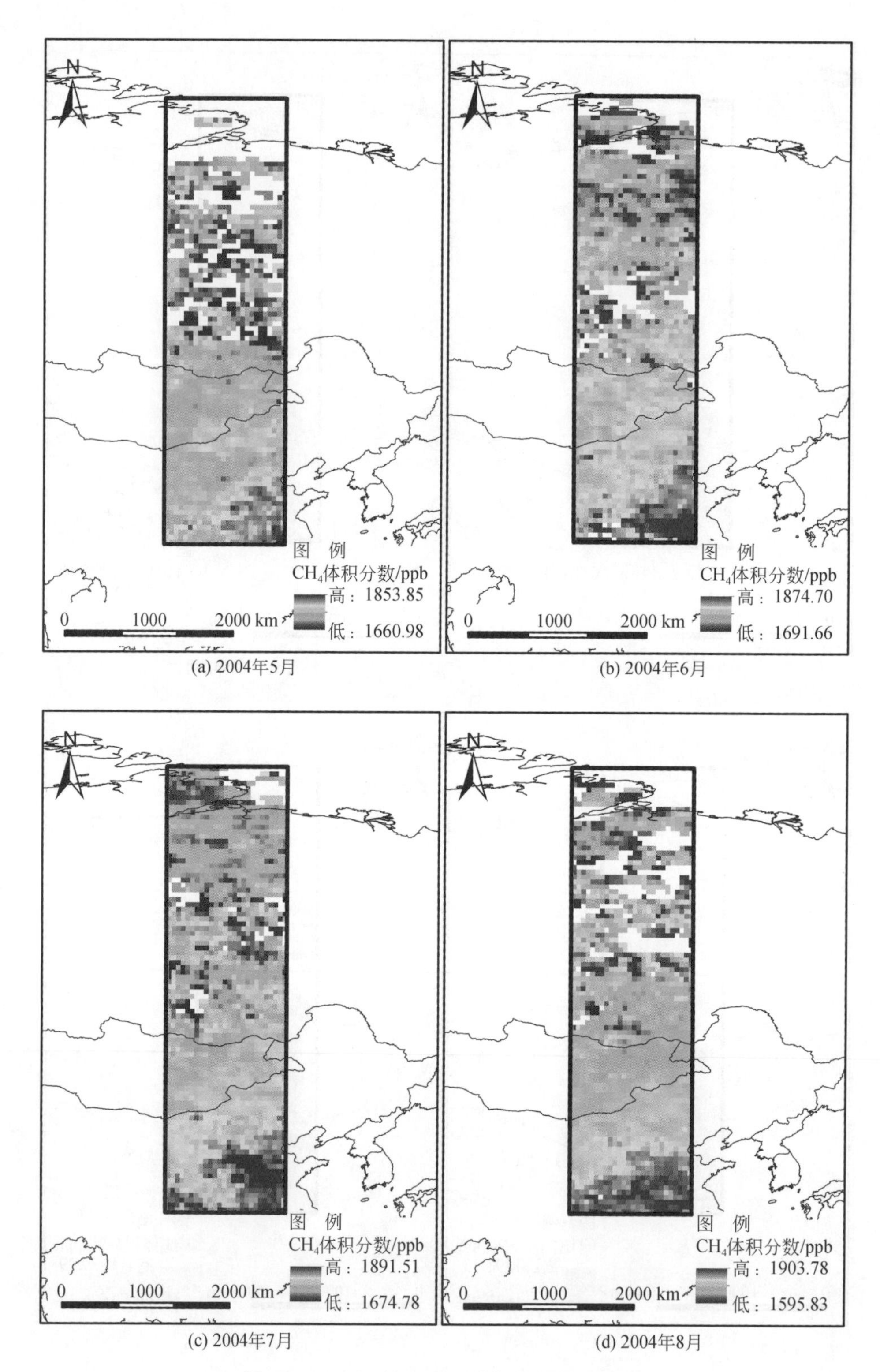

(a) 2004年5月

(b) 2004年6月

(c) 2004年7月

(d) 2004年8月

图 10-47　2004 年 5 ~ 8 月大气甲烷含量分布

2004 年 5 ~ 8 月高值区域分布在样带南部，中部区域大气甲烷含量略高，且高值区域面积较 2003 年同期逐步扩大，甲烷含量分布月最大值升高

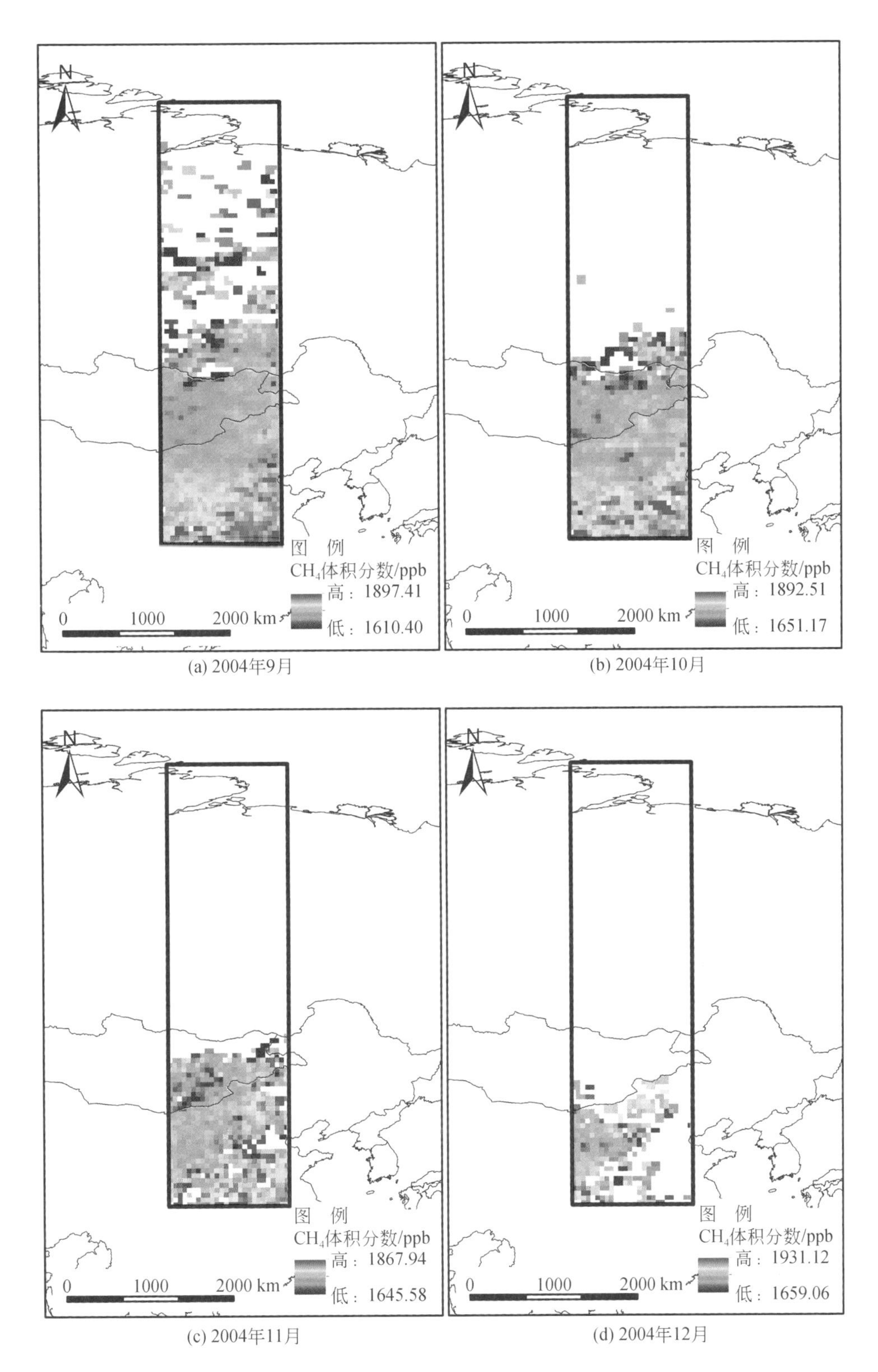

(a) 2004年9月　(b) 2004年10月

(c) 2004年11月　(d) 2004年12月

图 10-48　2004 年 9 ~ 12 月大气甲烷含量分布

9 ~ 11 月甲烷最大值逐步降低，样带南部是甲烷分布的高值地区，高值区域面积减小

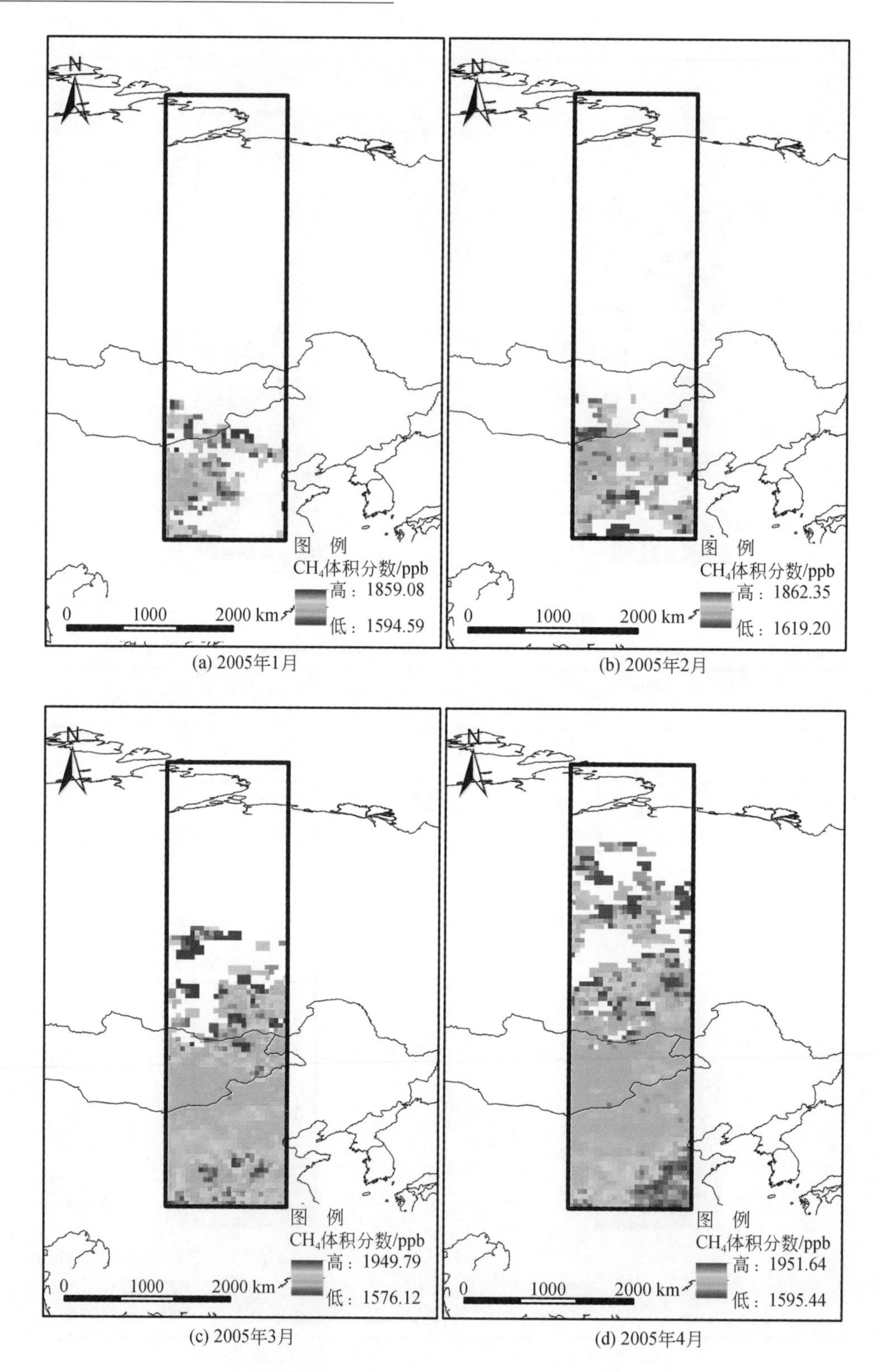

图 10-49　2005 年 1 ~ 4 月大气甲烷含量分布

观测到东南亚样带大气甲烷含量 2005 年 1 ~ 4 月最高值升高，样带南部偏东一直是较高值分布，西南部区域大气甲烷含量逐渐降低，2005 年 3 月样带南部出现大气甲烷含量低值中心

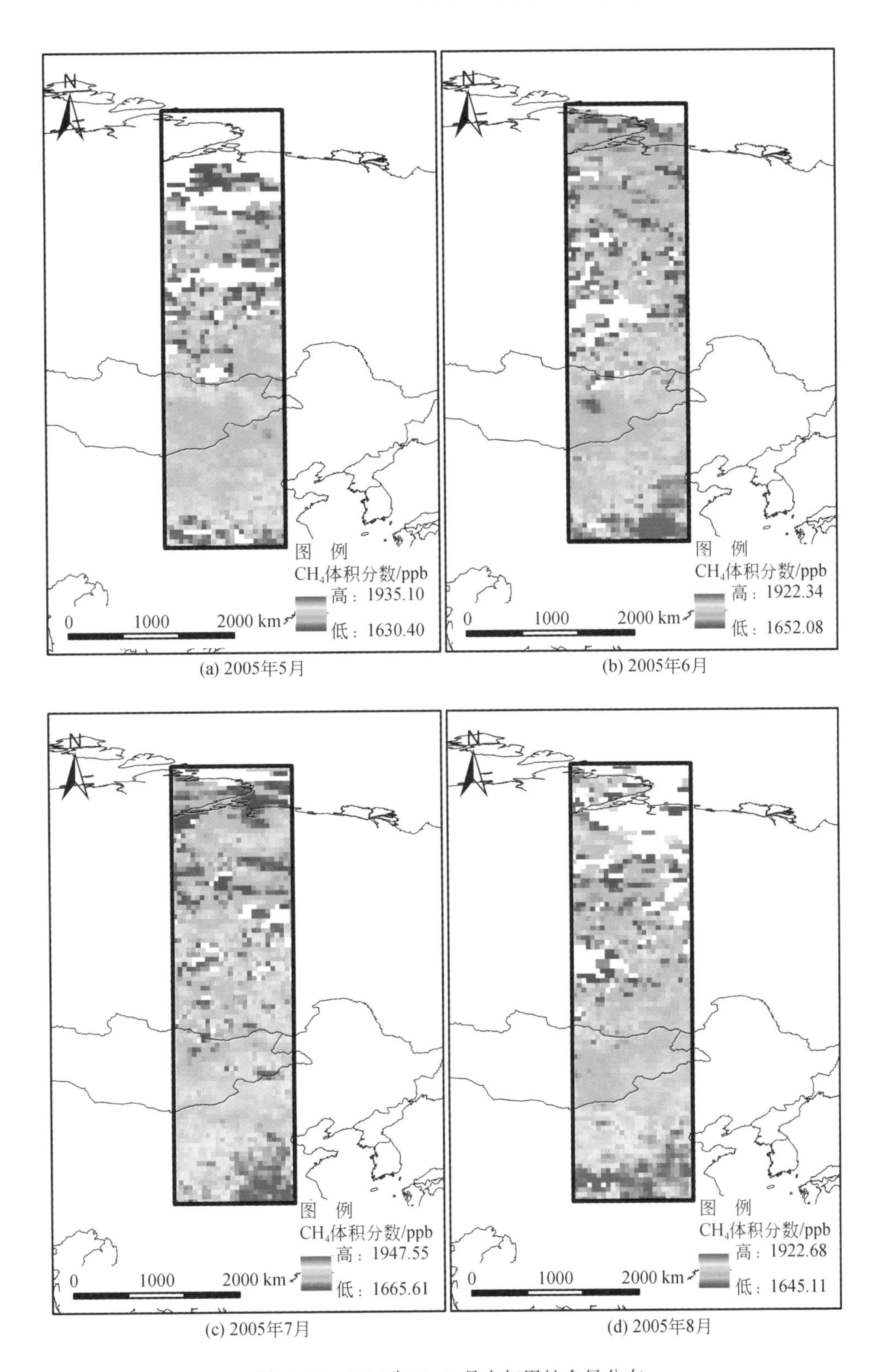

图 10-50　2005 年 5 ~ 8 月大气甲烷含量分布

较 2005 年 3 月，2005 年 7 月样带西南部低值中心区域范围变小，该样带整体甲烷分布状态为南高北低

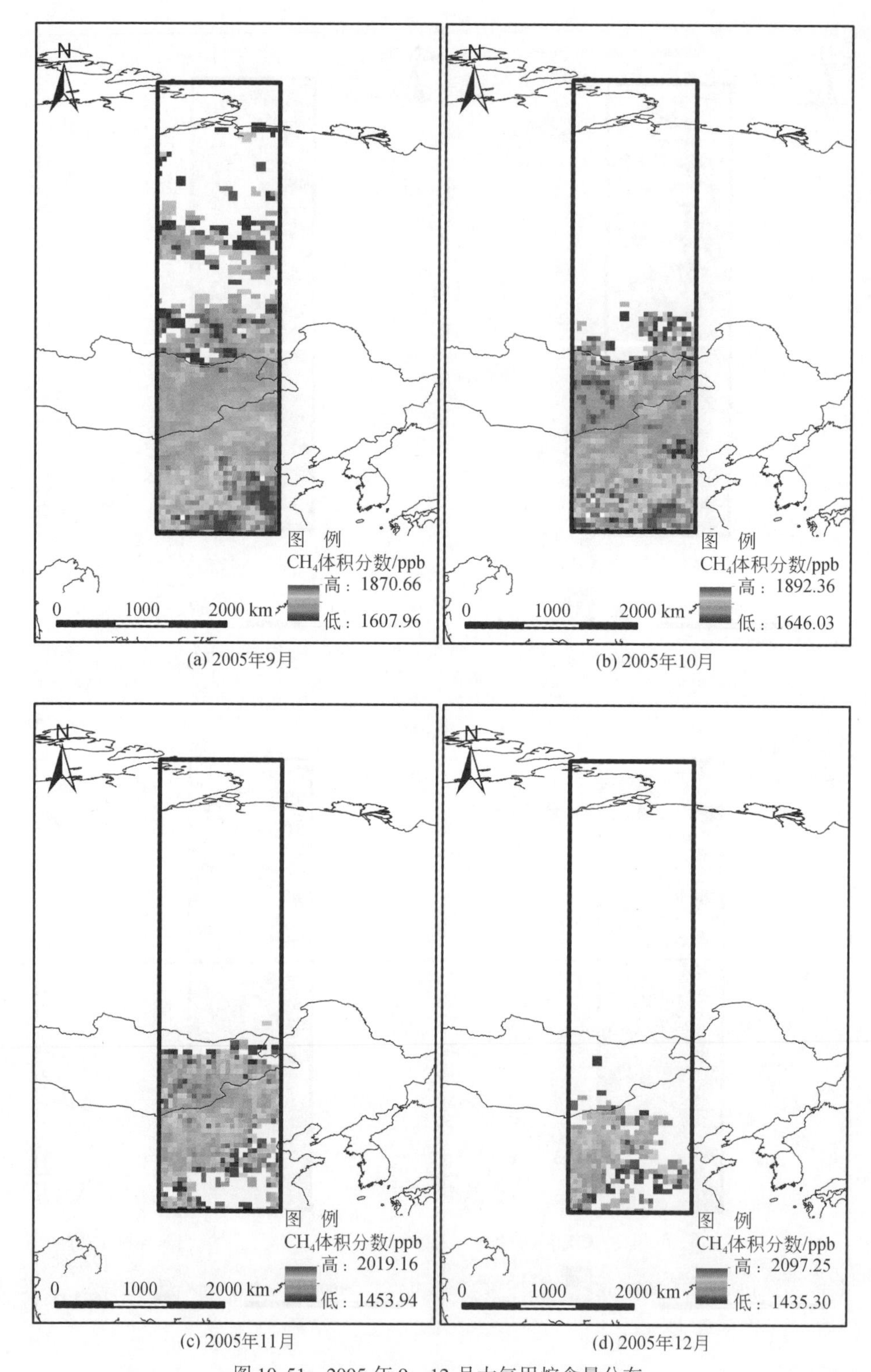

(a) 2005年9月　(b) 2005年10月

(c) 2005年11月　(d) 2005年12月

图 10-51　2005 年 9 ~ 12 月大气甲烷含量分布

9 ~ 11 月甲烷最大值逐步降低，12 月大气甲烷体积混合比最高值升高至 2097. 25，样带南部是甲烷分布的高值区，高值区域面积减小

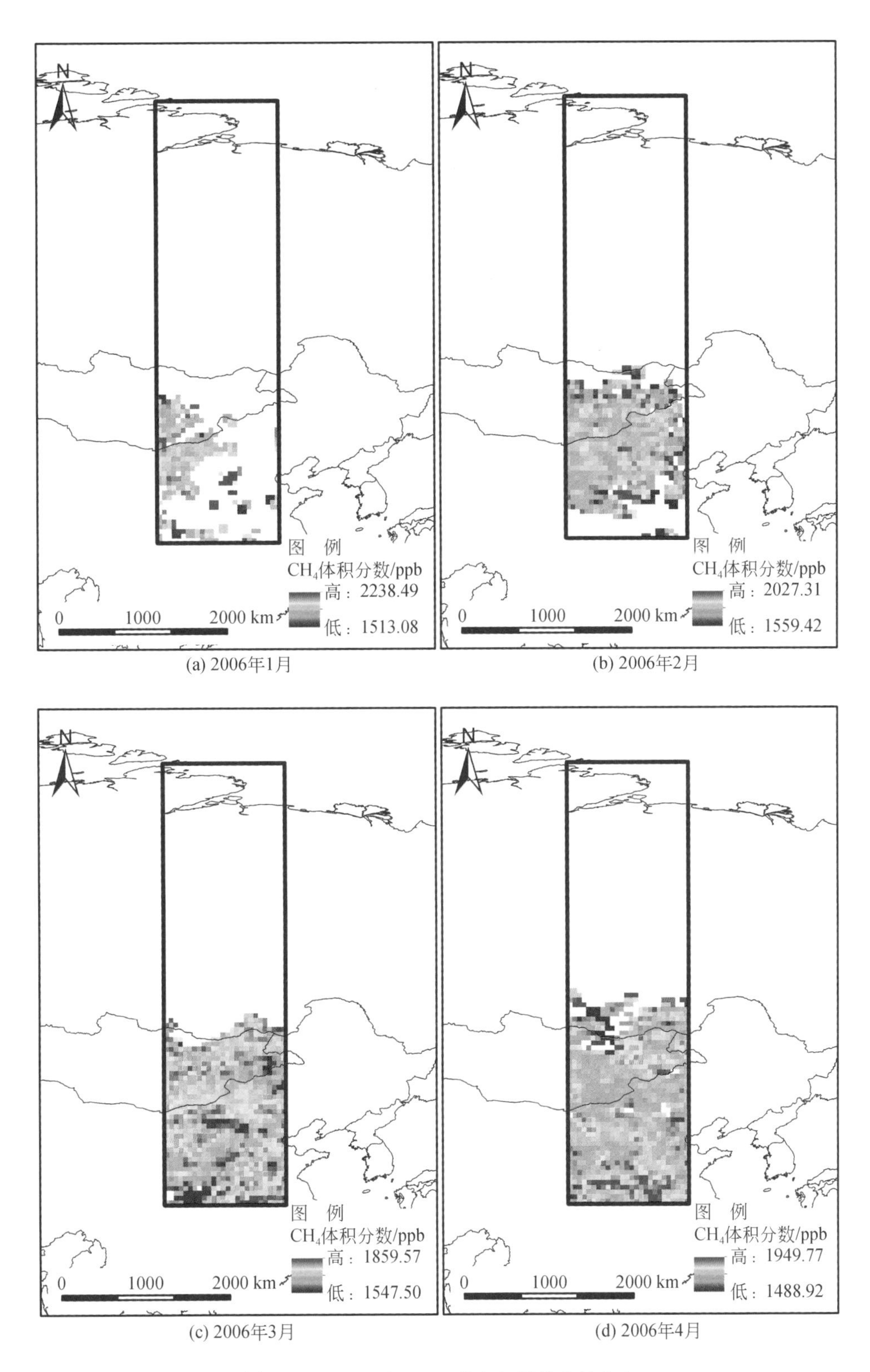

(a) 2006年1月　(b) 2006年2月

(c) 2006年3月　(d) 2006年4月

图 10-52　2006 年 1 ~4 月大气甲烷含量分布

3 月南部高值区域不明显，4 月样带南部出现高值区，1 ~4 月甲烷混合比最大值逐渐减少

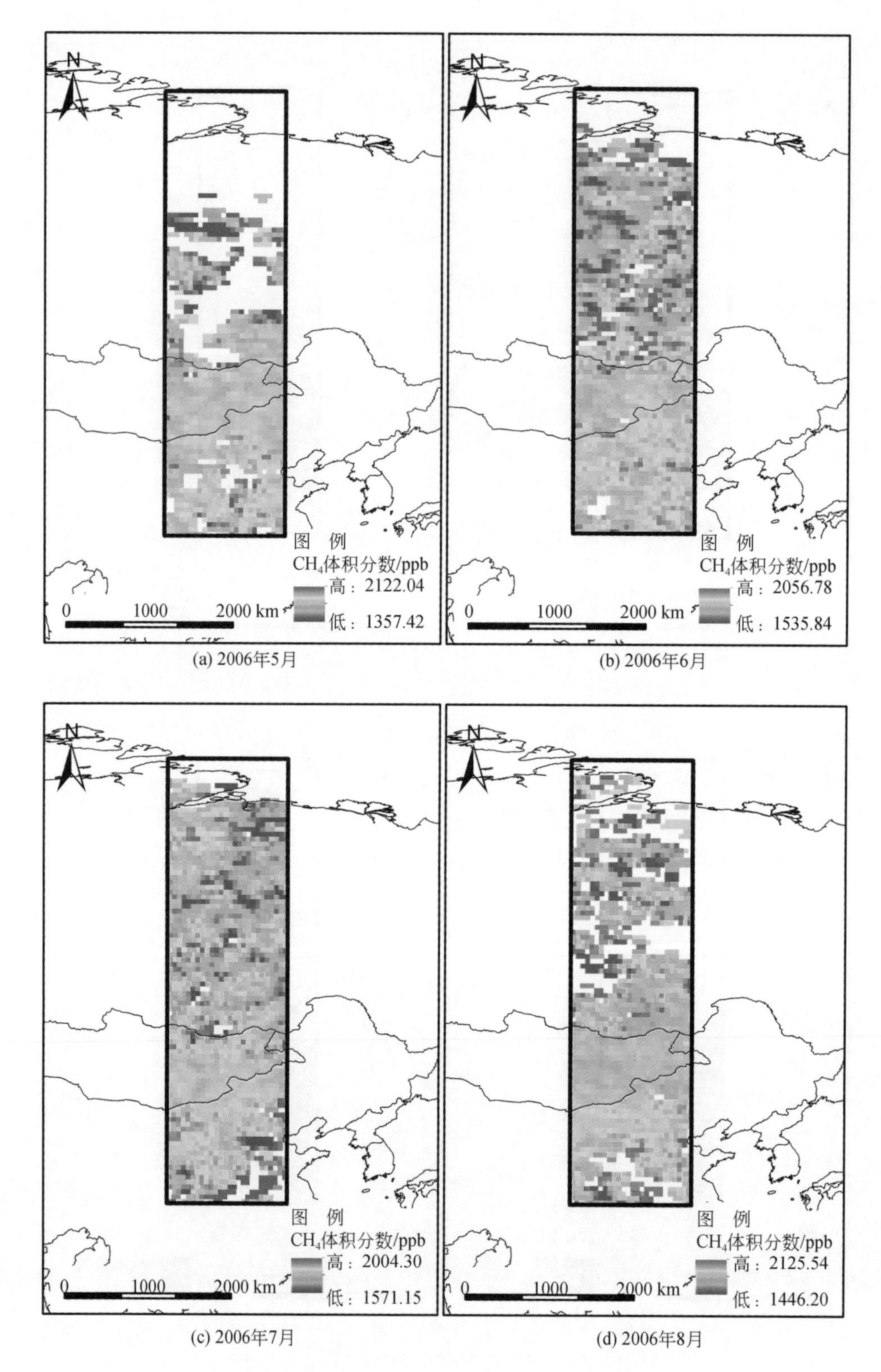

(a) 2006年5月 (b) 2006年6月 (c) 2006年7月 (d) 2006年8月

图 10-53 2006 年 5～8 月大气甲烷含量分布

较 2005 年该时期，高值区域不明显，样带南段区域大气甲烷混合比整体升高，样带南端相对低值出现

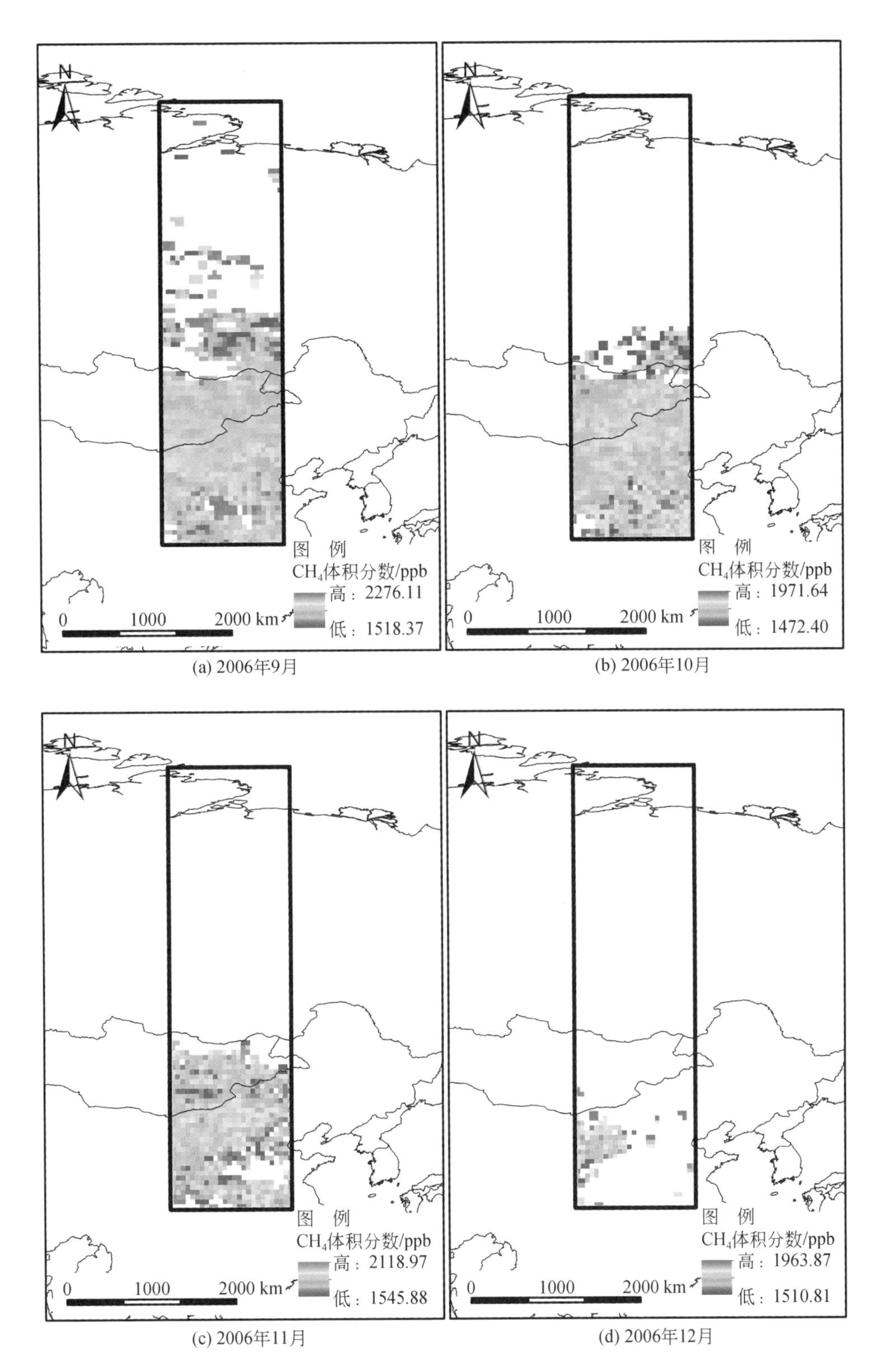

图 10-54　2006 年 9 ~ 12 月大气甲烷含量分布

9 ~ 12 月甲烷最大值相对往年同期升高

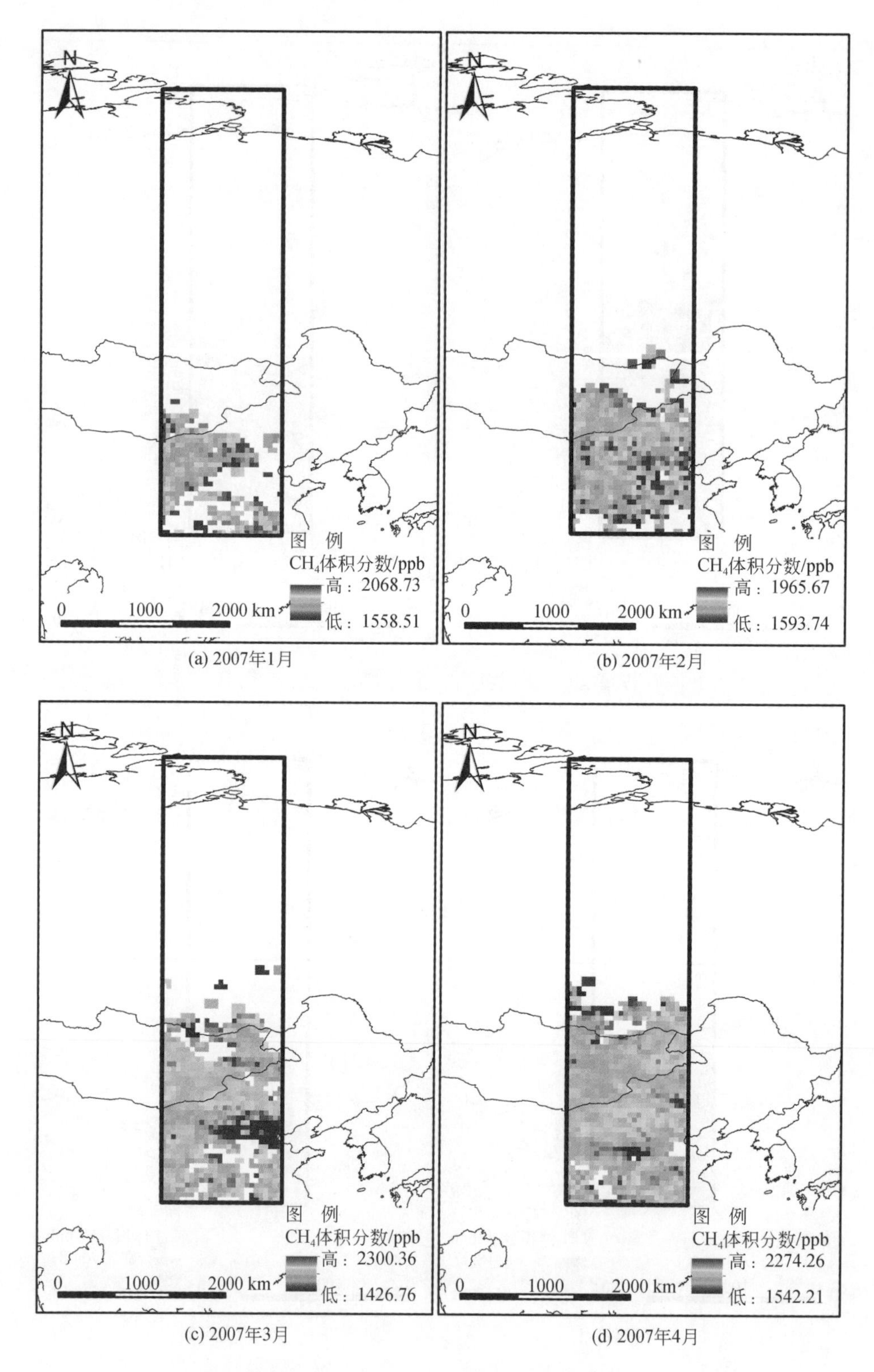

(a) 2007年1月　(b) 2007年2月

(c) 2007年3月　(d) 2007年4月

图 10-55　2007 年 1～4 月大气甲烷含量分布

样带南部有数据区域整体甲烷混合比较高，最大值较往年同期继续升高，样带南部不同位置出现低值

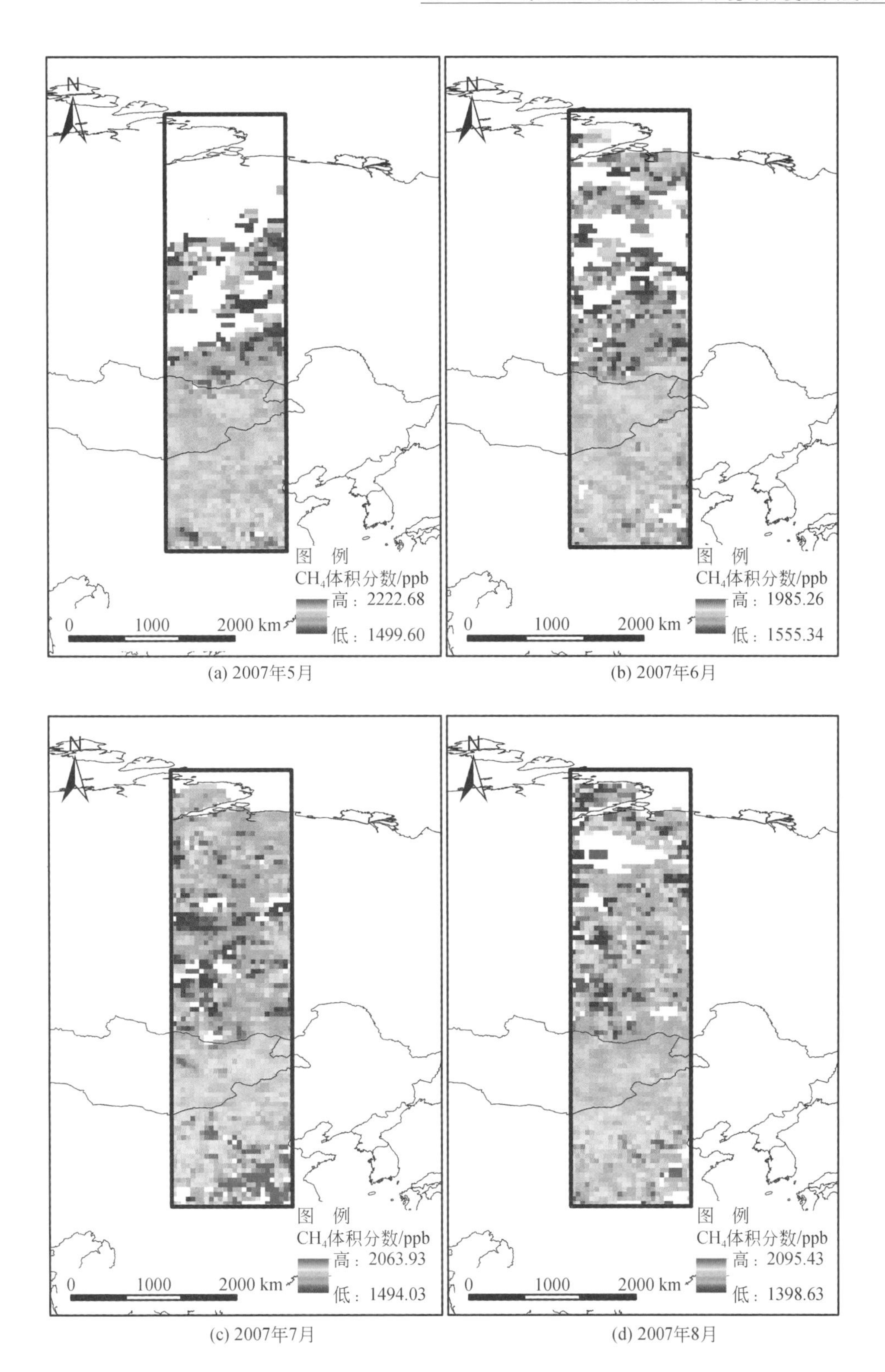

(a) 2007年5月

(b) 2007年6月

(c) 2007年7月

(d) 2007年8月

图 10-56　2007 年 5 ~ 8 月大气甲烷含量分布

样带南段区域大气甲烷混合比整体升高，5 月样带西南出现低值区域

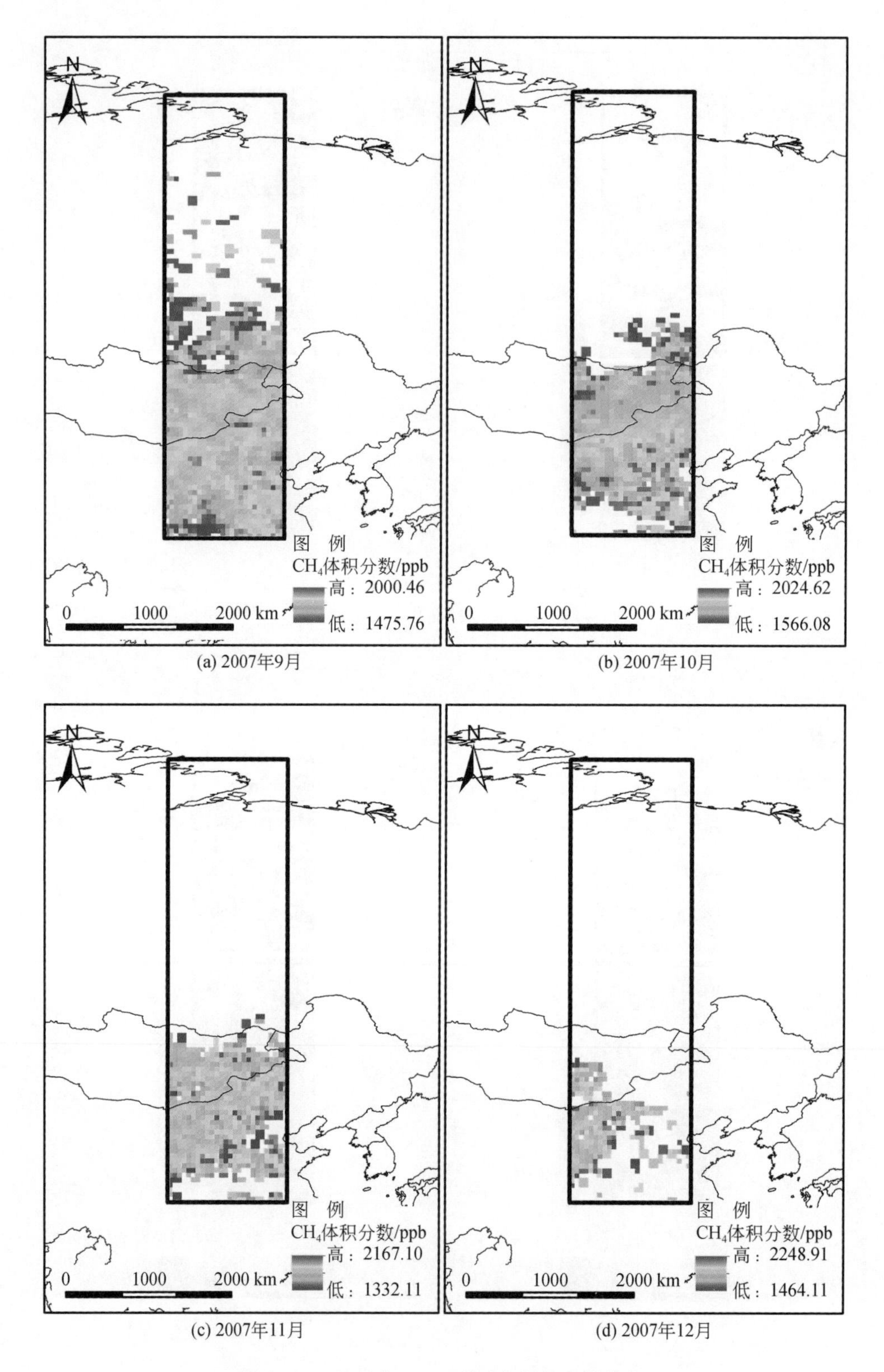

(a) 2007年9月

(b) 2007年10月

(c) 2007年11月

(d) 2007年12月

图 10-57 2007 年 9 ~ 12 月大气甲烷含量分布

9 ~ 12 月甲烷最大值相对以往年份同期继续升高，9 月西南部低值区域明显

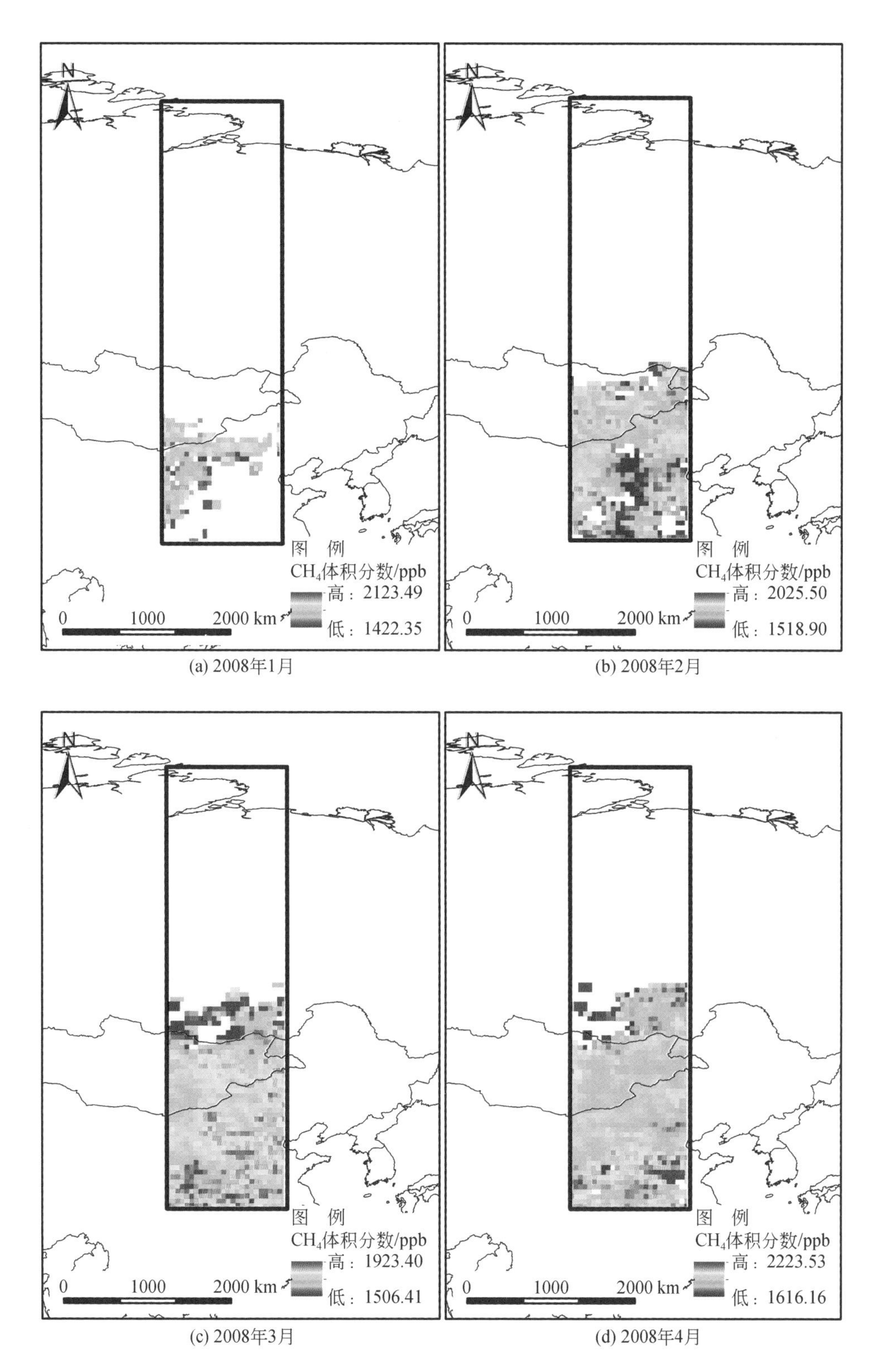

图 10-58　2008 年 1 ~4 月大气甲烷含量分布

样带南部高值区域消失，最大值较往年同期依然偏高，样带南部不同位置出现低值

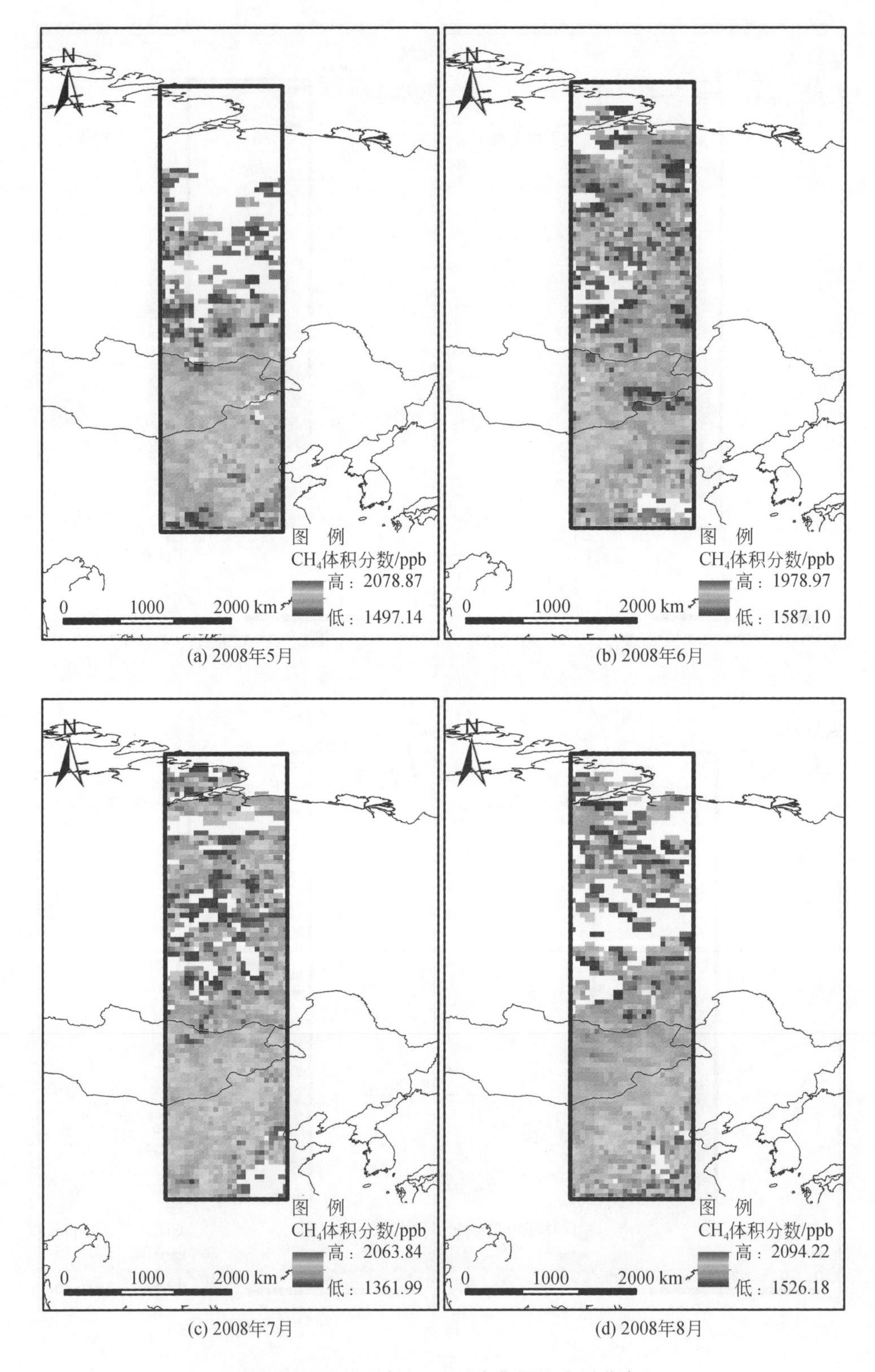

(a) 2008年5月 (b) 2008年6月

(c) 2008年7月 (d) 2008年8月

图 10-59 2008 年 5 ~ 8 月大气甲烷含量分布

样带南段区域大气甲烷混合比较高，5 月样带西南出现低值区域

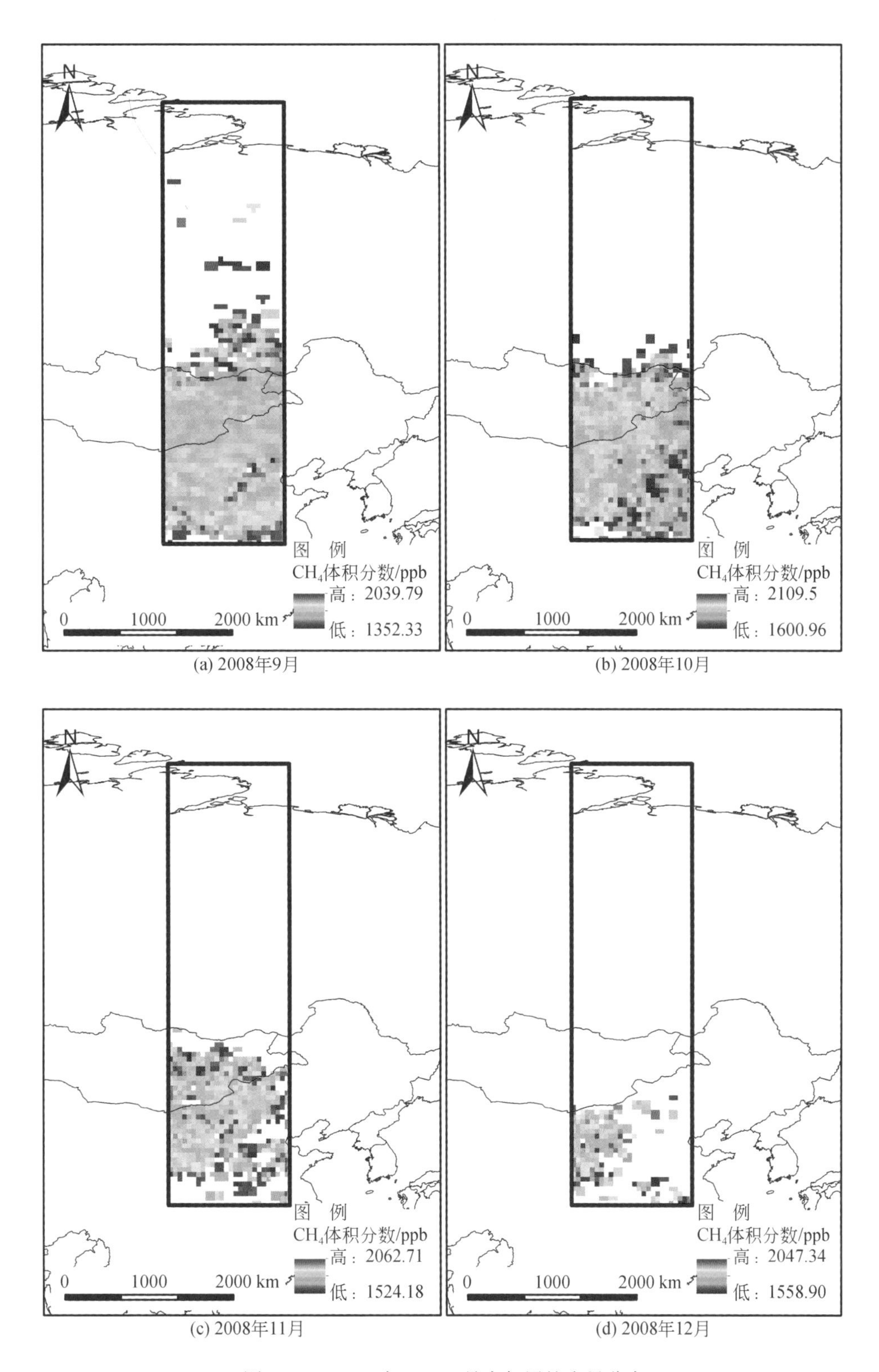

(a) 2008年9月　(b) 2008年10月

(c) 2008年11月　(d) 2008年12月

图 10-60　2008 年 9 ~ 12 月大气甲烷含量分布

甲烷混合比最大值均在 2000 以上

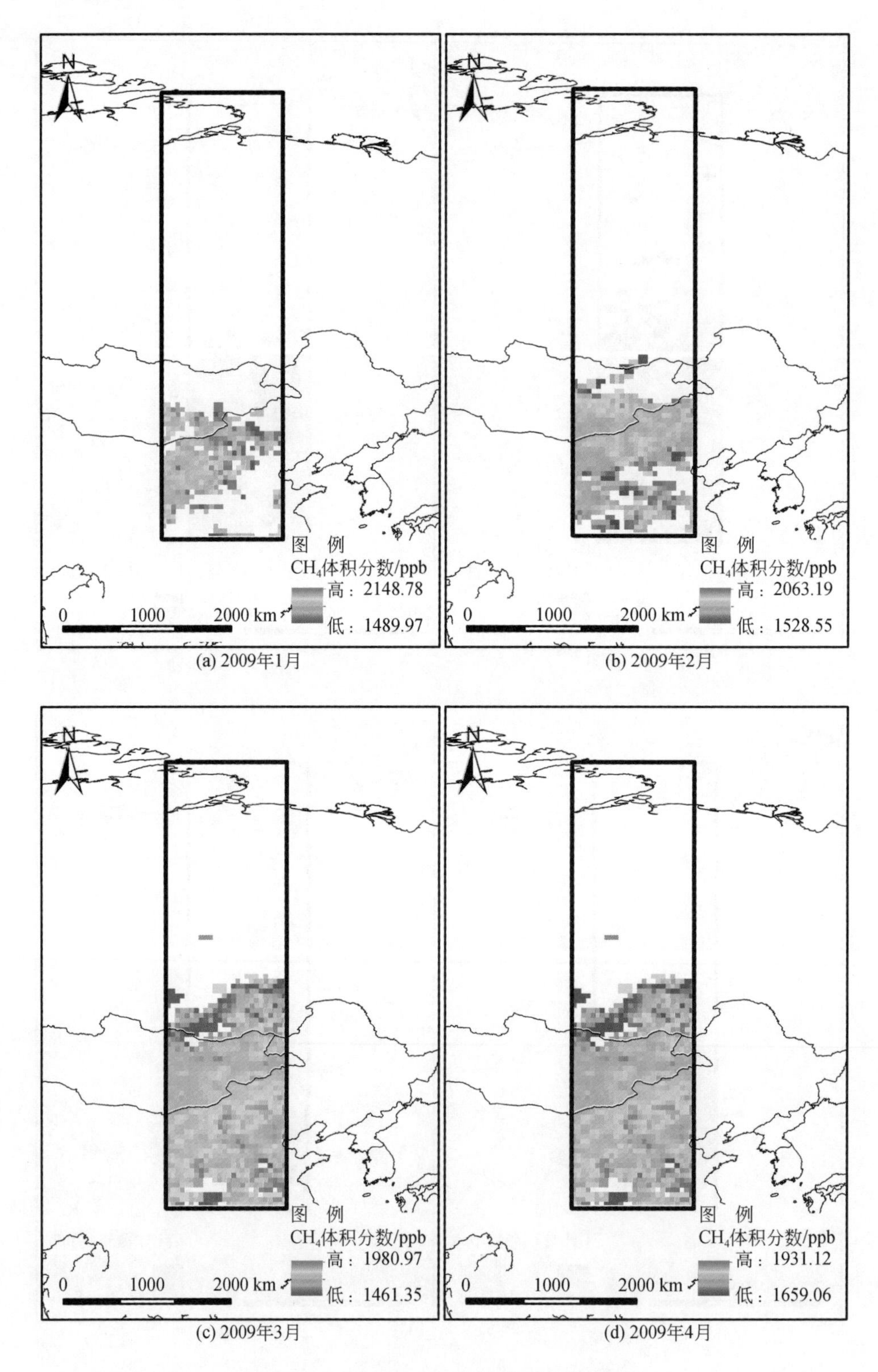

图 10-61 2009 年 1～4 月大气甲烷含量分布

样带南部高值区域消失，样带南部出现低值

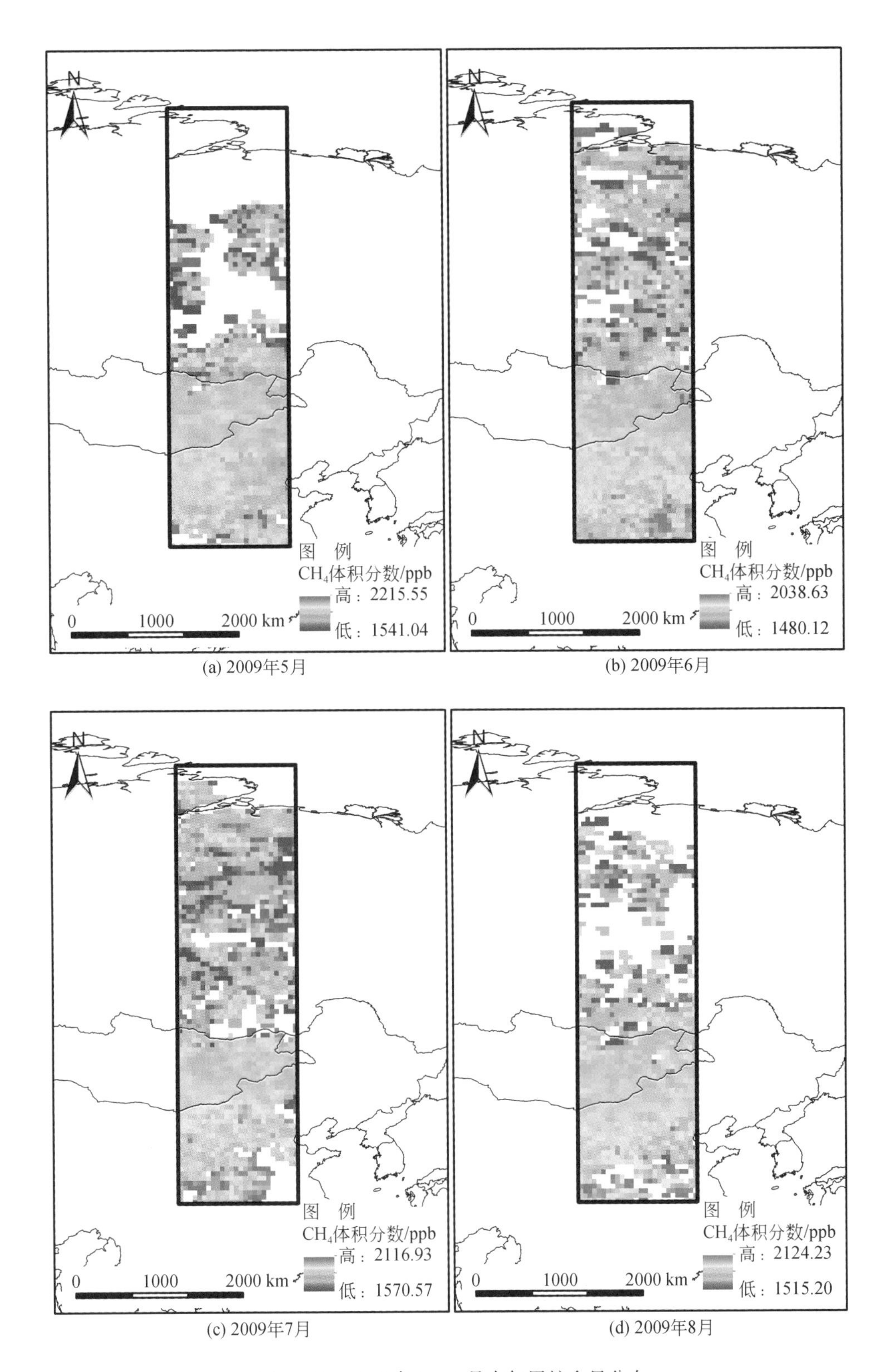

(a) 2009年5月　(b) 2009年6月

(c) 2009年7月　(d) 2009年8月

图 10-62　2009 年 5 ~ 8 月大气甲烷含量分布

样带南段区域大气甲烷混合比较高

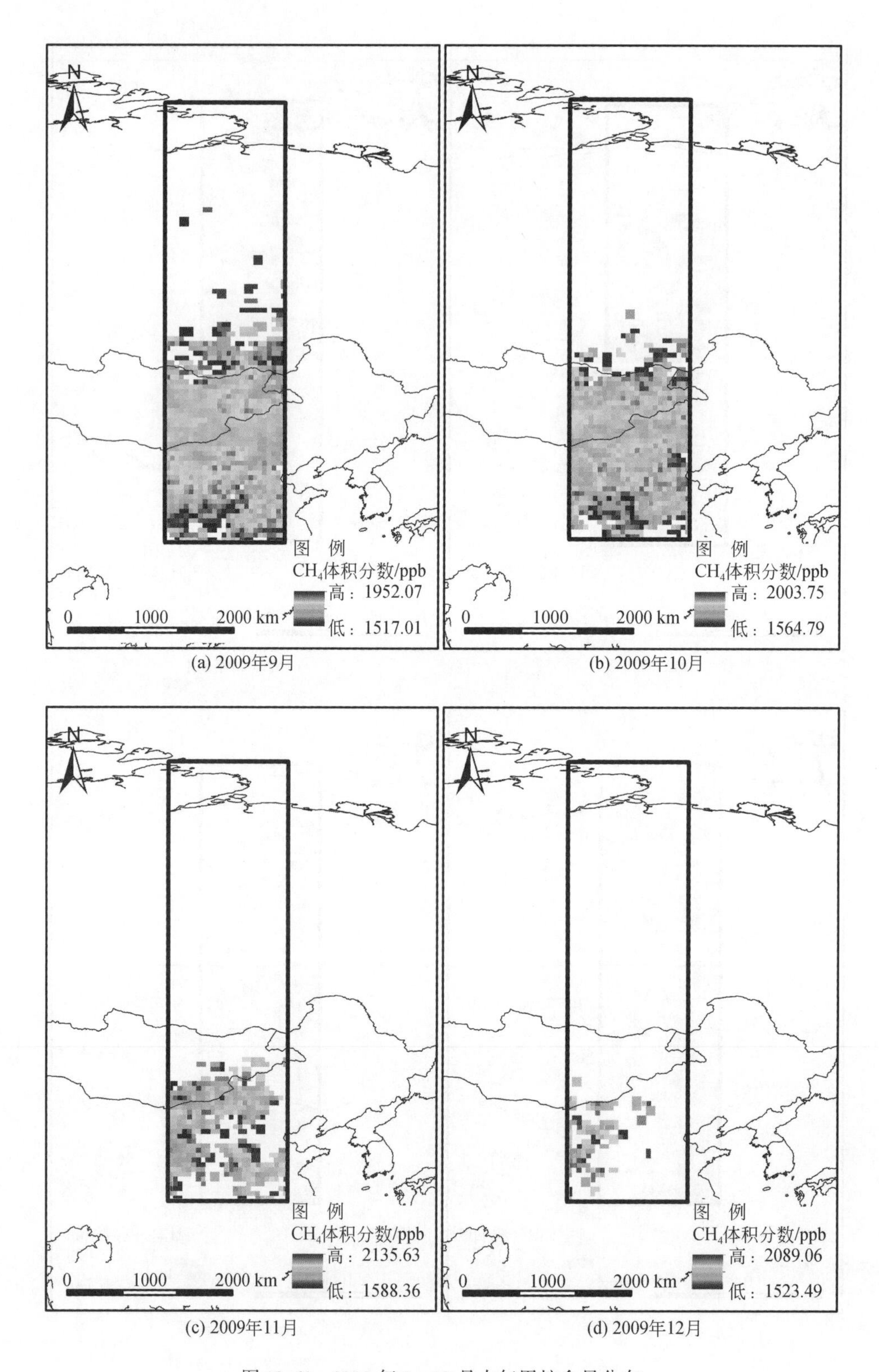

图 10-63 2009 年 9 ~ 12 月大气甲烷含量分布

甲烷混合比 9 月、10 月南部出现低值区随后可以获得东北亚南北样带及周边地区对流层 CH_4 垂直柱浓度月均值时空分布特征（图10-64～图10-65），空白区域由遥感数据缺失导致。东北亚南北样带处于一个相对变化特殊的区域，其对流层 CH_4 柱浓度长年不仅受自身环境影响，而且受周边区域影响。其中，1月、2月高纬度地区没有数值，3月后高纬度区域开始出现甲烷，而到10月后甲烷同样集中在中低纬度区域。这主要是因为10月至次年2月高纬度区域积聚大量冰雪导致传感器不能够接收到其甲烷信息所导致的。另外从图10-64和图10-65中我们可以看出，3月开始，俄罗斯高纬度区域甲烷柱浓度一直高于中低纬度区域，直至7月出现大量甲烷柱浓度的高值区，9月高纬度区高甲烷浓度有所集中，其后甲烷柱浓度下降。中低纬度区的东北样带，尤其是中国南方甲烷柱浓度在6月、7月、9月一直处于高值区，一定程度上影响着这里的甲烷柱浓度，主要因为这里有大量的水稻而导致。

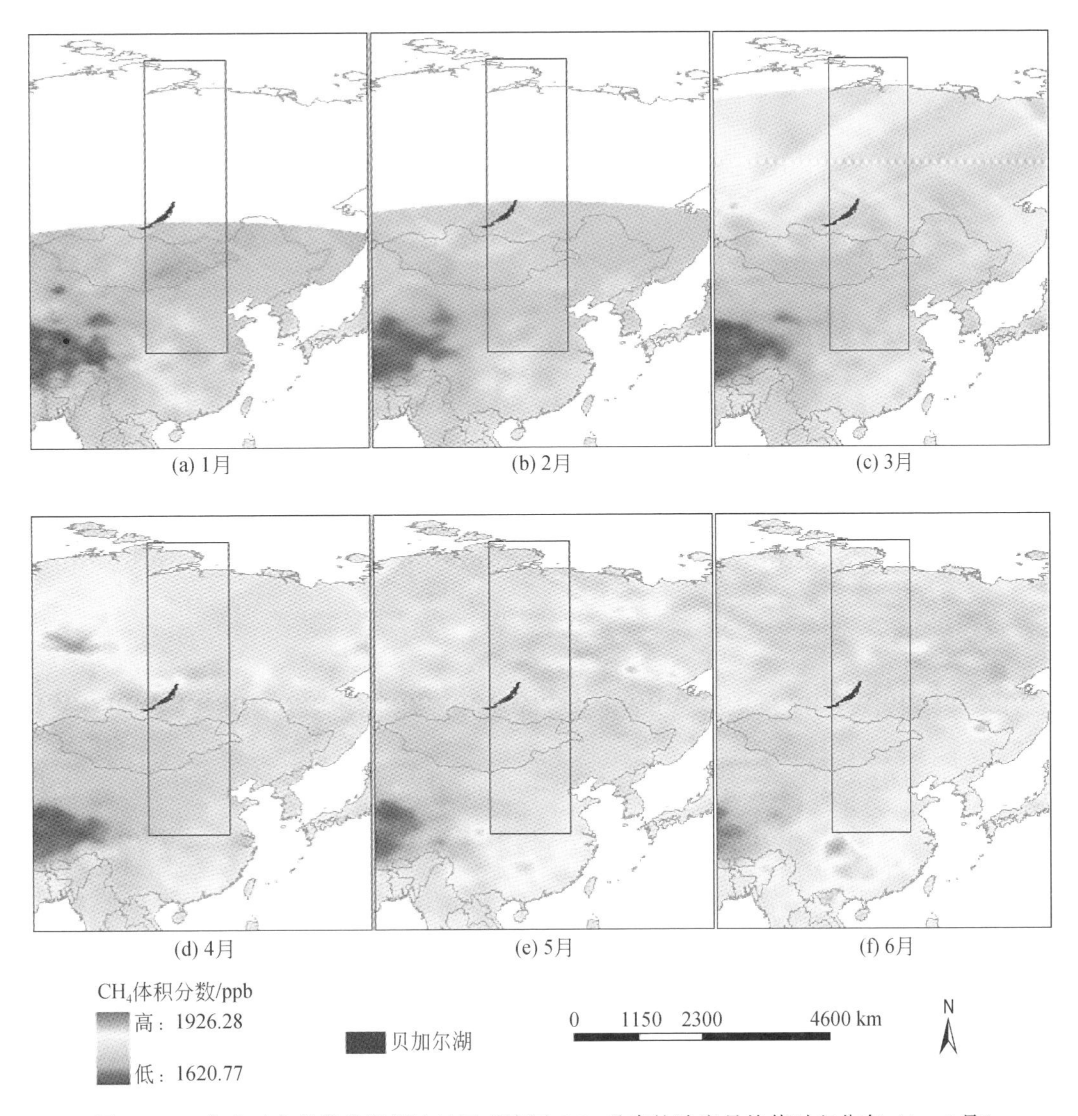

图10-64　东北亚南北样带及周边地区对流层 CH_4 垂直柱浓度月均值时空分布（1～6月）

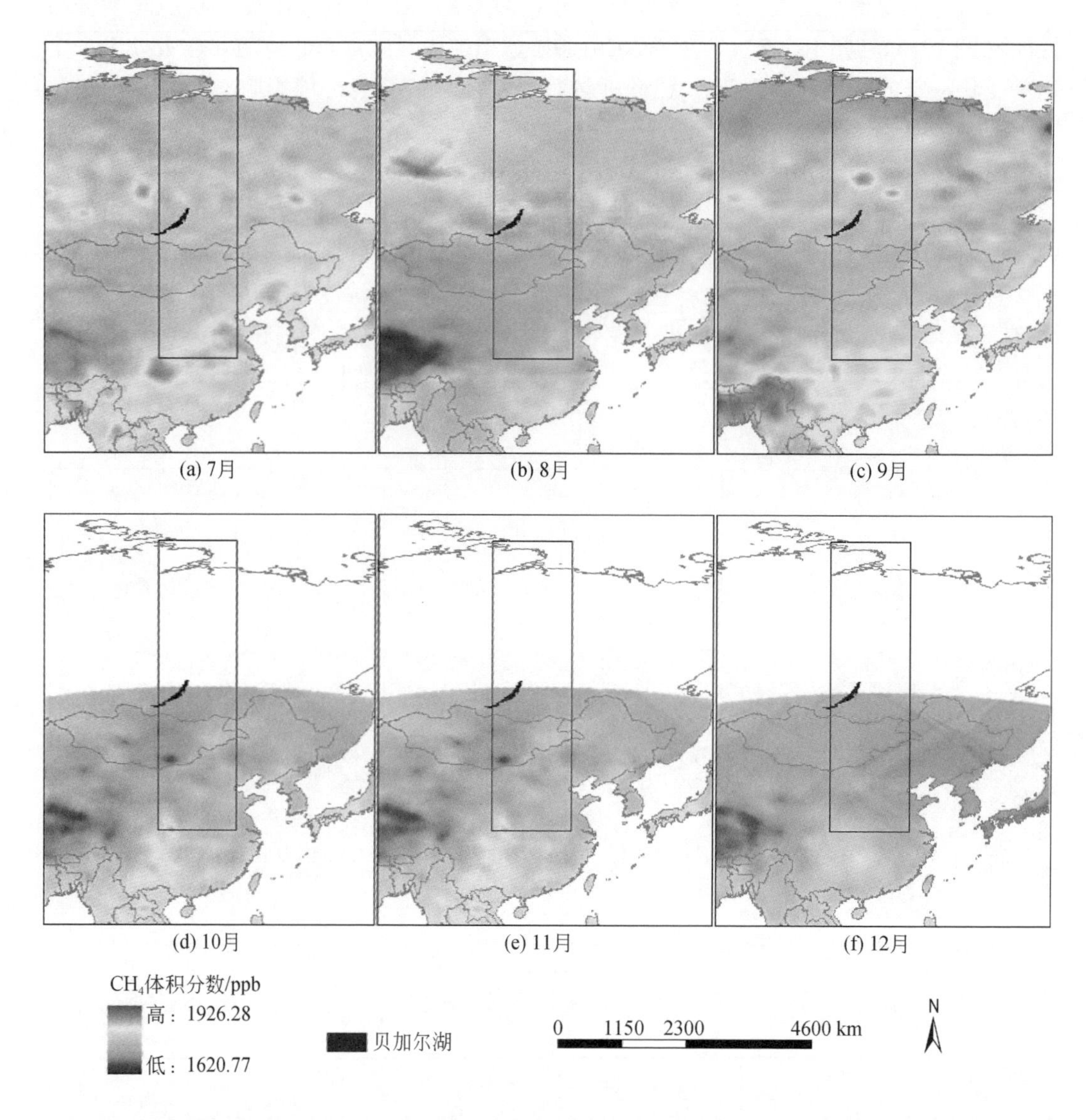

图 10-65　东北亚南北样带及周边地区对流层 CH_4 垂直柱浓度月均值时空分布（7 ~ 12 月）

通过对 2003 ~ 2005 年数据集成后对整个样带区不同月份进行统计（表 10-3），其东北亚南北样带区对流层 CH_4 柱浓度的月均值结果如图 10-66 所示，可以看出，东北亚南北样带全年最小值出现在冬季的 1 月，为 1728. 70ppb；最大值出现在 7 月，约为 1787. 19ppb。总体来看，对流层甲烷柱浓度变化形式基本上呈单峰趋势。从 1 月开始，甲烷柱浓度开始缓慢上升至 7 月达到最大值，然后开始下降。但是在整个年际变化过程中，3 月、9 月、10 月表现出不同特点：3 月是甲烷柱浓度的一个极值点，随后 4 ~ 5 月甲烷柱浓度变化，处于上升过程中的一个相对平稳期；9 月、10 月是另一个极值点，是甲烷柱浓度下降过程中的一个相对平稳期。

甲烷是物理、化学和生物过程综合的结果，其柱浓度不仅是区域源汇，也反映了大气传输过程。单个的环境因素不能够充分地解释甲烷通量。各种生物和环境因子，如温度、植被状况以及水分条件等是导致甲烷浓度动态变化的原因。温度能够解释甲烷排放的季节变化是由于其对根际甲烷传输、植物生长、冻融交替等有直接或者间接的影响。整个年际中，随着温度和降水量缓慢增加，提高了甲烷古菌的活性，甲烷产量开始增加，至7月达到最大值。同时冬季高纬度地区在入冬以及开春的过程中，永冻圈沉淀物中的甲烷水合物释放出甲烷，影响其变化特征，这可能是3月、9月、10月甲烷柱浓度变化的原因。

表10-3　样带区域甲烷柱浓度月份统计

月份	1	2	3	4	5	6	7	8	9	10	11	12
最小值	1684.89	1709.35	1715.97	1716.82	1722.82	1735.44	1717.19	1716.82	1701.00	1728.99	1659.29	1694.03
平均值	1728.70	1743.51	1767.57	1766.59	1768.07	1775.14	1787.19	1766.59	1774.29	1774.45	1746.28	1730.24
最大值	1803.25	1790.88	1831.43	1850.92	1832.44	1836.54	1867.96	1850.92	1885.48	1864.65	1857.04	1795.43

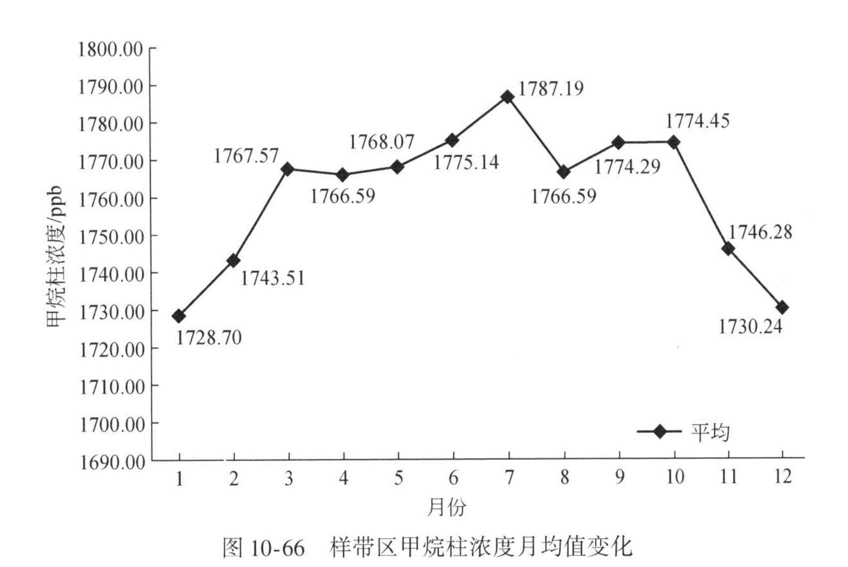

图10-66　样带区甲烷柱浓度月均值变化

最后获得2003～2009年大气甲烷含量的季节分布如图10-67～图10-73所示，空白区域由遥感数据缺失导致。

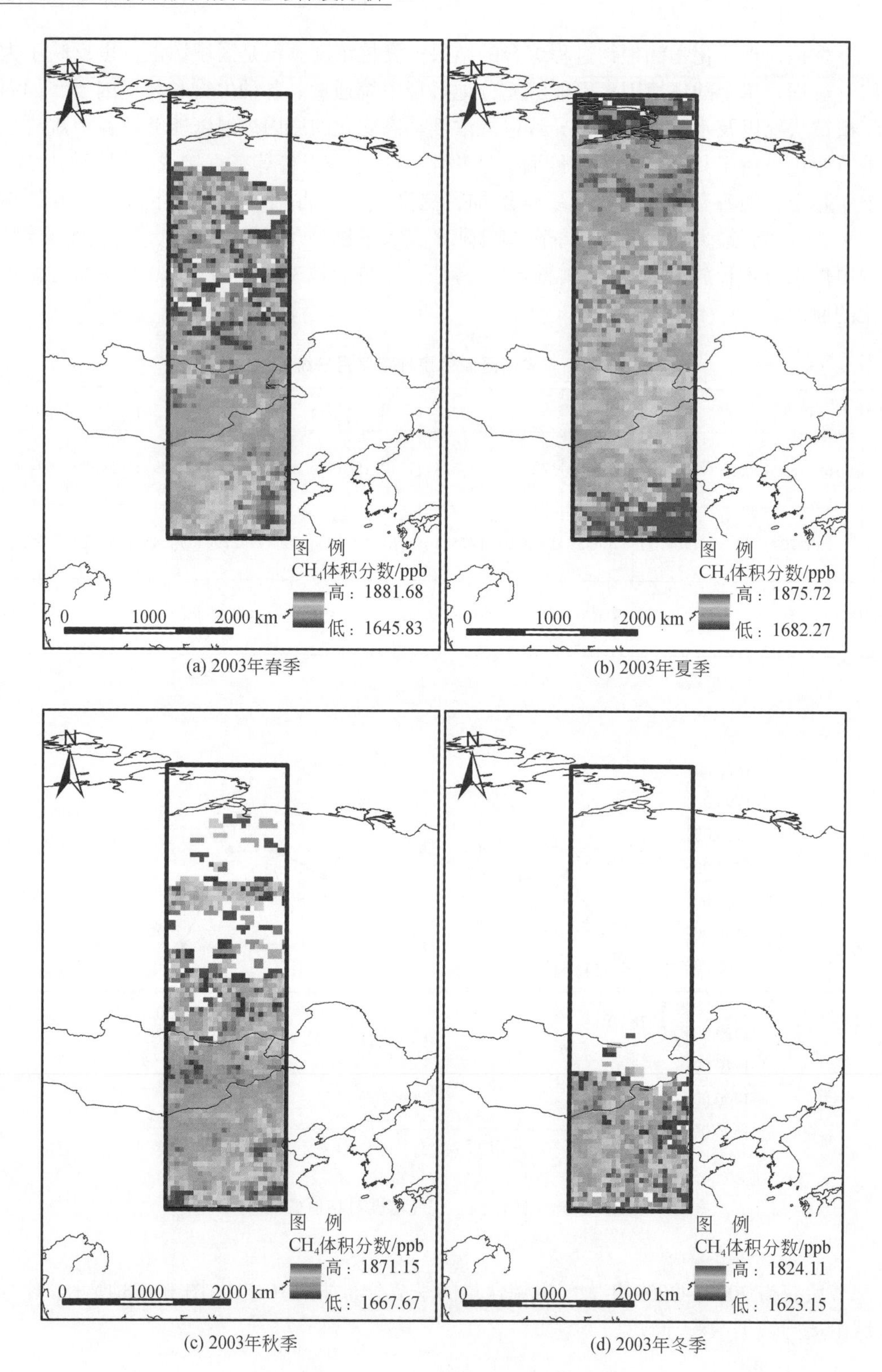

(a) 2003年春季 (b) 2003年夏季

(c) 2003年秋季 (d) 2003年冬季

图 10-67 2003 年大气甲烷含量的季节分布

大气甲烷含量在样带东南部出现高值区，整体由南向北减少，夏季基本覆盖整条样带的观测数据显示，样带中北部地区大气甲烷含量出现高值

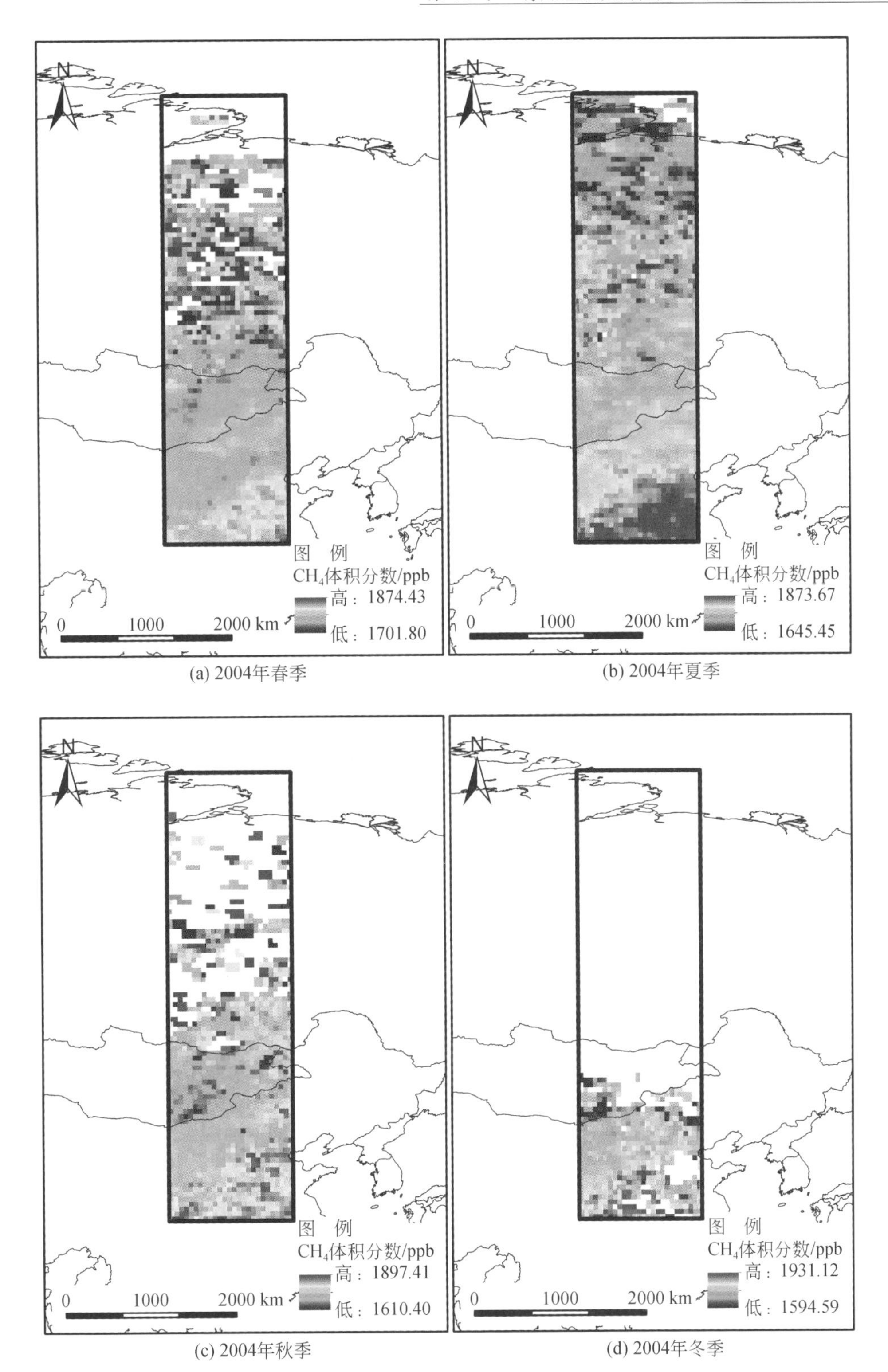

(a) 2004年春季　(b) 2004年夏季

(c) 2004年秋季　(d) 2004年冬季

图 10-68　2004 年大气甲烷含量的季节分布

大气甲烷含量在样带东南部高值区较 2003 年面积增大，整体甲烷浓度有增高趋势，高值区界限模糊，样带中北部地区大气甲烷含量出现高值

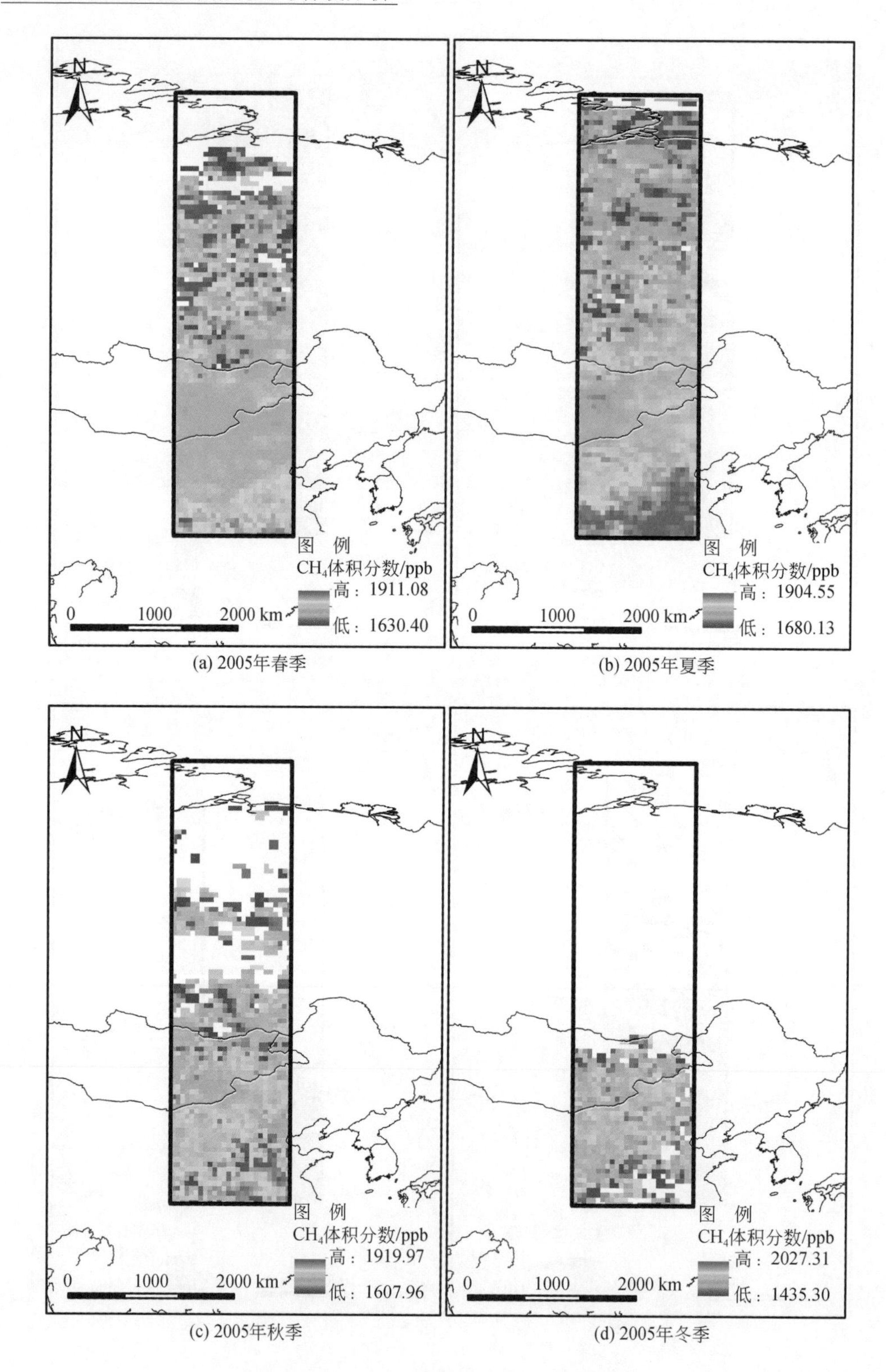

图 10-69　2005 年大气甲烷含量的季节分布

大气甲烷含量在样带东南部高值区面积继续增大，冬季样带南部地区大气甲烷含量出现低值

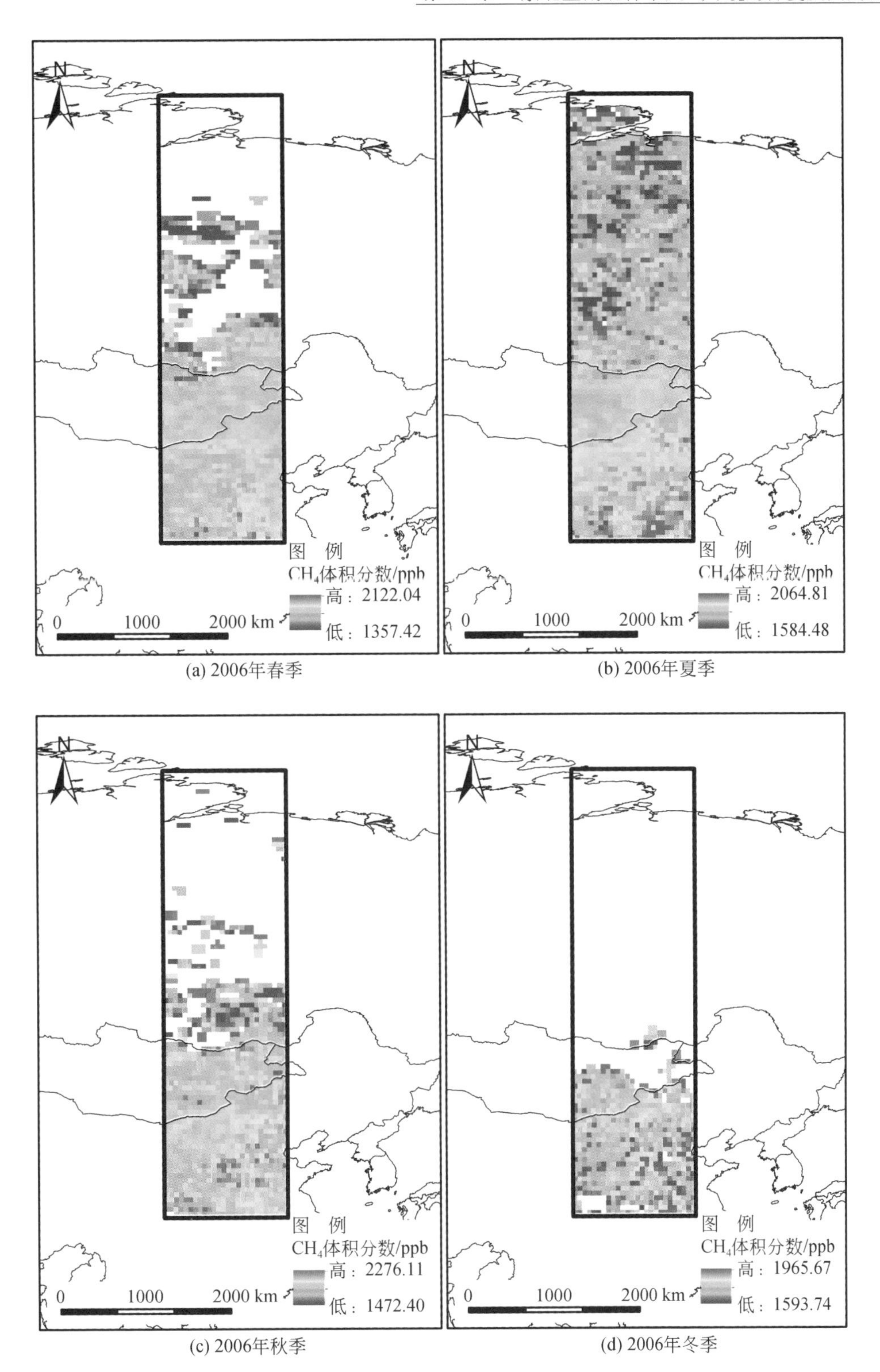

图 10-70　2006 年大气甲烷含量的季节分布

大气甲烷含量在样带东南部高值区面积继续增大，冬季样带南部地区大气甲烷含量出现低值

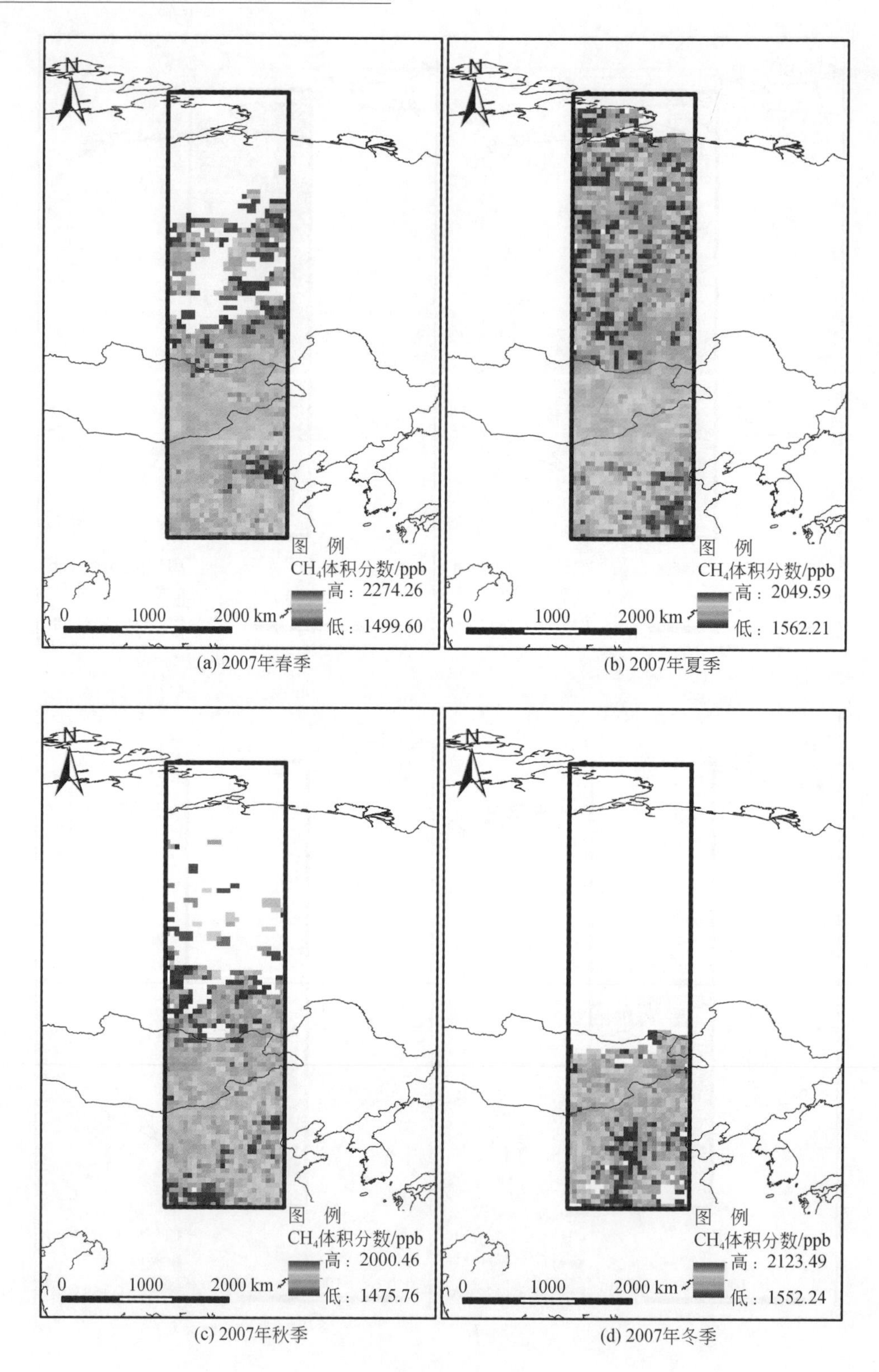

图 10-71　2007 年大气甲烷含量的季节分布

大气甲烷含量在样带整体南高北低，春、秋、冬季样带南部地区大气甲烷含量出现低值，夏季出现高值区域

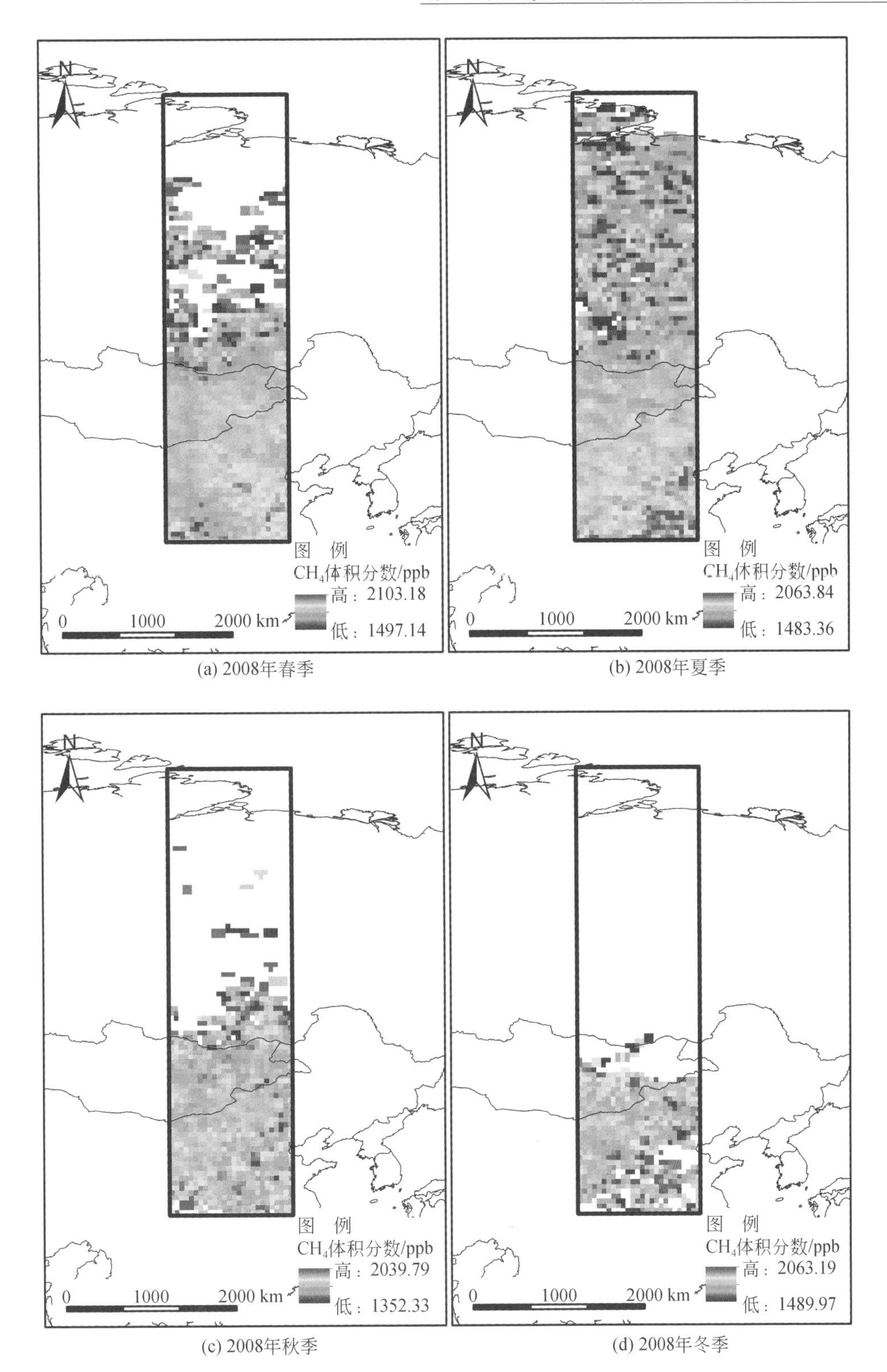

(a) 2008年春季　(b) 2008年夏季

(c) 2008年秋季　(d) 2008年冬季

图 10-72　2008 年大气甲烷含量的季节分布

大气甲烷含量在样带整体南高北低

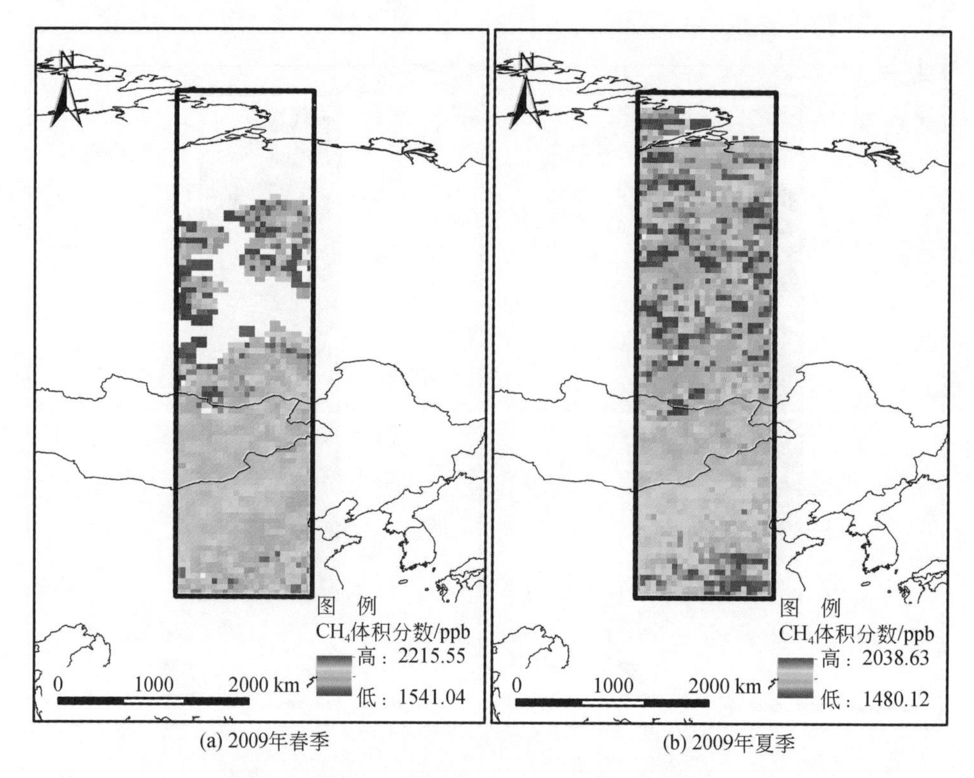

(a) 2009年春季　　(b) 2009年夏季

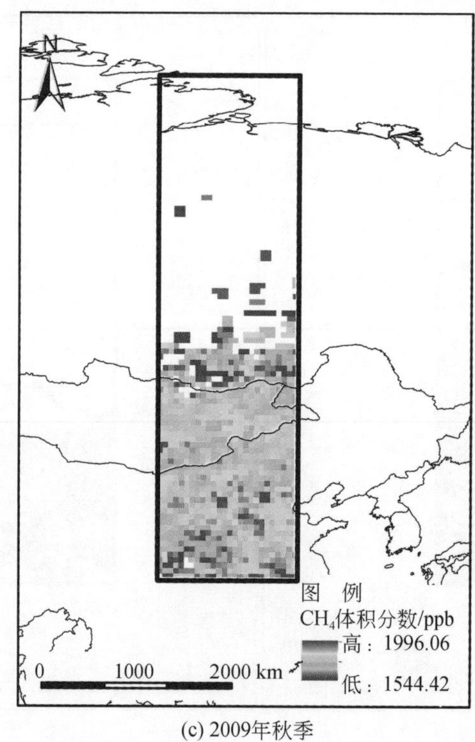

(c) 2009年秋季

图 10-73　2009 年大气甲烷含量的季节分布

大气甲烷含量在样带整体南高北低，秋季西南大气甲烷浓度出现低值区，
2006～2009 年，样带南部区域夏季大气含量高，春季较低，大气中甲烷含量逐年增加

图 10-74 为 2003 ~ 2009 年大气甲烷含量年均值分布。

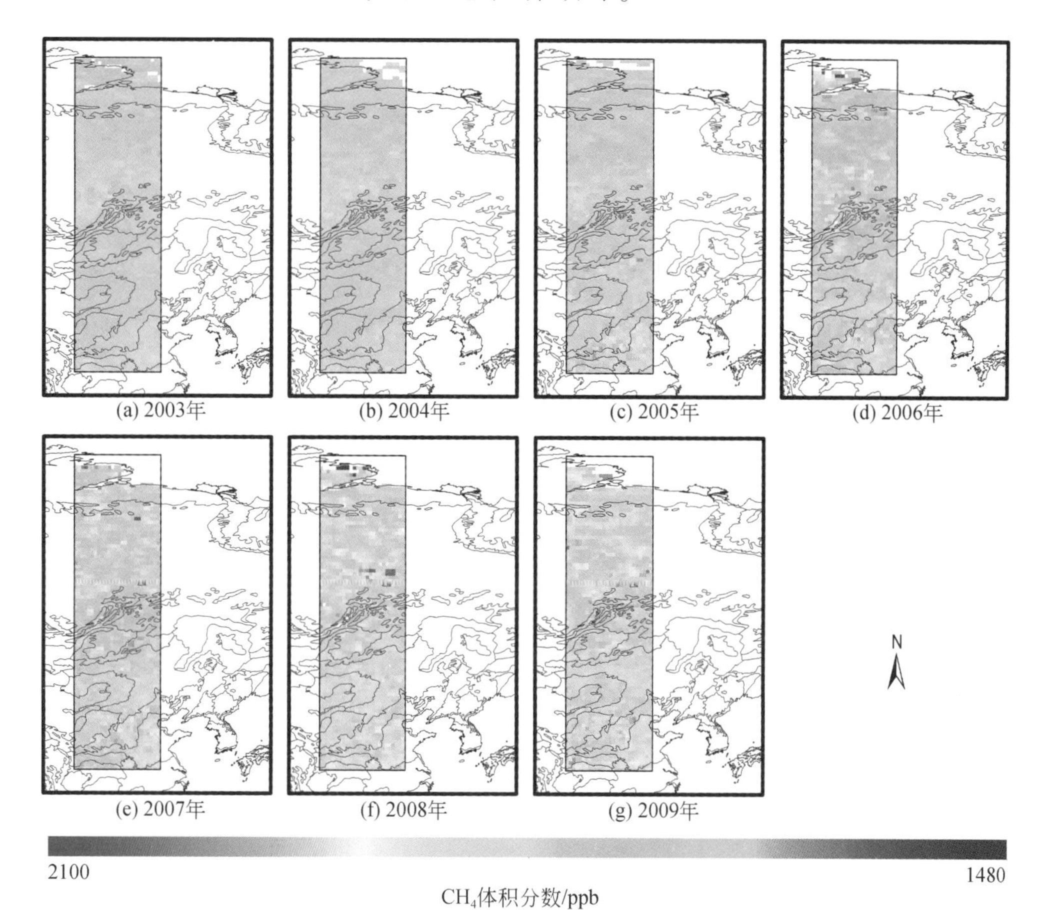

图 10-74　2003 ~ 2009 年大气甲烷含量年均值分布

2003 ~ 2009 年，样带区域大气甲烷含量逐年升高，样带南部区域甲烷含量较高。由于春秋冬季节，样带北部区域缺少观测数据，所以计算的年均值北部主要体现了夏季大气甲烷含量的高值，所以样带北部区域计算结果难免偏高

10.4.3.2　不同生态类型区的甲烷柱浓度分布特征

为了具体了解和分析东北亚南北样带在不同生态类型区中的变化情况，在此基础上添加相应的生态类型边界，结果如图 10-75 所示。不同生态类型，甲烷柱浓度季节变化有所不同。1 月、2 月主要集中在中低纬度（温带植被类型）地区，极值点是局部地区点源；3 月、4 月相对于低纬度区，高纬度区（俄罗斯）（高寒区）出现大片的甲烷高值区，因为该季节高纬度区逐渐开始解冻，大量释放甲烷。5 月开始，高纬度区（俄罗斯）甲烷柱浓度高值区分布开始集中于点源，低纬度区（中国）甲烷柱浓度逐渐增加，一直持续到 7 月；8 月开始，高纬度区重新开始出现大片的甲烷柱浓度高值区，尤其 10 月表现明显。11 ~ 12 月，因为高纬度区已经开始冻融，冰雪覆盖，甲烷释放减少，甚至不释放，低纬度区（蒙古和中国）受一定温度和降水量的影响，微生物仍然处于一定的活跃期，从而释放甲烷。

Keppler 等（2006）称，在有氧环境下植物可以产生甲烷，占大气甲烷通量的 10% ~

40%，这一发现引起了学术界对植被是否产生甲烷产生了激烈的讨论。随后通过在不同区域和不同环境下得到验证。生态地理分区是温度、降水量、植被特征和纹理特征等所有生态因素的综合，它代表了区域的背景环境特征，更多反映植被特征。同时，从图10-76中也可知，不同生态类型也表现出各自不同的变化特征。因此从生态类型的角度来研究东北亚南北样带甲烷柱浓度有着重要的意义。

从东北亚南北样带不同生态类型对流层甲烷柱浓度的月均值变化图（图10-76）可见：不同生态区的甲烷柱浓度变化特征和整个区域变化特征保持一致，基本呈单峰趋势。甲烷柱浓度从1月开始缓慢升高，在7月达到最大值，然后开始下降，但是在8月开始下降的情况下，9月、10月则表现出明显的回升，然后再进入下降趋势。不同生态类型在不同月份的表现有所区别：①冬季没有数值的高纬度生态类型区主要分为两类：一是以PA0601、PA1112为代表，从3月极大值开始，下降至5月，6～7月呈升高趋势，后与整体特征相似；二是以PA0817为代表，2～4月先升高，后降低，4月之后出现一个短期的缓慢升高，后与整体特征相似。②中低纬度区的生态类型以PA0417为代表，表现为从1月开始下降至4月，后上升至7月，后面月份变化特征和整体相似，并且整个年际甲烷柱浓度一直处于较高水平。PA0411（PA1013、PA0508）则是先降低到2月，其他月份同前。③典型特征即从一开始就升高至7月，后来月份变化特征和整体相似。

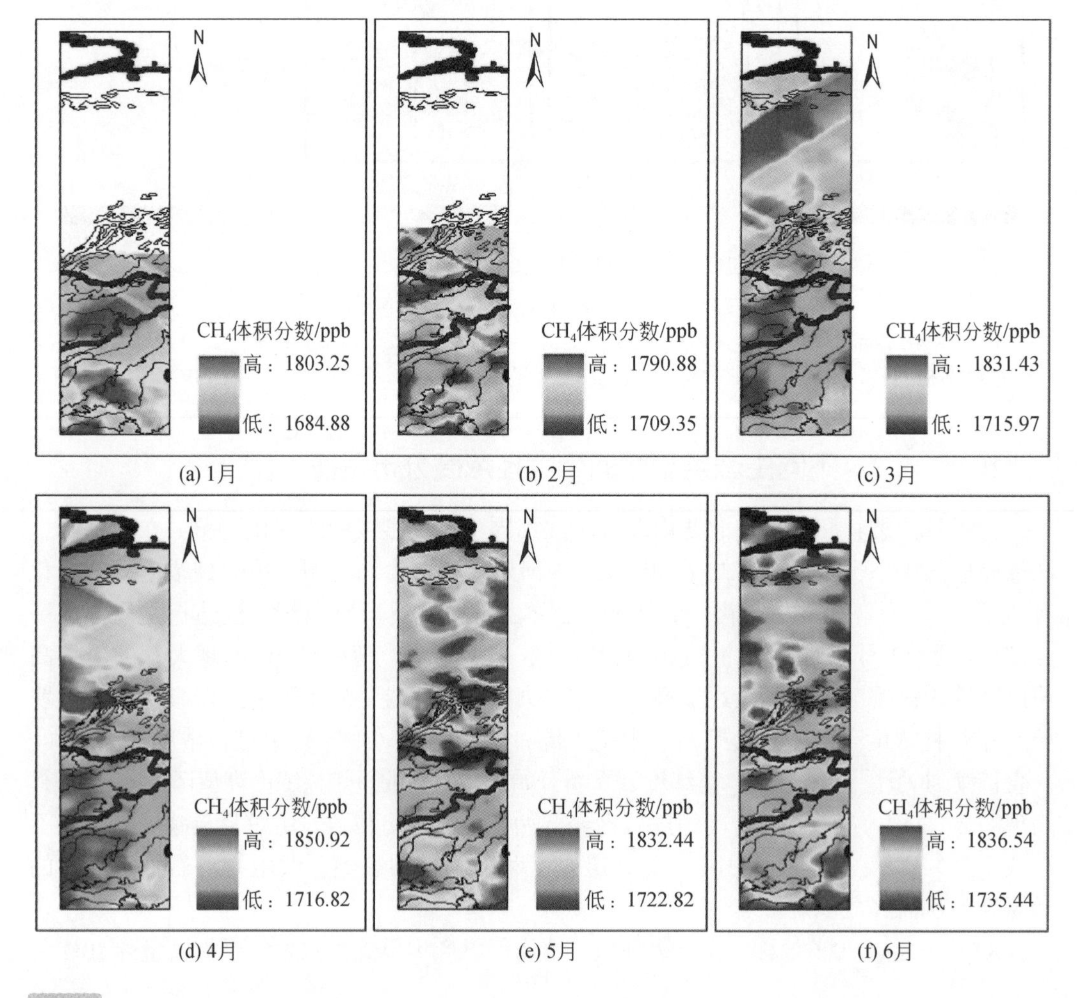

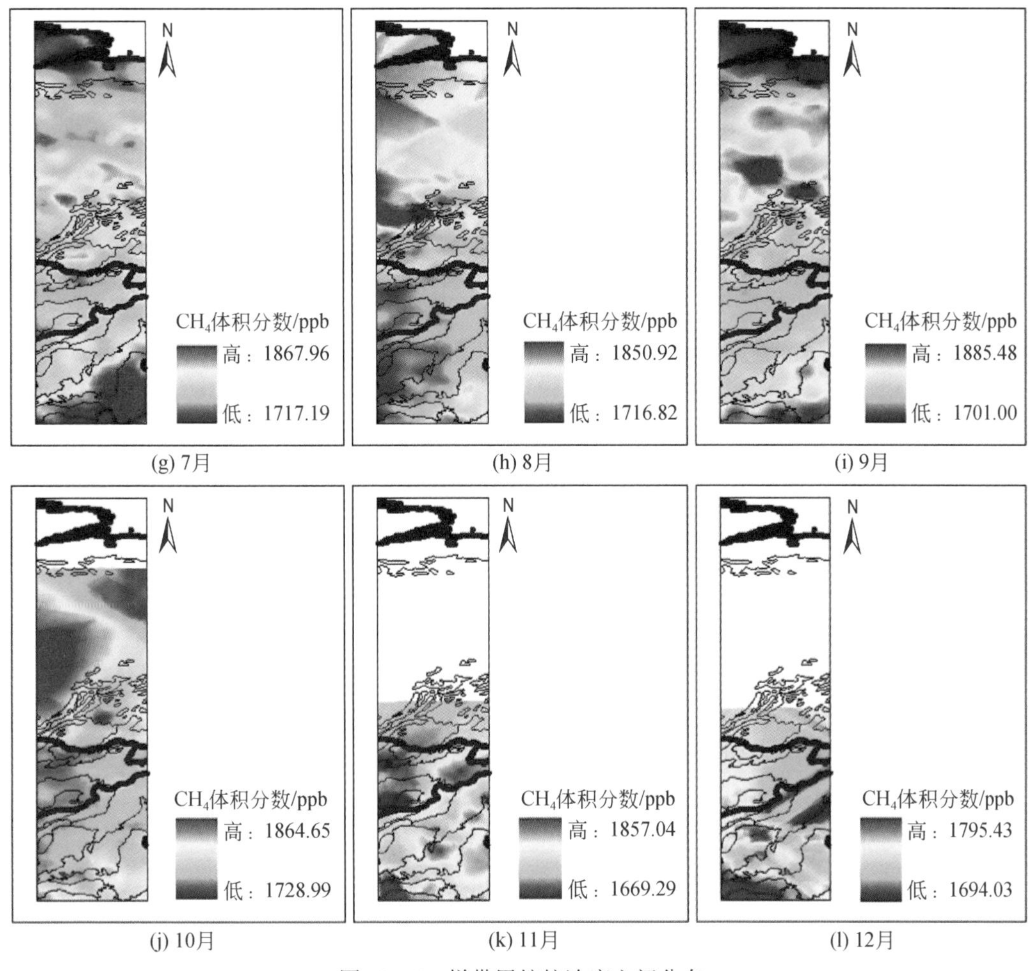

(g) 7月　(h) 8月　(i) 9月

(j) 10月　(k) 11月　(l) 12月

图 10-75　样带甲烷柱浓度空间分布

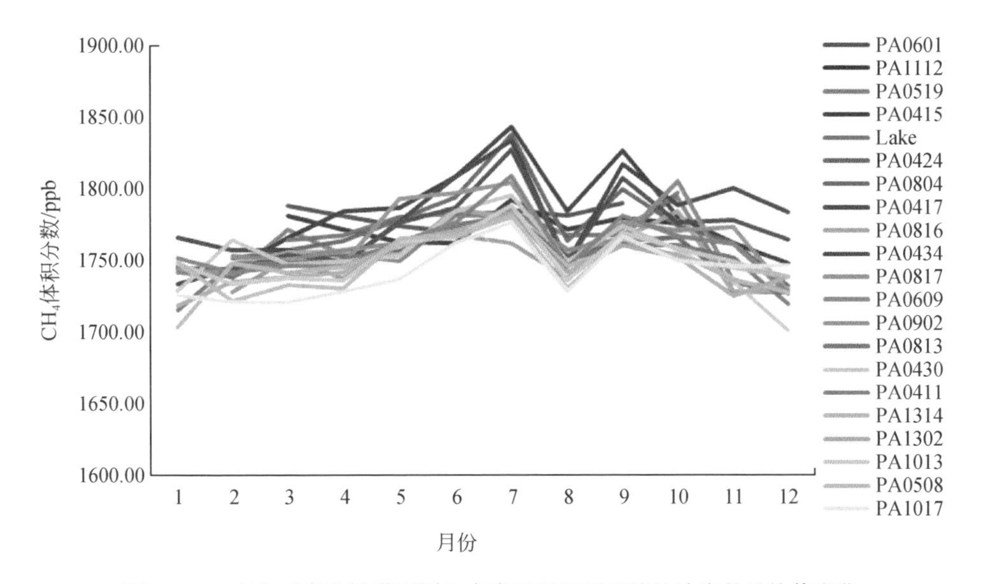

图 10-76　东北亚南北样带不同生态类型对流层甲烷柱浓度的月均值变化

10.3.4 CO_2/CO 时空动态分析

CO 是大气中含碳量第三的微量成分，仅次于 CO_2 和 CH_4（秦瑜和赵春生，2003；Martin，2008）。CO 不仅是一种影响人体健康的污染物（Elsom，1996），同时在大气化学过程中起重要作用（王明星，1999）。CO 在大气中的汇是 OH 自由基。对流层大气中，通过与 CO 的反应失去约60%的 OH 自由基。所以虽然 CO 在大气中的直接影响比较小，但是它能间接影响大气中的温室气体，如 O_3、CO_2、CH_4 等，从而影响整个大气化学组成（秦瑜，赵春生，2003）。人类活动引起的 CO_2 和其他温室气体增加导致全球变暖，这成为全球变化的一个主要研究方向，CO 在高浓度的环境对人有危险，工业卫生所能接受的 CO 安全浓度仅为 0.5%。CO_2 造成的正辐射强迫约为 1.66W/m^2，所涉及的空间尺度最大为全球范围，是最重要的温室气体（Houghton，2001）。工业革命以来大气 CO_2 浓度增大，主要来源于人类的活动（化石燃料的燃烧、水泥生产、砍伐森林等），CO_2 浓度升高能对植物生长发育及生物产量产生影响，影响各生态系统过程，最终将影响人类的生存环境。由于 CO 和 CO_2 对全球变化研究和人类的生存等影响重大，所以研究 CO 和 CO_2 在大气中的时空分布和转化十分重要。

首先利用 Matlab 程序将网站上下载的 CO 和 CO_2 产品读取成带坐标的 point 数据。然后在 GS+平台下根据点的坐标和浓度值模拟最优半方差函数，将模拟的函数参数输入到 ArcGIS 中，采用普通克里格方法进行插值，获得大气 CO 和 CO_2 的空间分布。为配合其他数据进行分析，输出的 CO 和 CO_2的空间分布数据空间分辨率为 10km×10km，格式为 ArcGIS 的 GRID（Goovaerts，1999）。

在进行数据分析中发现 CO_2 数据的一些月份数据点太少，插值结果太差，所以在后续的分析中不再使用，在求年均值时候主要利用每年的 3～10 月的数据进行分析。2003～2005年内 CO 的 3 年均值为 2.34×10^{18} mol/cm^2。其中，2003 年均值为 2.46×10^{18} mol/cm^2，2004 年均值为 2.15×10^{18} mol/cm^2，2005 年均值为 2.41×10^{18} mol/cm^2。这 3 年均值的最小值都高于 1.84×10^{18} mol/cm^2，尤其在 2003 年的年均值栅格的最大值高达 4.05×10^{18} mol/cm^2。可以发现 CO 的年均值的高浓度区域主要分布在样带的东南区域（图 10-77），此区域靠近中国境内。CO_2 在这三年内的均值为 370.291ppm。其中，2003 年均值为 368.956ppm，2004 年均值为 370.703ppm，2005 年均值为 371.214ppm，呈递增趋势。从图 10-78 可以发现，CO_2 按层次分布，最高值出现在样带的南部，低值出现在北部。从空间分布来看，CO 和 CO_2 异质性显著。

图 10-79、图 10-80 分别列出了 2003～2005 年样带地区 CO、CO_2 月均值时间序列。可以发现，它们的月均值季节波动显著，CO 在 2003 年、2004 年的峰值出现在 3 月、4 月，低值出现在 11 月；但是2005 年的低值出现在 1 月，高值出现在 11 月。CO 的最高值出现在 2003 年 3 月，为 3.13×10^{18} mol/cm^2；最低值出现在 2004 年 11 月，为 1.91×10^{18} mol/cm^2。CO 的年振幅在 2003 年最大，高达 1.15×10^{18} mol/cm^2，而在 2004 年和 2005 年CO 的年振幅分别为 7.07×10^{17} mol/cm^2 和 5.92×10^{17} mol/cm^2，远远小于 2003 年。月均值区域栅格最大值超过 5.42×10^{18} mol/cm^2，如 2003 年 5～7 月、12 月，2005 年 11 月；栅格月均值最小值全部小于 1.85×10^{18} mol/cm^2，我们可以发现 CO_2 月均值季节波动显著，CO_2 峰值出现在 3 月、4 月，谷底值出现在 8～10 月。CO_2 的最高值出现在 2003

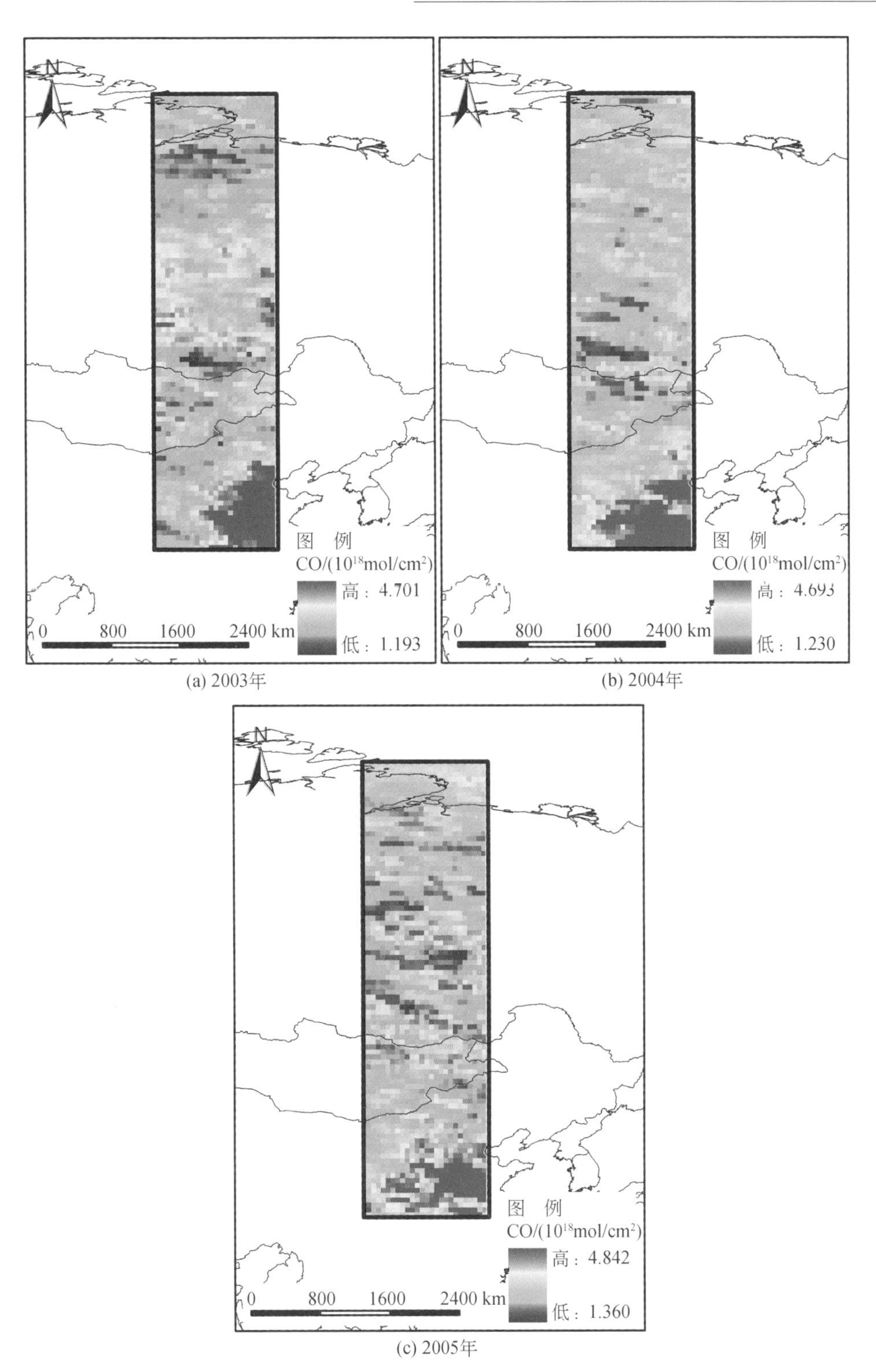

(a) 2003年

(b) 2004年

(c) 2005年

图 10-77　2003 ~ 2005 年 CO 年平均浓度分布

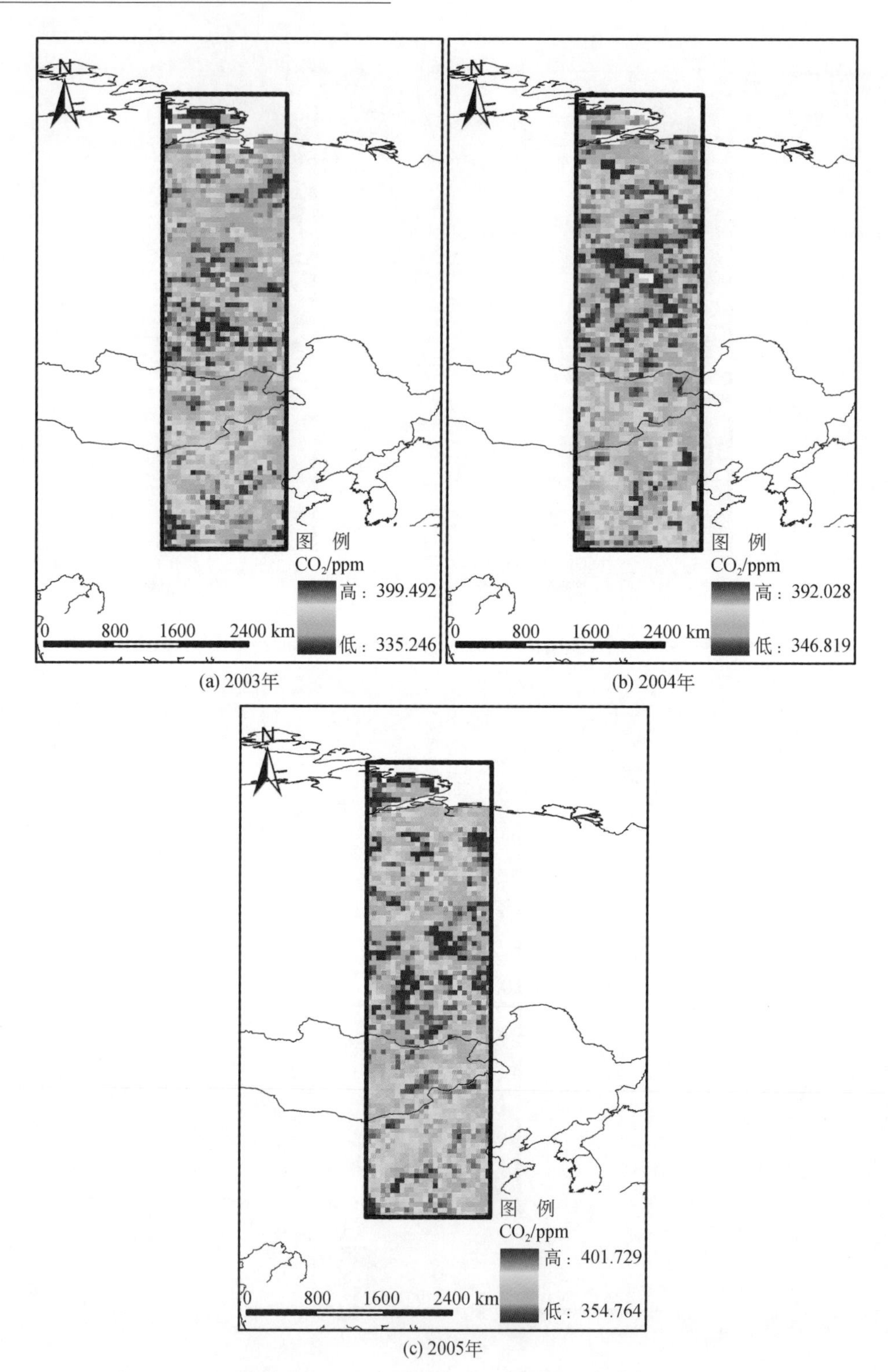

(a) 2003年

(b) 2004年

(c) 2005年

图 10-78 2003～2005 年 CO_2 年平均浓度分布

年的4月，为381.86ppm，CO_2 的最低值出现在2003年的10月，为361.80ppm。CO_2 的年振幅在2003年最大，高达20.07ppm，2004年年振幅为19.42ppm，而在2005年 CO_2 年振幅才为14.64ppm，小于2003年。月均值区域栅格最大值超过405ppm，如2003年4～6月，2004年4月、5月，2005年5月；栅格月均值最小值全部小于367ppm。CO和 CO_2 月均值在空间分布方面具有很大的异质性。其中，栅格最大值和最小值的差值CO为 1.78×10^{18} ～ 4.56×10^{18} mol/cm²，CO_2 为16.88～58.60ppm。年振幅和月均值空间分布不均匀这和所在地区的生物质燃烧、人类活动等有着十分密切的关系。

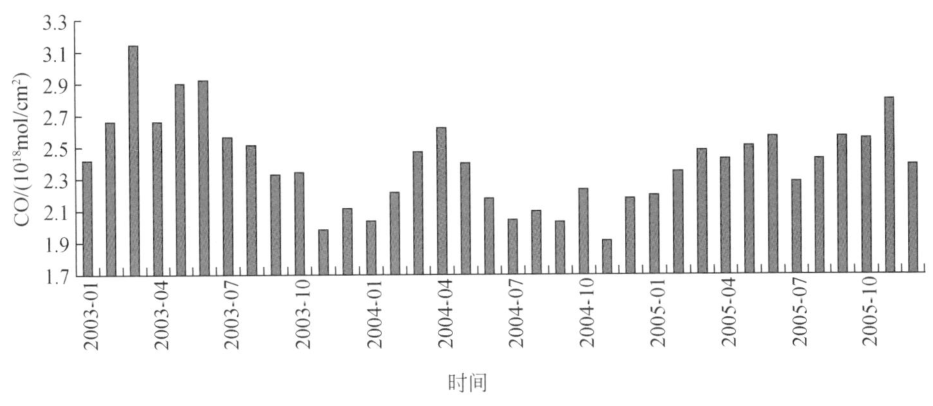

图10-79　CO柱浓度月均值时间序列

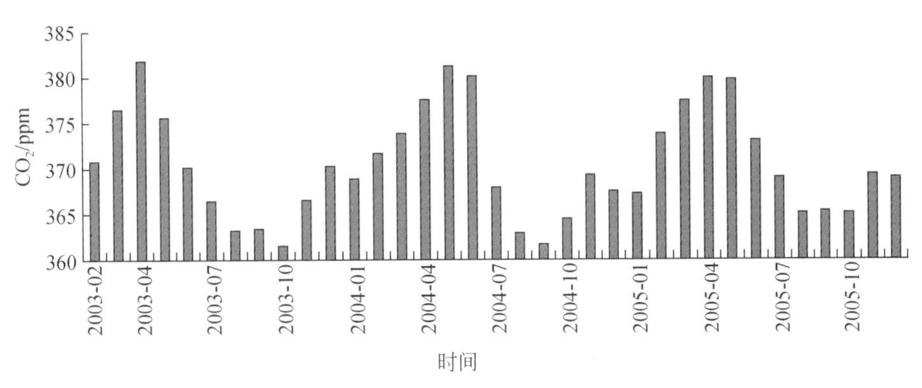

图10-80　CO_2 月均值时间序列

图10-81～图10-104为CO和 CO_2 空间分布图。可以看出，CO浓度在年变化上的空间差异不大，但是在月际变化上的空间差异比较明显；而 CO_2 浓度在年变化和月际变化上的空间差异都很大。在空间分布上，不同地区之间的差异比较大，表明大气CO和 CO_2 浓度受不同源汇的影响比较大，和人类活动、土地利用情况关系比较密切。

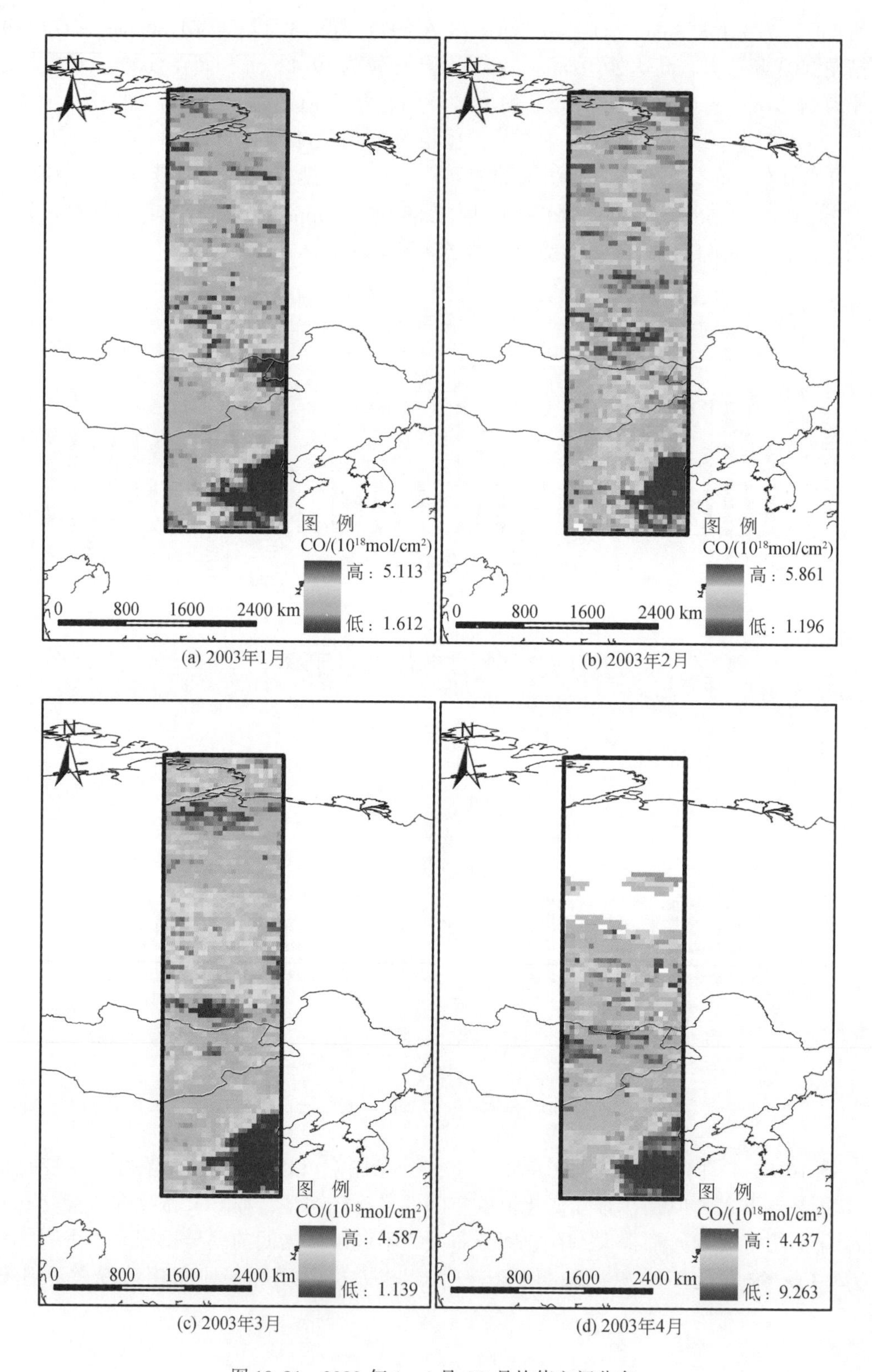

(a) 2003年1月 (b) 2003年2月

(c) 2003年3月 (d) 2003年4月

图 10-81 2003 年 1 ~ 4 月 CO 月均值空间分布

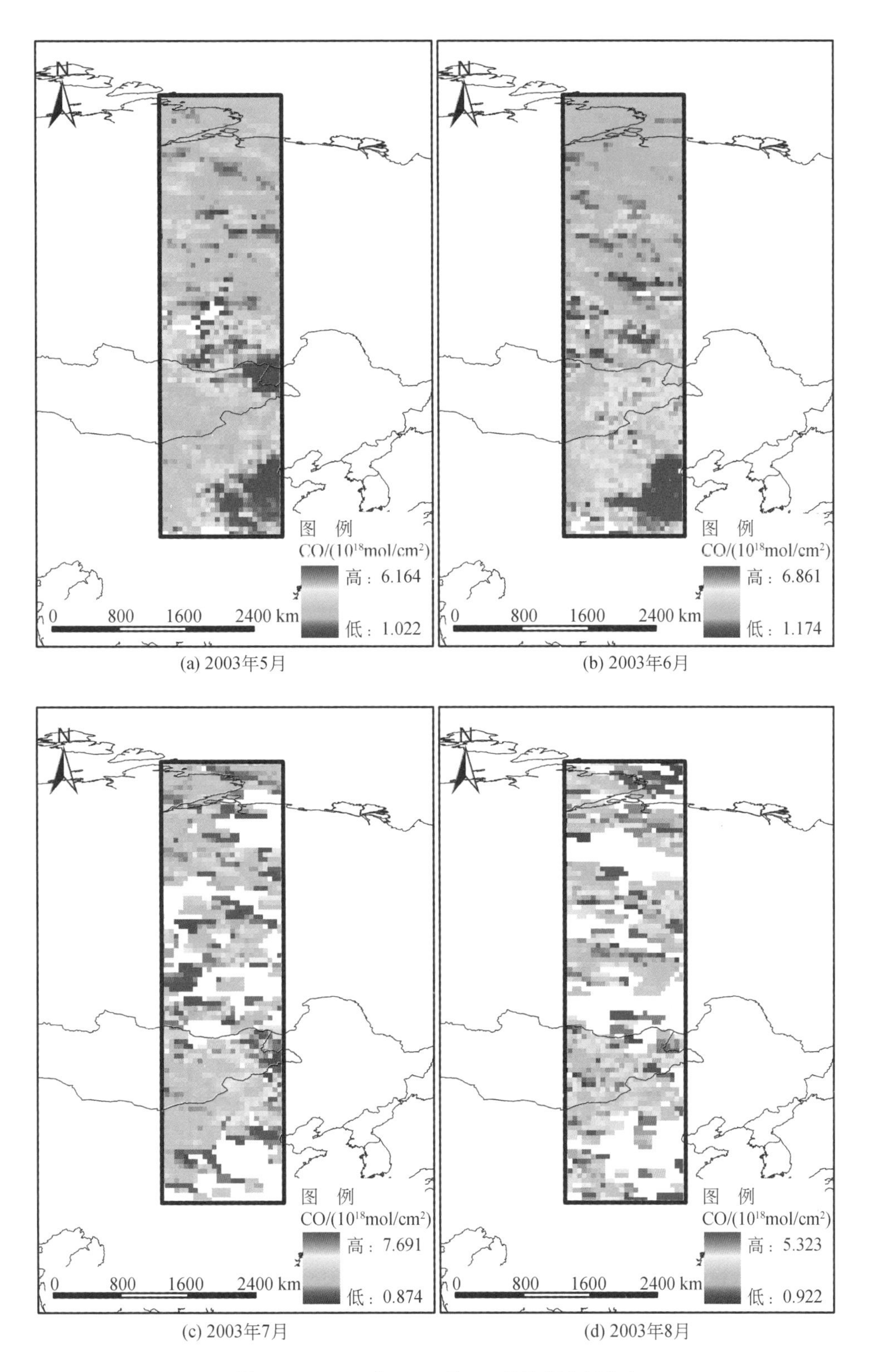

图 10-82　2003 年 5～8 月 CO 月均值空间分布

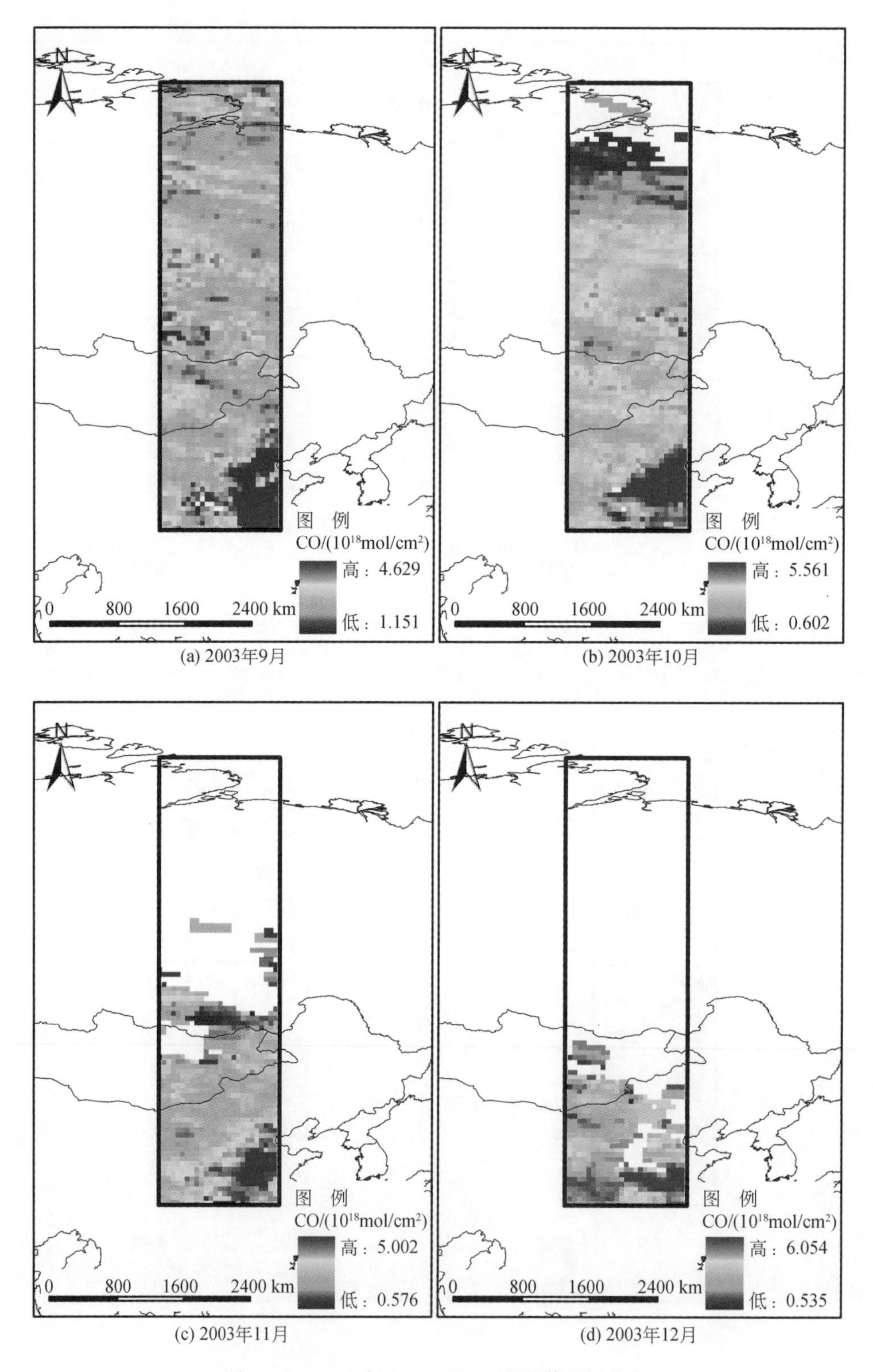

(a) 2003年9月

(b) 2003年10月

(c) 2003年11月

(d) 2003年12月

图 10-83　2003 年 9 ~ 12 月 CO 月均值空间分布

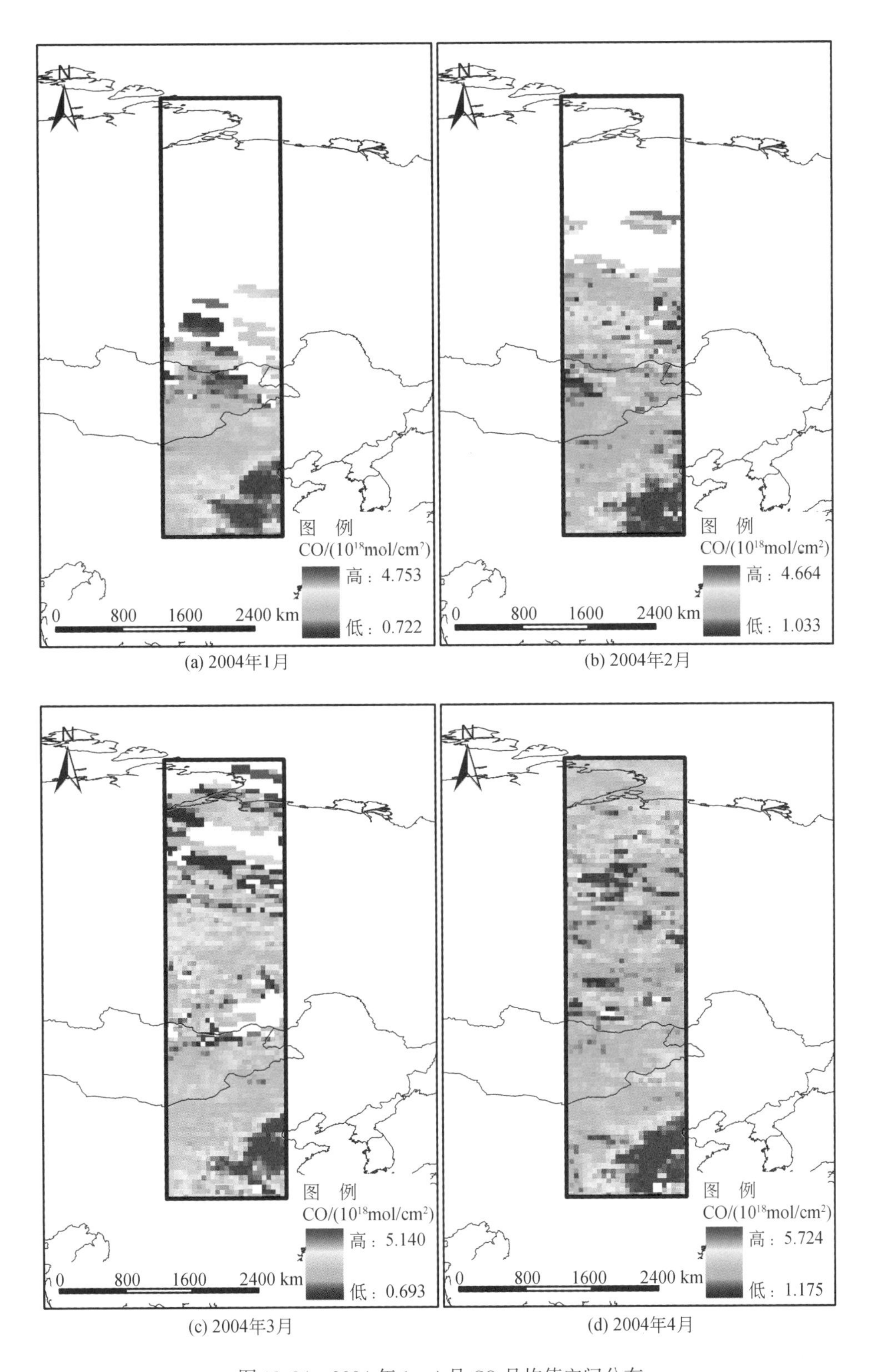

(a) 2004年1月　　(b) 2004年2月

(c) 2004年3月　　(d) 2004年4月

图 10-84　2004 年 1 ~4 月 CO 月均值空间分布

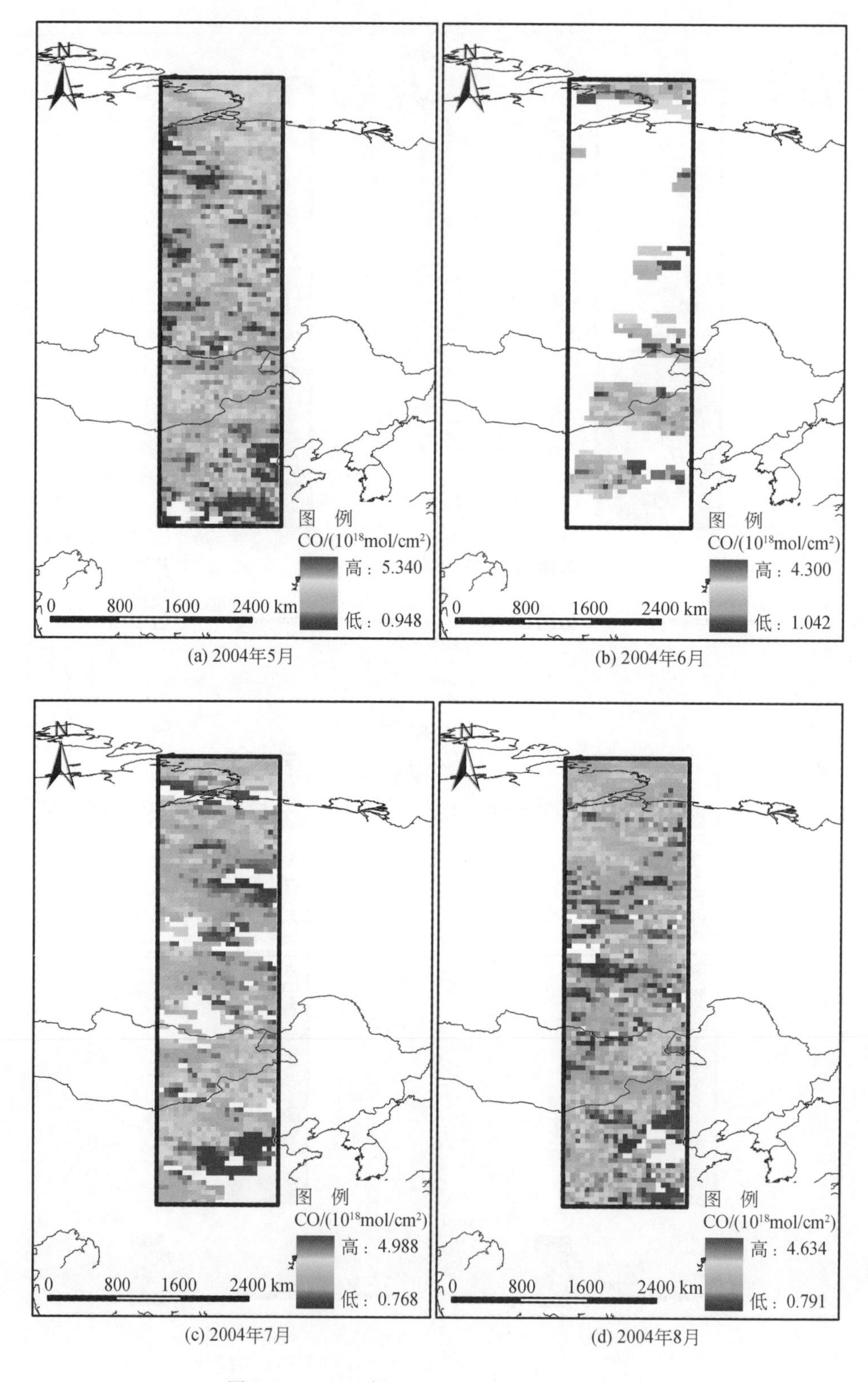

图 10-85　2004 年 5 ~ 8 月 CO 月均值空间分布

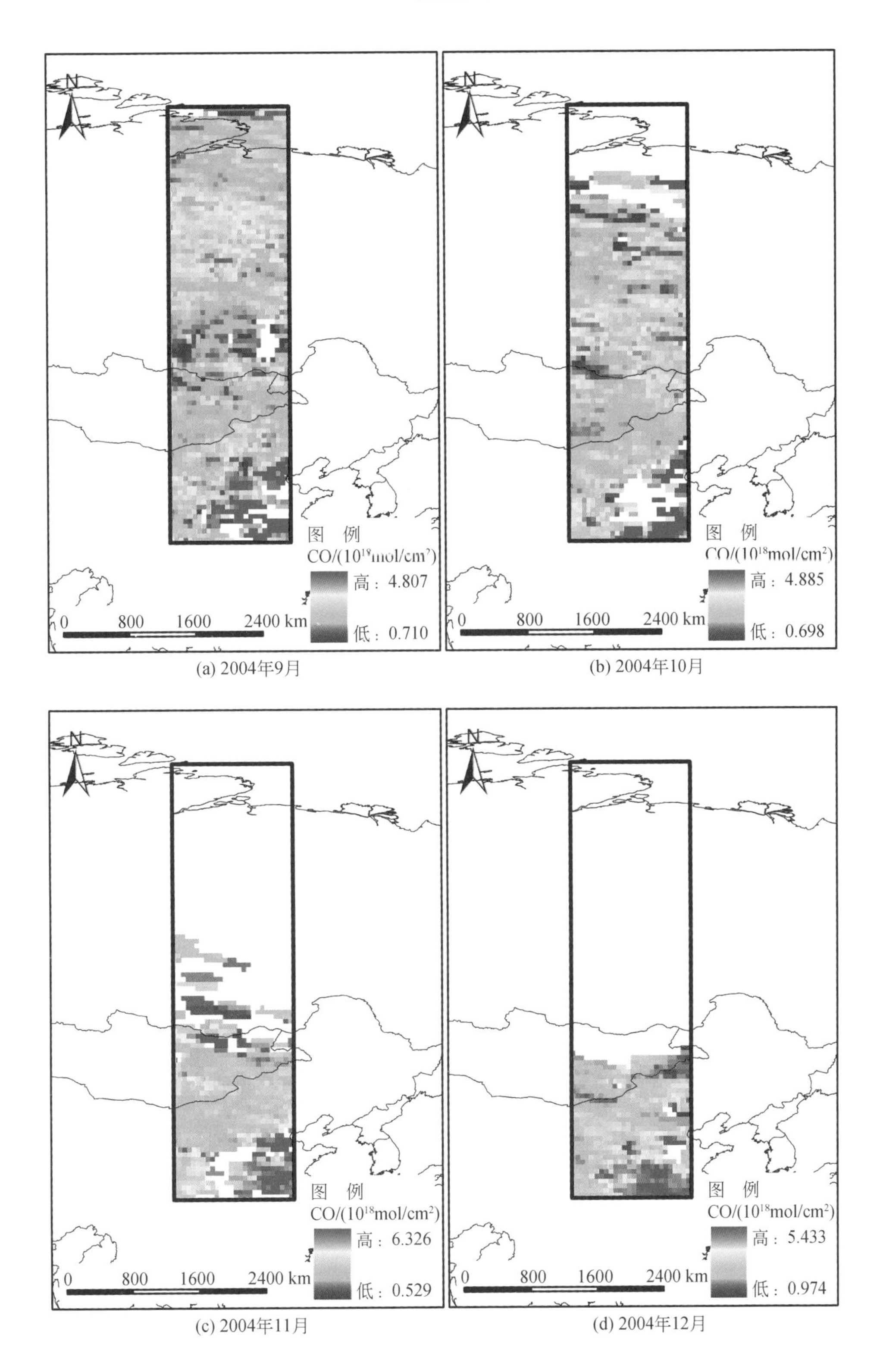

(a) 2004年9月　(b) 2004年10月

(c) 2004年11月　(d) 2004年12月

图 10-86　2004 年 9 ~ 12 月 CO 月均值空间分布

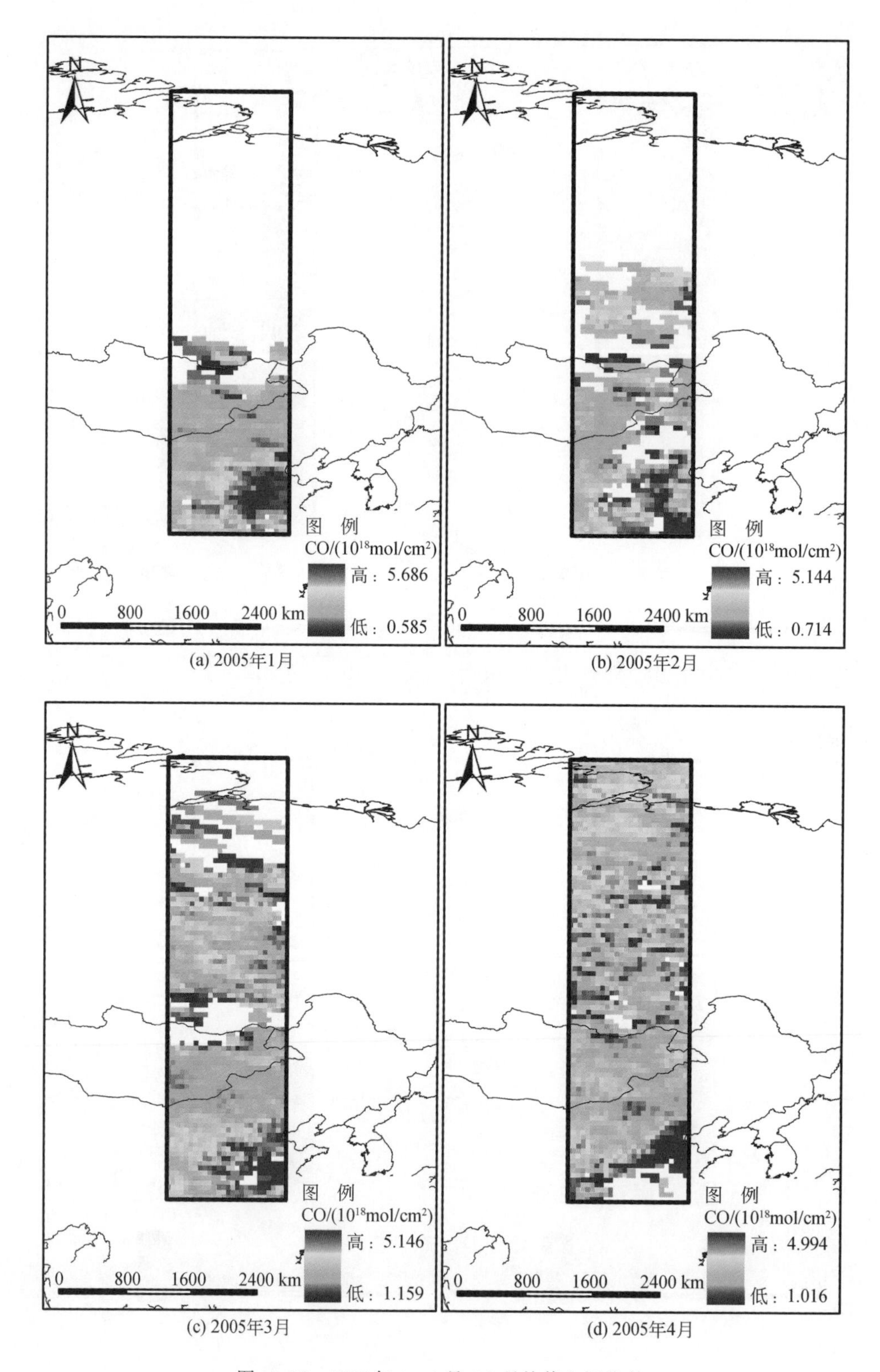

图 10-87　2005 年 1 ~ 4 月 CO 月均值空间分布

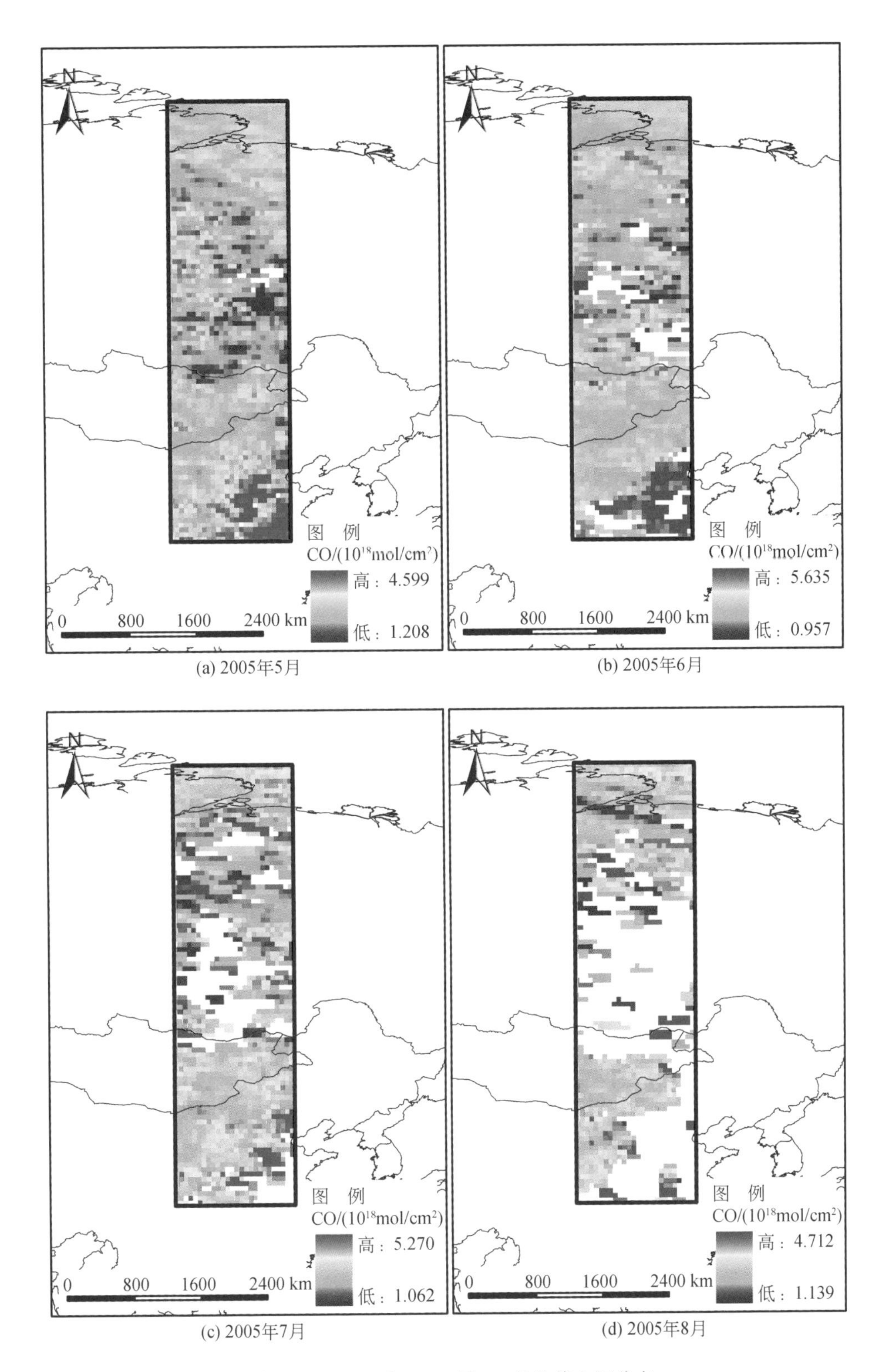

(a) 2005年5月
(b) 2005年6月
(c) 2005年7月
(d) 2005年8月

图 10-88　2005 年 5 ~ 8 月 CO 月均值空间分布

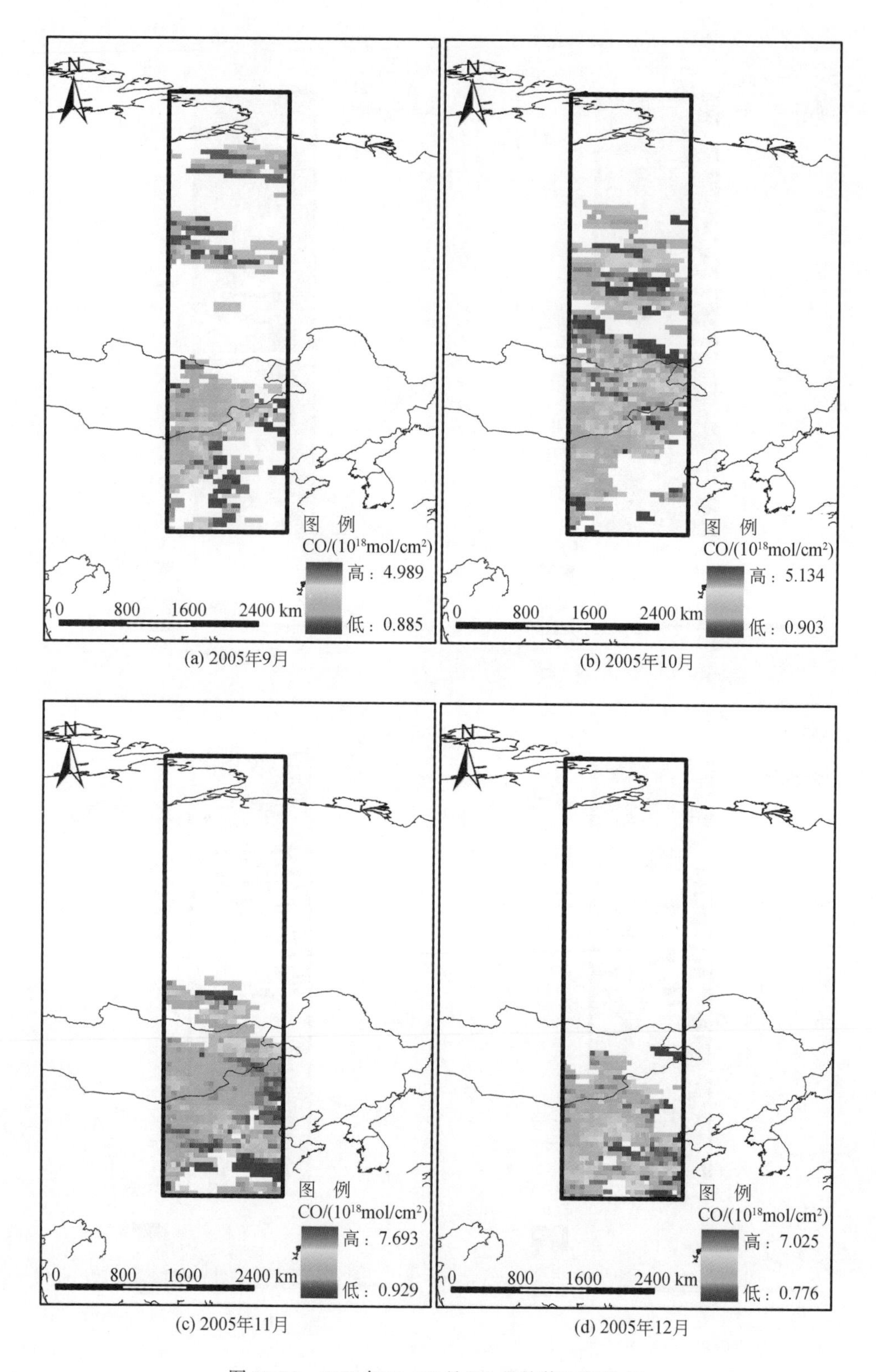

(a) 2005年9月 (b) 2005年10月

(c) 2005年11月 (d) 2005年12月

图 10-89 2005 年 9 ~ 12 月 CO 月均值空间分布

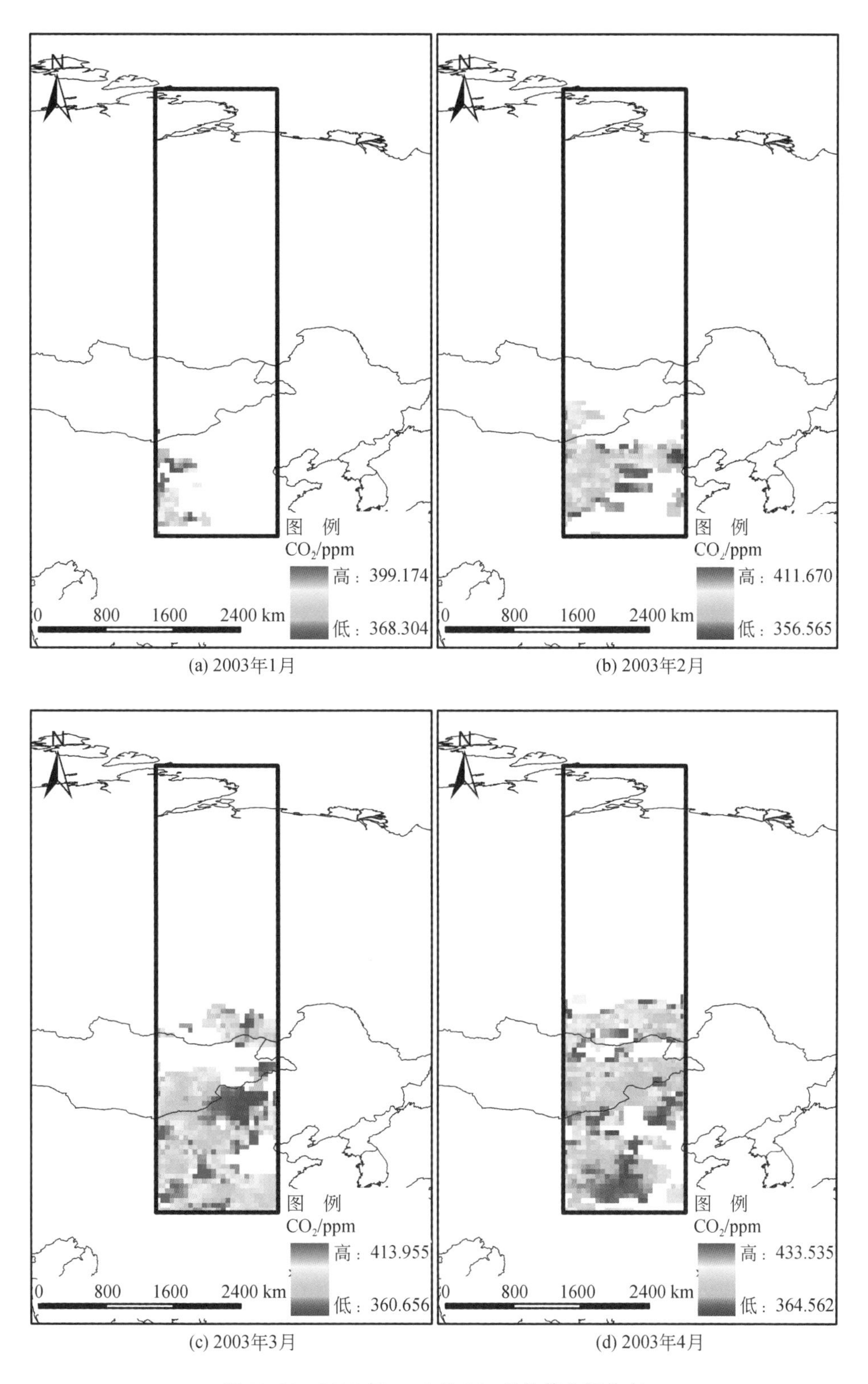

(a) 2003年1月　(b) 2003年2月

(c) 2003年3月　(d) 2003年4月

图 10-90　2003 年 1 ~ 4 月 CO_2 月均值空间分布

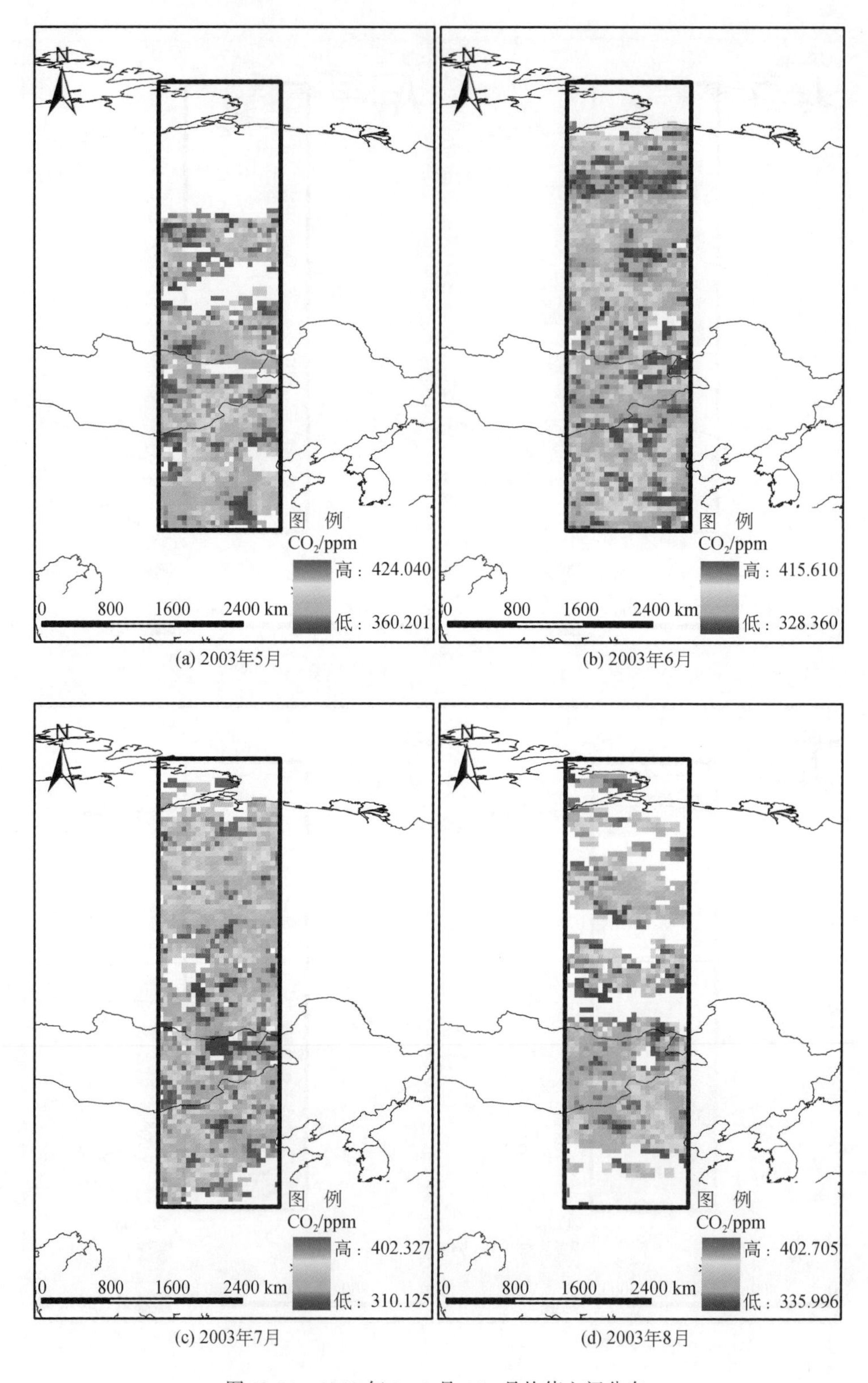

图 10-91 2003 年 5 ~ 8 月 CO_2 月均值空间分布

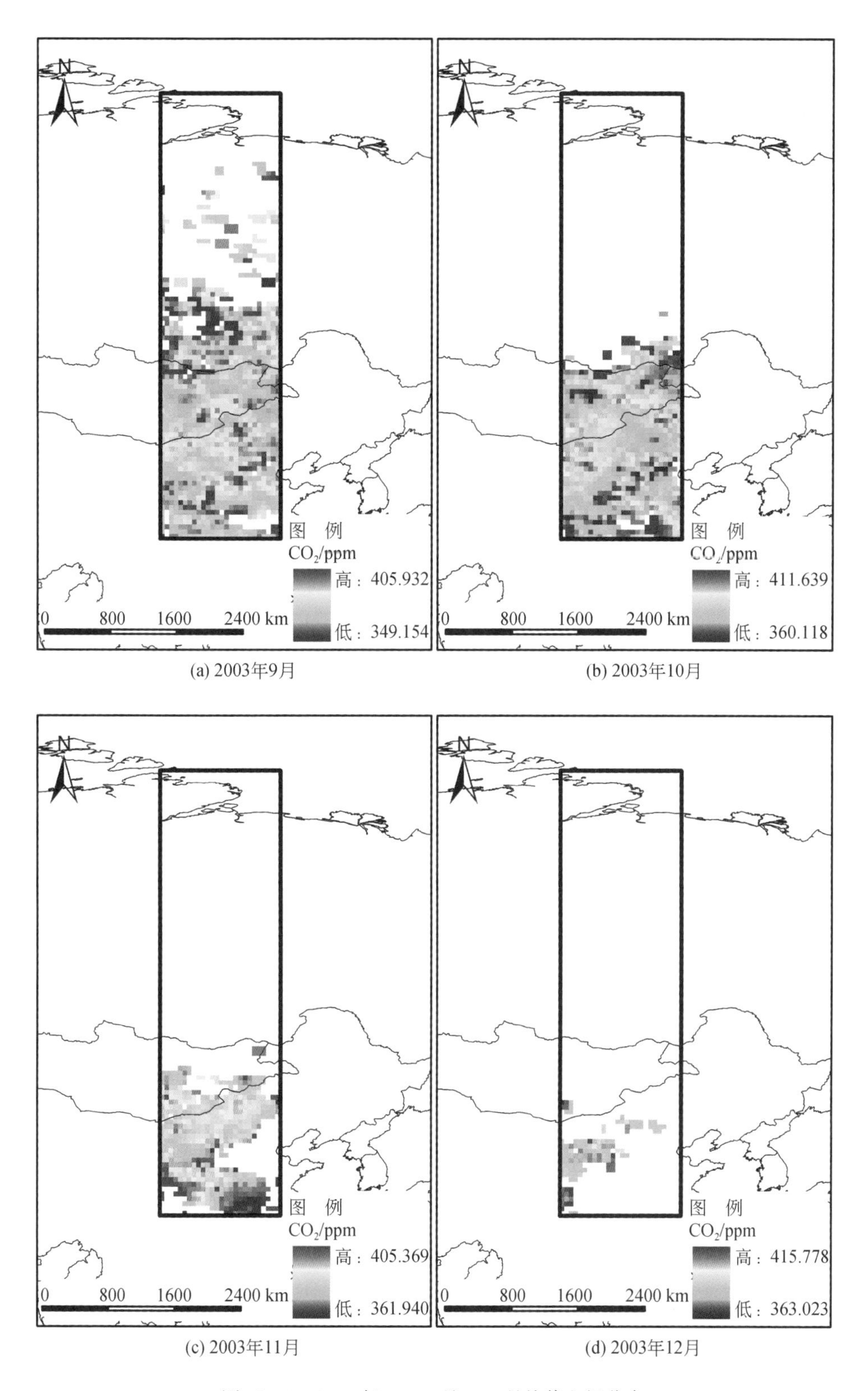

(a) 2003年9月

(b) 2003年10月

(c) 2003年11月

(d) 2003年12月

图 10-92　2003 年 9 ~ 12 月 CO_2 月均值空间分布

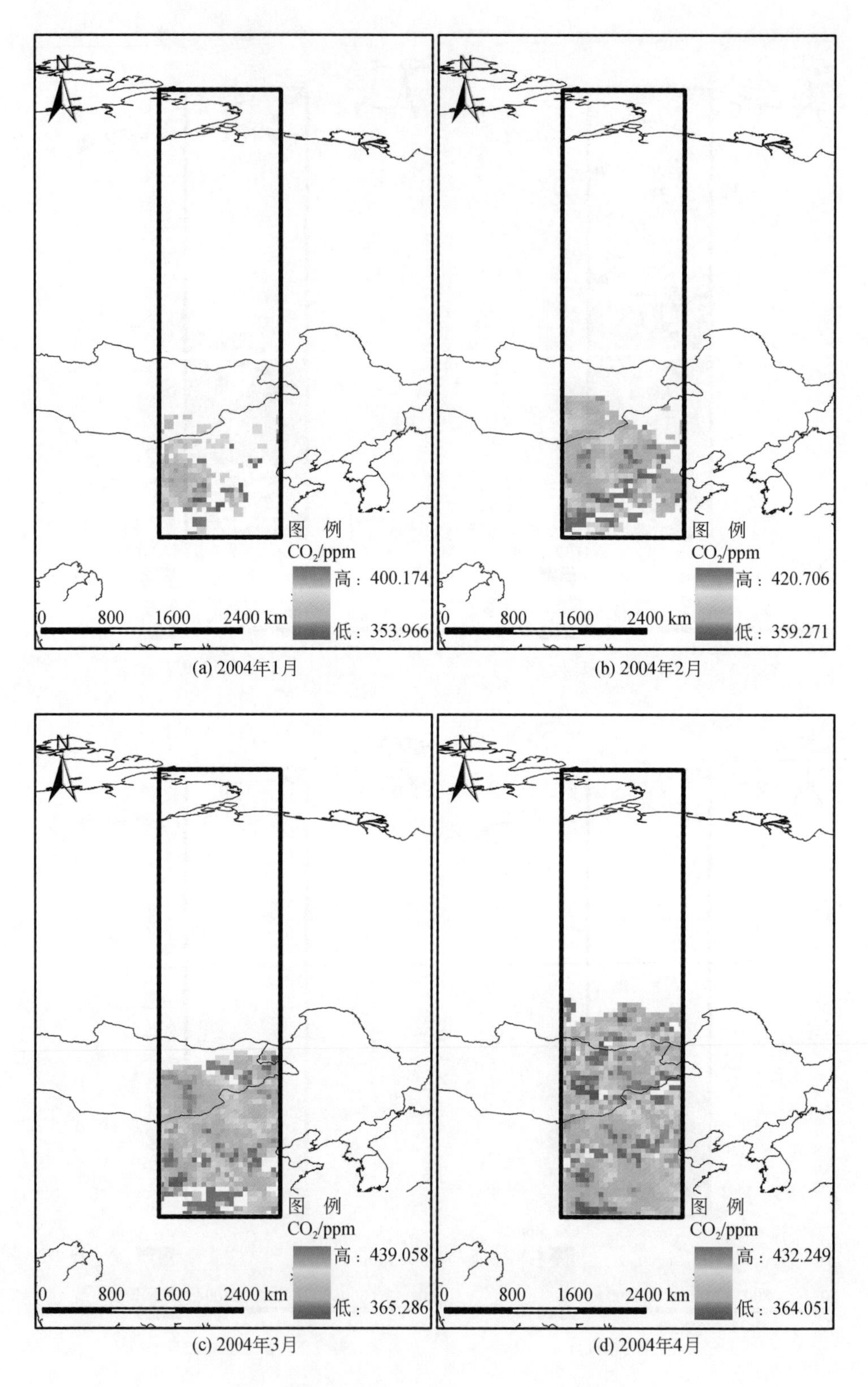

(a) 2004年1月　(b) 2004年2月

(c) 2004年3月　(d) 2004年4月

图 10-93　2004 年 1 ~4 月 CO_2 月均值空间分布

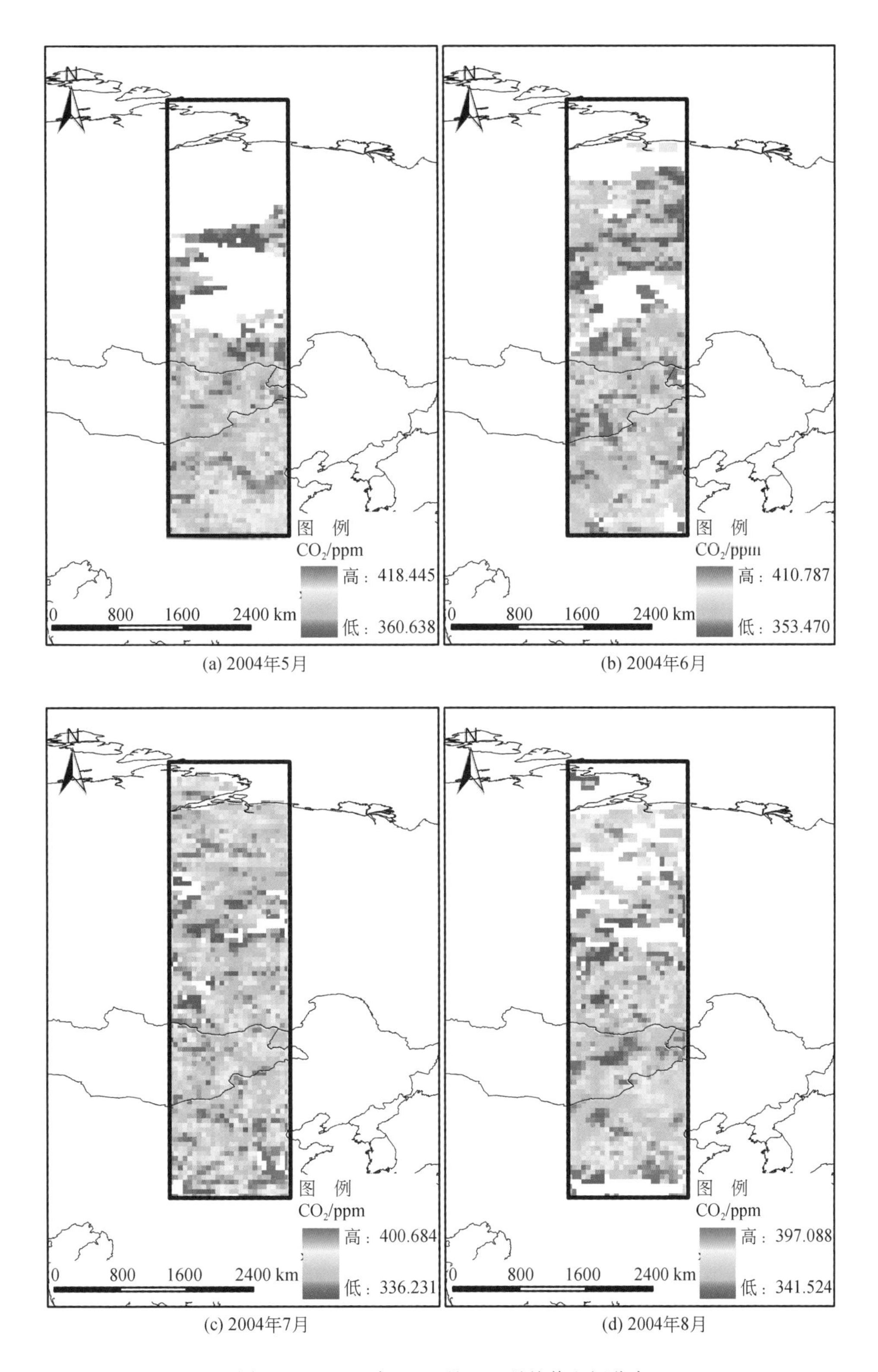

(a) 2004年5月　(b) 2004年6月

(c) 2004年7月　(d) 2004年8月

图 10-94　2004 年 5 ~ 8 月 CO_2 月均值空间分布

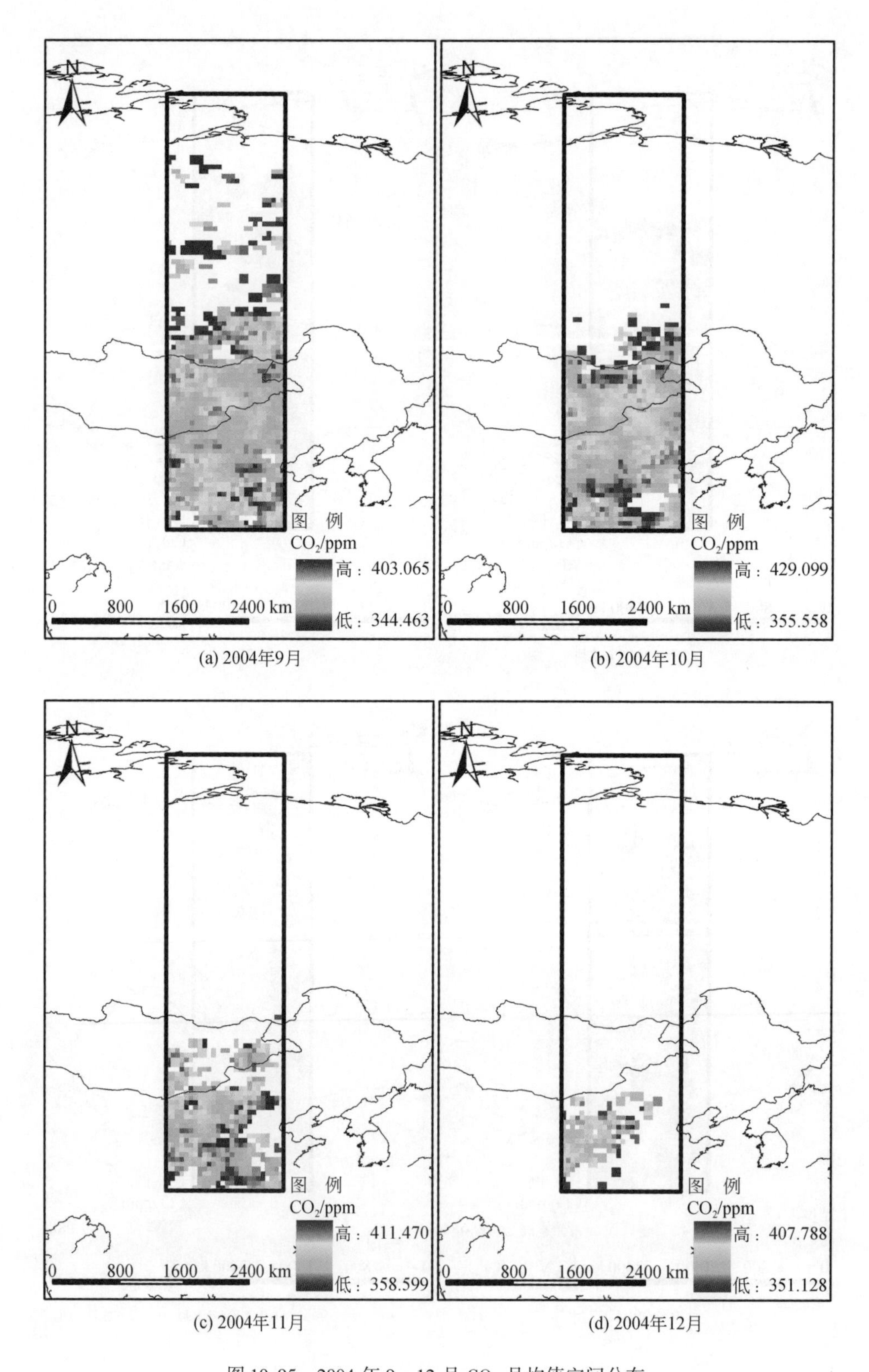

(a) 2004年9月

(b) 2004年10月

(c) 2004年11月

(d) 2004年12月

图 10-95　2004 年 9 ~ 12 月 CO_2 月均值空间分布

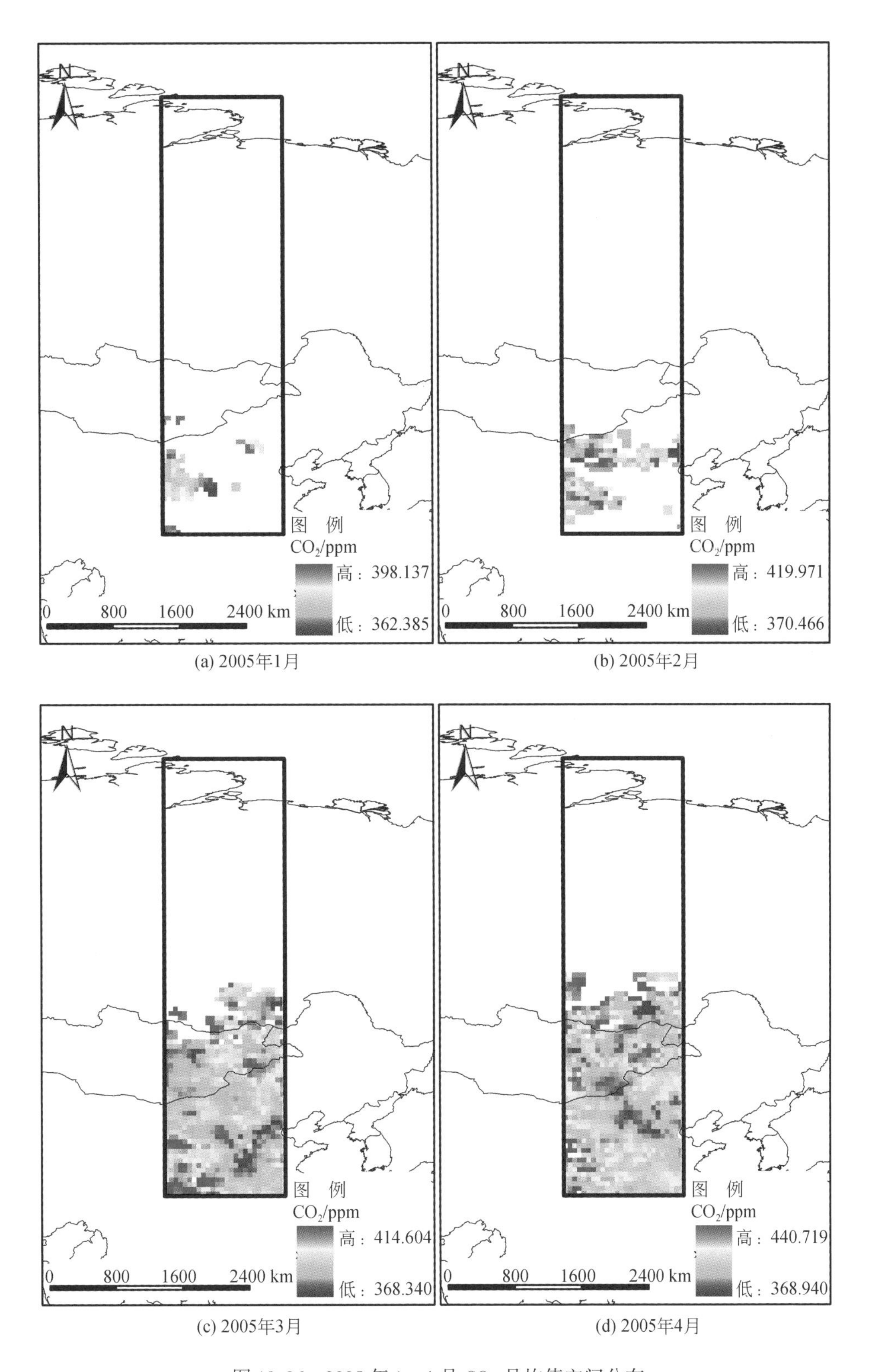

图 10-96　2005 年 1 ~ 4 月 CO_2 月均值空间分布

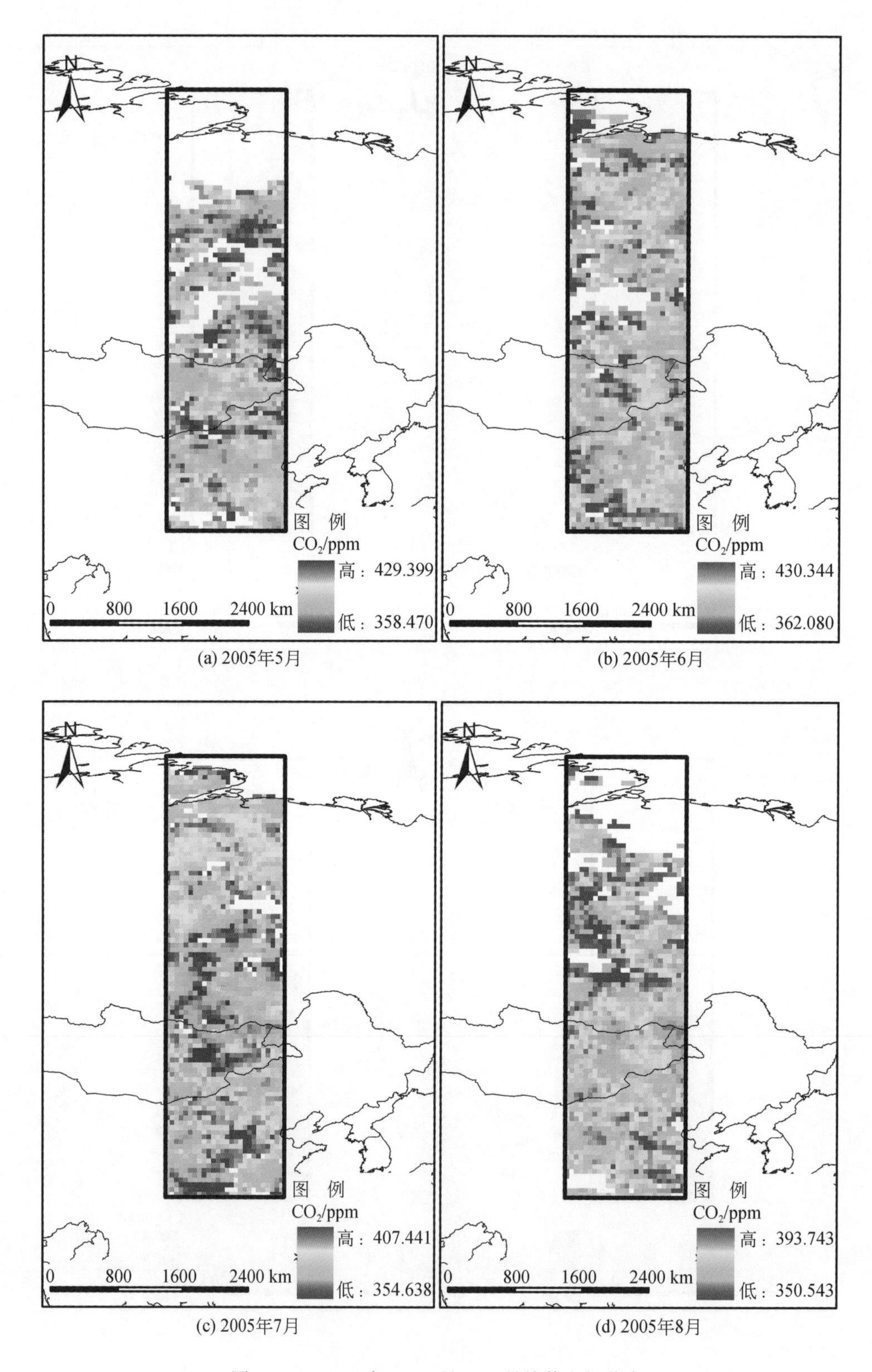

(a) 2005年5月 (b) 2005年6月 (c) 2005年7月 (d) 2005年8月

图 10-97 2005 年 5 ~ 8 月 CO_2 月均值空间分布

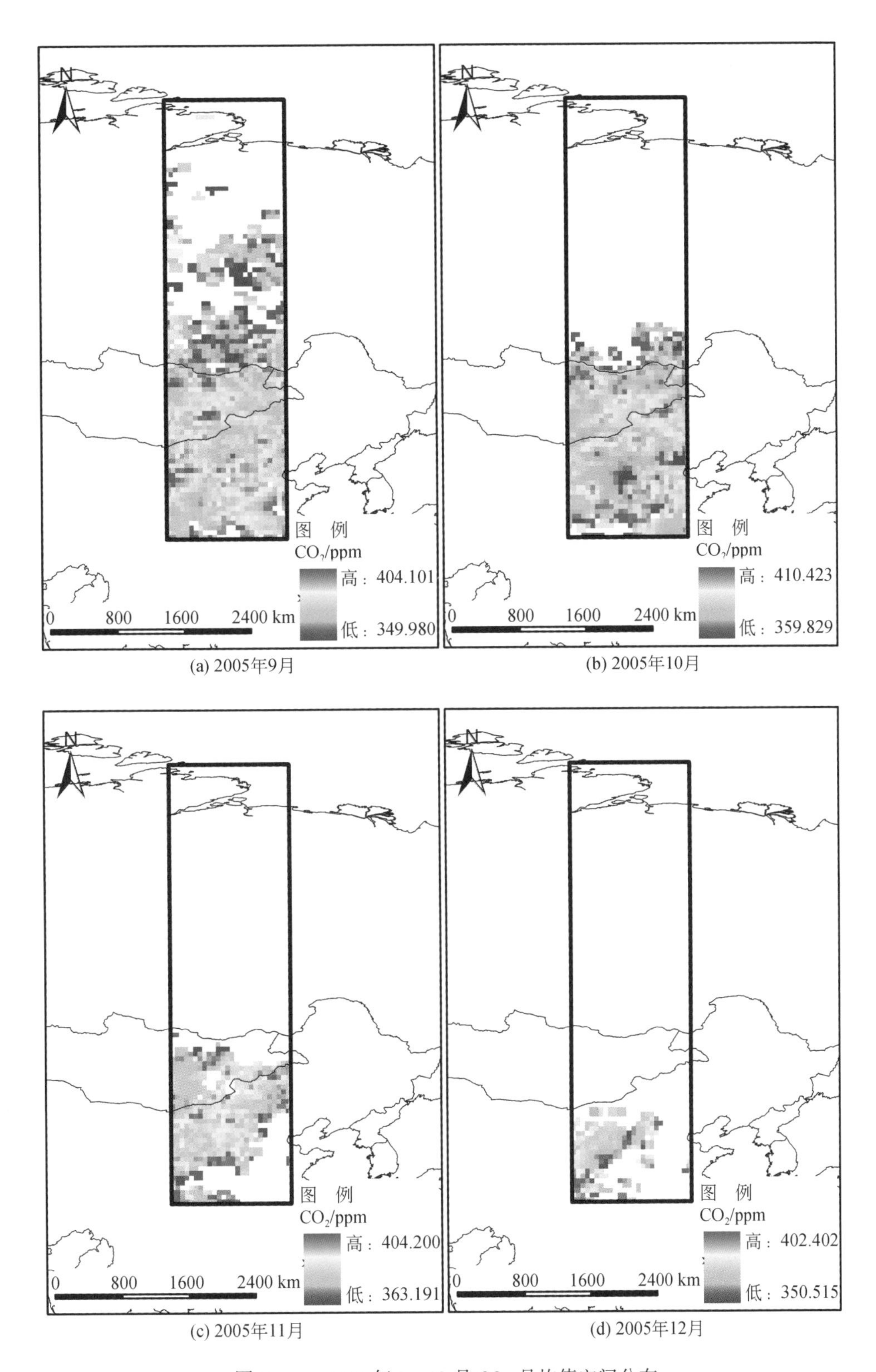

(a) 2005年9月　(b) 2005年10月

(c) 2005年11月　(d) 2005年12月

图 10-98　2005 年 9 ~ 12 月 CO_2 月均值空间分布

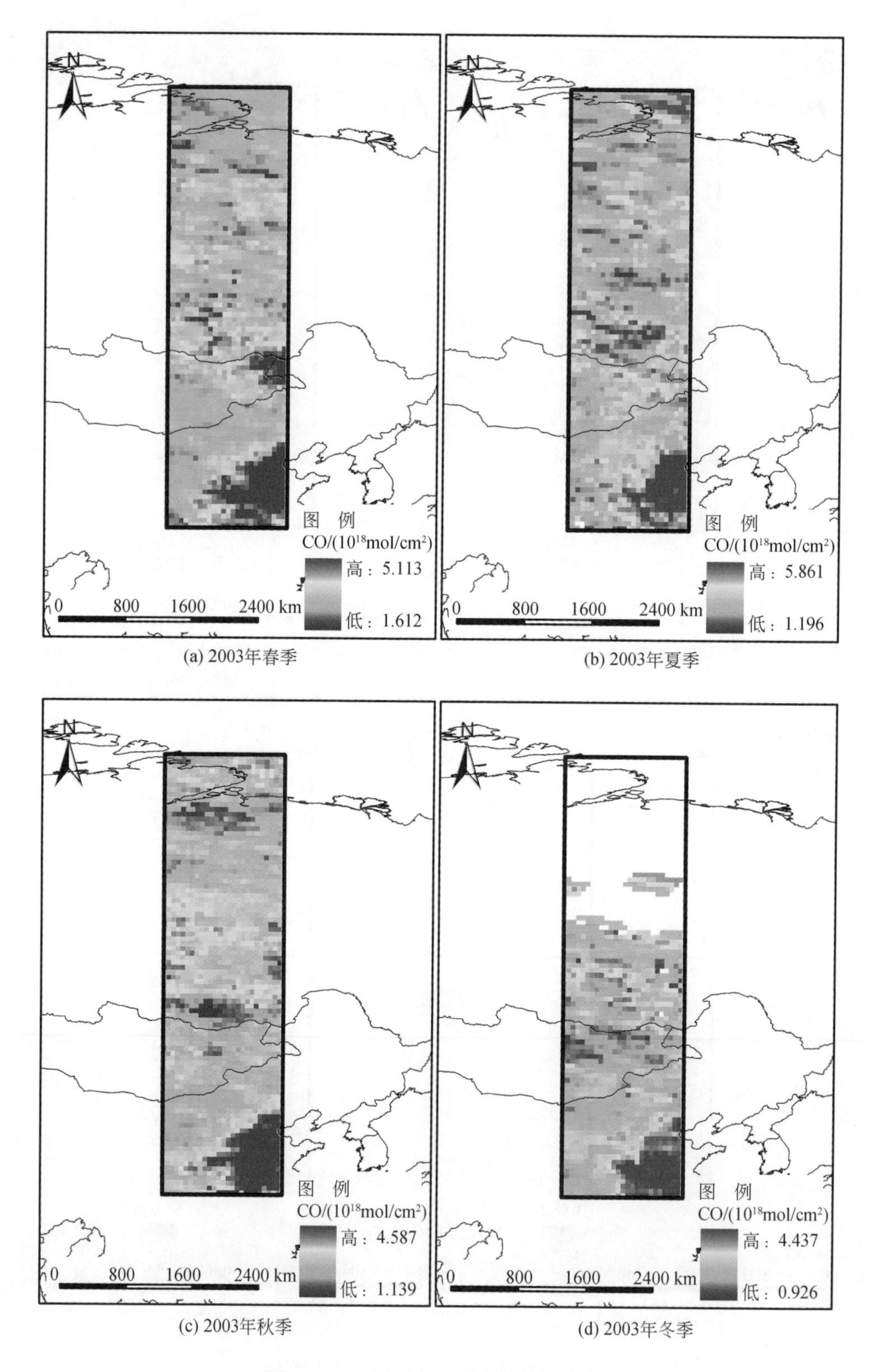

(a) 2003年春季
(b) 2003年夏季
(c) 2003年秋季
(d) 2003年冬季

图 10-99　2003 年 CO 季均值空间分布

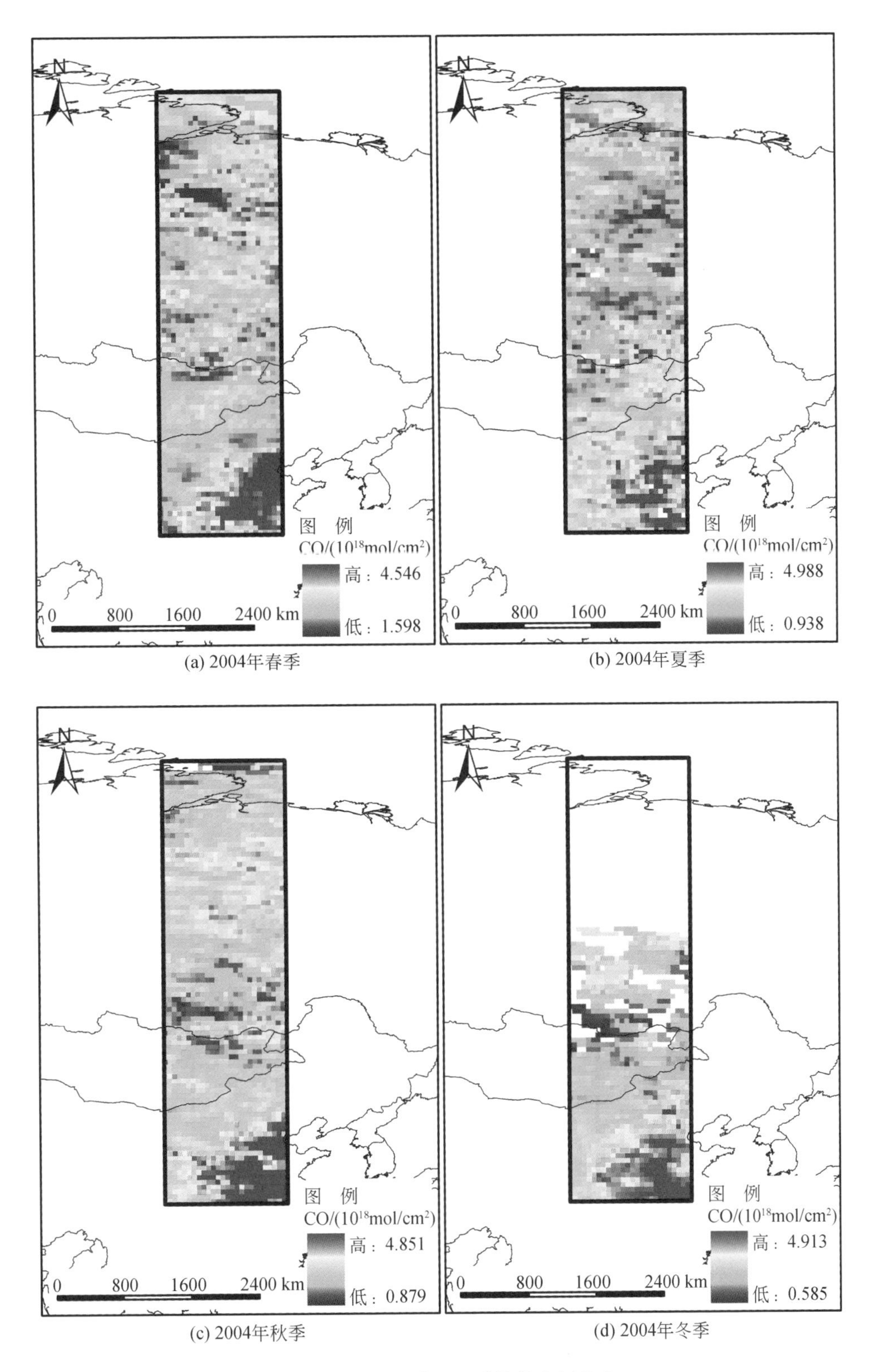

(a) 2004年春季　(b) 2004年夏季

(c) 2004年秋季　(d) 2004年冬季

图 10-100　2004 年 CO 季均值空间分布

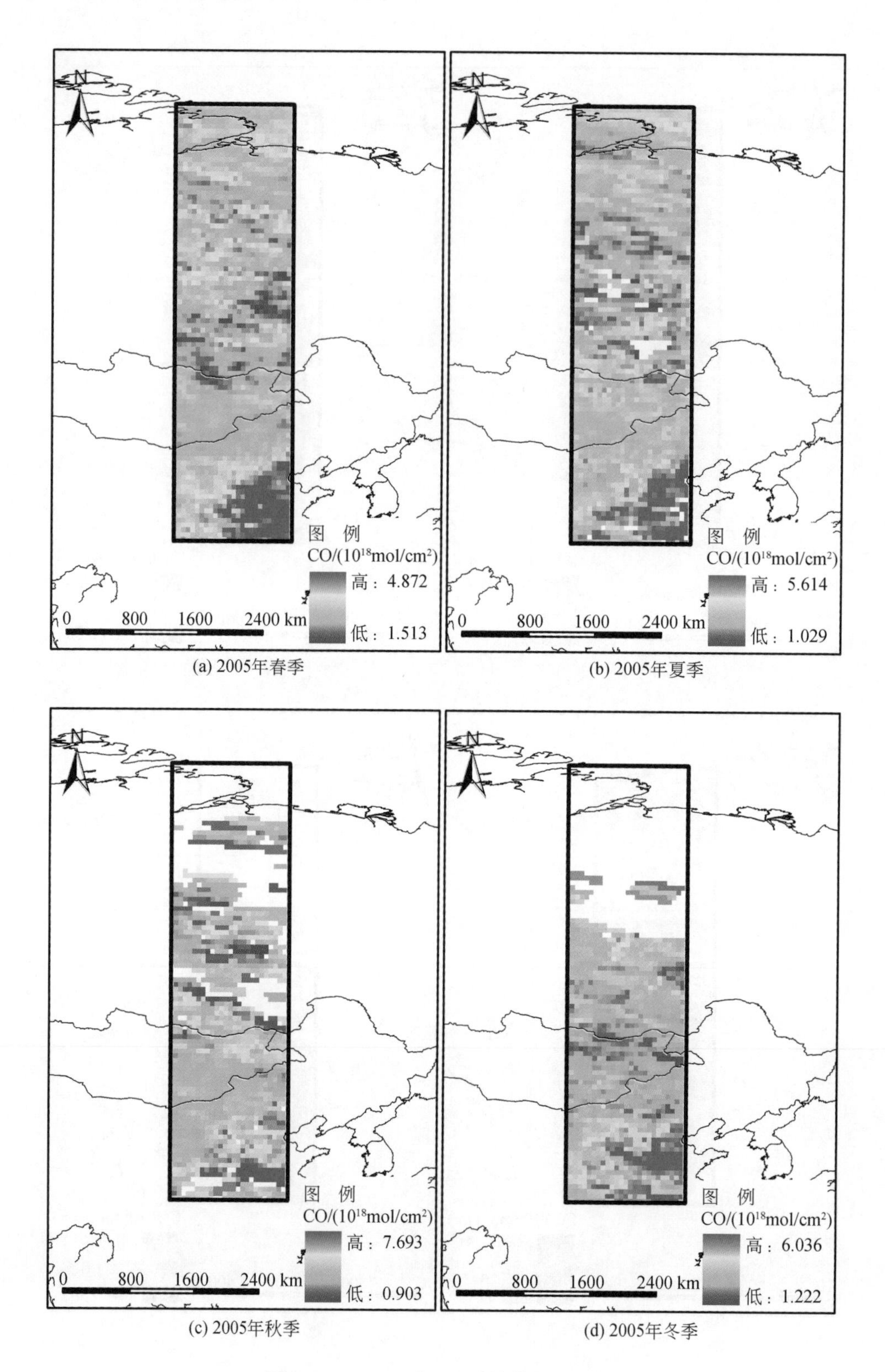

(a) 2005年春季 (b) 2005年夏季

(c) 2005年秋季 (d) 2005年冬季

图 10-101 2005 年 CO 季均值空间分布

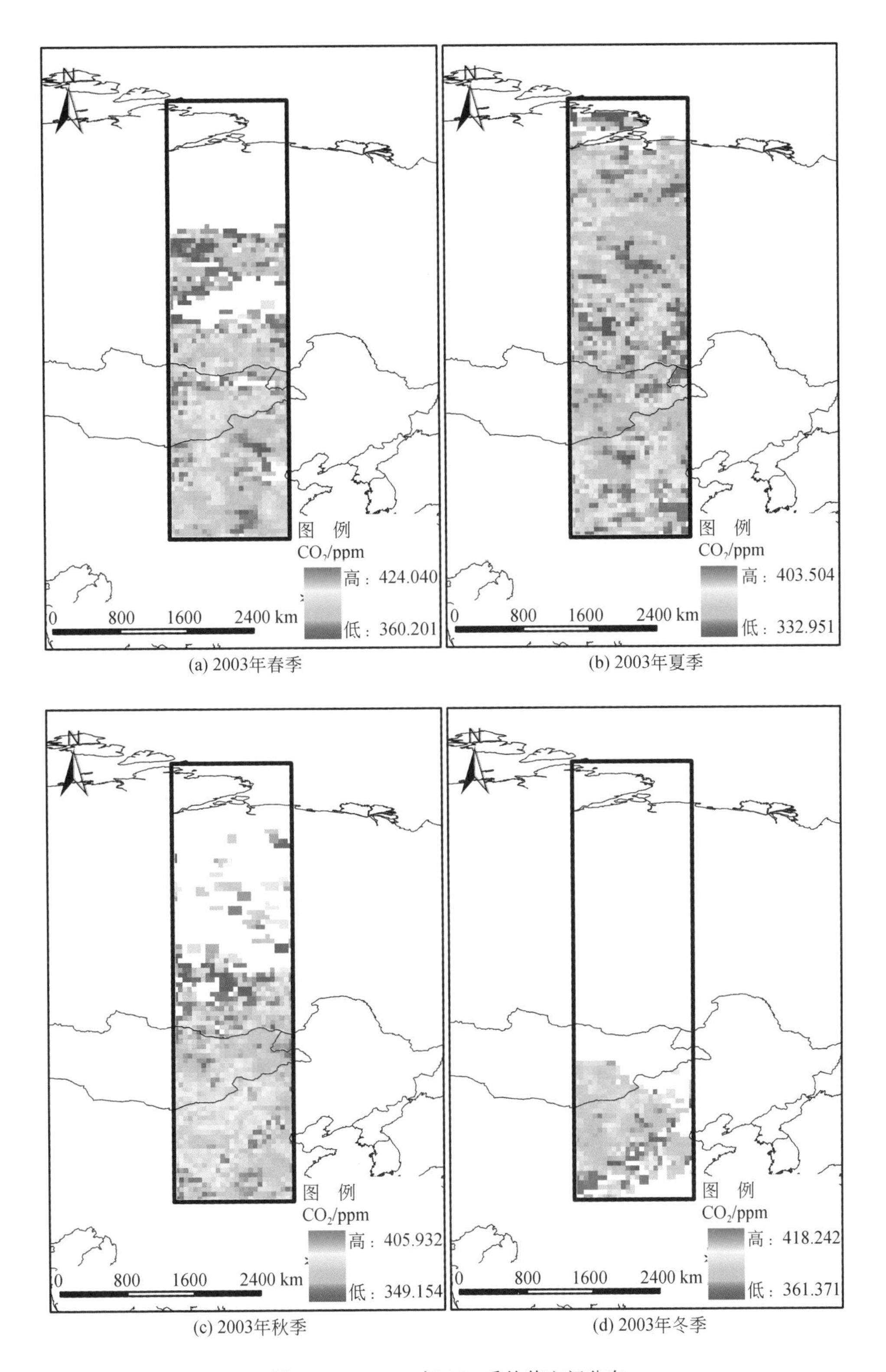

(a) 2003年春季　(b) 2003年夏季

(c) 2003年秋季　(d) 2003年冬季

图 10-102　2003 年 CO_2 季均值空间分布

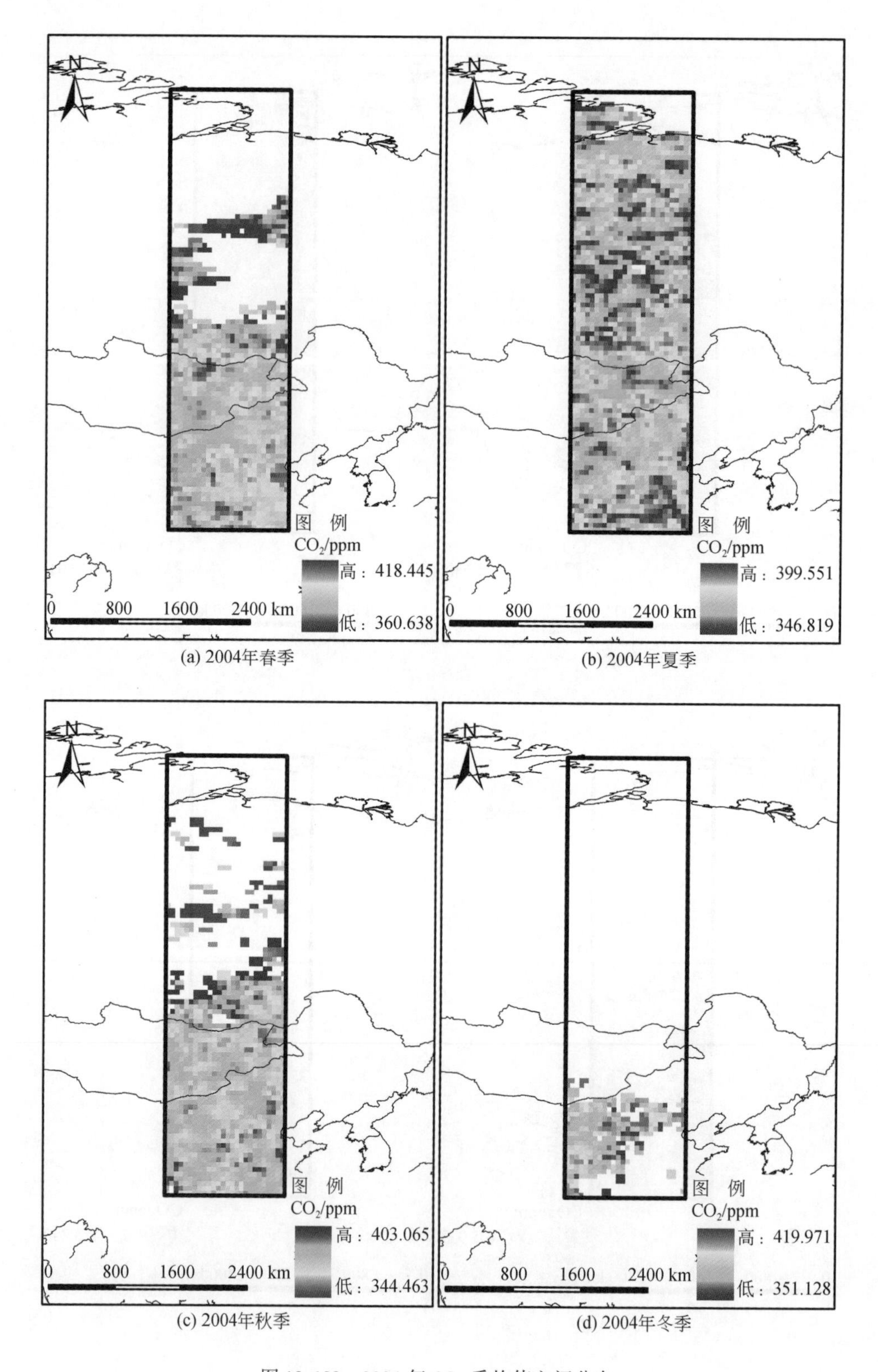

(a) 2004年春季

(b) 2004年夏季

(c) 2004年秋季

(d) 2004年冬季

图 10-103 2004 年 CO_2 季均值空间分布

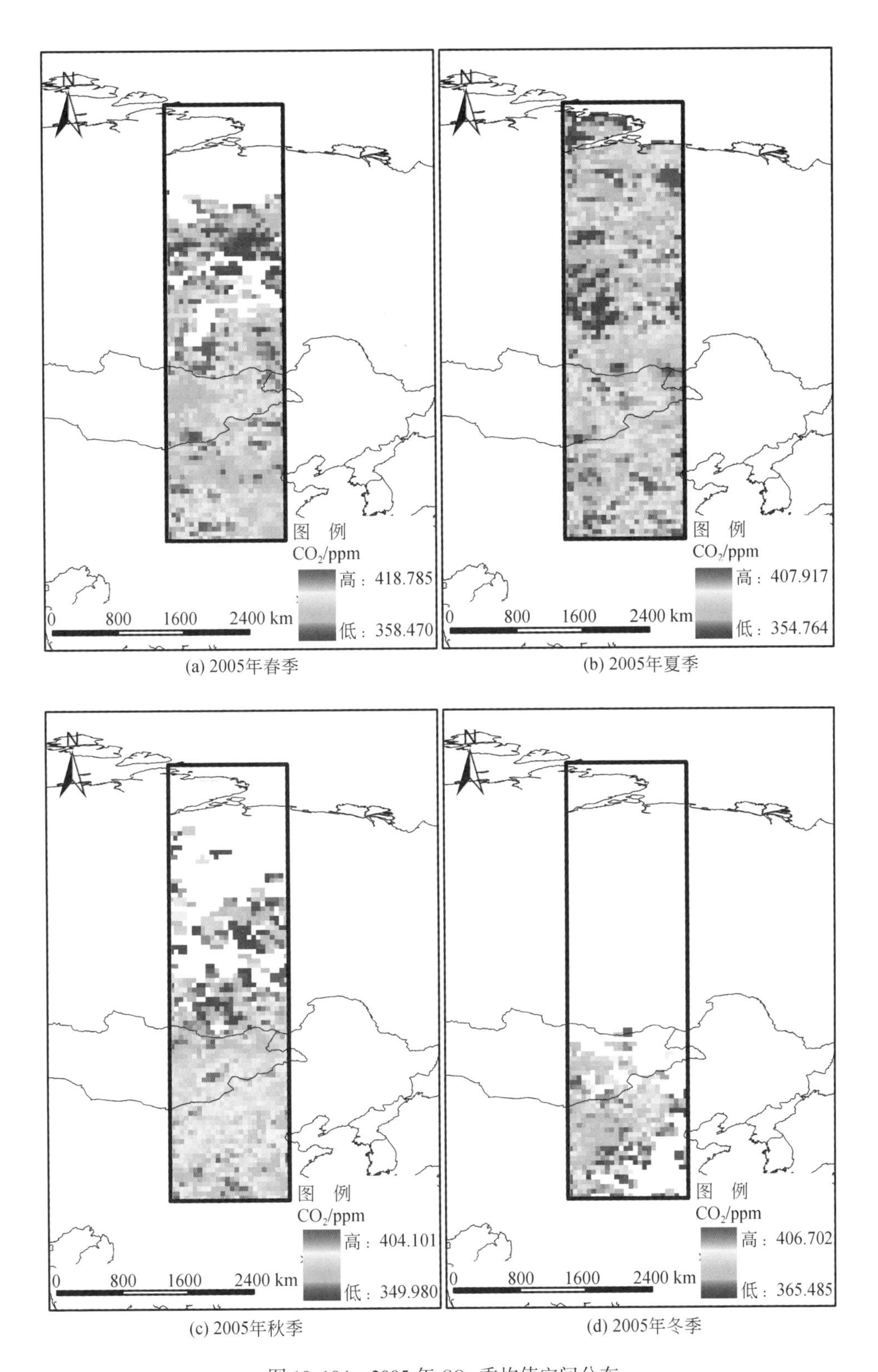

(a) 2005年春季　(b) 2005年夏季

(c) 2005年秋季　(d) 2005年冬季

图 10-104　2005 年 CO_2 季均值空间分布

10.3.5 SO_2 时空动态分析

SO_2 是大气中的一种重要的痕量气体，它是硫酸盐气溶胶的重要前提物，也是形成酸雨、酸雾的主要污染物质（Richter et al.，2006）。SO_2 的平均寿命为 1～2 天，在近地面更短，而在平流层可达 1 个月以上（Krueger et al.，2000）。SO_2 的来源十分广泛，概括来说有自然源和人为源，自然源来自于火山喷发和微生物的分解作用，人为源则是大气中 SO_2 的主要来源，主要来自发电过程和工业生产过程中含硫化石燃料的燃烧等（Reddy and Venkataraman，2002）。SO_2 在大气中可以通过气-粒转化的光化学反应生成硫酸盐粒子，导致大气中硫酸盐气溶胶大幅度增加。硫酸盐气溶胶可远距离输送，其辐射强迫效应能够影响全球气候（Dickerson et al.，2007）。SO_2 酸沉降对人类健康和环境具有潜在的危害，会抑制植被生长，对生态敏感区的水生生物造成威胁，对人体健康也会造成危害，造成呼吸系统疾病，严重的甚至引起死亡（Georgoulias et al.，2009）。SO_2 排放的分布在全球并不均匀，绝大多数分布在北半球（Andres and Kasgnoc，1998）。在欧洲和北美，硫的排放在 20 世纪 80 年代后期达到高峰，由于采取了硫排放的控制措施，硫的排放自 20 世纪 90 年代起大幅度减少（Smith et al.，2004；Stern，2005，2006；Vestreng et al.，2007）。与欧洲和北美相反，包括中国在内的亚洲地区的硫排放在过去 20 年里一直增加，这主要是由于这些国家（地区）持续快速的经济发展造成的。在亚洲，用 RAINS-ASIA 模型预测的 SO_2 的排放量仍会持续增加，估计将从 1990 年的 34Mt 增长到 2020 年的 110Mt（Foell et al.，1995）。

SO_2 传统研究大多基于地基观测，传统监测方法虽然能获得局部低层大气的变化趋势，但在大区域尺度的观测上却力不从心。与传统大气监测方法相比，遥感具有覆盖范围广、实时、连续、分辨率高等优点，可以长时间在全球范围内直接测量 SO_2 的浓度分布，为进行大范围大气中 SO_2 等痕量气体的趋势分析和季节性循环研究提供了可能。目前主要利用 TOMS、SCIAMACHY、OMI、GOME-2 等卫星数据来监测和估计全球 SO_2 的浓度分布，近年来已有不少学者利用这些卫星资料进行了对流层 SO_2 柱浓度及时空分布变化的研究工作。Habib 等（2006）利用 TOMS 数据研究了 SO_2 的空间、季节和年际变化，Richter 等（2006）利用 SCIAMACHY 卫星观测数据分析对流层的 SO_2 浓度分布，识别火山喷发和人为排放的 SO_2，Martin（2008）通过遥感数据估算边界层的气溶胶、SO_2、O_3、HCHO 的浓度分布研究地表的空气质量，改善大气痕量气体和气溶胶排放清单。遥感监测应用中也发展了一些成熟的 SO_2 反演算法，如 DOAS（差分吸收光谱法）（Mellqvist and Rosen，1996；Galle et al.，2003）和 BRD 算法（波段残差算法）（Krotkov et al.，2006）等用来反演 SO_2 柱总量或对流层 SO_2 垂直柱浓度。Krotkov 等（2007）利用 2005 年 4 月中国东北地区的地基航空测量值对 OMI SO_2 数据进行了首次验证。

SO_2 在大气中的浓度及化学特性，是衡量人为大气污染的一个重要风向标。了解东北亚地区 SO_2 分布及其变化对大气环境研究和空气质量控制等方面都有指导意义。本研究利用 SCIAMACHY 对流层 SO_2 垂直柱浓度产品，结合东北亚地区自然分区和土地利用数据，研究东北亚地区上空对流层 SO_2 的变化趋势和时空分布特征。

10.3.5.1　对流层 SO_2 柱浓度空间分布特征

1）对流层 SO_2 柱浓度多年平均柱浓度空间分布特征。本研究数据时间尺度选择 2004 年 1 月 ~2010 年 12 月共 7 年数据进行分析。如图 10-105 所示，对流层 SO_2 柱浓度年均值的高浓度区域主要分布在样带东南地区，此区域靠近中国境内，以环渤海经济区为中心；样带北部地区 SO_2 柱浓度值较低。

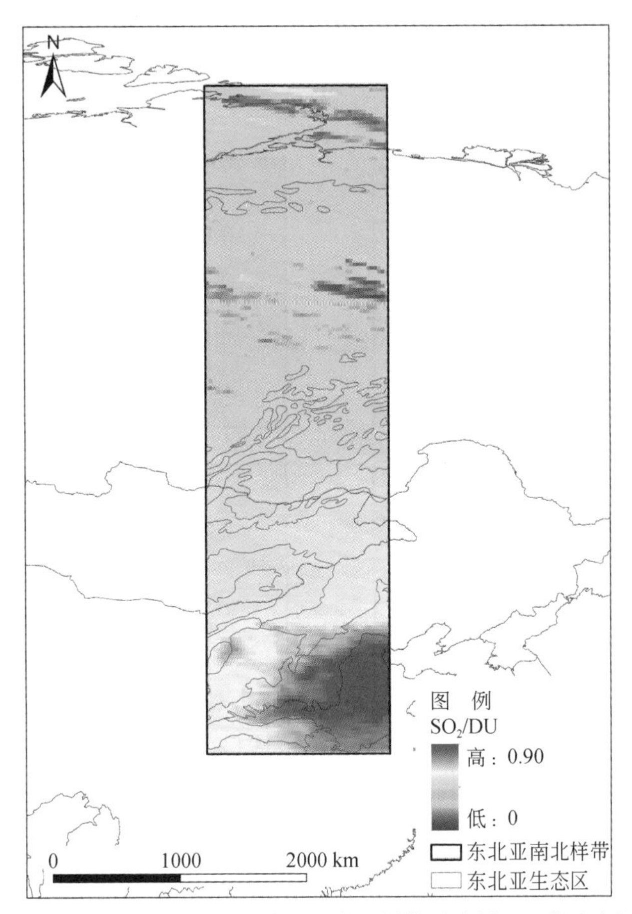

图 10-105　2004 ~ 2010 年东北亚地区及东北亚南北样带对流层 SO_2 柱浓度年均值空间分布

2）对流层 SO_2 柱浓度年均值空间分布特征。图 10-106 为 2004 ~ 2010 年东北亚南北样带对流层 SO_2 柱浓度年均值空间分布，从图中可见，其总体分布特征基本一致，高值区均分布在样带东南地区的中国环渤海经济区，北部地区具有最低值。

3）对流层 SO_2 柱浓度月均值空间分布特征。图 10-107 为 2004 ~ 2010 年东北亚南北样带对流层 SO_2 柱浓度月均值空间分布。从中可见，其总体分布特征基本一致，且与年均值分布特征相似，高值区均分布在样带东南地区的中国环渤海经济区，北部地区具有最低值。

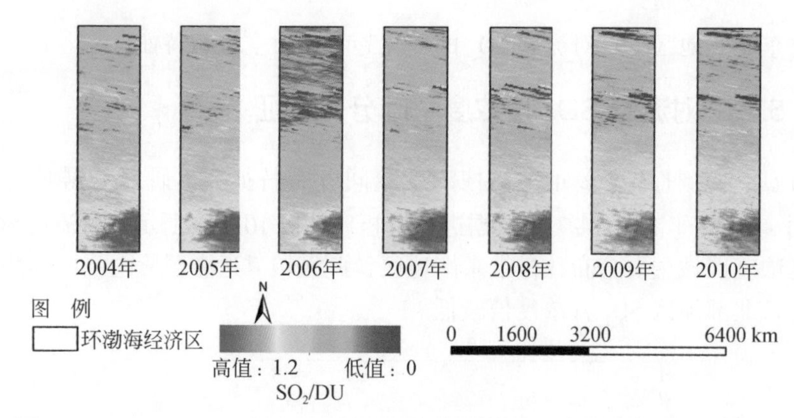

图 10-106　2004～2010 年东北亚南北样带对流层 SO_2 柱浓度年均值空间分布

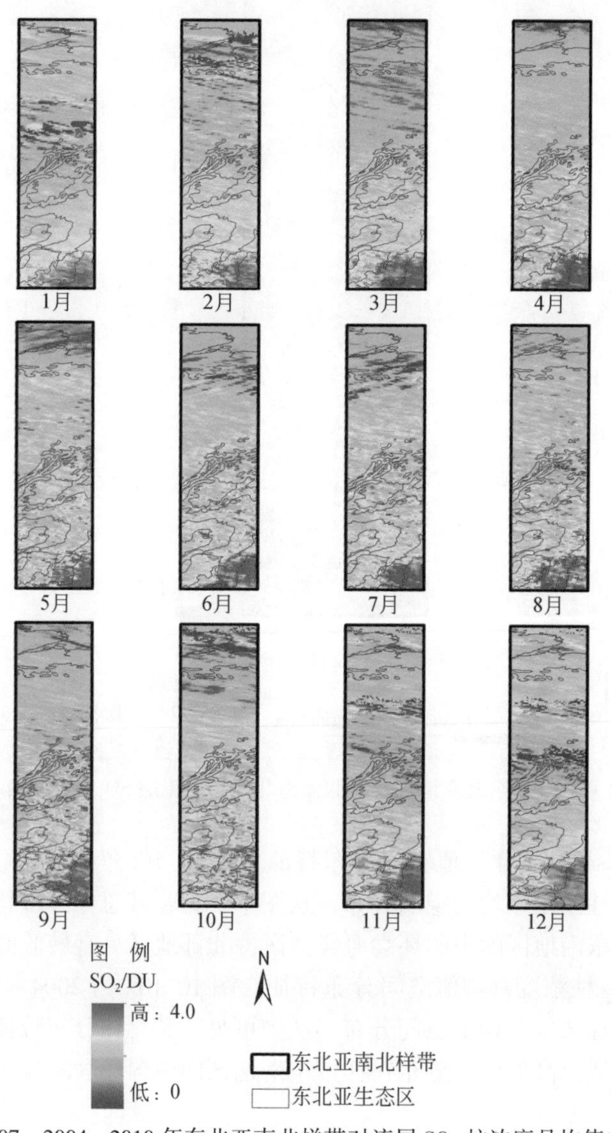

图 10-107　2004～2010 年东北亚南北样带对流层 SO_2 柱浓度月均值空间分布

10.3.5.2　对流层 SO_2 柱浓度时间变化特征

1）对流层 SO_2 柱浓度年际变化特征。图 10-108 是东北亚南北样带 2004～2010 年对流层 SO_2 年均值变化柱状图。从中可见，SO_2 柱浓度在东北亚南北样带的变化趋势不明显。其中，2008 年达到最高值，为-0.04DU；2009 年达到最低值，为-0.23DU；除 2009 年 SO_2 柱浓度值较低外，其他年份 SO_2 柱浓度值没有显著变化。位于中国的环渤海经济区的 SO_2 柱浓度远高于整个样带 SO_2 柱浓度值，其变化趋势基本与东北亚南北样带一致。

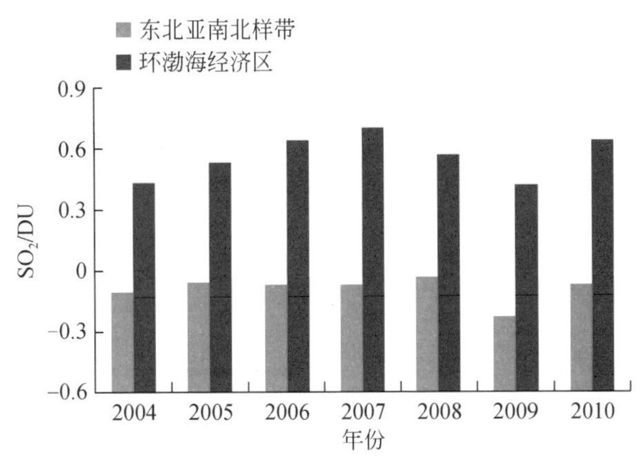

图 10-108　东北亚南北样带 2004～2010 年对流层 SO_2 柱浓度变化特征

2）对流层 SO_2 柱浓度月际变化特征。图 10-109 是 2004～2010 年东北亚南北样带对流层 SO_2 柱浓度月均值变化特征。从中可见，东北亚南北样带 SO_2 柱浓度的月变化具有一定的特征，其高值一般出现在 3～10 月。其中，最高值出现在 5 月、6 月，均为 0.15DU；低值出现在每年 11 月至次年 2 月，其中最低值出现在 12 月，为-0.53DU。总体来看，SO_2 月际分布呈现春夏秋季高而冬季低的特点。

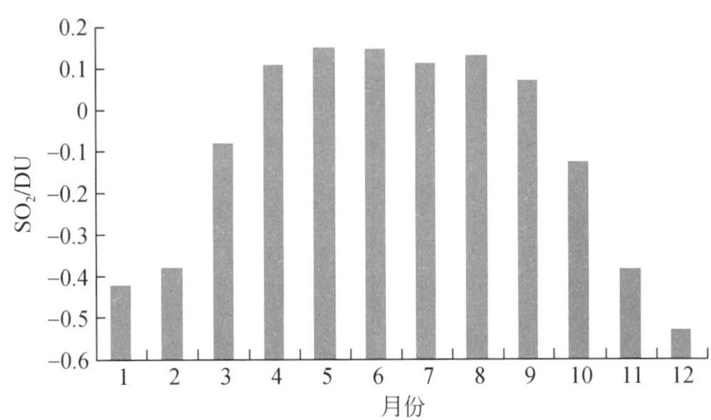

图 10-109　2004～2010 年东北亚南北样带对流层 SO_2 柱浓度月均值变化特征

图 10-110 为东北亚南北样带对流层 SO_2 柱浓度各年均值空间变化特征。

图 10-111～图 10-117 为东北亚南北样带对流层 SO_2 柱浓度 2004～2010 年的月均值空间变化特征。

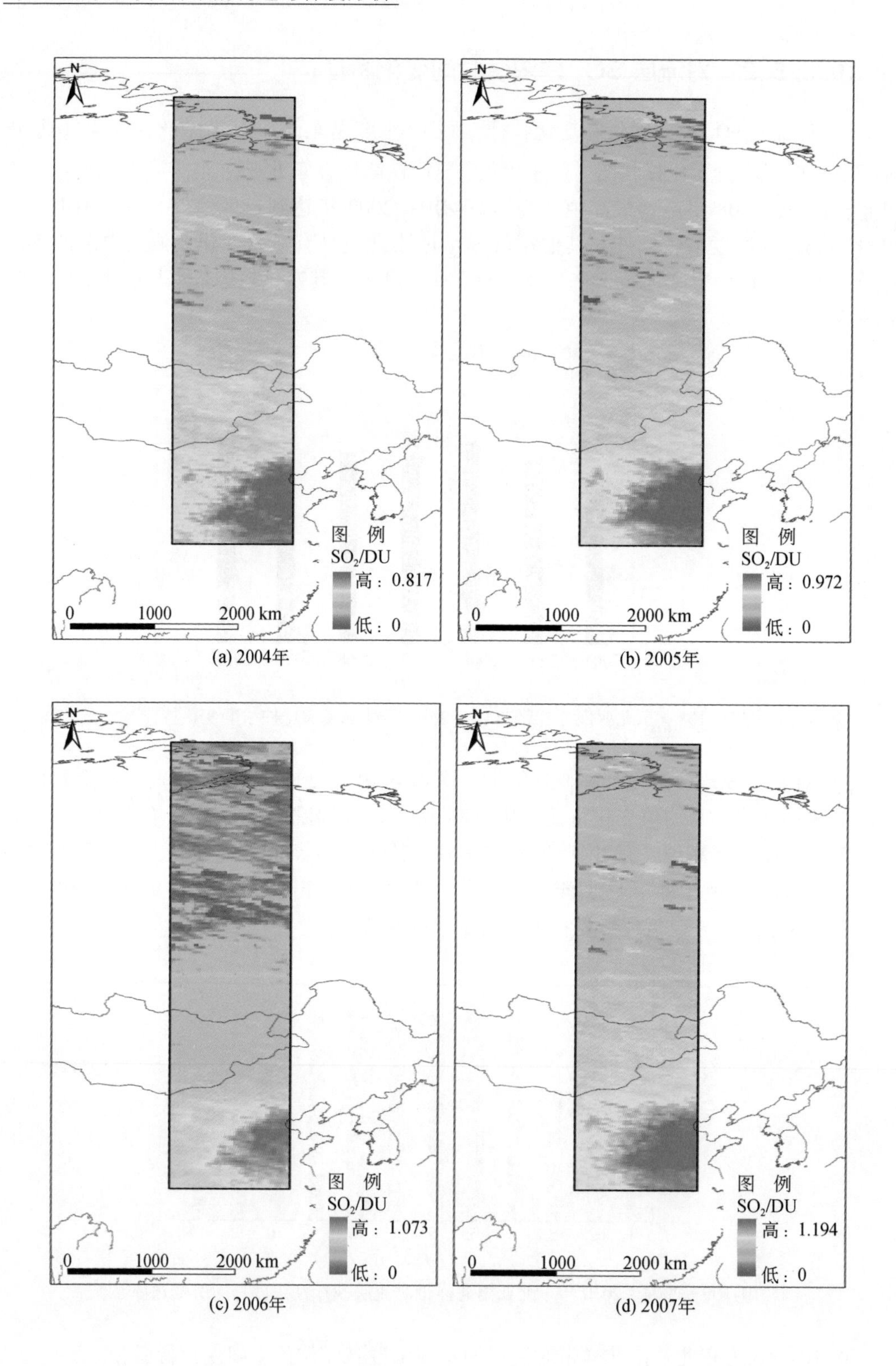

(a) 2004年 (b) 2005年

(c) 2006年 (d) 2007年

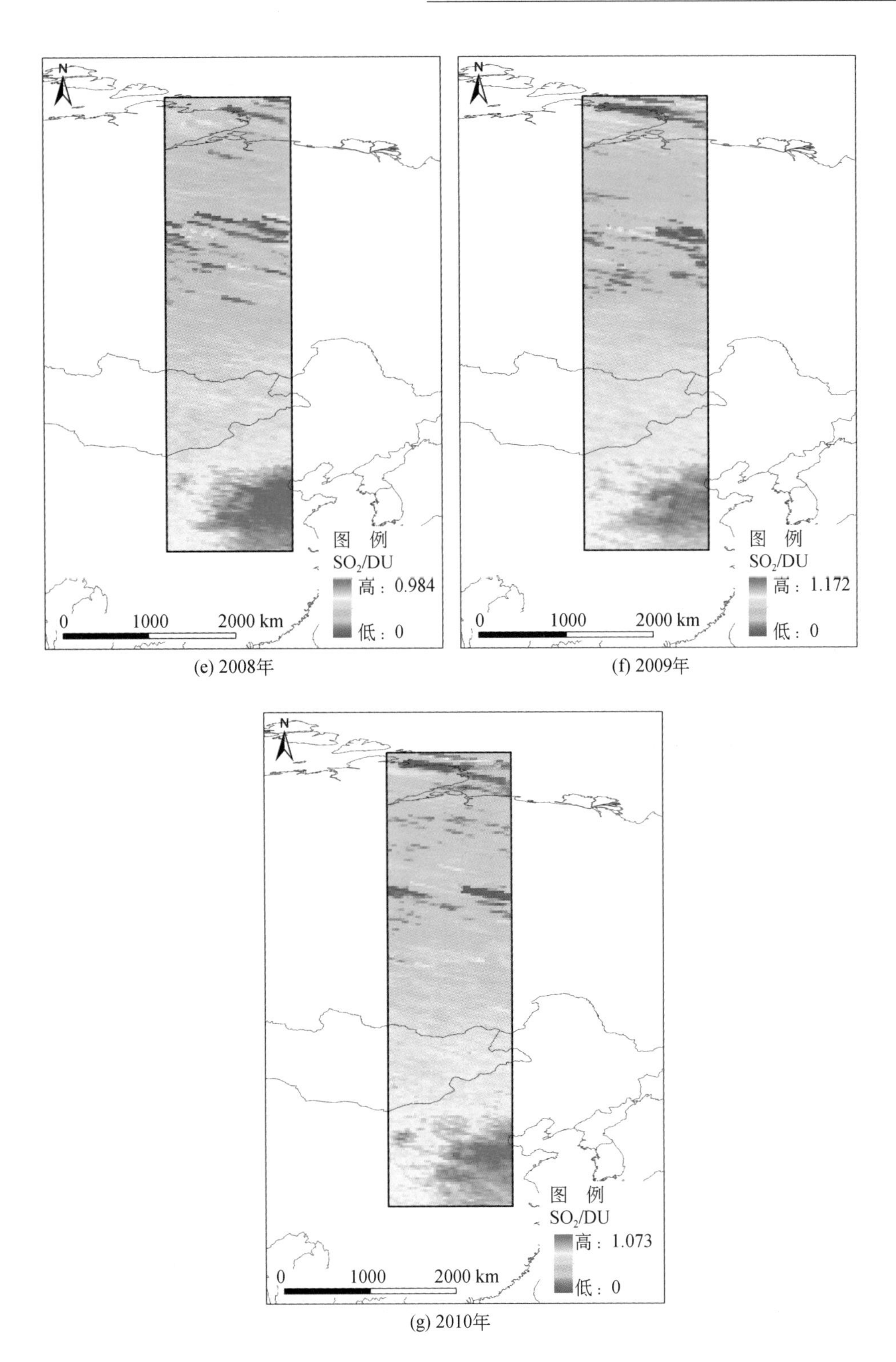

(e) 2008年

(f) 2009年

(g) 2010年

图 10-110　东北亚南北样带对流层 SO_2 柱浓度各年均值空间变化特征

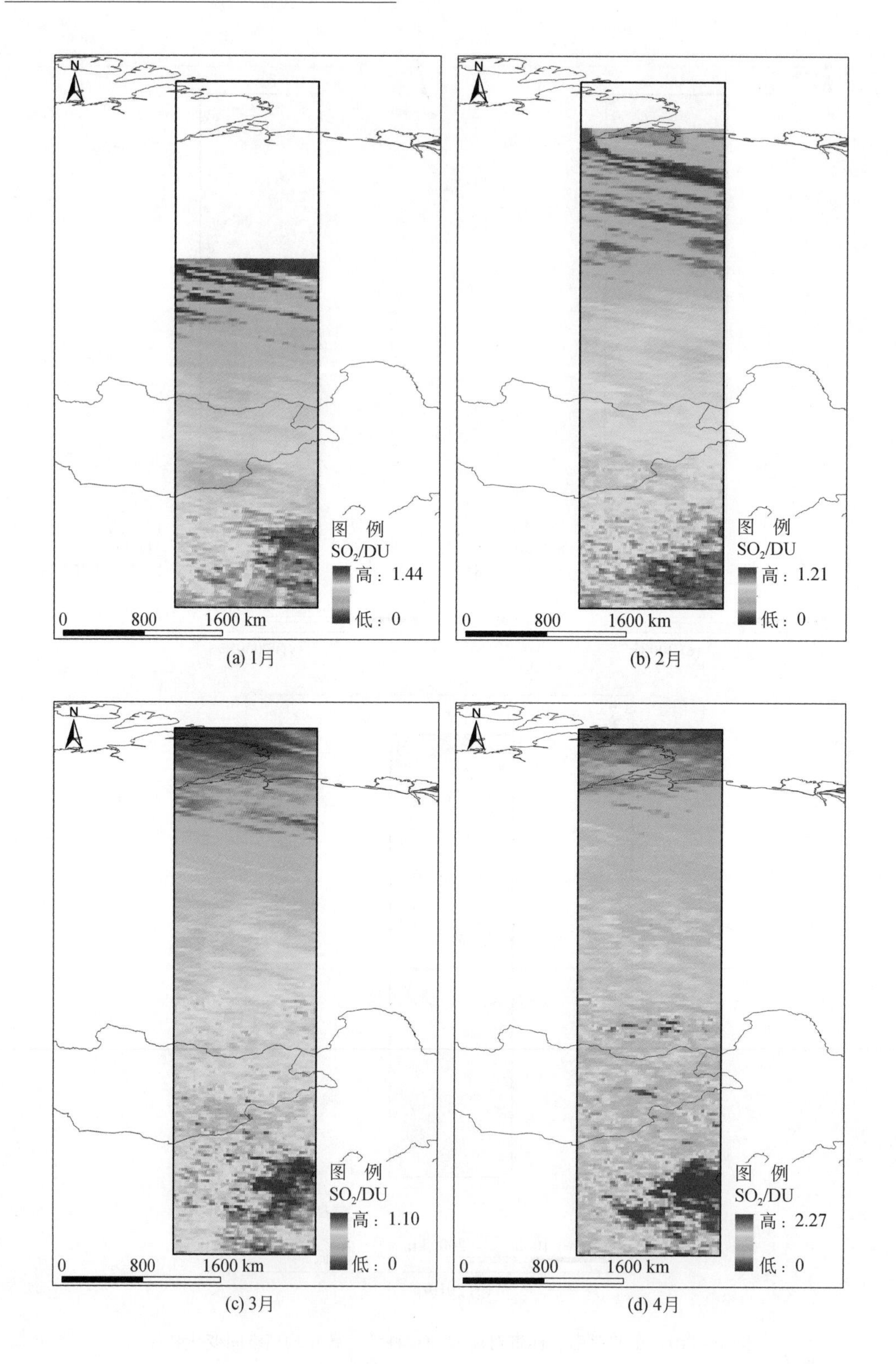

(a) 1月　(b) 2月

(c) 3月　(d) 4月

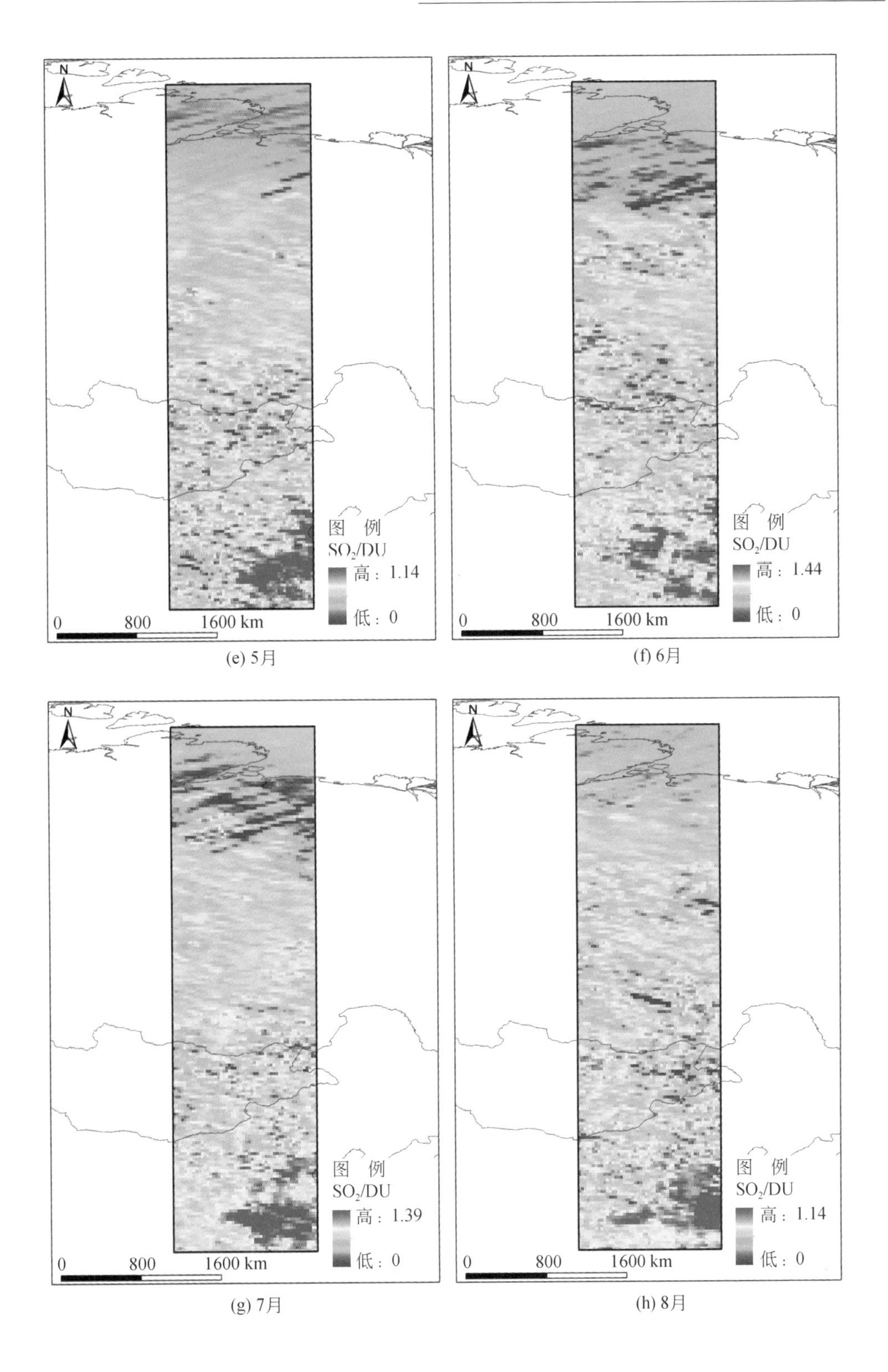

(e) 5月

(f) 6月

(g) 7月

(h) 8月

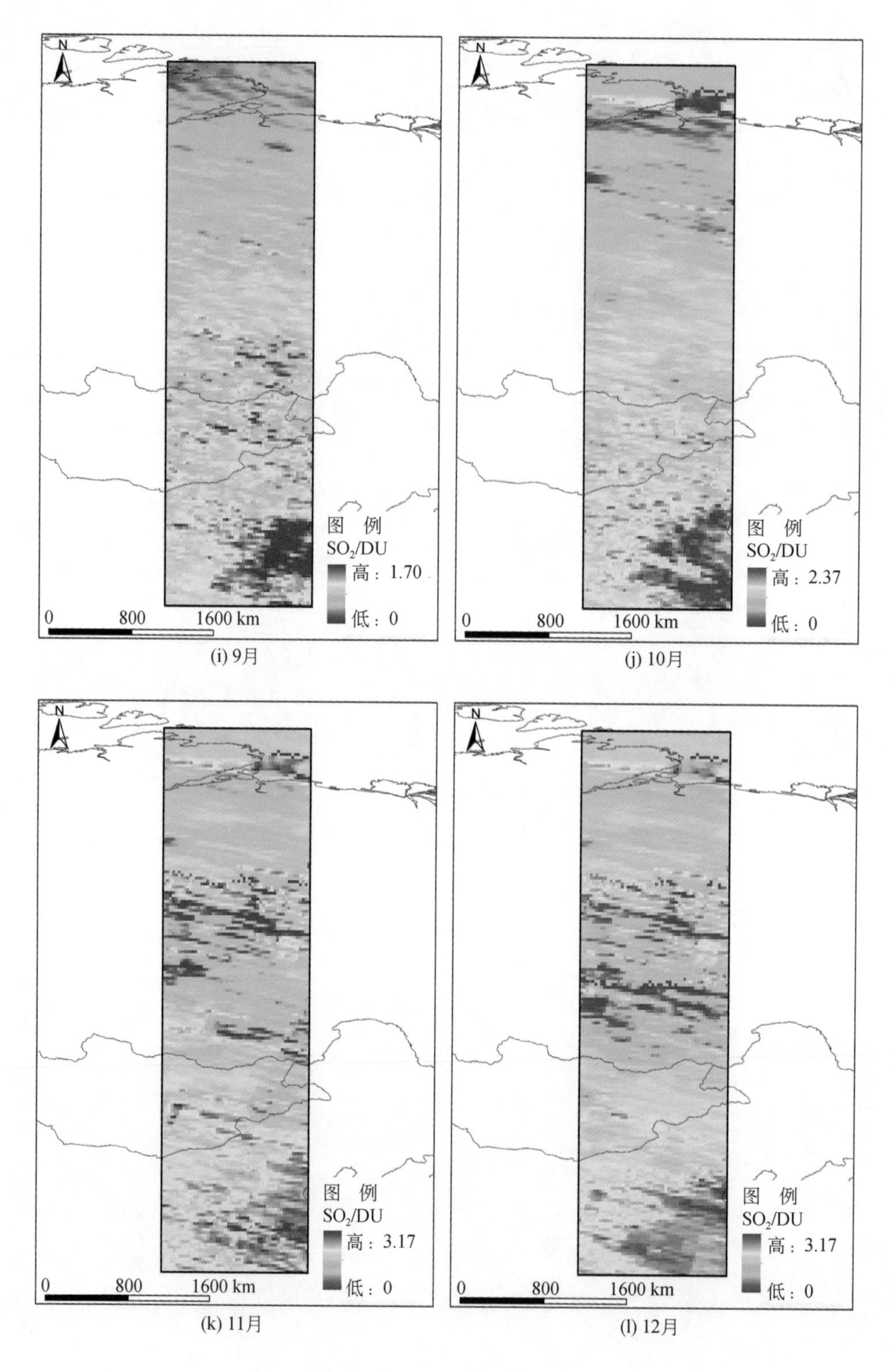

(i) 9月 (j) 10月 (k) 11月 (l) 12月

图 10-111 东北亚南北样带对流层 SO_2 柱浓度 2004 年月均值空间变化特征

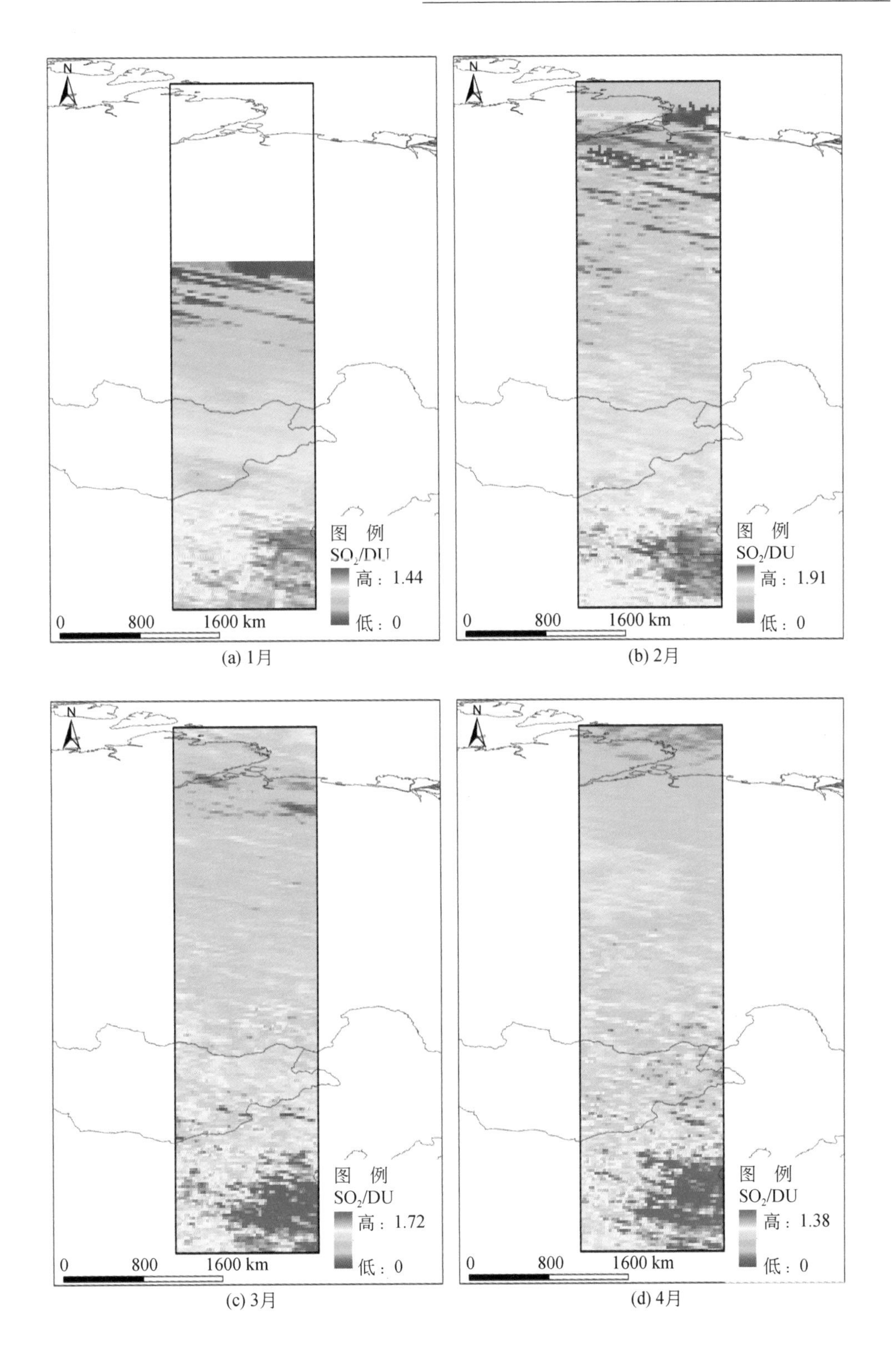

(a) 1月　(b) 2月

(c) 3月　(d) 4月

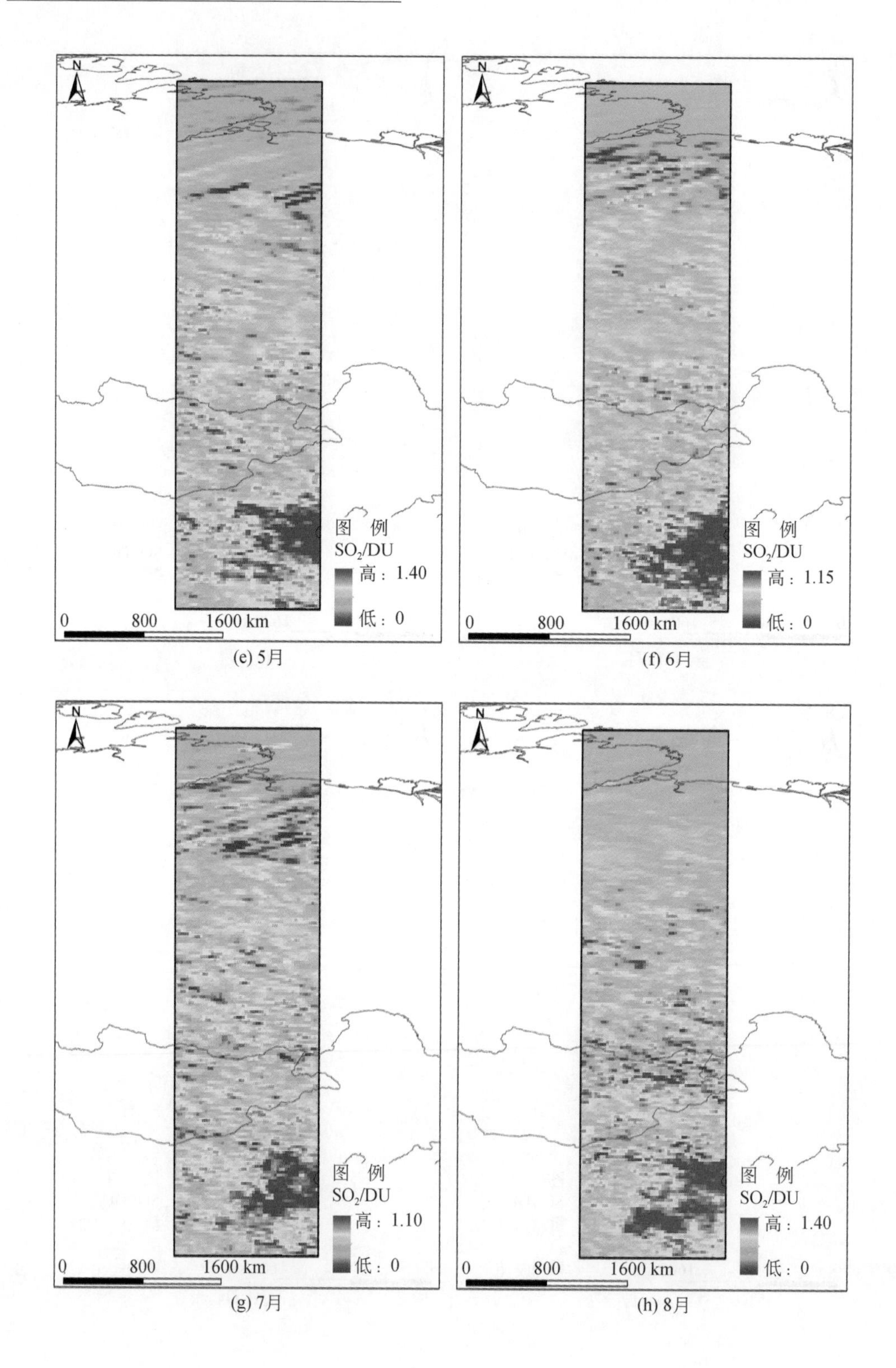

(e) 5月

(f) 6月

(g) 7月

(h) 8月

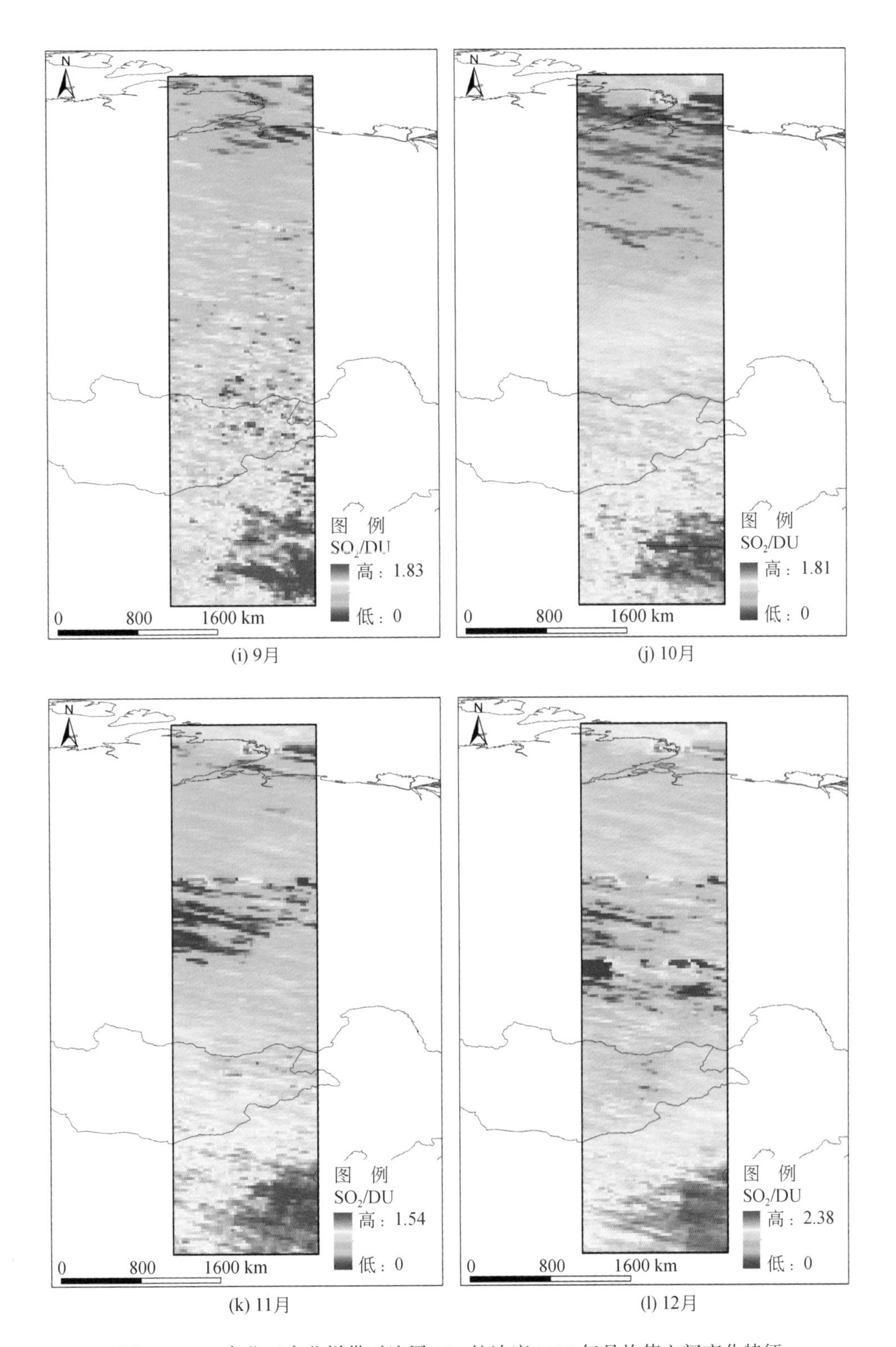

(i) 9月

(j) 10月

(k) 11月

(l) 12月

图10-112　东北亚南北样带对流层 SO_2 柱浓度2005年月均值空间变化特征

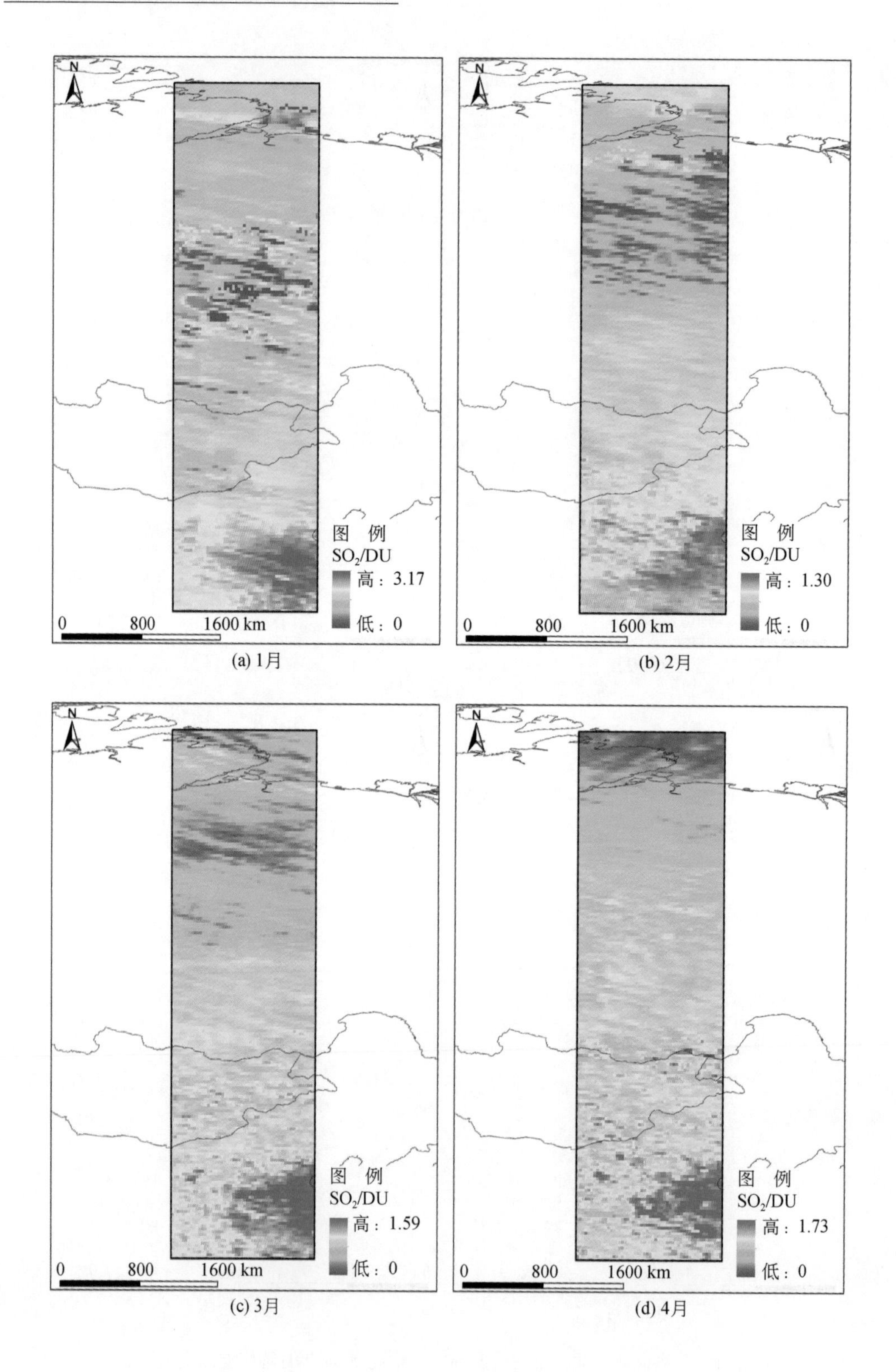

(a) 1月 (b) 2月

(c) 3月 (d) 4月

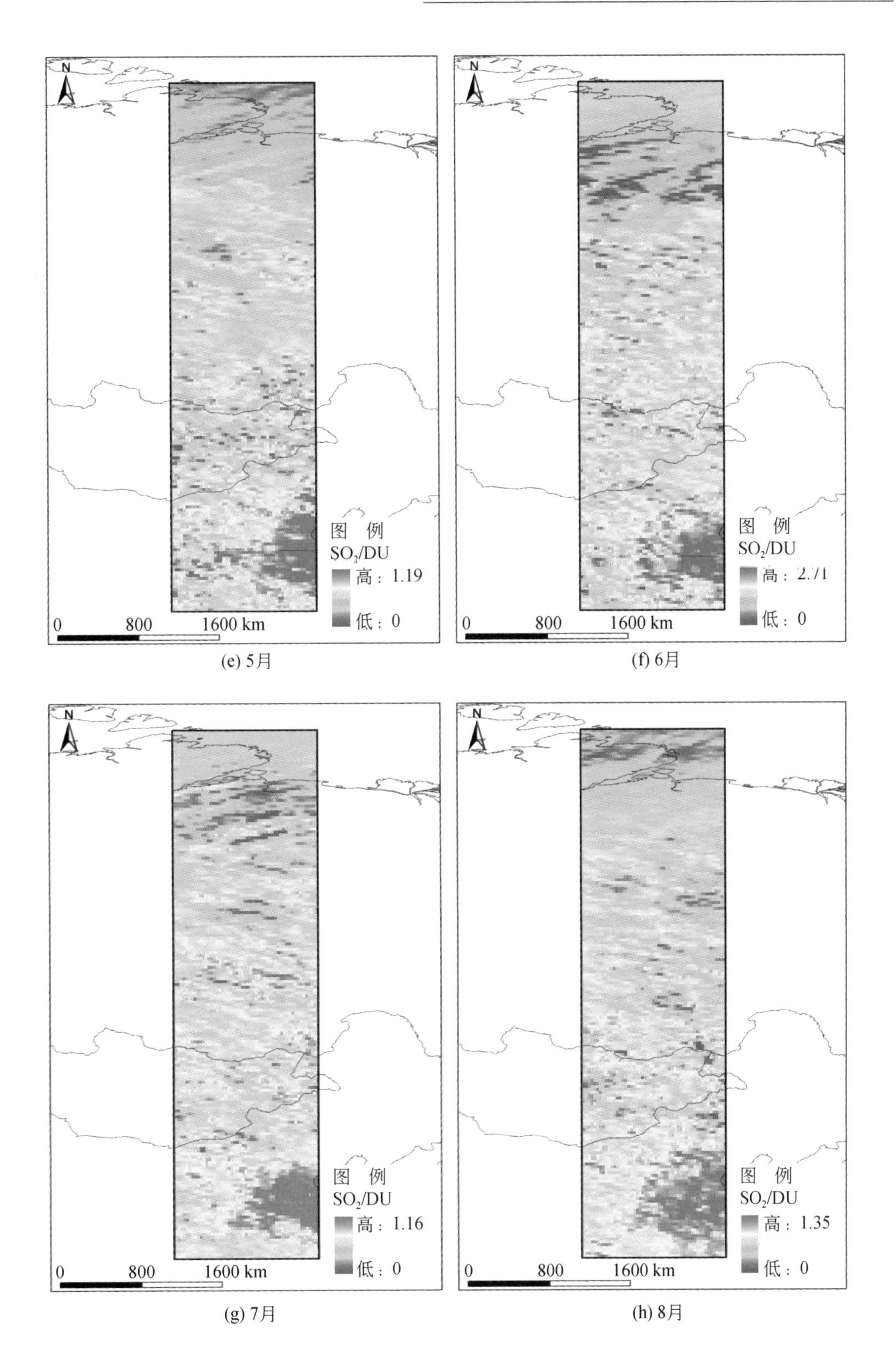

(e) 5月　　(f) 6月

(g) 7月　　(h) 8月

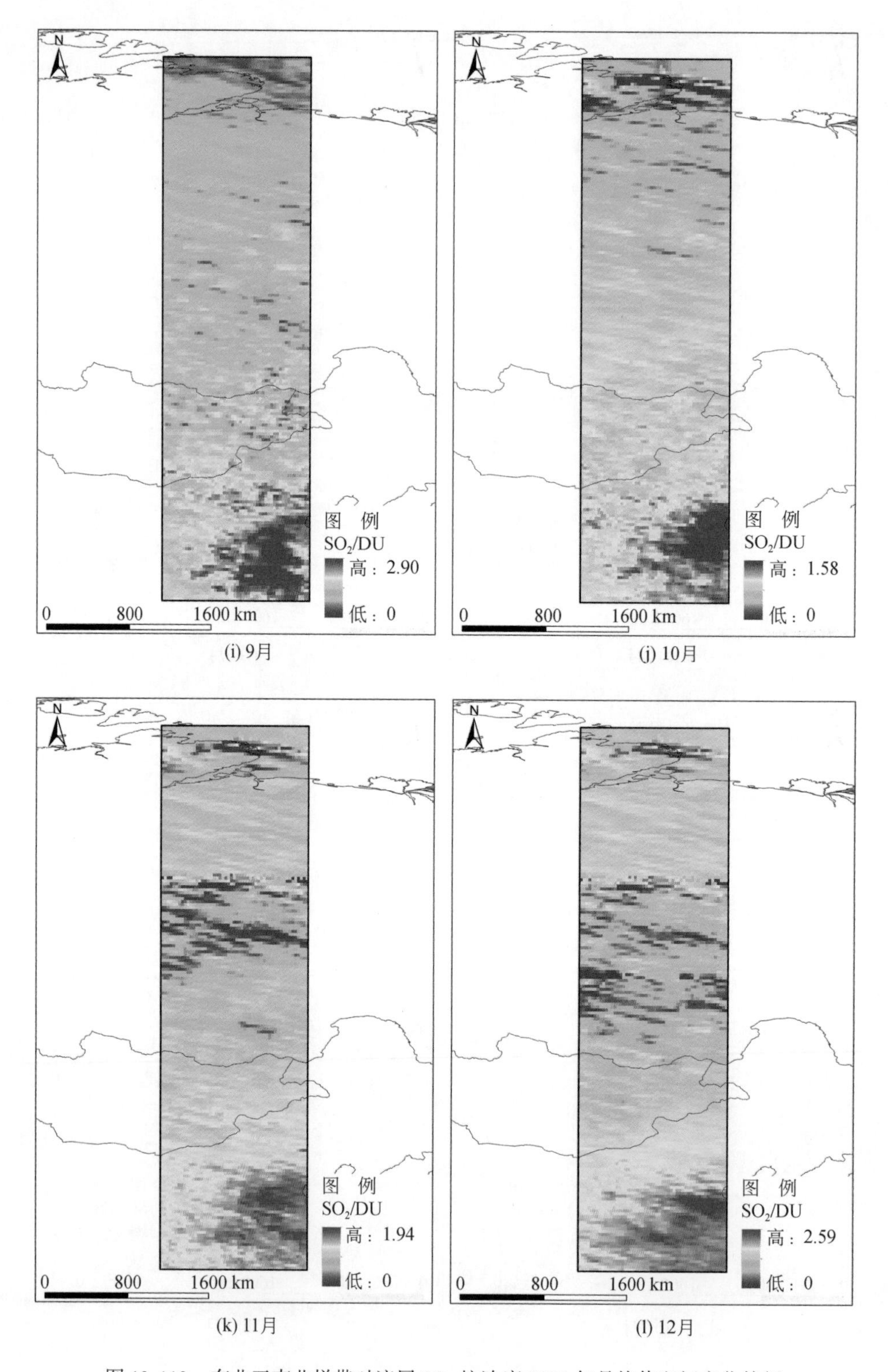

(i) 9月

(j) 10月

(k) 11月

(l) 12月

图 10-113　东北亚南北样带对流层 SO_2 柱浓度 2006 年月均值空间变化特征

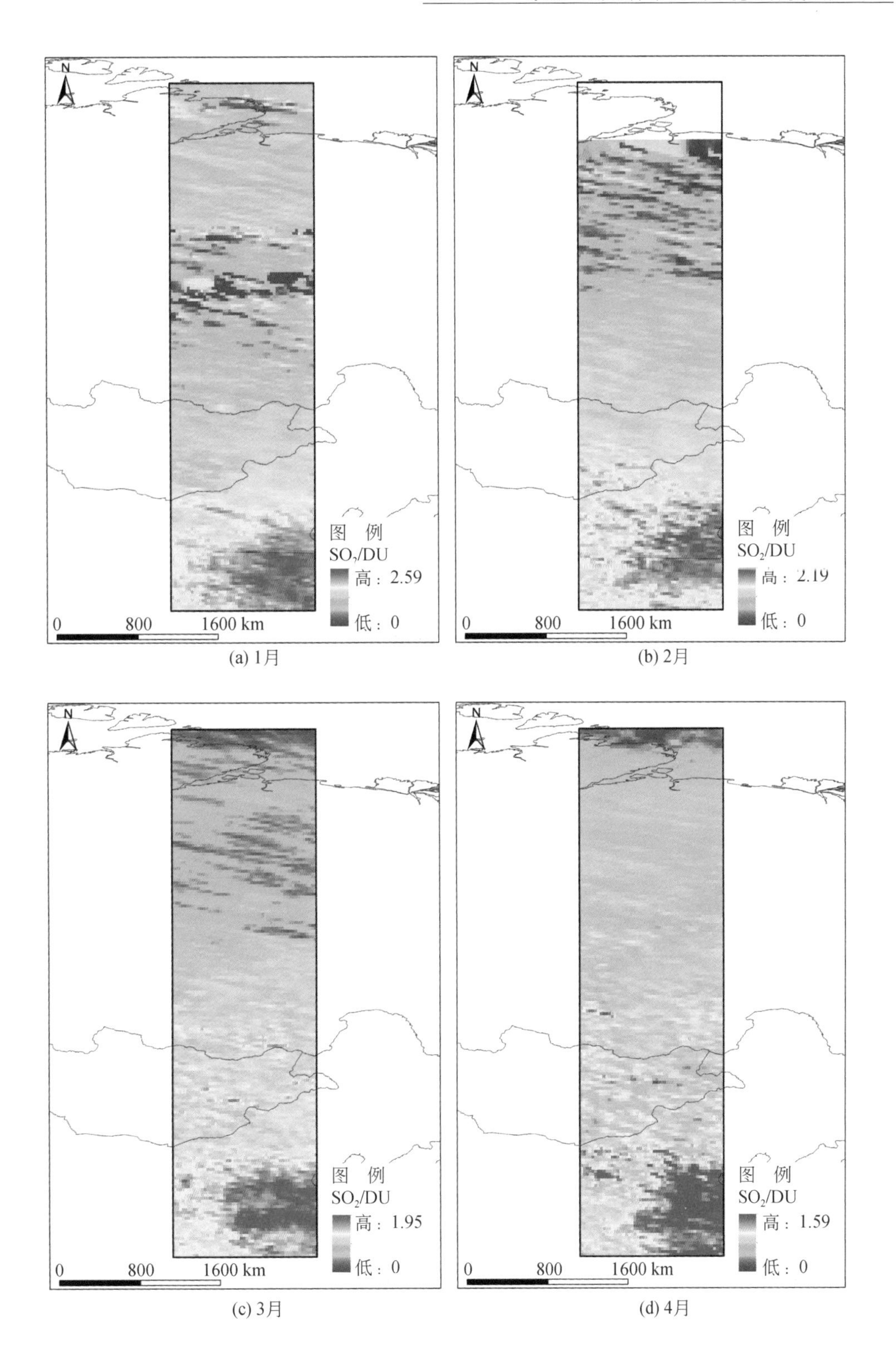

(a) 1月

(b) 2月

(c) 3月

(d) 4月

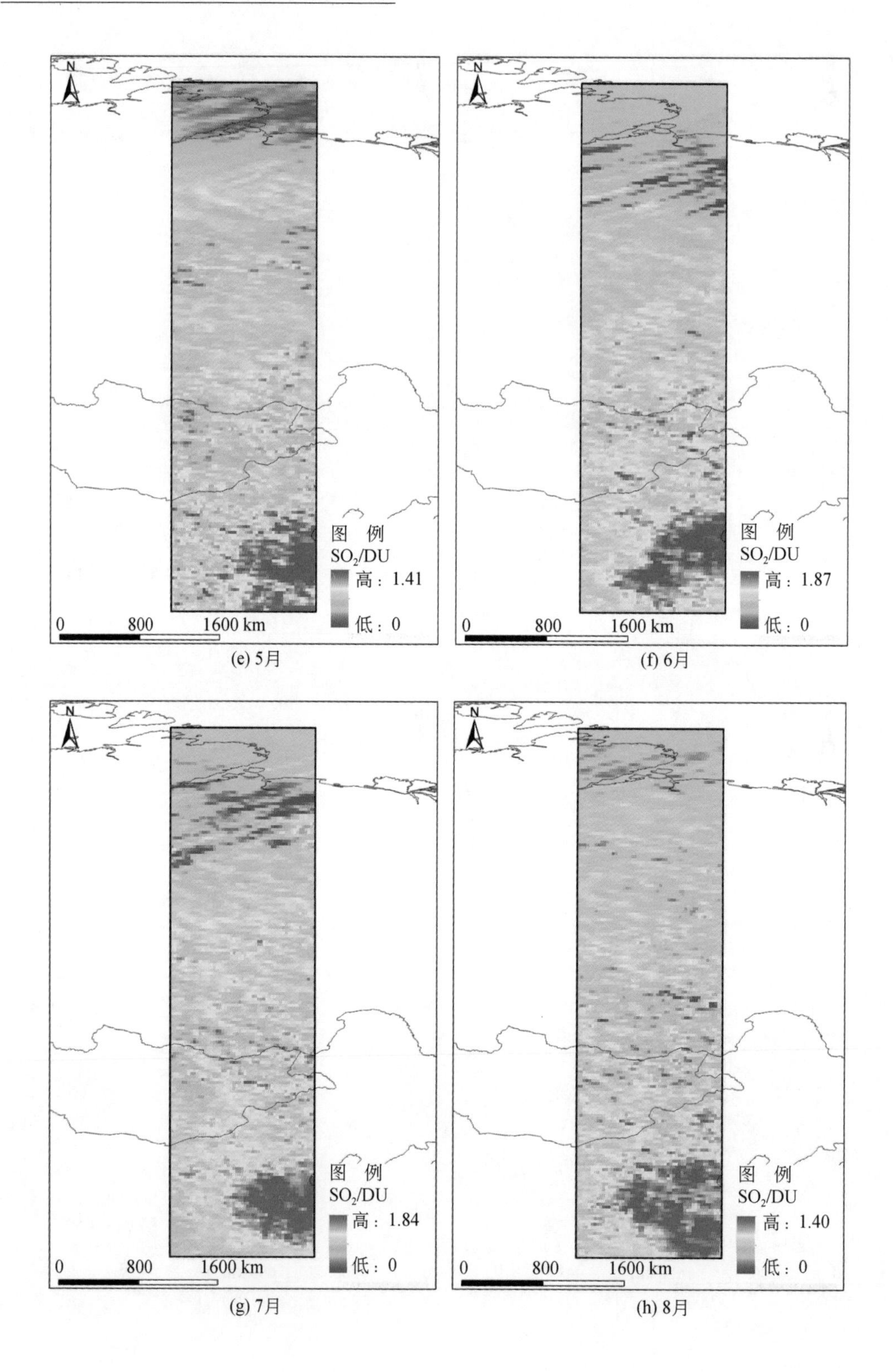

(e) 5月

(f) 6月

(g) 7月

(h) 8月

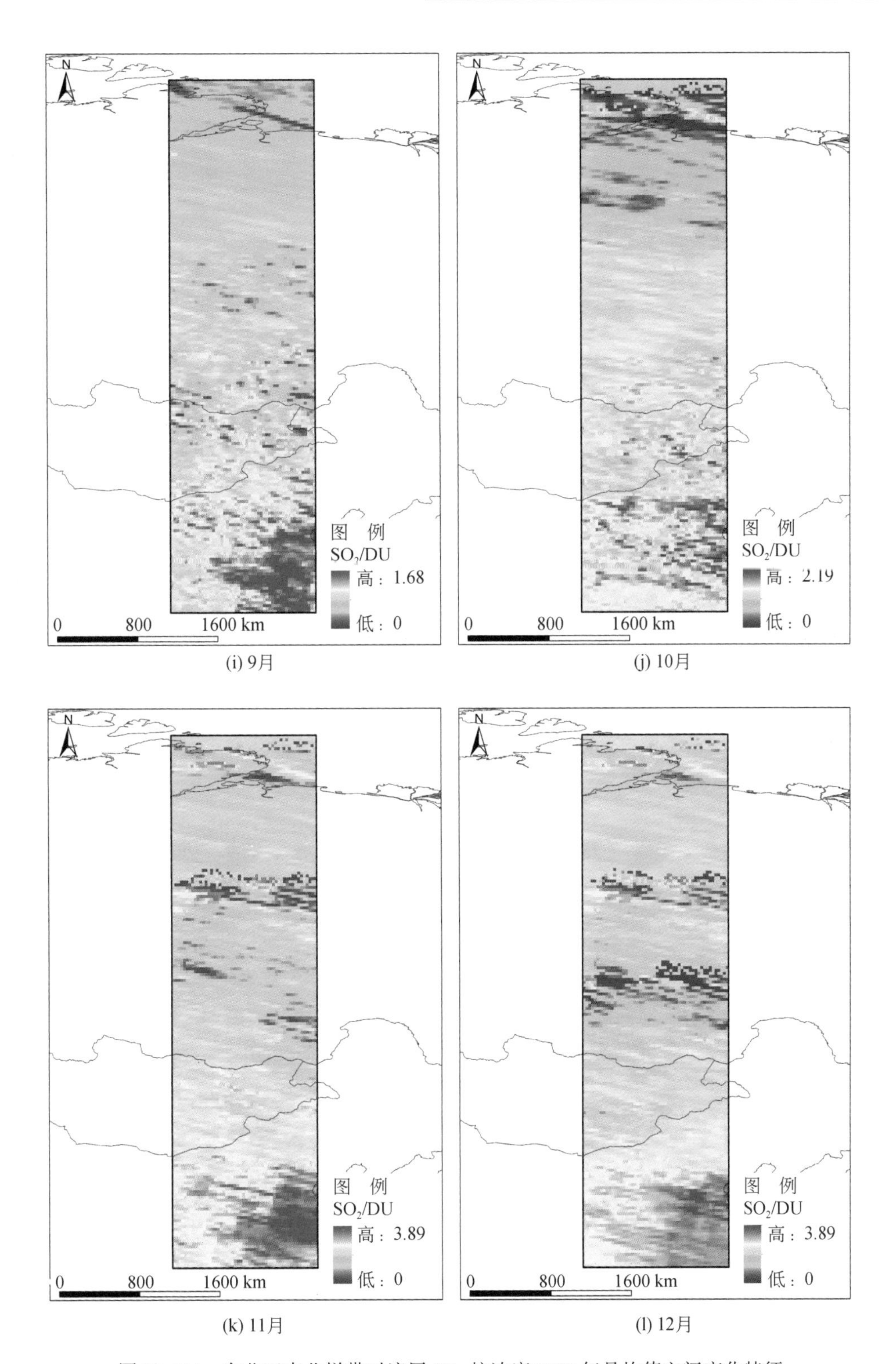

(i) 9月　(j) 10月

(k) 11月　(l) 12月

图 10-114　东北亚南北样带对流层 SO_2 柱浓度 2007 年月均值空间变化特征

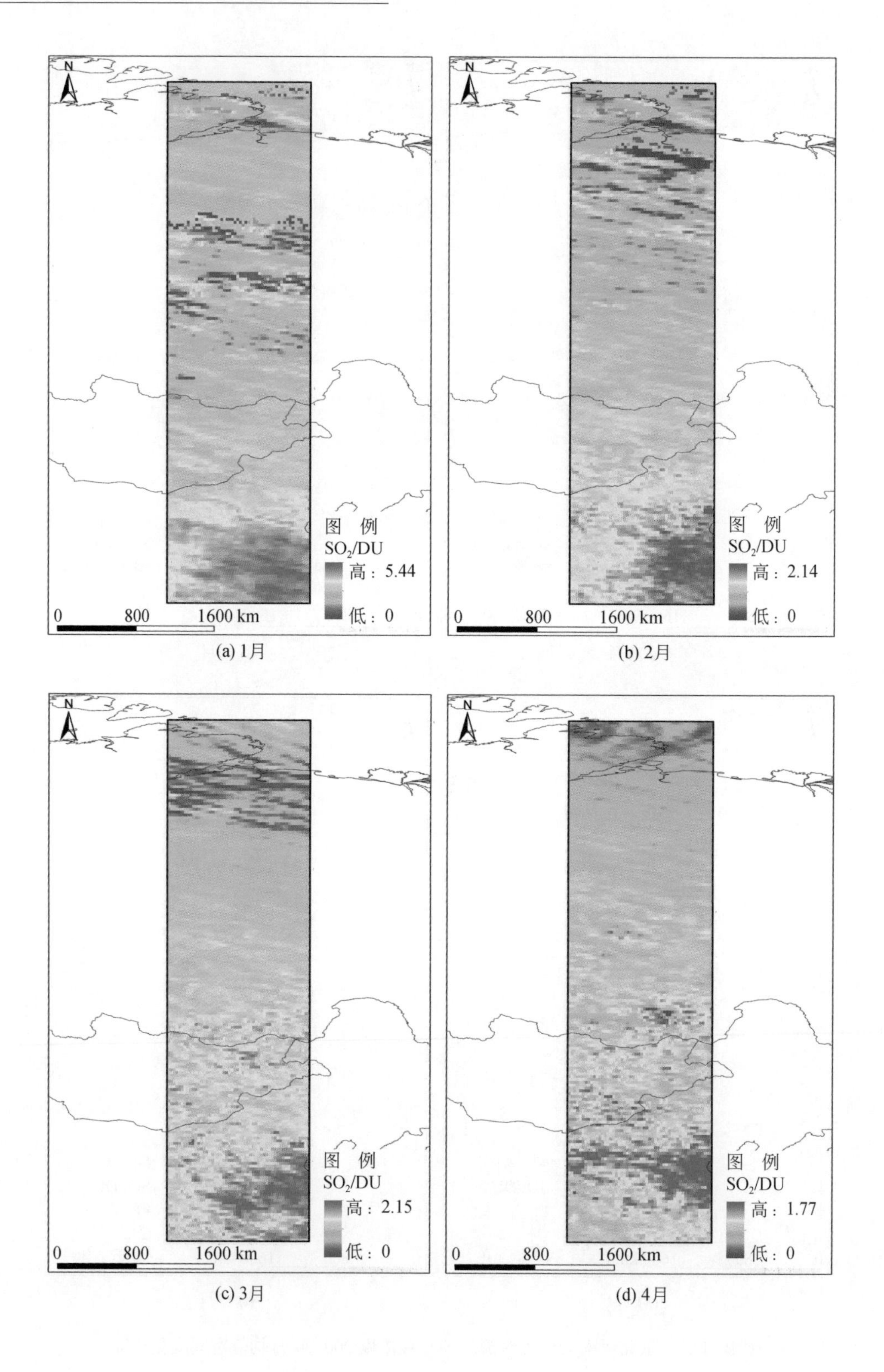

(a) 1月 (b) 2月

(c) 3月 (d) 4月

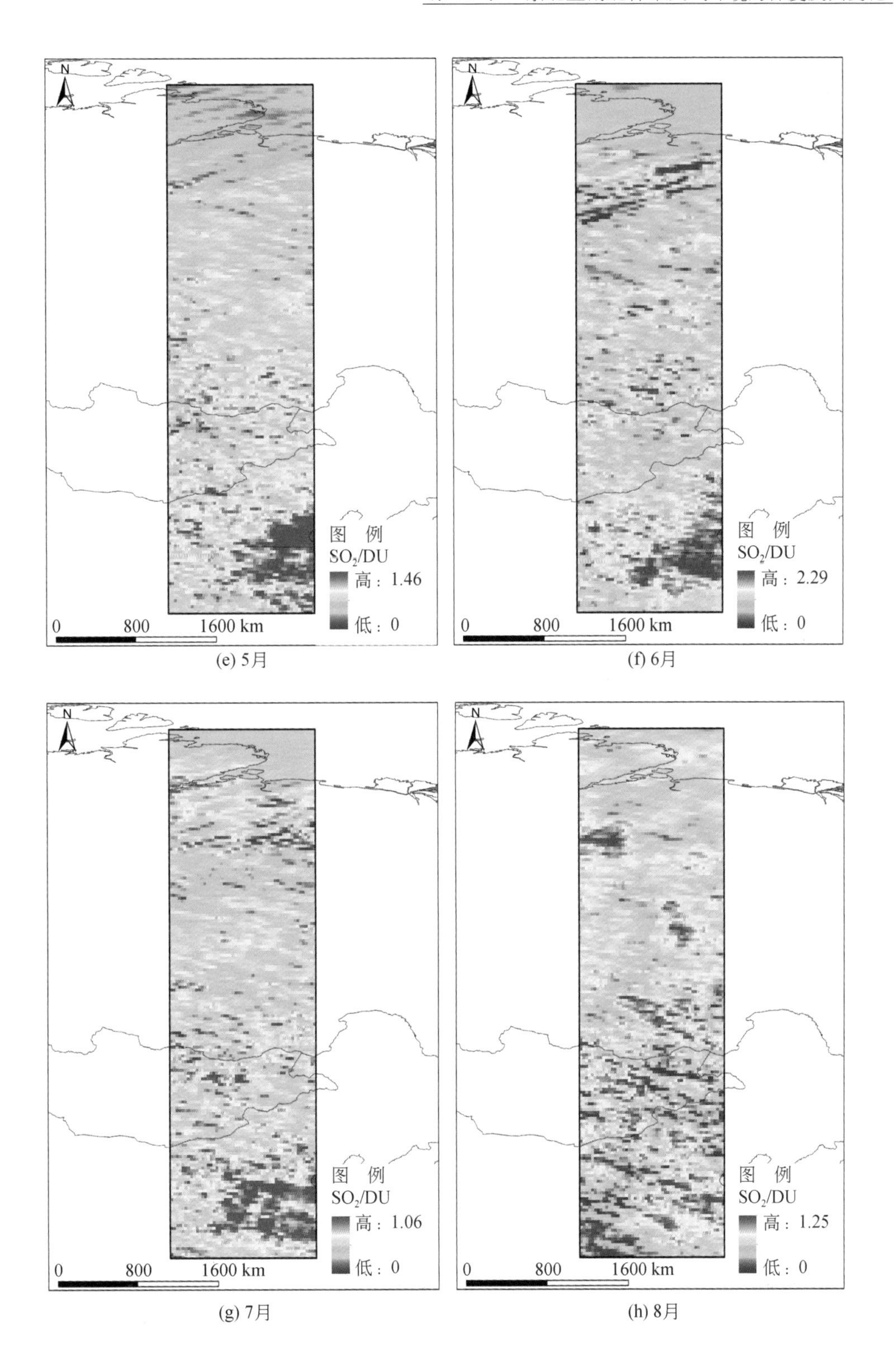

(e) 5月　　(f) 6月

(g) 7月　　(h) 8月

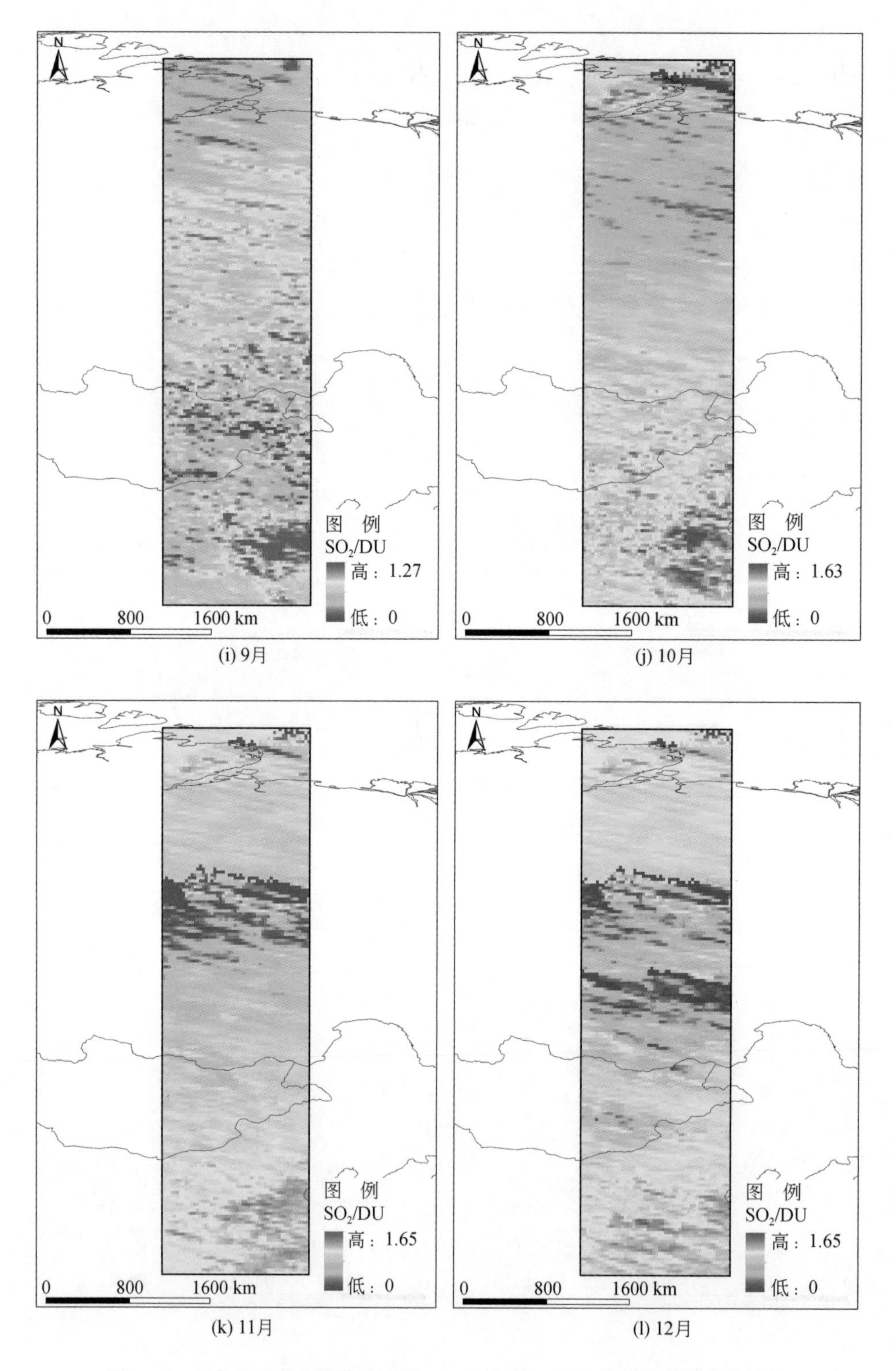

(i) 9月　(j) 10月

(k) 11月　(l) 12月

图 10-115　东北亚南北样带对流层 SO_2 柱浓度 2008 年月均值空间变化特征

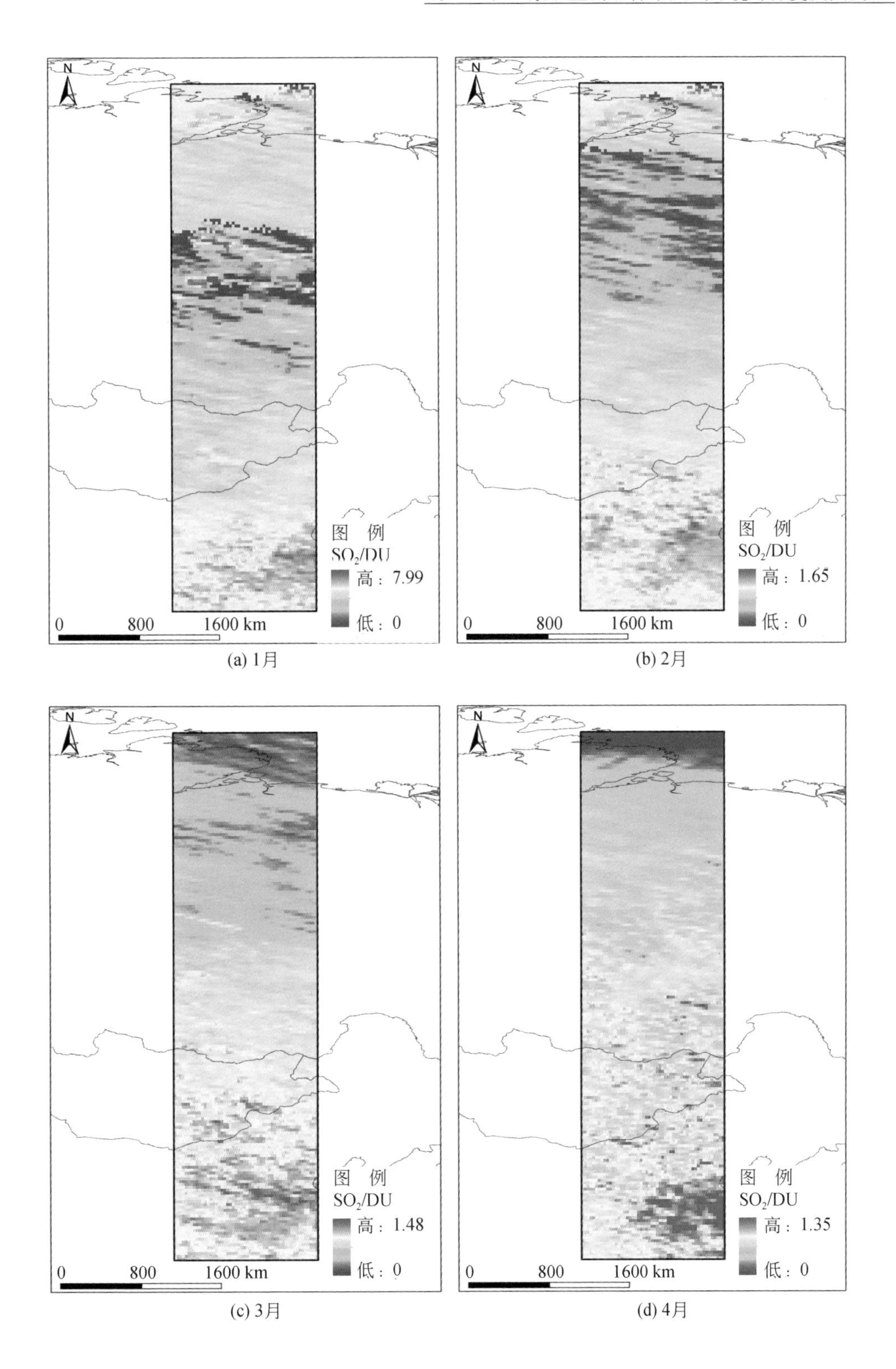

(a) 1月　(b) 2月

(c) 3月　(d) 4月

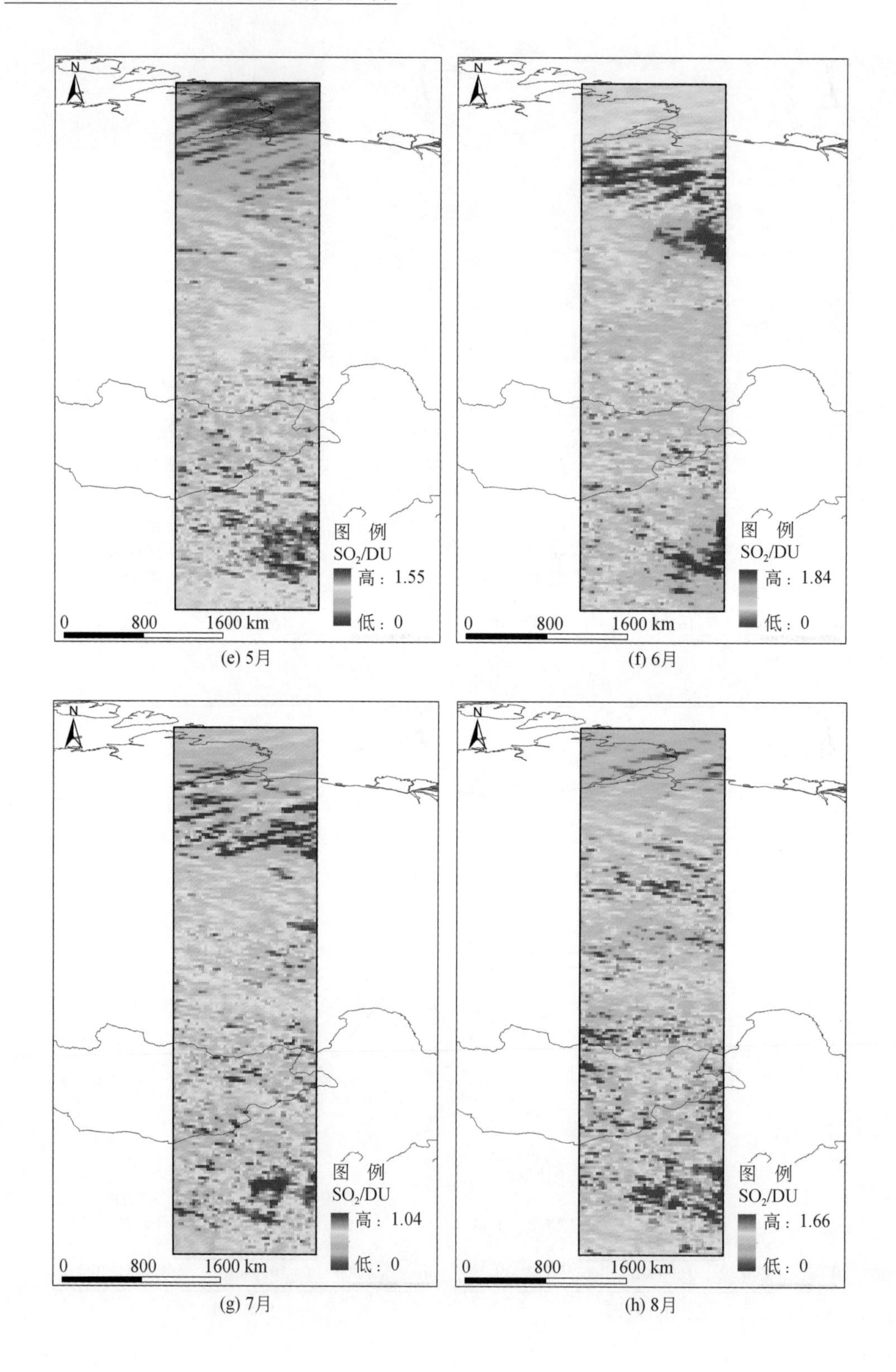

(e) 5月

(f) 6月

(g) 7月

(h) 8月

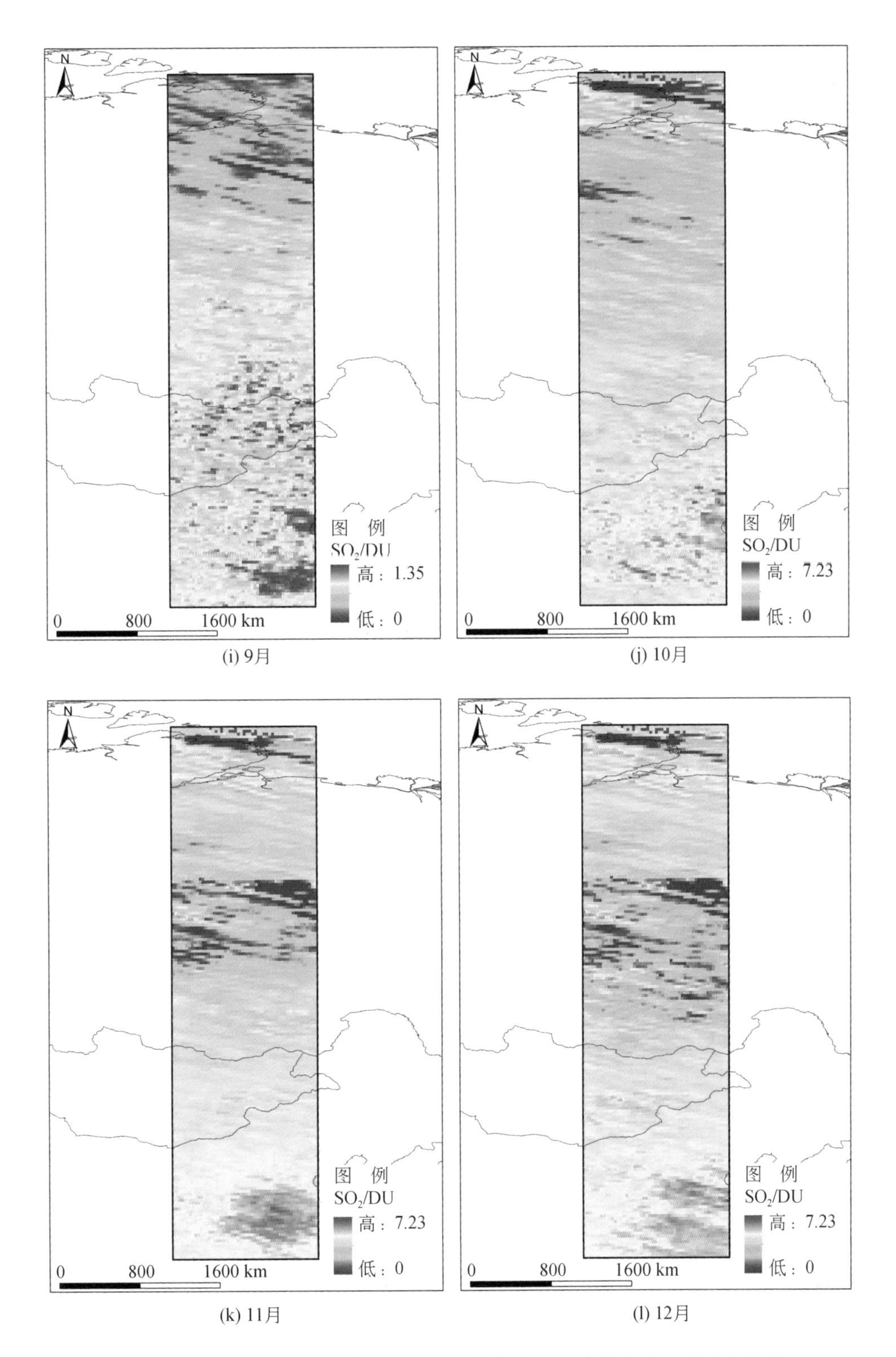

(i) 9月　　(j) 10月

(k) 11月　　(l) 12月

图 10-116　东北亚南北样带对流层 SO_2 柱浓度 2009 年月均值空间变化特征

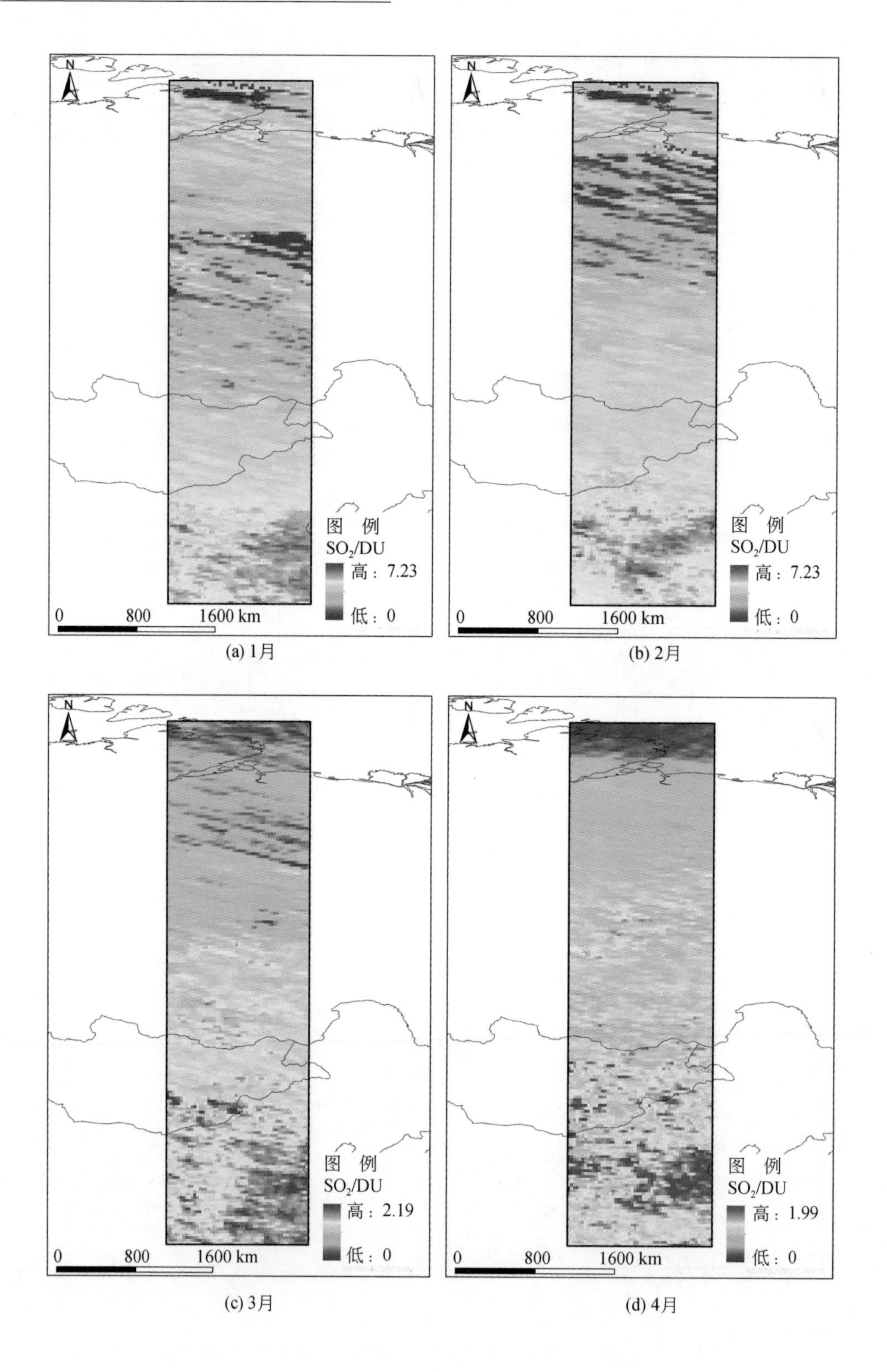

(a) 1月

(b) 2月

(c) 3月

(d) 4月

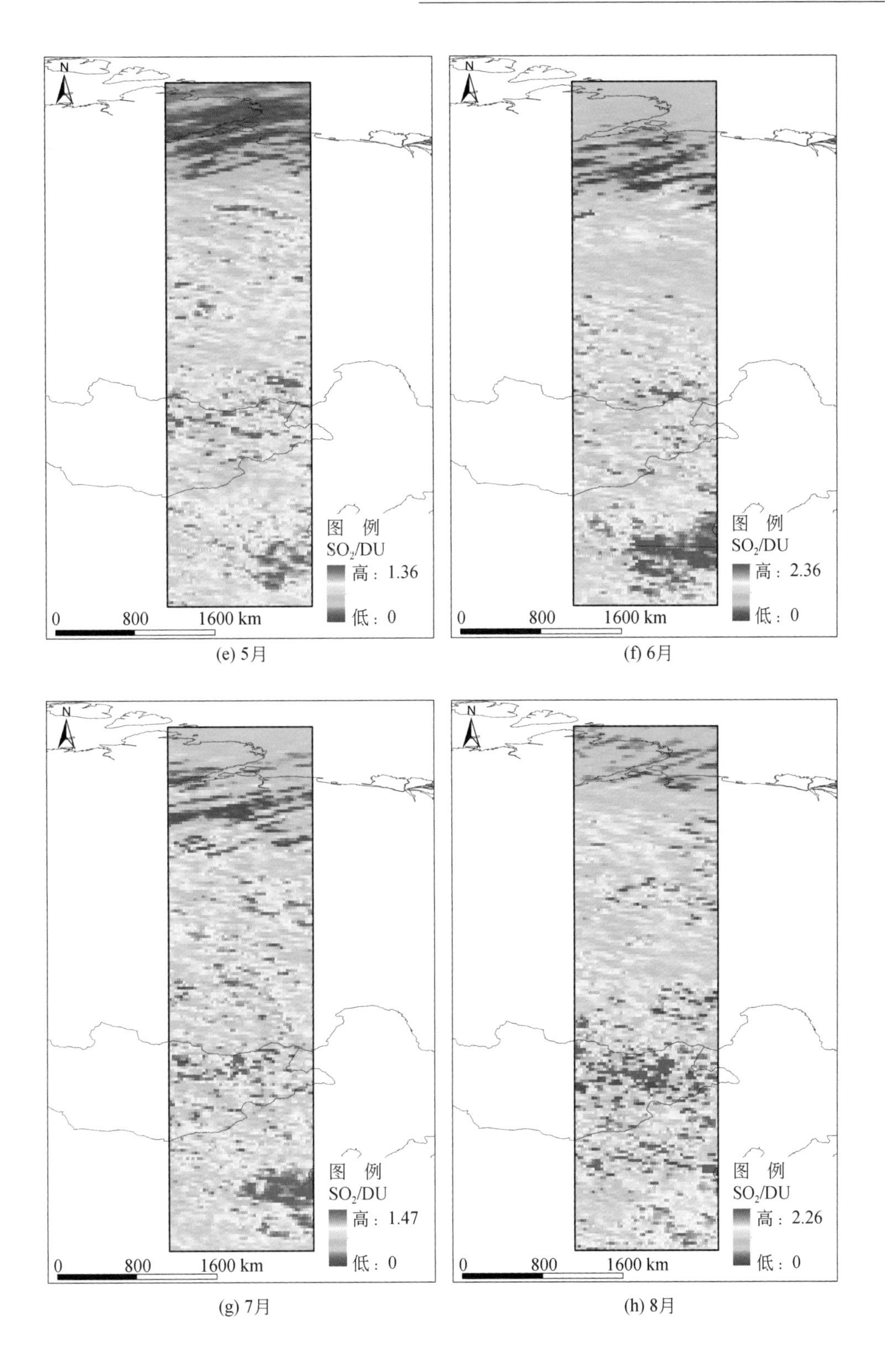

(e) 5月　(f) 6月

(g) 7月　(h) 8月

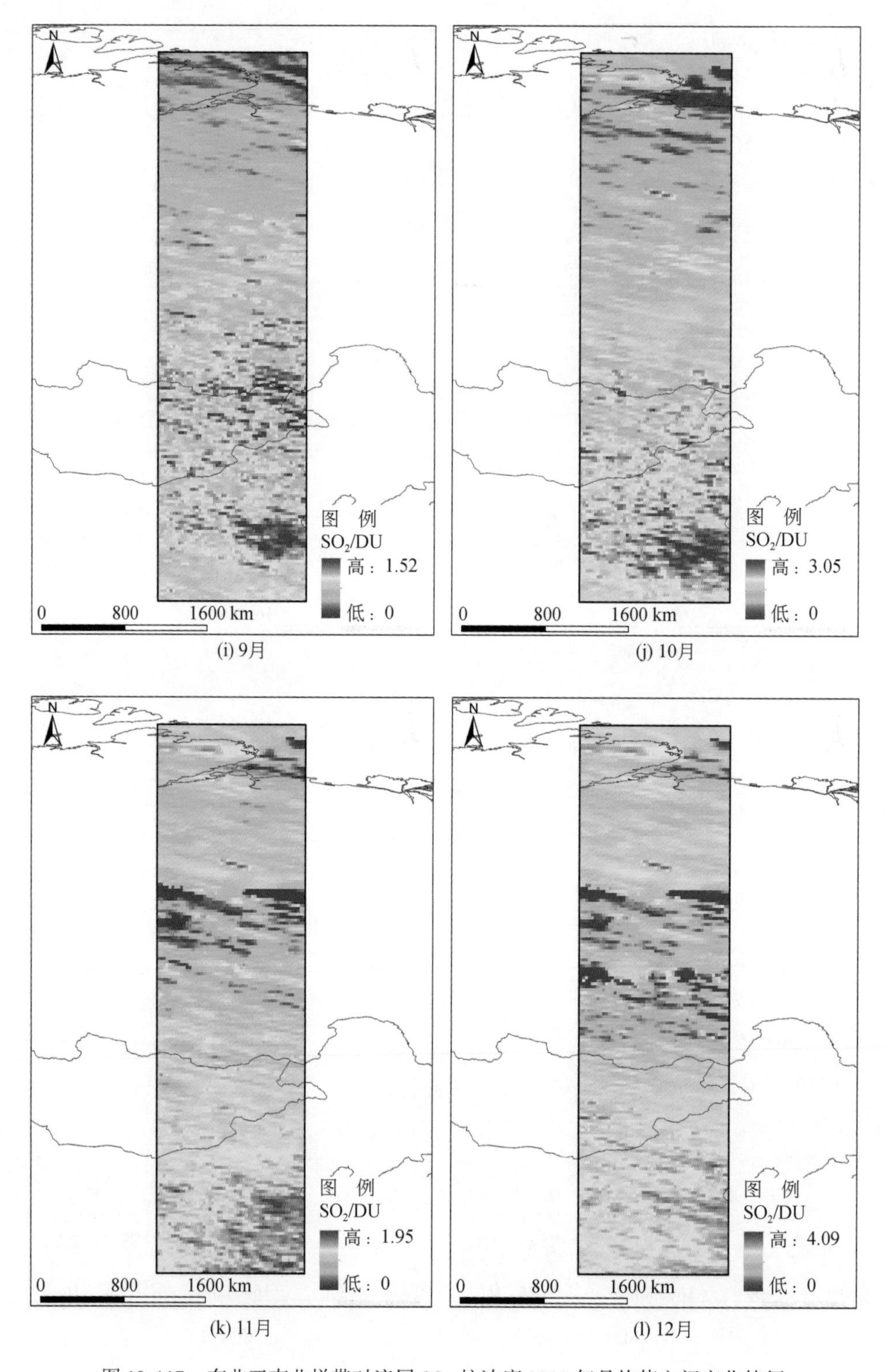

图 10-117 东北亚南北样带对流层 SO_2 柱浓度 2010 年月均值空间变化特征

第11章 东北亚南北样带自然火干扰的梯度及其变化

11.1 自然火干扰概述

几百万年以来，火一直普遍存在于自然界中（Komarck, 1964）。人类有史以来，已广泛地利用火作为改变环境的强大动力（Vankat, 1979）。自然火的起因较多（Spurr and Barnes, 1980），只有雷击火最为普遍（Komared, 1968）。早在20世纪初期，林学家和生态学家就开始意识到自然火干扰在植被演替中的作用。然而，火一直被认为是破坏生态系统，导致群落逆行演替的非自然因子（Kimmins, 1987）。一直到近几十年，人们逐渐认识到自然火干扰在植被中的普遍性（Spurr and Barnes, 1980），以及在开创和维持生态系统、促进生态系统发育的重要性（Chandler et al. , 1983），并对植被自然火干扰开展了广泛的研究（Johnsom and Rowe, 1995），使火干扰研究成为干扰生态学的一门独立分支——火生态学（fireecology）（Copper, 1961）。

生态系统中的火处在开放系统中，它与植被、地貌和天气条件密切相关，火生态仅是这些复杂关系的一个环节。一定的可燃物积累，天气条件以及火源是火干扰发生的必要条件（Wright and Baliey, 1982）。可燃物的累积决定于可燃物的形成与分解对比，这又受气候、立地、物种特征以及植被格局等因子的影响。低湿、无积雪容易导致火烧（Heinsleman, 1973）。当可燃物和天气适宜时，一旦有火源，火烧不可避免。火干扰的扩展决定于火烧时间、天气、地形地貌以及植被特性等（Wright et al. , 1982）。

相比于其他生态因子，自然火因子的突发性和偶然性是它的主要特征，因此自然火干扰的发生周期及其影响的长期性使一般的研究计划不可能观测到火与生态系统的相互影响的全过程。以上因素导致火生态研究可重复性差，实验研究困难，多数研究取材于对自然现象的观察，从大量事实中寻找规律性。自然火历史研究是通过研究过去发生的林野火的自然遗迹或纪录，了解过去一段时间内火状况及规律的方法。由于火周期及火影响的时间尺度一般较长，超过一般研究计划的时间范围，火历史的研究成为研究火与生态系统长期关系、火与生态系统适应及进化的主要源泉。

自然火干扰对森林植被的影响，是自然火干扰特性与森林植被特性互相作用的结果（邱扬，1998）。自然火干扰的生态影响主要包括对植物个体、植物种群、森林群落、森林生态系统、森林景观、环境和野生动物等的影响。植物在长期自然火干扰环境中，逐渐形成了对火干扰的适应性，成为物种的特有生活史特征。这些适应特征包括植物能在火干扰环境中度过其生活周期的全部过程（高玮，1992）。植物的火适应特征与火干扰频度、强度和季节等火干扰状况及其他环境因子密切相关（Spurr et al. , 1980）。Spurr 和 Barnes（1980）把这些适应特征归为四类：①抗火性。如树皮厚、初期生长快、芽受到保护、临时分枝与自然稀疏、叶抗火、落叶分解快等。尽管抗火性因物种而不同，但是强度火可减少这种差异。②火后恢复性。如根蘖、萌蘖、地下茎等。③火干扰迹地定居能力。如提前开花、种子早产、刺激开花、种子轻、闭果火后开裂、不休眠、热诱导发芽等。④促进火烧特性。如叶和树皮易燃、冬季不落叶等。具有这些特征的物种，可按其生活史特征分类，如 r 选择与 k 选择种（McArthur et al.，1967）、三维对策分类（即干扰、逆境和竞争）（Grime et al.，1977）。森林植被自然火干扰从多方面对森林植物种群过程产生影响，例如火干扰促进植物提前开花结实（Gardner et al.，1957）、种子脱落（Beaufait et al.，1960）与散布（Gill et al.，1975）、种子贮藏与发芽（Floyd et al.，1966）、幼苗发生及营养繁殖（Olive et al.，1990）。另外，自然火干扰可控制植物种群年龄结构（Heinsleman et al.，1981）。研究森林植被自然火干扰与森林植物种群年龄结构的空间分布（徐化成等，1994）、自然火干扰与种群稳定性的关系（邱扬等，1997），具有重要的生态学意义。因为不同植物对一定火干扰的适应性不同，不同火干扰之后，植物得到不同的竞争优势而占据生长空间（growth space）（Olive et al.，1990）。因而，森林自然火干扰可控制植物群落的组成与外貌（Beaufait et al.，1960），启动和终止群落演替，影响演替途径与方向（Glenn-Lewin et al.，1992）。在火干扰频繁的北方针叶林中，上层林冠不存在传统的演替现象，相反，在地表层（苔藓）却存在明显的演替序列。在火干扰稀少的地区和在火干扰中得以幸免的生境带，可形成次生演替序列（Heinsleman et al.，1981）。从 20 世纪 50 年代末期开始，群落内物种多样性（diversity）受到关注以来，近年来产生了“多样性”问题的“文献爆炸”（Odum et al.，1981）。森林自然火干扰与物种多样性关系的研究可揭示火在森林维持方面的生态学机制（Trabaud et al.，1980）。80 年代以来，景观生态学（landscapeecology）的兴起（Forman et al.，1986），促使森林自然火干扰与森林的关系研究上升到景观尺度。在许多地区，森林自然火干扰是控制森林景观尺度上植被的物种组成与结构的重要因子（Grime et al.，1984）。森林自然火干扰与景观尺度上森林植被的时空格局的关系研究是当代森林生态学和景观生态学的研究热点。景观尺度上的森林植被可看成是由干扰、生物与非生物因子互相作用形成的不同大小、年龄、结构与组成的斑块的动态镶嵌体（shifting-mosaic）（White et al.，1985）。生态交错带（eco-tone）的涵义由“群落交错带”上升到广义的“景观界面”（landscape boundary）（高洪文等，1994）。自然火干扰影响景观边缘并产生强烈的边缘效应（Oliver et al.，1990）。另外，森林植被自然火干扰与景观异质性（Collins et al.，1992）、景观多样性（Romme et al.，1982）关系的研究具有重要的理论和实践意义。中等干扰假说认为，中度自然火干扰有利于形成森林景观的异质性，而过强或过弱的自然火干扰则促进同质性的发展。例如，高强、范围广泛的火烧，可使很多异质性的林分变成一块同质性的火烧迹地，导致异质性降低。过弱的小火对原来同质性的景观改变也不大。只有规模和强度均为中等的火干扰，才会增加异质性（徐化成，1998）。

森林火是森林生态系统中特殊而重要的生态因子。在全球尺度上，林火是重要的干扰因子，影响着生物地球化学循环，在碳循环过程中起着重要作用。火干扰通过影响碳循环来对全球气候变化产生影响（魏书精等，2011）。在森林火灾发生的过程中，排放出大量的 CO_2、CH_4 等温室气体，导致气温升高，臭氧层破坏，进而使陆地下垫面性质改变；地表水热平衡也因此遭到了破坏，气候更加恶化（Moraes et al.，2004）。在火干扰过程中，森林可燃物（大气中温室气体的主要来源之一）燃烧释放的大量温室气体和颗粒物质对区域辐射平衡和气候变化都具有重要影响（Moraes et al.，2004），这是因为温室气体对太阳辐射具有很高的透射率，同时又能强烈的吸收地表发射的长波辐射，这样就减少了地表能量的流失，进而起到“地球温室”的作用（吕爱锋和田汉勤，2007）。

不同尺度上森林可燃物燃烧释放的温室气体估算研究的广泛开展，为火干扰与气候变化的相互关系研究提供了数据基础（Seiler and Crutzen，1980）。火干扰排放物成分主要是碳，大多数（约90%）以 CO_2 或 CO 形式排放，其余多以 CH_4、多碳烃和挥发性有机氧化物形式释放（Andreae and Merlet，2001）；林火排放物影响全球碳循环，其多样化显著作用于大气环境，加剧全球气候变化。全球每年约 1% 的森林遭受火干扰（Crutzen et al.，1979），森林火灾排放约 4 Pg/ a 的碳到大气中（Pickett et al.，2001），这相当于每年化石燃料燃烧排放量的 70%（Andreae and Merlet，2001），在生态系统碳循环和碳平衡中具有重要地位与作用，这也是火干扰成为森林生态系统的主要干扰因子之一的原因。研究表明，气候与火干扰之间存在着密切的内在联系（吕爱锋和田汉勤，2007）：火丁扰会随着气候的变化而变化。研究表明，随着仝球气候变暖，火干扰的频率和强度随之升高（Burgan et al.，1998），森林可燃物燃烧释放的温室气体量也将会大幅度增加，进一步影响气候变化。

森林可燃物燃烧是颗粒物质的主要来源（Crutzen et al.，1979）。植被燃烧特别是森林火灾产生的固体颗粒物及烟雾会引起空气与区域环境污染，引发人类呼吸道疾病，影响交通、旅游等行业，造成巨大损失。同时，森林火灾也会造成土壤氮释放，影响地表反射率，改变土壤蒸发与地表径流，影响水分循环，成为全球变化的一个驱动力（李剑泉等，2009）。森林火灾不但会直接排放 CO_2、CO、CH_4、NMHC（多碳烃）、NO 和 CH_3Cl，对全球大气产生显著影响，而且还会排放对大气化学性质产生重要影响的污染物（如 O_3、NO、烟尘物质）。大气化学性质改变的同时能够影响地气之间的能量传输，进而对辐射平衡产生影响。生态系统能够在火烧后得到恢复，CO_2 可以通过光合作用从大气中吸收回来，但其他气体将不能被重新吸收到生物圈。植被燃烧的长期影响包括火后土壤释放 NO 和 N_2O；燃烧产生的固体颗粒物也会引起空气污染和天气变化（田晓瑞等，2003）。由此看来，火干扰造成的颗粒物质浓度的升高，能够影响局部地区乃至全球范围内的气候系统（吕爱锋和田汉勤，2007）。

火干扰作为生态系统碳循环的重要影响因子，改变了生态系统，特别是森林生态系统的格局与过程，对全球的碳循环产生重要影响，进而对气候变化产生重要作用。森林生态系统是陆地生态系统最大的植被碳库（Dlxon et al.，1994），其碳通量对全球碳收支具有重要影响，在全球碳循环和碳平衡中起着重要作用（Lü et al.，2006）。火干扰排放的大量含碳温室气体是导致植被碳储量动态变化的重要途径之一（Dlxon et al.，1994），对区域乃至全球碳循环和碳平衡产生重要影响。全球平均每年大约有 1% 的森林遭受火干扰（Crutzen et al.，1979），从而导致每年大约 4 Pg 的碳排放到大气中（Pickett et al.，1985），造成森林生态系统植被碳库的净损失（吕爱锋等，2005）。火干扰过程是森林植被的燃烧过程，火干扰消耗掉大量木材等植被，其造成的木材损失反映了火干扰带来的碳损失。火干扰消耗生物量的估计存在很大的不确定性，由于统计方法的不统一及资料的缺乏，同时各地火干扰的火行为及特性的差异，估计值的幅度范围相差很大（王效科等，1998）。

凋落物作为植被在其生长发育过程中新陈代谢的产物，是森林生态系统生物量的重要组成部分，在森林生态系统碳循环中起着重要作用（李正才等，2008）。在火干扰后地上部分的植被烧死，地表具有热绝缘属性的凋落物亦被燃烧，直接烧毁了凋落物碳库并减少凋落物碳库的来源，使得凋落物碳库减少（O'neill et al.，2003）。而在中、低强度的火干扰后的短期内由于林分条件的变化，可能增加森林凋落物的积累，提高发生火干扰的可能性，进而提高森林火险等级，使得森林火灾后再次发生火灾的几率提高，进一步影响凋落物碳库。在火干扰后林分郁闭度降低，林内光照和通风条件的增加。同时火烧迹地留下灰烬等物质，增强吸收太阳辐射的作用，使得地表气温上升，可燃物更容易干燥，从而制约凋落物分解速率的改变，影响森林凋落物动态变化，影响森林生态系统物质循环和能量流动。凋落物的分解是物理、化学及生物综合作用的生态过程，而温度和湿度对各种反应过程均有不同程度的促进作用，所以火干扰可加速凋落物的分解（彭少麟等，2002）。火干扰后土壤有机碳的增减取决于火烧强度（火烧时的温度和持续时间），低强度的火烧可能增加土壤有机碳，重度的火烧亦可能增加土壤有机碳（舒立福等，1999）。同时火干扰后导致局部地区及地表温度升高对凋落物的分解速率产生影响，从而调节森林凋落物碳库及其周转速率（Certini et al.，2005）。火干扰后地表温度升高可提高森林土壤和凋落物的微生物活性，加速凋落物的分解。水热条件直接影响凋落物分解过程中的淋溶作用和微生物活性，从而对凋落物分解动态产生显著影响。

11.2 东北亚南北样带自然火干扰数据的获取

相关研究说明，东北亚南北样带中大量生物质燃烧对全球的气候变化和碳循环产生了重要影响（Huang et al.，2010；Choi et al.，2006）。本书使用 ENVISAT 卫星先进跟踪扫描辐射计（AASTR），在夜间探测，得到 2003 ~ 2005 年火点（hotspots）数据集。

11.3 东北亚南北样带自然火干扰的梯度

为探究释放的 CO 和人类活动排放的 CO、风向和火点的分布等对 CO 的影响，下面根据东北亚南北样带范围，分析 2003 ~ 2005 年火点数据集（表 11-1），2003 年的火点主要集中在 3 ~ 8 月，2004 年主要集中在 4 ~ 8 月，2005 年主要集中在 4 ~ 10 月，尤其以 2003 年火点数量为多，2003 年 3 ~ 8 月 CO 月均值浓度都高于 2.51×10^{18} mol/cm^2。

表 11-1 贝加尔湖地区 2003 ~ 2005 年火点数据集 （单位：个）

年份	1月	2月	3月	4月	5月	6月	7月	8月	9月	10月	11月	12月
2003	7	2	37	269	2732	3086	2426	16	6	15	2	6
2004	4	6	0	38	13	182	221	20	18	14	4	5
2005	5	1	16	24	33	592	187	177	56	145	4	3

11.4　东北亚南北样带自然火干扰的变化分析

图 11-1、图 11-2 分别是火点数最高的 2003 年 5 ~7 月火点数据集与 CO 柱浓度、CO_2 月均值空间分布的关系图。可以发现，CO 浓度高值区域正是火点分布密集的区域，我们推测 2003 年 5 ~7 月火点的大量出现是导致 CO 高浓度出现的原因之一。

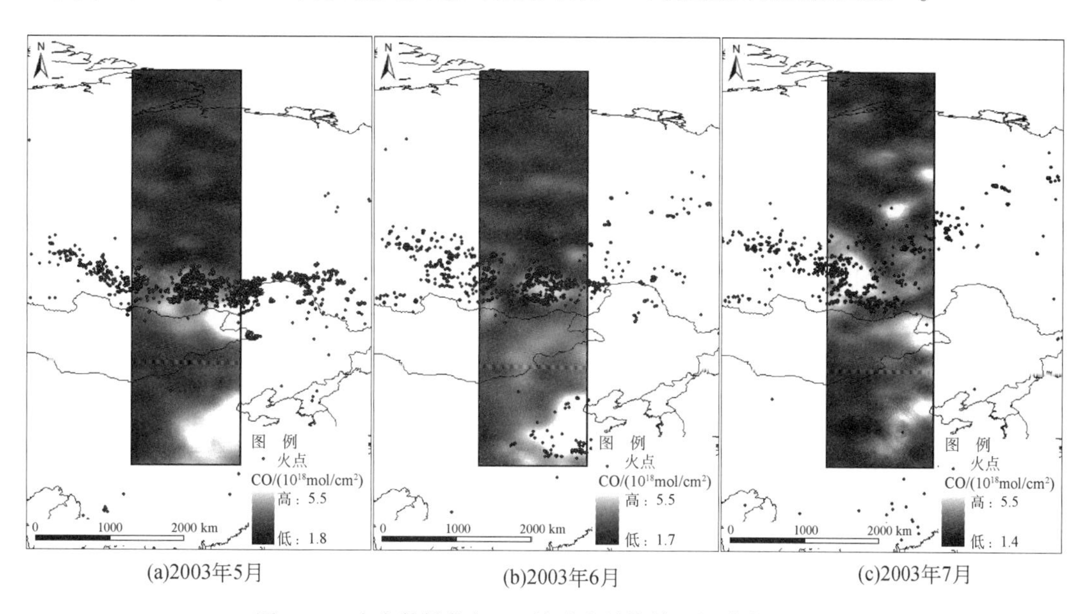

图 11-1　火点数据集与 CO 柱浓度月均值空间分布的关系

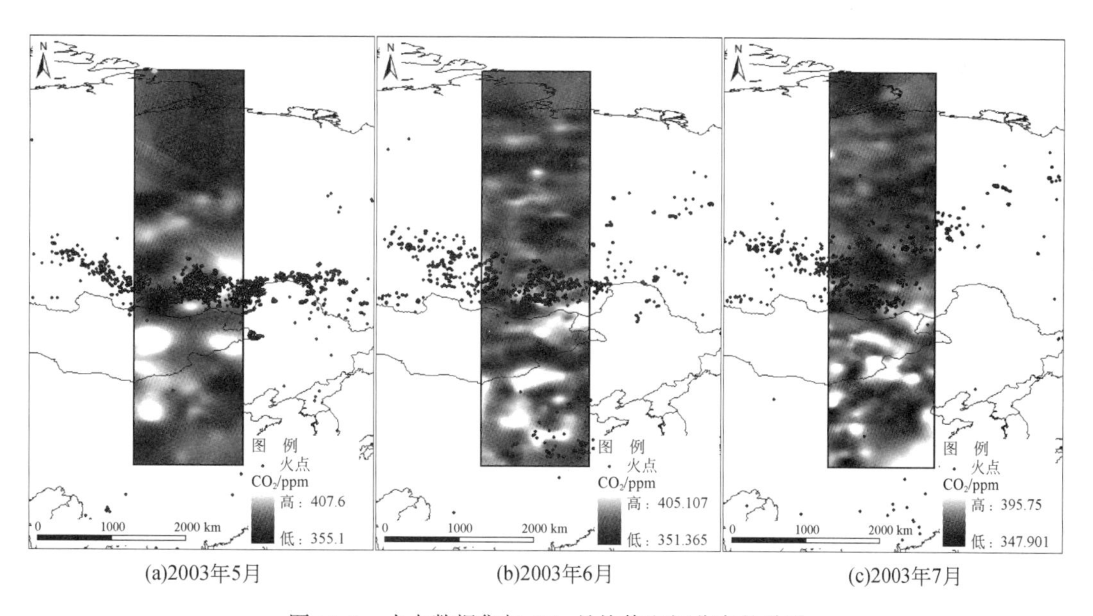

图 11-2　火点数据集与 CO_2 月均值空间分布的关系

主要参考文献

摆万奇，赵士洞.1997. 土地利用和土地覆盖变化研究模型综述. 自然资源学报，12（2）：169-175.
陈春根，史军.2008. 长江三角洲地区人类活动与气候环境变化. 干旱气象，26（1）：28-34.
陈佑启，杨鹏.2001. 国际上土地利用和土地覆盖变化研究的新进展. 经济地理，21（1）：94-100.
程立刚，王艳姣，王耀庭.2006. 遥感技术在大气环境监测中的应用综述. 中国环境监测，21（5）：17-23.
丁国安，徐晓斌，王淑凤，等.2004. 中国气象局酸雨网基本资料数据集及初步分析. 应用气象学报，15（B12）：85-94.
董蕙青，黄海洪，高安宁，等.2003. 南宁市酸雨频率特征分析. 气象科技，31（2）：101-108.
董文福，魏山峰，丁中元，等.2008. 中国火电企业二氧化硫排放研究. 环境污染与防治，30（4）：83-85.
杜子涛，占玉林，王长耀，等.2009. 基于 MODIS NDVI 的科尔沁沙地荒漠化动态监测. 国土资源遥感，21（2）：14-18.
傅世忠.1980. 重庆市降水情况的测定（1979 年 9 月至 1980 年 3 月）. 环境科学（4）：76-77.
高洪文.1994. 生态交错带（Ecotone）理论研究进展. 生态学杂志，13（1）：32-38.
高惠璇.2005. 应用多元统计分析. 北京：北京大学出版社.
高玮.1992. 火在生态系统中的作用. 生态学杂志，11（1）：41-47.
耿丽英，马明国.2014. 长时间序列 NDVI 数据重建方法比较研究进展. 遥感技术与应用，29（2）：362-368.
韩素芹，冯银厂，边海，等.2008. 天津大气污染物日变化特征的 WRF-Chem 数值模拟. 中国环境科学，28（9）：828-832.
何纪力，陈宏文，胡小华，等.2000. 江西省严重酸雨地带形成的影响因素. 中国环境科学，20（5）：477-480.
侯景儒，尹镇南，李维明，等.1998. 实用地质统计学. 北京：地质出版社.
胡海清，魏书精，孙龙，等.2013. 气候变化，火干扰与生态系统碳循环. 干旱区地理，36（1）：57-75.
胡佳，亢燕铭.2009. 中国北方二氧化硫发生源向南方输送模拟研究. 环境科学与管理，34（1）：72-75.
花日茂，李湘琼.1998. 我国酸雨的研究进展（综述）. 安徽农业大学学报（自然科学版），25（2）：206-210.
黄昌勇，徐建明.2010. 土壤学（第三版）. 北京：中国农业出版社.
黄海洪，董蕙青，陈竑，等.2004. 南宁市酸雨特征及来源分析. 南京气象学院学报，27（6）：784-790.
黄振中.2004. 中国大气污染防治技术综述. 世界科技研究与发展，26（2）：30-35.
江文华，马建中，颜鹏，等.2006. 利用 GOME 卫星资料分析北京大气 NO_2 污染变化. 应用气象学报，17（1）：67-72.
江研因，王素芸，陈惠华，等.1981. 上海市区降雨酸度及若干离子含量的测定. 环境科学，2（2）：54-56.
蒋志刚，马克平，韩兴国.1997. 保护生物学. 杭州：浙江科学技术出版社.
雷志栋，胡和平，杨诗秀.1999. 土壤水研究进展与评述 α. 水科学进展，10（3）：311-318.
李光军，徐松，范丽，等.2009. 石家庄市二氧化硫污染物浓度分布规律研究. 环境科学与技术，32（11）:190-194.
李洪珍，王木林.1984. 我国降水酸度的初步研究. 气象学报，42（3）：332-339.
李洪珍.1983. 我国酸雨的概况. 气象科技，15（6）：53-56.

李剑泉，刘世荣，李智勇，等 . 2009. 全球变暖背景下的森林火灾防控策略探讨 . 现代农业科技，(20)：243-245.
李荔，毕军，杨金田，等 . 2010. 我国二氧化硫排放强度地区差异分解分析 . 中国人口资源与环境，20 (3)：34-38.
李名升，张建辉，罗海江，等 . 2011. 中国二氧化硫减排分析及减排潜力 . 地理科学，31 (9)：1065-1071.
李孝廉，张金东 . 2009. 陕西省二氧化硫排放特征及污染减排对策 . 环境保护，(17)：36-38.
李莹 . 2006. 地基 DOAS 观测反演的 NO_2 柱总量与 SCIAMACHY 卫星 NO_2 数据的比较及 NO_2 时空分布研究 . 北京：北京大学硕士学位论文 .
李正才，徐德应，杨校生，等 . 2008. 北亚热带 6 种森林类型凋落物分解过程中有机碳动态变化 . 林业科学研究，21 (5)：675-680.
李周，包晓斌 . 1997. 世界自然保护区发展概述 . 世界林业研究，10 (6)：7-14.
李柱国，陆逻南 . 1985. 浙江省酸性降水初析 . 科技通报，1 (4)：6-8.
廖南豪，程运林，敖东祥 . 1983. 长沙市降雨酸度研究 . 环境化学，2 (3)：37-41.
卢远 . 2005. 吉林西部土地利用/土地覆盖变化及其生态效应 . 长春：吉林大学博士学位论文 .
吕爱锋，田汉勤，刘永强 . 2005. 火干扰与生态系统碳循环 . 生态学报，25 (10)：2734-2743.
吕爱锋，田汉勤 . 2007. 气候变化、火干扰与生态系统生产力 . 植物生态学报，31 (2)：242-251.
马克平，钱迎倩 . 1998. 生物多样性保护及其研究进展 . 应用与环境生物学报，4 (1)：95-99.
马明国，宋怡，王旭峰，等 . 2012. AVHRR、VEGETATION 和 MODIS 时间系列遥感数据产品现状与应用研究进展 . 遥感技术与应用，27 (5)：663-670.
莫天麟，谢国梁，陈禹玲，等 . 1985. 南京市区降水酸度及若干离子的测定 . 大气科学，9 (2)：211-216.
莫天麟，谢国梁 . 1981. 南京市区降水酸度的初步研究 . 气象学报，39 (4)：460-464.
莫天麟 . 1980. 雨水中氯化物的观测 . 气象，7：5.
倪绍祥 . 1998. 土地利用分类系统与土地利用遥感解译 . 南京大学学报 (地理学专集)，(10)：16-23.
彭少麟，刘强 . 2002. 森林凋落物动态及其对全球变暖的响应 . 生态学报，22 (9)：1534-1544.
朴世龙，方精云 . 2003. 1982 ~ 1999 年我国陆地植被活动对气候变化响应的季节差异 . 地理学报，58 (1)：119-125.
奇谨 . 2007. 利用 SCIAMACHY/ENVISAT 资料开展中国区域 NO_2 反演研究 . 北京：中国气象科学研究院硕士学位论文 .
秦瑜，赵春生 . 2003. 大气化学基础 . 北京：气象出版社 .
邱金桓，陈洪滨，王普才，等 . 2005. 大气遥感研究进展 . 大气科学，29 (1)：131-136.
邱金桓，吕达仁，陈洪滨，等 . 2003. 现代大气物理学研究进展 . 大气科学，27：628-653.
邱扬，李湛东 . 1997. 兴安落叶松种群稳定性与火干扰关系的研究 . 植物研究，17 (4)：441- 446.
邱扬 . 1998. 森林植被的自然火干扰 . 生态学杂志，17 (1)：54-60.
任仁 . 1997. 中国酸雨的过去、现在和将来 . 北京工业大学学报，23 (3)：128-132.
沙晨燕，何文珊，童春富，等 . 2007. 上海近期酸雨变化特征及其化学组分分析 . 环境科学研究，20 (5)：31-34.
沈浩，刘登义 . 2001. 遗传多样性概述 . 生物学杂志，18 (3)：5-7.
石春娥，邱明燕，张爱民，等 . 2010. 安徽省酸雨分布特征和发展趋势及其影响因子 . 环境科学，31 (6)：1675-1681.
石广明，王金南，军毕，等 . 2012. 中国工业二氧化硫排放变化指标分解研究 . 中国环境科学，32 (1)：56-61.

史培军，宫鹏，李晓兵，等 . 2000. 土地利用/覆盖变化研究的方法实践 . 北京：科学出版社 .
史培军 . 1997. 人地系统动力学研究的现状与展望 . 地学前缘，4（1-2）：201-211.
世界资源研究所，中国科学院国家计划委员会自然资源综合考察委员会 . 1992. 世界资源 1990-1991. 北京：北京大学出版社 .
舒立福，田晓瑞，马林涛 . 1999. 林火生态的研究与应用 . 林业科学研究，12（4）：422-427.
宋晓东，江洪，余树全，等 . 2009. 浙江省酸雨的空间分布格局及其未来变化趋势预测 . 环境污染与防治，31（1）：13-16.
汤洁，徐晓斌，巴金，等 . 2007. 近年来京津地区酸雨形势变化的特点分析——气溶胶影响的探讨 . 中国科学院研究生院学报，24（5）：667-673.
汤洁，徐晓斌，巴金，等 . 2010. 1992 ~ 2006 年中国降水酸度的变化趋势 . 科学通报，55（8）：705-712.
田献民 . 1985. 武汉市北湖地区降水酸度与气象因子的相关分析 . 环境科学与技术，26（3）：30-33.
田晓瑞，舒立福，王明玉 . 2003. 1991—2000 年中国森林火灾直接释放碳量估算 . 火灾科学，12（1）：6-10.
汪殿蓓，暨淑仪，陈飞鹏 . 2001. 植物群落物种多样性研究综述 . 生态学杂志，20（4）：55-60.
王卷乐，宋佳，朱立君 . 2012. 东北亚资源环境综合科学考察数据集成体系的构建 . 地球信息科学学报，14（1）：74-80.
王卷乐，庄大方 . 2009. 第三篇地球系统科学数据//孙九林，林海 . 地球系统研究与科学数据 . 北京：科学出版社 .
王卷乐 . 2007. 科学数据整合集成与共享中的关键技术问题研究——以研究型、参考型数据为例 . 北京：中国科学院地理科学与资源研究所博士后出站报告 .
王可 . 2011. 基于卫星遥感数据的中国区域 2003-2005 年间 CO 时空动态分析 . 南京：南京大学硕士学位论文 .
王明星，郑循华 . 2005. 大气化学概论 . 北京：气象出版社 .
王明星 . 1985. 北京地区的非酸性降水和气溶胶 . 气象学报，43（1）：45-52.
王明星 . 1999. 大气化学 . 北京：气象出版社 .
王木林，李洪珍 . 1984. 华北四地降水酸度的观测与分析 . 气象，2：21-22.
王伟平 . 1987. 杭州市区酸性降水现状分析 . 气象学报，45（3）：354-357.
王文兴，丁国安 . 1997. 中国降水酸度和离子浓度的时空分布 . 环境科学研究，10（2）：1-7.
王文兴，梁金友，陈延智 . 1992. 华南地区春季酸沉降区域源解析 . 环境科学学报，12（1）：1-5.
王文兴，许鹏举 . 2009. 中国大气降水化学研究进展 . 化学进展，21（2）：266-281.
王文兴 . 1994. 中国酸雨成因研究 . 中国环境科学，14（5）：323-329.
王效科，庄亚辉，冯宗炜 . 1998. 森林火灾释放的含碳温室气体量的估计 . 环境科学进展，6（4）：1-15.
王跃启，江洪，肖钟湧，等 . 2009. 基于 omi 数据的中国臭氧总量时空动态信息提取 . 环境科学与技术，32（6）：177-190.
王跃启 . 2010. 基于卫星遥感数据分析中国对流层 NO_2 垂直柱浓度的时空特征及演变规律 . 南京：南京大学硕士学位论文 .
王自发，高超，谢付莹 . 2007. 中国酸雨模式研究回顾与所面临的挑战 . 自然杂志，29（2）：78-82.
魏书精，胡海清，孙龙 . 2011. 气候变化对我国林火发生规律的影响 . 森林防火，（1）：30-34.
魏毅，万旭荣，李朝阳，等 . 2011. 乌鲁木齐市二氧化硫污染特征与防治对策 . 四川环境，30（6）：76-80.
吴绍洪，杨勤业，郑度 . 2003. 生态地理区域系统的比较研究 . 地理学报，58（5）：686-694.

武永峰，李茂松，宋吉青．2008. 植物物候遥感监测研究进展．气象与环境学报，24（3）：51-58.
夏传福，李静，柳钦火．2013. 植被物候遥感监测研究进展．遥感学报，17（1）：1-16.
解焱．2002. 中国生物地理区划研究．生态学报，22（10）：1599-1615.
熊光银．1984. 南昌市降雨酸度的初步探讨．南昌大学学报（工科版），（4）：66-69.
熊际翎．1982. 贵阳市降雨酸度的初步研究．环境化学，1（3）：201-207.
徐化成，范兆飞．1994. 兴安落叶松原始林林木空间格局的研究．生态学报，14（2）：155-160.
徐化成．1996. 景观生态学．北京：中国林业出版社．
徐渝，骆启仁，朱聿来，等．1982. 重庆市降雨酸度与空气污染的相关性．环境化学，1（3）：208-214.
杨洪斌，马雁军，张云海．2005. 大气污染与健康损害研究综述．甘肃科技纵横，34（1）：14-15.
张红安，汤洁，于晓岚，等．2010. 侯马市酸雨长期变化趋势分析．环境科学学报，30（5）：1069-1078.
张新民，柴发合，王淑兰，等．2010. 中国酸雨研究现状．环境科学研究，23（5）：527-532.
张兴赢，张鹏，方宗义，等．2007. 应用卫星遥感技术监测大气痕量气体的研究进展．气象，33（7）：3-14.
张延毅，郭德惠．1983. 武汉市降水酸度的初步研究．环境科学，2：47-52.
张彦军，牛铮，王力，等．2008. 基于 OMI 卫星数据的城市对流层 NO_2 变化趋势研究．地理与地理信息科学，24（3）：96-99.
赵殿五，牟世芬，陈乐恬，等．1981. 1980 年夏季北京降雨酸度的考察．环境科学，2（2）：50-54.
赵艳霞，侯青．2008. 1993—2006 年中国区域酸雨变化特征及成因分析．气象学报，66（6）：1032-1042.
郑有飞，唐信英，徐建强，等．2007. 南京市江北工业区降水酸性及化学成分分析．环境科学研究，20（4）:45-51.
周贺玲，田晓飞，张绍恢．2009. 廊坊市 SO_2 污染及相关气象条件．资源与产业，11（1）：111-113.
周秀骥，陶善昌，姚克亚，等．1991. 大气物理学．北京：气象出版社．
朱求安，张万昌，余钧辉．2004. 基于 GIS 的空间插值方法研究．江西师范大学学报（自然科学版），20（2）：183-188.
朱帅，颜鹏，马建中．2009. 超大城市 SO_2 排放对硫酸盐区域分布影响的观测与模拟．环境科学研究，2009，22（1）：7-15.
Odum E P. 1981. 生态学基础．孙儒泳，等译．北京：人民教育出版社．
Alo C A, Wang G. 2008. Hydrological impact of the potential future vegetation response to climate changes projected by 8 GCMs. Journal of Geophysical Research, 113（G3）.
Andreae M O, Merlet P. 2001. Emissions of trace gases and aerosols from biomass burning. Global Biogeochemical Cycles, 15: 955-966.
Andres R J, Kasgnoc A D. 1998. A time-averaged inventory of subaerial volcanic sulfur emissions. Journal of Geophysical Research-Atmospheres, 103（D19）: 25251-25261.
Arneth A, Unger N, Kulmala M, et al. 2009. Clean the air, Heat the Plane? Science, 326: 672-673.
Austin A T, Sala O E. 2002. Carbon and nitrogen dynamics across a natural precipitation gradient in Patagonia. Journal of Vegetation Science, 13: 351-360.
Barrett J E, McCulley R L, Lane D R, et al. 2002. Influence of climate variability on plant production and Nmineralization in Central US grasslands. Journal of Vegetation Science, 13: 383-394.
Beaufait W R. 1960. Some effects of high temperatures on the cones and seeds of jack pine. Forest Science, 6: 194-199.

Beaulieu E, Goddéris Y, Donnadieu Y, et al. 2012. High sensitivity of the continental-weathering carbon dioxide sink to future climate change. Nature Climate Change, 2 (5): 346-349.

Beirle S, Platt U, Wenig M, et al. 2003. Weekly cycle of NO_2 by GOME measurements: A signature of anthropogenic source. Atmospheric Chemistry and Physics, 3: 2225-2232.

Boersma K F, Eskes H J, Brinksma E J. 2004. Error analysis for troposheric NO_2 retrieval from space. Journal of Geophysical Research, 109 (D04): 311.

Boersma K F, Eskes H J, Meijer E W, et al. 2005. Estimates of lighting NO_x production from GOME satellite observations. Atmospheric Chemistry and Physics, 5: 1-21.

Bovensmann H, Burrows J P, Buchwitz M, et al. 1999. SCIAMACHY: Mission objectives and measurement modes. Journal of the Atmospheric Sciences, 56: 127-150.

Bracher A, Bovensmann H, Bramstedt K, et al. 2005. Cross comparisons of O_3 and NO_2 measured by the atmospheric ENVISAT instruments GOMOS, MIPAS, and SCIAMACHY. Advances in Space Reseach, 36: 855-867.

Bracher A, Sinnhuber M, Rozanov A, et al. 2005. Using a photochemical model for the validation of NO_2 satellite measurements at different solar zenith angles. Atmospheric Chemistry and Physics, 5: 393-408.

Buchwitz M, De Beek R, Bramstedt K, et al. 2004. Global carbon monoxide as retrieved from SCIAMACHY by WFM-DOAS. Atmospheric Chemistry and Physics, 4 (3): 2805-2837.

Buchwitz M, De Beek R, Noël S, et al. 2005. Carbon monoxide, methane and carbon dioxide columns retrieved from SCIAMACHY by WFM-DOAS: Year 2003 initial data set. Atmospheric Chemistry and Physics, 5 (12): 3313-3329.

Burgan R E, Klaver R W, Klaver J M. 1998. Fuel models and fire potential from satellite and surface observations. International Journal of Wildland Fire, 8 (3): 159-170.

Burrows J P, Dehn A, Deters S, et al. 1998. Atmospheric remote-sensing reference data from GOME: part1. Temperature-dependent absorption cross-sections of NO_2 in the 231-794nm range. J. Quant. Spectrosc. Radiant. Transfer, 60 (6): 1025-1031.

Burrows J P, Goede A, Visser H, et al. 1995. SCIAMACHY—scanning imaging absorption spectrometer for atmospheric chartography. Acta Astronautica, 35 (7): 445-451.

Burrows J P, Weber M, Buchwitz M, et al. 1999. The Global Ozone Monitoring Experiment (GOME): mission concept and first scientific results. Journal of the Atmospheric Sciences, 56 (2): 151-175.

Canadell J G, Steffen W L, White P S. 2002. IGBP/GCTE terrestrial transects: Dynamics of terrestrial ecosystems under environmental change-Introduction. Journal of Vegetation Science, 13 (3): 298-300.

Certini G. 2005. Effects of fire on properties of forest soils: A review. Oecologia, 143 (1): 1-10.

Chance K, Palmer P, Spurr R J D, et al. 2000. Satellite observations of formaldehyde over North America from GOME. Geophysical Research Letters, 27: 3461-3464.

Chandler C, Cheney P, Thomas P, et al. 1983. Fire in Forestry Volume 1— Forest Fire Behavior and Effects. New York: John Wiley & Sons, Inc.

Choi S D, Chang Y S. 2006. Carbon monoxide monitoring in Northeast Asia using MOPITT: Effects of biomass burning and regional pollution in April 2000. Atmospheric Environment, 40 (4): 686-697.

Christian H J, Blakeslee R J, Boccippio D J, et al. 2003. Global frequency and distribution of lightning as observed from space by the Optical Transient Detector. Journal of Geophysical Research, 108 (D1), 4005.

Chu P C, Chen Y, Lu S. 2008. Atmospheric effects on winter SO_2 pollution in Lanzhou, China. Atmospheric Research, 89 (4): 365-373.

Collins S L. 1992. Fire frequency and community heterogeneity in tallgrass prairie vegetation. Ecology, 73 (6):

2001-2006.

Cook G D, Williams R J, Hutley L B, et al. 2002. Variation in vegetative water use in the savannas of the North Australian Tropical Transect. Journal of Vegetation Science, 13: 413-418.

Copper C F. 1961. The ecology of fire. Scientific American, 204 (4): 150-160.

Cowling E. 1982. Acid precipitation in historical perspective. Environmental Science & Technology, 16 (2): 110A-123A.

Crutzen P J, Heidt L E, Krasnec J P, et al. 1979. Biomass burning as a source of the atmospheric gases CO, H_2, N_2O, NO, CH_3Cl, and COS. Nature, 282: 253-256.

David D, Parrish, Zhu Tong. 2009. Clean air for megacities. Science, 36: 674-675.

David J Bringgs, Cornelis de Hoogh, John Gulliver, et al. 2000. A regression-based method for mapping traffic-related air pollution: Application and testing in four contrasting urban environments. The Science of the Total Environment, 253 (1): 151-167.

Deeter M N, Emmons L K, Frnancis G L, et al. 2003. Operational carbon monoxide retrieval algorithm and selected results for the MOPITT instrument. Journal of Geophysical Research, 108, 4399.

Dickerson R R, Li C, Li Z, et al. 2007. Aircraft observations of dust and pollutants over northeast China: Insight into the meteorological mechanisms of transport. Journal of Geophysical Research, 112 (D24): S90.

Dixon R K, Solomon A M, Brown S, et al. 1994. Carbon pools and flux of global forest ecosystems. Science, 263: 185-190.

Drew T Shindell, Greg Faluvegi, Dorothy M Koch, et al. 2009. Improved Attribution of Climate Forcing to Emissions. Science, 326: 716-718.

Duclaux O, Frejafon E, Schmidt H, et al. 2002. 3D-air quality model evaluation using the Lidar technique. Atmospheric Environment, 36: 5081-5095.

Eisinger M, Burrows J P. 1998. Tropospheric sulfur dioxide observed by the ERS-2 GOME instrument. Geophysical Research Letters, 25 (22): 4177-4180.

Elsom D. 2014. Smog alert: Managing urban air quality. London, New York: Routledge.

Eric A Davidson, Wendy Kingerlee. 1997. A global inventory of nitric oxide emissions from soils. Nutrient Cycling in Agroecosystems, 48 (1-2): 37-50.

Feddema J J, Oleson K W, Bonan G B, et al. 2005. The important is land cover change for simulating future climates. Science, 310 (5754), 1674-1678.

Feliciano M, Pio C, Vermeulen A. 2001. Evaluation of SO_2 dry deposition over short vegetation in Portugal. Atmospheric Environment, 35 (21): 3633-3643.

Fishman J, Vukovich F M, CahoonD, et al. 1987. The characterization of an air pollution episodeusing satellite total ozone measurements. Journal of Climate and Applied Meteorology, 26, 1638-1654.

Floyd A G. 1966. Effect of fire upon weed seeds in the west sclerophyll forests of northern New South Wales. Australian Journal of Botany, 14: 243-256.

Foell W, Green C, Amann M, et al. 1995. Energy use, emissions, and air pollution reduction strategies in Asia. Water, Air, and Soil Pollution, 85 (4): 2277-2282.

Foley J A, DeFries R, Asner G P, et al. 2005. Global consequences of land use. Science, 309 (5734): 570-574.

Forman R T T, M Godron. 1986. Landscape Ecology. New York: John Wiley & Sons, Inc.

Franke K, Richer A, Bovensmann H, et al. 2008. Ship emitted NO_2 in the Indian Ocean: Comparison of model results with satellite data. Atmospheric chemistry and physics, 8: 15997-16025.

Frankenberg C, Platt U, Wagner T. 2005. Retrieval of CO from SCIAMACHY onboard ENVISAT: Detection of strongly polluted areas and seasonal patterns inglobal CO abundances. Atmospheric Chemistry and Physics, 5: 1639-1644.

Fraser R S, Kaufman Y J, Mahoney R L. 1984. Satellite measurements of aerosol mass and transport. Atmospheric Environment, 18: 2577-2584.

Friedrich R, Wickert B, Blank P. 2002. Development of Emission Model and Improvement of Emission Data for Germany. Journal of Atmospheric Chemistry, 42: 179-206.

Gardner C A. 1957. The fire factor in relation to the vegetation of Western Australia. Western Australian Naturalist, 5: 166-173.

Ge Q, Wang H, Rutishauser T, et al. 2015. Phenological response to climate change in China: a meta-analysis. Global Change Biology, 21 (1): 265-274.

Georgoulias A K, Balis D, Koukouli M E, et al. 2009. A study of the total atmospheric sulfur dioxide load using ground-based measurements and the satellite derived Sulfur Dioxide Index. Atmospheric Environment, 43 (9):1693-1701.

Gerard Hoek, Rob Beelen, Kees de Hoogh, et al. 2008. A review of land-use regression model to assess spatial variation of out door air pollution. Atmospheric Environment, 42 (33): 7561-7578.

Giannitrapani M, Bowman A, Scott E, et al. 2007. Temporal analysis of spatial covariance of SO_2 in Europe from 1990 to 2001. Environmetrics, 18 (4): 409-420.

Gill A M. 1975. Fire and the Australian flora: A review. Australian forestry, 38: 1-25.

Glenn-Lewin D C, van der Maarel E. 1992. Patterns and processes of vegetation dynamics. Plant succession, 4: 11-59.

Gloudemans A M, Krol M C, Meirink, J F, et al. 2006. Evidence for long-range transport of carbon monoxide in the Southern Hemisphere from SCIAMACHY observations. Geophysical Research Letters, 33 (16) .

Goede A P H, Hasekamp O, Hoogeveen R W M, et al. 2002. SCIAMACHY advanced data retrieval algorithm development. Advances in Space Research, 29 (11): 1825-1830.

Goovaerts P. 1999. Geostatistics in soil science: state-of-the-art and perspectives. Geoderma, 89 (1): 1-45.

Griggs R C, Davis R J, Anderson D C, et al. 1975. Cardiac conduction in myotonic dystrophy. The American journal of medicine, 59 (1): 37-42.

Grime J P. 1977. Evidence for the existence of three primary strategies in plants and its relevance to ecological evolutionary theory. American naturalist, 111: 1169-1194.

Grimm E C. 1984. Fire and other factor controlling the Big Woods vegetation of Minnesota in the mid-nineteenth century. Ecological Monographs, 54 (3): 291-311.

Gu B J, Chang J, Ge Y, et al. 2009. Anthropogenic modification of the nitrogen cycling within the Great Hangzhou Area system, China. Ecological Application, 19 (4): 974-988.

Habib G, Venkataraman C, Chiapello I. , et al. 2006. Seasonal and interannual variability in absorbing aerosols over India derived from TOMS: Relationship to regional meteorology and emissions. Atmospheric Environment, 40 (11): 1909-1921.

Hajime Akimoto. Application of an Emission inventory to Modeling. Workshop to promote an emission inventory. 9 October, 2007, Manila.

Han K M, Song C H, Ahn H J, et al. 2009. Investigation of NO_x emissions and NO_x-related chemistry in East Asia using CMAQ-predicted and GOME-derived NO_2 Columns. Atmospheric Chemistry and physics, 9: 1017-1010.

Heinsleman M L. 1973. Fire in the virgin forests of the Boundary water Canoe Area, Minnesota. Quaternary research, 3: 329-382.

Heinsleman M L. 1981. Fire and succession in the conifer forests of northern North America //West D C, Shugart H H, Botkin D B. Forest Succession. New York: Springer- Verlag: 374-405.

Heue K P, Richter A, Wagner T, et al. 2004. Validation of SCIAMACHY tropospheric NO_2- columns with AMAXDOAS Measurements. Atmospheric Chemistry and Physics, 4: 7513-7540.

Hild L, Richter A, Rozanov V, et al. 2002. Air mass factor calculations for GOME measurements of lightning-produced NO_2. Advances in Space Research, 29 (11): 1685-1690.

Houghton J T, Ding Y H, Griggs D J, et al. 2001. Climate Change 2001: The Scientific Basis. Cambridge, UK: Cambridge University Press.

Hu J, Moore D J P, Burns S P, et al. 2010. Longer growing seasons lead to less carbon sequestration by a subalpine forest. Global Change Biology, 16 (2): 771-783.

Huang H J, Ramaswamy S, Al-Dajani W, et al. 2009. Effect of biomass species and plant size on cellulosic ethanol: A comparative process and economic analysis. Biomass and Bioenergy, 33 (2): 234-246.

Huang L, Zhang L, Shu Y. 2011. Pollution Spillover in Developed Regions in China-Based on the Analysis of the Industrial SO_2 emission. Energy Procedia, 5: 1008-1013.

Huang X F, Li X A, He L Y, et al. 2010. 5-Year study of rainwater chemistry in a coastal mega-city in South China. Atmospheric Research, 97 (1): 185-193.

Jacob A I, Modi V, Yoboué L, et al. 2004. Satellite mapping of rain-induces nitric oxide emission from soils. Journal of Geophysical Research, 109, D (D21): 310.

Jean-Christopher Lambert. 2004. Summary of SCIAMACHY NO_2 Column Validation, Atmospheric Chemistry Validation of ENVISAT-ESRIN-3/7. May 2004.

Jenerette G D, Scott R L, Huete A. 2010. Functional differences between summer and winter season rain assessed with MODIS-derived phenology in a semi-arid region. Journal of Vegetation Science, 21: 16-30.

Jia G J, Epstein H E, Walker D A. 2002. Spatial characteristics of AVHRR-NDVI along latitudinal transects in northern Alaska. Journal of Vegetation Science, 13: 315-326.

Johnson E A, Rowe J S. 1995. Fire in the subarctic wintering ground of the Beverly caribou herd. American Midland Naturalist, 94: 1-14.

Jönsson P, Eklundh L. 2002. Seasonality extraction by function fitting to time- series of satellite sensor data. Geoscience and Remote Sensing. IEEE Transactions on, 40 (8): 1824-1832.

Kanzow C, Nagel C. 2002. Semidefinite programs: New Search directions, smoothing- type methods, and numerical results. SIAM Journal on Optimization, 13 (1): 1-23.

Kasischke E S, Stocks B J. 2000. Fire, Climate Change, and Carbon Cycling in the Boreal Forest. New York: Springer- Verlag.

Kato N, Akimoto H. 1992. Anthopogenic emissions of SO_2 and NO_x in ASIA: Emission inventories. Atmospheric Environment, 26 (16): 2997-3017.

Kaufman Y J, Tanré D, Remer L A, et al. 1997. Operational remote sensing of tropospheric aerosol over land from EOS moderate resolution imaging spectroradiometer. Journal of Geophysical Research, 102 (D14): 17051-17067.

Keppler F, Hamilton J T G, Marc B, et al. 2006. Methane emission from terrestrial plants under aerobic condition. Nature, 439 (7073): 187-191.

Khohar M F, Frankenberg C, Beirle S, et al. 2005. Satellite observations of atmospheric SO_2 from volcanic eruptions during the time period of 1996 to 2002. Advances in Space Research. 36 (5): 879-887.

Kimmins J P. 1987. Forest Ecology. New York: Macmillan Publishing Company, a division of Macmillan, Inc.

King M D, Kaufman Y J, Tanre D, et al. 1999. Remote sensing of tropospheric aerosols from space: Past, present, and future. Bulletin of the Americal Meteorological Society, 80: 2229-2259.

Kljun N, Black T A, Griffis T J, et al. 2006. Response of net ecosystem productivity of three boreal forest stands to drought. Ecosystems, 9 (7): 1128-1144.

Koelemeijer R B A, Homan C D, Matthijsen J. 2006. Comparison of spatial and temporal variations of aerosol optical thickness and particulate matter over Europe. Atmospheric Environment, 40: 5304-5315.

Komared E V. 1968. Lighting and Lighting fire as a ecological foreces. Tall Timbers Fire Ecology Conference Proceedings, 8: 169-197.

Komarek E V. 1964. The natural history of lighting. Tall Timbers Fire Ecology Conference Proceedings, 3: 139-183.

Konovalov I B, Beekmann M, Vautard R, et al. 2005. Comparison and evaluation of modeled and GOME measurement derived tropospheric NO_2 columns over Western and Eastern Europe. Atmospheric Chemistry and Physics, 5: 169-190.

Krotkov N A, McClure B, Dickerson R R, et al. 2007. Validation of SO_2 retrievals from the Ozone Monitoring Instrument over NE China. Journal of Geophysical Research, 113 (D16): S40.

Krueger A J, Schaefer S J, Krotkov N, et al. 2000. Ultraviolet remote sensing of volcanic emissions. Geophysical monograph, 116: 25-43.

Krueger A J. 1983. Sighting of El Chichon Sulfur dioxide clouds with the Nimbus 7 total ozone mapping spectrometer. Science, 220 (4604): 1377.

Kunhikrishnan T, Lauvrence M G, Von Kuhlmaon R, et al. 2004. Analysis of tropospheric NO_x over Asia using the model of atmospheric transport and chemistry (MATCH-MAPIC) and GOME-satellite observations. Atmospheric Environment, 38: 581-596.

Lee C, Richter A, Weber M, et al. 2008. SO_2 Retrieval from SCIAMACHY Using the Weighting Function DOAS (WFDOAS) Technique: Comparison with Standard DOAS Retrieval. Atmospheric Chemistry and Physics, 8 (3): 10817-10839.

Leue C, Wenig M, Wagner T, et al. 2001. Quantitative analysis of NO_x emissions from Global Ozone Monitoring Experiment satellite image sequences. Journal of Geophysical Research, 106 (D6): 5493-5505.

Levy R C, Remer L A, Mattoo S, et al. 2007. Second- generation operational algorithm: Retrieval of aerosol properties over land from inversion of Moderate Resolution Imaging Spectroradiometer spectral reflectance. Journal of Geophysical Research, 112 (D13) DOI: 10. 1029/2006JD007811

Lichtenberg G, Kleipool Q, Krijger J M, et al. 2005. SCIAMACHY Level data: Calibration concept and in-flight calibration. Atmospheric Chemistry and Physics, 5: 8925-8977.

Lyons W A, Husar R B. 1976. SMS/GOES visible images detect a synopticscale air pollution episode. Monthly Weather Review, 104: 1623.

Lü A, Tian H, Liu M, et al. 2006. Spatial and temporal patterns of carbon emissions from forest fires in China from 1950 to 2000. Journal of Geophysical Research, 111 (D5): 313.

Ma J Z, Richter A, Burrows J P, et al. 2006. Comparison of model-simulated tropospheric NO_2 over China with GOME-satellite data. Atmospheric Environment, 40 (4): 593-604.

MacArthur R H, Wilson E O. 1967. The Theory of Island Biogeography. Princeton: Princeton University Press.

Madsen K, Nielsen H B, Søndergaard J. 2002. Robust subroutines for non-linear optimization. Informatics and Mathematical Modelling, Technical University of Denmark, DTU.

Malhi Y, Phillips O L, Lloyd J, et al. 2002. An international network to monitor the structure, composition and dynamics of Amazonian forests (RAINFOR) . Journal of Vegetation Science, 13: 439-450.

Martin R V, Chance K, Jacob D J, et al. 2002. An improved retrieval of tropospheric nitrogen dioxide from

GOME. Journal of Geophysical Research, 107 (D20): 4437.

Martin R V, Jacob D J, Chance K, et al. 2003. Global inventory of nitrogen oxide emissions constrained by space-based observations of NO_2 columns. Journal of Geophysical Research, 108 (D17): 4537.

Martin R V. 2008. Satellite remote sensing of surface air quality. Atmospheric Environment, 42 (34): 7823-7843.

Matthew E Macko, Brian Tang, Linda A George. 2008. A sub-neighborhood scale land use regression model for predicting NO_2. Science of the total Enviroment, 398 (1-3): 68-75.

McCormick M P. 1995. Space borne lidars. The Review of Laser Engineering, 23: 89-93.

McGonigle A J S, Thomson C L, Tsanev V I. 2004. A simple technique for measuring power station SO_2 and NO_2 emissions. Atmospheric Environment, 38: 21-25.

McGuire A D, Wirth C, Apps M, et al. 2002. Environmental variation, vegetation distribution, carbon dynamics and water/energy exchange at high latitudes. Journal of Vegetation Science, 13: 301-314.

Melillo J M, Reilly J M, Kicklighter D W, et al. 2009. Indirect Emissions from Biofuels: How Important? Science, 326: 1397-1399.

Mellqvist J, Rosen A. 1996. DOAS for flue gas monitoring—I. Temperature effects in the UV/visible absorption spectra of NO, NO_2, SO_2 and NH_3. Journal of Quantitative Spectroscopy and Radiative Transfer, 56 (2): 187-208.

Moraes E C, Franchito S H, Brahmananda Rao V. 2004. Effect of biomass burning in Amazonia on climate: A numerical experiment with a statistical dynamical model. Journal of Geophysical Research, 109 (D5): 109.

Murdiyarso D, van Noordwijk M, Wasrin UR, et al. 2002. Environmental benefits and sustainable land-use options in the Jambi transect, Sumatra. Journal of Vegetation Science, 13: 429-438.

Murphy K L, Burke I C, Vinton M A, et al. 2002. Regional analysis of litter quality in the central grassland region of North America. Journal of Vegetation Science, 13: 395-402.

Nielsen H B. 1999. Damping parameter in Marquardt's method. Informatics and Mathematical Modelling, Technical University of Denmark, DTU.

Nielsen H B. 2000. Separable nonlinear least squares. Informatics and Mathematical Modelling, Technical University of Denmark, DTU.

Noormets A. 2009. Phenology of Ecosystem Processes. New York: Springer.

Noël S, Bovensmann H, Burrows J P, et al. 1999. Global Atmospheric Monitoring with SCIAMACHY. Phys. Chem. Earth (C), 24 (5): 427-434.

Noël S, Burrows J P, Bovensmann H. 2000. Atmospheric trace gas sounding with SCIAMACHY. Advances in Space Research, 26 (12): 1949-1954.

Ohara T, Akimoto H, Kurokawa J, et al. 2007. An Asian emission inventory of anthropogenic emission sources for the period 1980-2020. Atmospheric Chemistry and physics, 7: 4419-4444.

Oliver C D, Larson B C. 1990. Forest Stand Dynamics. New York: McGraw- Hill, Inc.

Oliver M A, Webster R. 1990. Kriging: A method of interpolation for geographical information systems. International Journal of Geographical Information System, 4 (3): 313-332.

Ordonez C, Richter A, Steinbacher M, et al. 2006. Comparison of 7 years of satellite-borne and ground-based tropospheric NO_2 measurements around Milan, Italy. Journal of Geophysical Research, 111: (D5): 310.

O'Neill K P, Kasischke E S, Richter D D. 2003. Seasonal and decadal patterns of soil carbon uptake and emission along an age sequence of burned black spruce stands in interior Alaska. Journal of Geophysical Research, 108 (D1).

Pan Y, McGuire A D, Melillo J M, et al. 2002. A biogeochemistry-based dynamic vegetation model and its application along a moisture gradient in the continental United States. Journal of Vegetation Science, 13: 369-382.

Pandey J S, Kumar R, Devotta S. 2005. Health risks of NO_2, SPM and SO_2 in Delhi (India). Atmospheric Environment, 39 (36): 6868-6874.

Park S U, In H J, Kim S W, et al. 2000. Estimation of sulfur deposition in South Korea. Atmospheric Environment, 34 (20): 3259-3269.

Parrish D D, Zhu T. 2009. Clean air for megacities. Science. 36: 674-675.

Perez-ramirez D, Ruiz B, Aceituno J. et al. 2008. Application of sun/star photometry to derive the aerosol optical depth. International Journal of Remote Sensing, 29 (17-18): 5113-5132.

Pham M, Müller J F, Brasseur G P, et al. 1996. A 3D model study of the global sulphur cycle: Contributions of anthropogenic and biogenic sources. Atmospheric Environment, 30 (10): 1815-1822.

Pickett S T A, White P S. 1985. The ecology of natural disturbance and patch dynamics. London: Academic Press.

Piters A J M, Bramstedt K, Lambert J, et al. 2006. Overview of SCIAMACHYvalidation: 2002-2004. Atmospheric Chemistry and Physics, 6: 127-148.

Randall V Martin, Kelly Chance, Daniel J Jacob, et al. 2002. An improved retrieval of tropospheric nitrogen dioxide from GOME. Journal of Geophysical Research, 107 (D20): 4437.

Randall V. 2008. Satellite remote sensing of surface air quality. Atmospheric Environment, 42 (34): 7823-7843.

Reddy M S, Venkataraman C. 2002. Inventory of aerosol and sulphur dioxide emissions from India: I. Fossil fuel combustion. Atmospheric Environment, 36 (4): 677-697.

Remer L A, Kaufman Y J, Tanré D, et al. 2005. The MODIS aerosol algorithm, products, and validation. Journal of the atmospheric sciences, 62 (4): 947-973.

Richter A K, Burrows J P. 2002. Tropospheric NO_2 from GOME measurements. Adv. Space Res., 28: 1673-1683.

Richter A K, Burrows J P. 2006. Detection of the trend and seasonal variation in tropospheric NO_2 over china, J. Geophys. Res., 111 (D12): 317.

Richter A, Burrows J P, Nü β H, et al. 2005. Increase in tropospheric nitrogen dioxideover China observed from space. Nature, 437: 129-132.

Richter A, Eisinger M, Ladstätter-Weiβenmayer A, et al. 1999. DOAS zenith sky observations: 2. Seasonal variation of BrO over Bremen (53°N) 1994-1995. Journal of atmospheric chemistry, 32 (1): 83-99.

Richter A, Wittrock F, Burrows J P. 2006. SO_2 measurements with SCIAMACHY. Proc. Atmospheric Science Conference. Frascati Italy 2006: 8-12.

Romme W H. 1982. Fire and landscape diversity in subalpine forests of Yellowstone National Park. Ecological Monographs, 52: 199-211.

Scholes R J, Dowty P R, Caylor K, et al. 2002. Trends in savanna structure and composition along an aridity gradient in the Kalahari. Journal of Vegetation Science, 13: 419-428.

Schotten K, Goetgeluk R, Hilferink M, et al. 2001. Residential construction, land use and the environment. Simulations for the Netherlands using a GIS-Based land use model. Environmental Modeling and Assessment, 6 (2): 133-143.

Schulze E D. 2002. Understanding global change: Lessons learnt from the European landscape. Journal of Vegetation Science, 13: 403-412.

Schwartz S E, Arnold F, Blanchet J P, et al. 1995. Group report: Connections between aerosol properties and forcing of climate. Aerosol forcing of climate, 251-280.

Seiler W, Crutzen P J. 1980. Estimates of gross and net fluxes of carbon between the biosphere and the atmosphere from biomass burning. Climate Change, 2: 207-247.

Smith S J, Andres R, Conception E, et al. 2004. Historical sulfur dioxide emissions 1850-2000: Methods and results. Pacific Northwest National Laboratory Report.

Spurr S H, Barnes B V. 1980. Forest Ecology. New York: John Wiley & Sons, Inc.

Stern D I. 2005. Global sulfur emissions from 1850 to 2000. Chemosphere, 58 (2): 163-175.

Stern D I. 2006. Reversal of the trend in global anthropogenic sulfur emissions. Global Environmental Change, 16 (2): 207-220.

Stocker T F, Qin D, Plattner G K, et al. 2013: Climate change 2013: The physical science basis. Contribution of working group I to the fifth assessment report of the intergovernmental panel on climate change.

Streets D G, Tsai N Y, Akimoto H, et al. 2000. Sulfur dioxide emissions in Asia in the period 1985-1997. Atmospheric Environment, 34 (26): 4413-4424.

Streets D G, Waldhoff S T. 2000. Present and future emissions of air pollutants in China: SO_2, NO_x, and CO. Atmospheric Environment, 34: 363-374.

Sun Y, Wang Y, Zhang C. 2009. Measurement of the vertical profile of atmospheric SO_2 during the heating period in Beijing on days of high air pollution. Atmospheric Environment, 43 (2): 468-472.

Tie X X, Brasseur G P, Zhao C S, et al. 2006. Chemical characterization of air pollution in Eastern China and the Eastern United States. Atmospheric Environment, 40: 2607-2625.

Todd W J, George A J, Bryant N A. 1979. Satellite-aided evaluation of Population exposure to air pollution. Environmental Science &Technology, 13: 970-974.

Trabaud L, Lepart J. 1980. Diversity and stability in garrigue ecosystems after fire. Vegetation, 43: 49-57.

Twomey S. 1977. The influence of pollution on the shortwave albedo of clouds. Journal of the atmospheric sciences, 34 (7): 1149-1152.

Uno I, He Y, Ohara T, et al. 2007. Systematic analysis of interannual and seasonal variations of Model-simulated tropospheric NO_2 in Asia and comparison with GOME-satellite data. Atmos pheric Chemistry and Physics, 7: 1671-1681.

Vander A R J, Peters D H, Eskes H J, et al. 2006. Detection of the trend and seasonal variation in tropospheric NO_2 over China, Journal of Geophysical Research, 111 (D12): 317.

Vankat J L. 1979. The national vegetation of north America: An introduction. New York: John Wiley & Sons, Inc.

Varhelyi G. 1985. Continental and global sulfur budgets. Anthropogenic SO_2 emission. Atmospheric Environment (1967), 19 (7): 1029-1040.

Vedrova E F, Shugalei L S, Stakanov V D. 2002. The carbon balance in natural and disturbed forests of the southern taiga in central Siberia. Journal of Vegetation Science, 13: 341-350.

Velders G J, Granier C, Portmann R W, et al. 2001. Global tropospheric NO_2 column distributions: Comparing three-dimensional model calculations with GOME measurements. Journal of Geophysical Research, 106: 12643-12660.

Veldkamp A, Verburg P H, Kok K, et al. 2001. The need for scale sensitive approaches in spatially explicit land use change modeling. Environmental Modeling and Assessment, 6 (2): 111-121.

Vestreng V, Myhre G, Fagerli H, et al. 2007. Twenty-five years of continuous sulphur dioxide emission reduction in Europe. Atmospheric Chemistry and Physics, 7 (13): 3663-3681.

Weatherhead E C, Reinsel G C, Tiao G C, et al. 1998. Factors affecting the detection of trends: Statistical considerations and applications to environmental data. Journal of Geophysical Research, 103: 17149-17161.

Wiedinmyer C, Hurteau M D. 2010. Prescribed fire as a means of reducing forest carbon emissions in the western United States. Environmental Science & Technology, 44 (6): 1926-1932.

Wright H A, Bailey A W. 1982. Fire Ecology: United States and Southern Canada. New York: John Wiley & Sons, Inc.

Xu X, Chen C, Qi A, et al. 2000. Development of coal combustion pollution control for SO_2 and NOx in china. Fuel Processing Technology, 62 (2): 153-160.

Xu X, Jiang H, Wang Y, et al. 2010. Temporal-spatial variations of tropospheric SO_2 over China using SCIAMACHY satellite observations. 2010 18th International Geoinformatics Conference, IEEE, 1-5.

Xu X, Jiang H, Zhang X. 2011. Variations of Atmospheric SO_2 and NO_2 pollution in Yangtze River Delta of China, 2011 19th International Geoinfor matics conference: 1-5.

Yienger J J, Levy H. 1995. Empirical model of global soil-biogenic NO_x emissions. Journal of Geophysical Reseerch, 100: 11447-11464.

Yu Z, Apps M J, Bhatti J S. 2002. Implications of floristic and environmental variation for carbon cycle dynamics in boreal forest ecosystems of central Canada. Journal of Vegetation Science, 13: 327-340.

Zhang X, Jiang H, Jin J, et al. 2011. Analysis of acid rain patterns in northeastern China using a decision tree method. Atmospheric Environment, 46: 590-596.

Zhao B. 1994. Study of TOVS applications in monitoring atmospheric temperature, water vapor, and cloudiness in East Asia. Meteorology and Atmospheric Physics, 54 (1-4): 261-270.

Zhao Y X, Hou Q. 2010. Characteristics of the Acid Rain Variation in China during 1993-2006 and Associated Causes. Acta Meteorologica Sinica, 24 (2): 239-250.

Zhou G, Wang Y, Wang S. 2002. Responses of Grassland Ecosystems to Precipitation and land use along the Northeast China Transect. Journal of Vegetation Science, 13: 361-368.